Handbuch der Wickeltechnik für hocheffiziente Spulen und Motoren

Jürgen Hagedorn • Florian Sell-Le Blanc •
Jürgen Fleischer

Handbuch der Wickeltechnik für hocheffiziente Spulen und Motoren

Ein Beitrag zur Energieeffizienz

Springer Vieweg

Jürgen Hagedorn
Aumann GmbH
Espelkamp, Deutschland

Florian Sell-Le Blanc
Aumann GmbH
Espelkamp, Deutschland

Jürgen Fleischer
Karlsruher Institut für Technologie
wbk Institut für Produktionstechnik,
Karlsruhe, Deutschland

ISBN 978-3-662-49209-3
DOI 10.1007/978-3-662-49210-9
ISBN 978-3-662-49210-9 (eBook)

Die Deutsche Nationalbibliothek verzeichnet diese Publikation in der Deutschen Nationalbibliografie; detaillierte bibliografische Daten sind im Internet über http://dnb.d-nb.de abrufbar.

Springer Vieweg

Gedruckt auf säurefreiem und chlorfrei gebleichtem Papier

Springer Vieweg ist Teil von Springer Nature
Die eingetragene Gesellschaft ist Springer-Verlag GmbH Berlin Heidelberg

Vorwort

Die Anforderungen an die Energieeffizienz moderner elektrischer Aggregate stellen eine zentrale Herausforderung für die Produktentwicklung dar. Neben dem Ansatz der elektronischen Regelbarkeit gibt es auch Möglichkeiten in der Spulenwickeltechnik diesen Anforderungen gerecht zu werden. Daraus leitet sich die Motivation ab, ein Standardwerk der Spulenwickeltechnik zu erstellen.

Spulen gibt es seit Jahrzehnten in den verschiedensten Anwendungen zum Beispiel: Zündspulen im PKW, Magnetspulen für Ventile, Elektromotoren oder Induktive Herdplatten. Mit immer günstigeren Halbleiterelementen wandern diese Spulen auch in moderne elektronische Geräte wie Smartphones, Sensorspulen auf RFID Chips oder Näherungssensoren in der Automatisierungstechnik. War die Spulenwickeltechnik früher noch ein Prozess, der manuell oder mit einfachsten Maschinen ausgeführt wurde, ist sie heute ein interdisziplinäres Feld in dem Materialwissenschaften, Verfahrenstechnik, Maschinenbau, Steuerungs- und Elektrotechnik zusammenspielen. Die daraus entstehenden Produkte besitzen eine hohe Verbreitung und Durchdringung in vielen technischen und alltäglichen Bereichen des Lebens. So sind wickeltechnische Produkte von Haushaltsgeräten über Elektronik bis hin zu effizienten Motoren für Automatisierungslösungen oder in mobilen Anwendungen zu finden. Aus dieser hohen Vielfalt an Anwendungen mit den unterschiedlichsten Randbedingungen ergeben sich die verschiedensten technologischen Trends. Primär sollen an dieser Stelle die steigenden Anforderungen an die Energieeffizienz bzw. den Wirkungsgrad induktiver Bauelemente genannt werden. Die Folge daraus ist eine stetige Produktoptimierung, um diesen Anforderungen gerecht zu werden und fordert die Spulenwickeltechnik in einem besonderen Maß. Die zunehmende Elektrifizierung der Konsumgüter im Haushalt, privat und industriellen Umfeld sorgt, auch bedingt durch eine günstigere Elektronik, für eine bessere Regelbarkeit und geringere Verluste der Produkte. Dies führt auch zu einer stärkeren Bedeutung der Wickeltechnik. Die ursprünglich aus der Textiltechnik stammenden Verfahren, Prozesse und Maschinen haben im Rahmen der ersten industriellen Verwendung von Spulen Einzug in deren Fertigung gehalten. Zuvor wurden Spulen oft von Hand in großen Manufakturen gefertigt. Die Anforderungen an die Wickeltechnik waren dabei noch begrenzt, da weder das Produkt, beispielsweise der Elektromotor, noch dessen Fertigung hochoptimiert waren. Nicht zuletzt durch den Beginn und die politische Forcierung der Elektromobilität, motiviert durch die Verknappung fossiler Brennstoffe und Ressourcen, erreicht die Wickeltechnik als Kern-Know-how im Elektromaschinenbau einen ganz neuen Stellenwert. Vor dem Hintergrund dieser Entwicklungen soll dieses Buch eine Einführung in die Spulenwickeltechnik geben, den Stand der Technik beschreiben und bei der Bewältigung aktueller Herausforderungen in der Entwicklung wickeltechnischer Güter und deren Produktionstechnik unterstützen. Als Zielgruppe ergeben sich daher Ingenieure, die in der Auslegung induktiver Produkt- und Produktionstechnik, in der Entwicklung und im Umfeld der Produktionstechnik von Motoren tätig sind. Für die Ausbildung von Mechatronikern, im Ingenieursstudium an Fachhochschulen und Universitäten kann dieses Buch einen Beitrag zum technischen Verständnis der Wickeltechnik leisten. Aber auch Angestellte in der Beschaffung, Logistik für induktive Produktionstechnik und nicht zuletzt Anlagenbediener von Wickelmaschinen sollen von dem in diesem Handbuch zusammengefassten Wissen profitieren. Inhaltlich strukturiert sich dieses Buch beginnend mit den wickeltechnischen Produkten und deren wickelrelevanten Eigenschaften. Der Wickeldraht als Kernelement der Wickeltechnik definiert durch seine Verarbeitungseigenschaften die Prozessgrenzen sowie erreichbaren Produktqualitäten und wird anschließend thematisiert. Über die verschiedenen Arten einer Wicklung und die möglichen Wickelprozesse werden dann die daraus folgenden Automatisierungslösungen vorgestellt. Kapitel 1 beginnt mit einem Überblick über die Vielfalt induktiver Bauelemente und deren Anwendungen sowie deren Spezifika, die in Aufbau und Design vorgestellt werden. Die Einführung der fertigungsrelevanten Eigenschaften induktiver Bauteile und eine Abhandlung zu der Verwendung in Elektromotoren mit verschiedenen Wickelschemata soll dieses Kapitel abschließen. Der Wickeldraht wird im Kapitel 2 durch die Diskussion des Aufbaus, seiner Anwendung und Herstellung sowie insbesondere seiner Verarbeitungseigenschaften behandelt. Als Kern des Buches wird im Kapitel 3 eine Einführung der wickeltechnischen Fertigungsverfahren sowie angrenzender Prozesse, wie zum Beispiel dem Kontaktieren der Drähte, oder dem Montieren von Segmenten vorgestellt. Als Abschluss des Buches werden in Kapitel 4 die nachfolgenden Prozesse in Bezug auf die verwendete Maschinen- und Steuerungstechnik detailliert vorgestellt. Die Realisierung mit verschiedenen Automatisierungsgraden und den dazugehörigen Produktionsszenarien wird durch die Vorstellung häufiger technischer Automatisierungslösungen verdeutlicht. Auf Ebene der Prozessleittechnik werden anschließend verschiedene Strategien zu Qualitätssicherung und die dazugehörige Prüftechnik anhand kritischer Bauteileigenschaften vorgestellt. Den Abschluss bilden praktische Aspekte über das Wissen zur Diagnose und Prognose von Prozessfehlern sowie die Besonderheiten von Wickelmaschinen in Bezug auf Betrieb und Wartung.

Zusammenfassend soll dieses Buch dem Leser einen Einblick in die fertigungsgerechte Auslegung und Produktion von wickeltechnischen Gütern vermitteln sowie angrenzende Prozesse in der Fertigung induktiver Elektronik und des Elektromaschinenbaus vorstellen.

Inhaltsverzeichnis

Vorwort 5

1. Einführung 11

1.1 Einführung in die Spulenwickeltechnologie 11

1.1.1 Definition Spulenwickeltechnik 12

1.1.2 Abgrenzung der Wickeltechnik zu anderen Fertigungsverfahren 13

1.1.3 Klassische Prozesskette zur Herstellung von Wickelgütern 15

1.2 Einführung in die Spulentechnik 18

1.2.1 Definition der Spule 19

1.2.2 Physikalische Grundlagen 21

1.2.3 Spulenarten 36

1.2.4 Einführung in die Spulenkörper 41

1.2.5 Einführung in die Materialien für Spulenkörper 53

1.2.6 Einfluss des Spulendesigns auf die Fertigungseigenschaften 61

1.3 Einführung in Elektromotoren 69

1.3.1 Definition von Elektromotoren 70

1.3.2 Funktionsprinzipien von Elektromotoren 72

1.3.3 Einsatzgebiete von Elektromotoren 80

1.3.4 Allgemeine Anforderung an die Wicklung 85

1.3.5 Konzentrierte Wicklungen für Elektromotoren 87

1.3.6 Verteilte Wicklung für Elektromotoren 88

2. Kupferlackdraht 95

2.1 Leitereigenschaften 95

2.1.1 Kupfer im Einsatz als elektrischer Leiter 96

2.1.2 Andere Leitermaterialien 102

2.1.3 Geometrien des Leiterquerschnitts und Ausführungsformen des Leiters 105

2.2 Prozesskette zur Leiterherstellung am Beispiel von Kupferlackdraht 111
2.2.1 Übersicht der Prozesskette 111
2.2.2 Ziehverfahren 114
2.2.3 Walzverfahren 117
2.2.4 Durchlaufglühverfahren 118
2.2.5 Reinigungsverfahren 121
2.3 Isolation des Leiters 123
2.3.1 Definition der Isolationseigenschaften und Prüfverfahren 124
2.3.2 Einführung der Isolationsstoffe 127
2.3.3 Lackierverfahren zur Aufbringung der Isolation 129
2.4 Gleitmitteleinsatz 135
2.4.1 Definition der Gleitmitteleigenschaften 135
2.4.2 Einführung der Gleitmittelstoffe 137
2.4.3 Verfahren für den Gleitmittelauftrag 137

3. Wickeltechnik 141
3.1 Grundlagen der Wickeltechnik 142
3.1.1 Physikalische Grundlagen 142
3.1.2 Einführung in die Wickelschemata 147
3.2 Zentrale Funktionen der Wickeltechnik 164
3.2.1 Drahtzugregelung 164
3.2.2 Ausgleich freier Drahtlänge 169
3.3 Wickelverfahren 172
3.3.1 Einführung in die Wickelverfahren 172
3.3.2 Maschinenelemente der Wickeltechnik 175
3.3.3 Steuerungstechnik für Wickelaufgaben 178
3.3.4 Linearwickeltechnik 182
3.3.5 Flyerwickeltechnik 196
3.3.6 Nadelwickeltechnik 205
3.3.7 Ringkernwickeltechnik 214
3.3.8 Einziehtechnik 216
3.3.9 Träufelwickeltechnik 222
3.3.10 Auswahlmethodik für Wickelprozesse 226
3.3.11 Analyse von Wickelfehlern 229
3.4 Peripherieprozesse 234
3.4.1 Vorbereitende Montageprozesse 234
3.4.2 Kontaktierprozesse 236
3.4.3 Verbackprozess 238
3.4.4 Spulentests 240
3.4.5 Nachgelagerte Montageprozesse 243
3.4.6 Sekundärisolation 244

4. Automatisierung ... 249
4.1 Einführung ... 249
4.1.1 Definition Automatisierung ... 250
4.1.2 Auswahlkriterien für den Automatisierungsgrad ... 253
4.1.3 Kennwerte für die Prozessautomatisierung ... 256
4.1.4 Einteilung der Automatisierungsphasen ... 262
4.1.5 Amortisationsszenarien ... 264
4.2 Automatisierungskonzepte ... 270
4.2.1 Industrielle Montagekonzepte ... 270
4.2.2 Fördersysteme und Layouts für Fertigungslinien ... 274
4.2.3 Verkettungsarten von Fertigungslinien ... 281
4.2.4 Automatisierungsgrade von Wickelmaschinen ... 282
4.2.5 Automatisierungsrelevante Bauteileigenschaften ... 284
4.3 Automatisierungstechniken ... 286
4.3.1 Häufige Automatisierungslösungen ... 286
4.3.2 Integration von Handarbeitsplätzen ... 290
4.4 Automatisierungsbetrieb ... 293
4.4.1 Qualitätskontrolle ... 293
4.4.2 Fehleranfälligkeit - Prozessfähigkeit ... 295
4.4.3 Fehlerdiagnose ... 299
4.4.4 Wartung ... 300
4.4.5 Anforderungen an den Betreiber ... 302

Sachwortverzeichnis ... 305

Einführung

1

1.1 Einführung in die Spulenwickeltechnologie

Abb. 1.1 Linearwickelmaschine mit Drahtführer, Drahttrenner und Hilfsstift

Ziel dieses Kapitels ist es, dem Leser einen Einblick in die übergeordnete Prozesskette zur Herstellung von Spulen zu geben. Verschiedene Fertigungsverfahren werden vorgestellt, die Ausführungsvarianten von Spulen und deren physikalische Eigenschaften diskutiert. Insbesondere die Bedeutung des Spulenkörpers für die Wickeltechnik in seinen verschiedenen Ausführungsformen wird anschließend für verschiedene Spulenarten diskutiert. Abschließend erfolgt eine grundlegende Einführung in die elektrischen Maschinen, deren Wirkungsprinzipien, Anwendungen und Wicklungssysteme.

Ziel dieses Abschnittes ist eine Einordnung der Wickeltechnik in die Fertigungsverfahren nach DIN 8580. Dabei wird deutlich, dass die Wickeltechnik ein auf Umformung basiertes Montageverfahren ist. Der grundlegende Ablauf der Wickeltechnik als Schritt in einer Prozessfolge wird eingeordnet und zentrale Begriffe werden eingeführt.

Dieser Abschnitt vermittelt grundlegende Kenntnisse der Wickeltechnik und Spulen.

1.1.1 Definition Spulenwickeltechnik

Unter Spulenwickeltechnik versteht man den Prozess des Aufwickelns eines elektrischen Leiters zu einem kompakten Aufbau, der Spule. Dabei werden geometrische Strukturen aus einer oder mehreren Windungen erzeugt, die in einer oder mehreren Lagen liegen können. Die Anwendung von Spulen kann prinzipiell in Aktuatoren wie beispielsweise Elektromagnete, Elektromotoren und Schwingspule, oder auch in Sensoren wie beispielsweise in Antennen, Mikrofonen und anderen Messgeräten, unterteilt werden. In beiden Ausführungen wird ein elektrischer Leiter, in der Regel ein lackisolierter Kupferdraht, auf einen Spulenkörper gewickelt. Die Arten der Herstellung reichen von durch Biegeumformung gefertigten mikrotechnischen Spulen mit Drahtdurchmessern von 12 µm bis hin zu durch Massivumformung von Leitersträngen mit mehreren Quadratzentimetern hergestellten Kraftwerksgeneratoren. Die Wicklungen von Elektromotoren können sowohl in Statoren als auch typenabhängig in den Rotoren aus einzelnen Spulen bestehen. Die Wickeltechnik hat neben der elektromagnetischen Auslegung auch in der Fertigung einen wesentlichen Einfluss auf die Eigenschaften der wicklungsbehafteten, elektromechanischen Baugruppen. Vorrangig ist die Leistungsdichte, welche je nach Anwendung auf die Aufnahme oder Abgabe einer Kraft, eines Feldes oder eines magnetischen Flusses zurückgeführt werden kann. Andere Eigenschaften, wie z. B. die Isolationsfestigkeit, müssen für eine bestimmte Betriebsspannung eine Isolationsfestigkeit des Bauteils gewährleisten. Weil die Anforderungen an die Energieeffizienz stark zunehmen, wachsen auch die Ansprüche an die Entwicklung von elektromechanischen Baugruppen. Die Wickeltechnik wird in Bezug auf Art und Geometrie der zu wickelnden Spulen in mehrere Gruppen unterteilt, welche in den Abschnitten 1.2.3 und 1.2.4 vorgestellt werden. Der Wickelprozess wird in der Prozesskette zur Herstellung wickeltechnischer Güter immer von vor- und nachgelagerten Prozessen begleitet. Die allgemeine Prozesskette wird in Abschnitt 1.1.3 beschrieben. Eine Einführung häufiger vor- und nachgelagerte Prozesse wird in Abschnitt 3.4 vorgenommen. Die Übersicht der verschiedenen Produkte der Wickeltechnik ist anhand der verwendeten Drahtdurchmesser in der Abbildung 1.2 dargestellt.

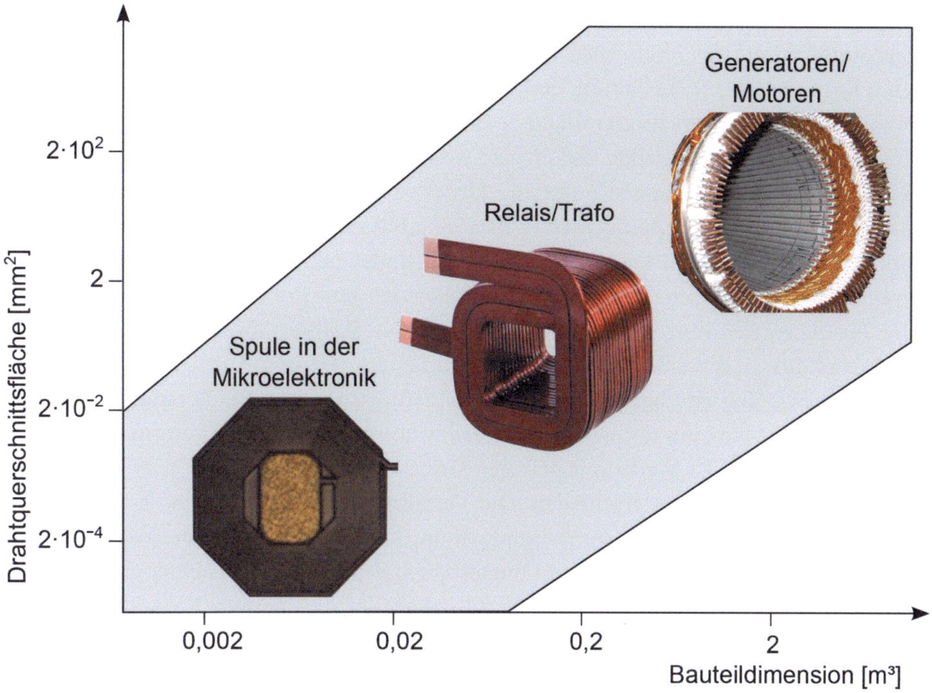

Abb. 1.2 Produkte der Wickeltechnik – Mikrospule, Relais, E-Motorzahn/Generator (Bildquellen: F&H Porter Novelli, schwa-medico GmbH, momac Group)

Die Wickeltechnik ist ein auf Umformung basierender Fügeprozess zur Herstellung von Wickelgütern. Diese besitzen das typische Merkmal einer Relativbewegung zwischen Werkstückaufnahme, in der Spulenwickeltechnik Wickelwerkzeug genannt, und der Drahtführung, in der Spulenwickeltechnik Drahtführer genannt.

1.1.2 Abgrenzung der Wickeltechnik zu anderen Fertigungsverfahren

Alle Fertigungsverfahren sind in der DIN 8580 strukturiert. Das Spulenwickeln ist gemäß DIN 8580 als ein Teil der Hauptgruppe Fügen klassifiziert und kategorisiert in der Untergruppe 4.5 Fügen durch Umformen (DIN 8593-5) bzw. 4.5.1 Fügen durch Umformen drahtförmiger Körper. Die genaue Gruppendefinition nach DIN ist die 4.5.1.6 und beschreibt ein „Wickeln mit Draht als Fügen eines Innenteils mit einem Draht durch dessen fortlaufendes Biegen um das Innenteil“. Das hier genannte Innenteil wird in der Wickeltechnik Wicklungsträger genannt und kann ein Spulenkörper oder ein Wickelwerkzeug sein (vgl. Abbildung 1.3).

Der unterlagerte Fertigungsprozess zur Erzeugung der Wicklung ist demnach die Biegeumformung. Das Umformen beschreibt allgemein eine Änderung der Form eines festen Körpers unter Beibehaltung der Masse und des Stoffzusammenhalts. Während des Umformvorgangs treten mechanische Spannungen im Bauteil auf, die nach Beanspruchungsart in der Umformzone klassifiziert werden können. Diese Beanspruchungsarten werden in fünf Hauptgruppen unterteilt: Druckumformung (DIN 8583), Zugdruckumformung (DIN 8584), Zugumformen (DIN 8585), Biegeumformen (DIN 8586) und Schubumformen (DIN 8587). Die Biegeumformung findet neben der Wickeltechnik häufig Anwendung bei der Herstellung von Stäben, Profilen und Rohren aus Blech. Voraussetzung für die Anwendung eines Umformverfahrens ist das Vermögen des zu verarbeitenden Werkstoffs, in diesem Fall des elektrischen Leiters, Art und Ausmaß der Formänderung ohne Schaden zu übernehmen. Insbesondere wird in diesem Zusammenhang von einer bleibenden bzw. plastischen Formänderung gesprochen. In der Umformtechnik wird je nach Temperatur des Werkstoffs bei einer Grenze von 500 °C bis 800 °C zwischen Kalt- und Warmumformung unterschieden. Die Verfahren der Wickeltechnik lassen sich der Kaltumformung zuordnen. In der Kaltumformung kommt es aufgrund des Werkstoffgefüges zu einer Steigerung der Härte und Zugfestigkeit des Materials, bei einer gleichzeitigen Verringerung der Bruchdehnung und der Zähigkeit, der sogenannten Kaltverfestigung.

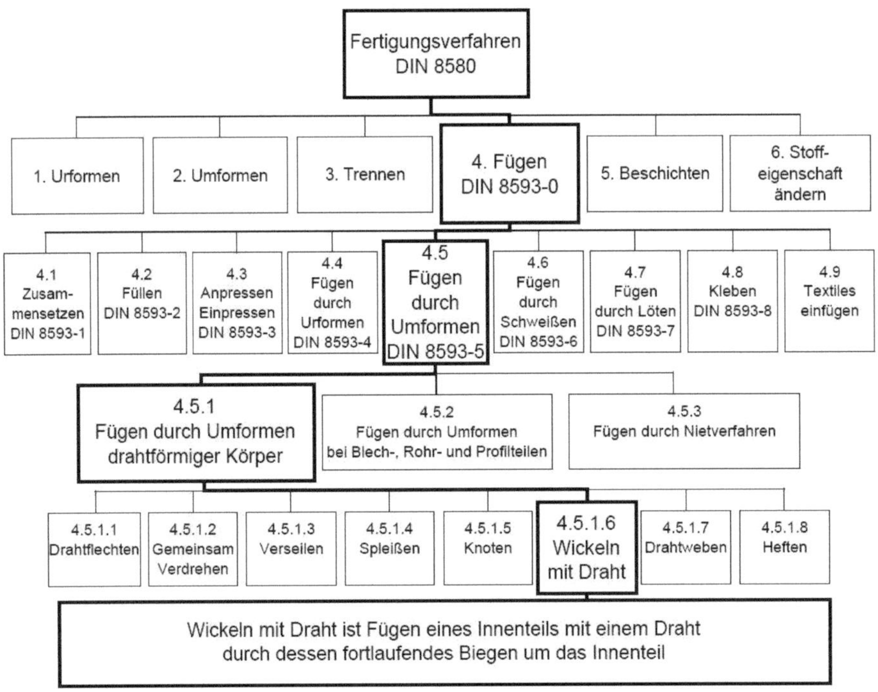

Abb. 1.3 Einordnung des Fertigungsverfahrens „Wickeln mit Draht“ gemäß DIN 8580

Entsprechend ist das Formänderungsvermögen des Leiters in der Spulenwickeltechnik im Vergleich zur Warmumformung geringer und wird auch durch den verwendeten Werkstoff bestimmt. Die Oberfläche des kaltumgeformten Materials bleibt glatt und der Einfluss der Umformgeschwindigkeit auf die Formänderung gering. Die mechanischen Eigenschaften der häufig verwendeten Wickelmaterialien werden in Bezug auf ihre Umformeigenschaften in den Abschnitten 2.1.1 und 2.1.2 diskutiert. Für die Herstellung von Spulen hat sich das Wickeln mit Draht als häufigstes Verfahren durchgesetzt. In Abhängigkeit von der Anwendung und dem Produktdesign werden Spulen jedoch auch mit anderen Verfahren hergestellt. An dieser Stelle seien die urformenden Verfahren für sehr kleine Geometrien, wie in der Mikroelektronik, oder die trennenden Verfahren für gröbere Geometrien mit Anwendung im Starkstrombereich, erwähnt. Charakteristisch für die urformenden Verfahren ist der Übergang von einem formlosen zu einem formbehafteten Körper, wie beispielsweise beim Gießprozess. Eine detaillierte Diskussion des Anwendungshintergrunds erfolgt im Abschnitt der Spulenarten (vgl. Abschnitt 1.2.3).

Das Wickeln ist nur eines von mehreren Fertigungsverfahren zur Herstellung von Wickelgütern. Die Auswahl des passenden Verfahrens ist jedoch abhängig vom Produktdesign. Der Wickelprozess ist jedoch für die Vielzahl der Wickelprodukte das bevorzugte Herstellverfahren und steht daher im Fokus dieses Buches.

1.1.3 Klassische Prozesskette zur Herstellung von Wickelgütern

Das weite Anwendungsspektrum wickeltechnischer Produkte hat zu einer großen Bandbreite an Ausführungsformen und damit verbunden zu unterschiedlichsten Verfahrensprinzipien bei der Herstellung geführt. Allen Wickelverfahren gemein ist die in Abbildung 1.4 dargestellte allgemeine Struktur des Herstellungsprozesses für Wickelgüter.

Zunächst muss im Fall der körperbehafteten Spulen der Spulenkörper zugeführt werden. Dieser wird für kleinere Spulenkörper, beispielsweise mit Anwendung in der Elektronik, als Schüttgut, oder bei größeren Spulenkörpern in der Regel auf einer Palette bereitgestellt. Für die Vereinzelung der Spulenkörper aus dem Schüttgut können verschiedene Prozesse, wie ein Wendelförderer für kleine Spulenkörper oder ein Roboter mit Bildverarbeitung für größere Bauteile verwendet werden. Abhängig vom Produktdesign können vorgelagerte Prozesse wie die elektrische Isolation des Wickelgrundes, also der Fläche des Spulenkörpers auf die die Wicklung aufgebracht wird, oder eine mechanische Bearbeitung stattfinden. Die Isolation kann durch ein Umspritzen des metallischen Spulenkörpers mit einem Kunststoff oder die Montage von Isolationsmaterialien, wie Isolationspapier, erfolgen. Nachdem der Spulenkörper in das Wickelwerkzeug gespannt wurde, kann je nach Produktdesign eine Vormontage weiterer Elemente stattfinden. Diese können als Kontaktelement für die Spulenkontaktierung oder als Wickelstift für das Terminieren, also dem mechanischen Fixieren des Drahtes am Spulenkörper, verwendet werden.

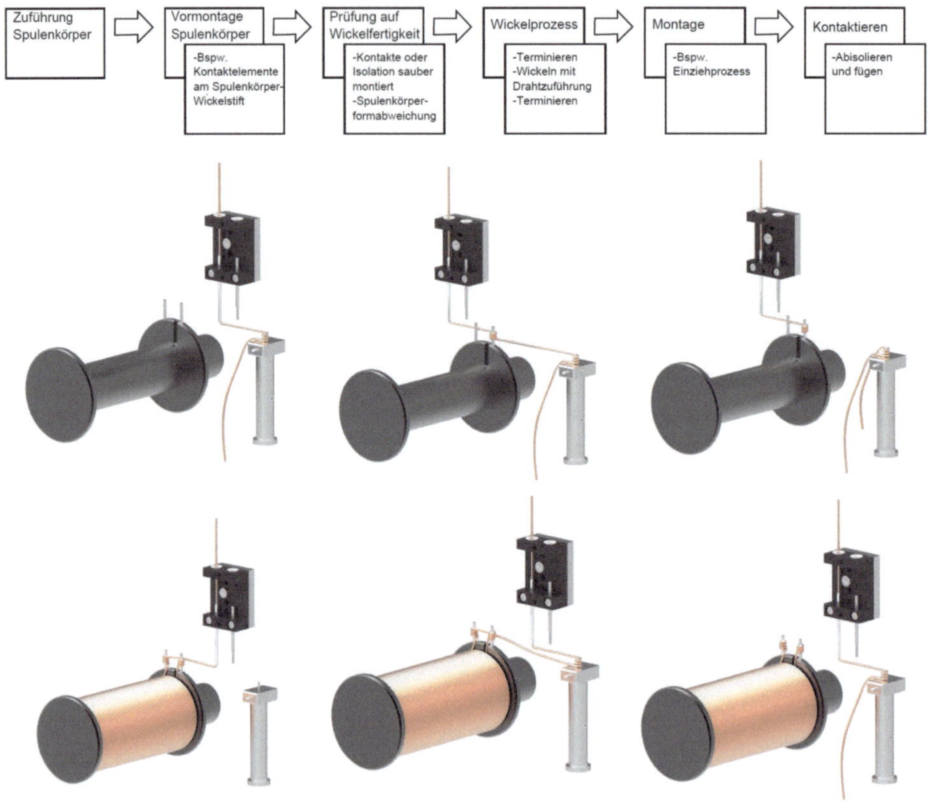

Abb. 1.4 Darstellung der allgemeinen Prozesskette zur Herstellung einer Spule

Als letzter optionaler Schritt zwischen der Vorbereitung und dem Wickelprozess erfolgt die Prüfung auf Wickelbereitschaft. Dabei wird zum einen überprüft, ob die für die Funktionsfähigkeit der Spule benötigten Kontakte oder Isolation fehlerfrei montiert wurden. Zum anderen wird die Formtreue des Spulenkörpers geprüft, um einen fehlerfreien Wickelprozess sicher zu stellen. Im Fall von körperlosen Spulen entfallen die vorgenannten Schritte und die Wicklung wird auf ein in der Wickelmaschine integriertes Wickelwerkzeug aufgebracht. Der eigentliche Wickelprozess besteht aus drei Phasen. Zunächst wird der Wickeldraht am Spulenkörper terminiert, also mechanisch an einem Element des Spulenkörpers oder des Wickelwerkzeugs befestigt, dann erfolgt das Wickeln des Drahtes. Anschließend wird das Ende des Wickeldrahtes wieder am Spulenkörper bzw. Wickelwerkzeug terminiert. Eine Ausnahme bildet das sogenannte Folgewickelverfahren, bei dem der Spulenkörper zur nächsten Bearbeitungsstation befördert wird, ohne den Draht zu trennen (vgl. Abschnitt 3.3.5). Die freien Drahtlängen, welche durch das Terminieren vor und nach dem Wickelprozess entstehen, werden Anfangs- und Enddraht genannt. Für das Aufbringen der Wicklung ist eine stetige Zuführung des Wickelgutes notwendig. Der auf Vorratsrollen bereitgestellte Leiter wird dafür durch Führungselemente zu einem Bremssystem geführt. Dieses hat die Aufgabe, eine definierte Zugkraft zu erzeugen. Zusätzlich werden Ausgleichselemente vorgesehen, welche Schwankungen der Zugkraft kompensieren oder eine Drahtlose, eine freie Drahtlänge ohne Drahtspannung, wie in Abbildung 1.5 dargestellt, zurückholen sollen. Über einen Drahtführer wird die Ablageposition des Drahtes auf dem Spulenkörper bzw. Wickelwerkzeug bestimmt. Durch den Einfluss der Biegeumformung fügt sich der Draht, wie im vorherigen Abschnitt beschrieben, in seine gewünschte Position.

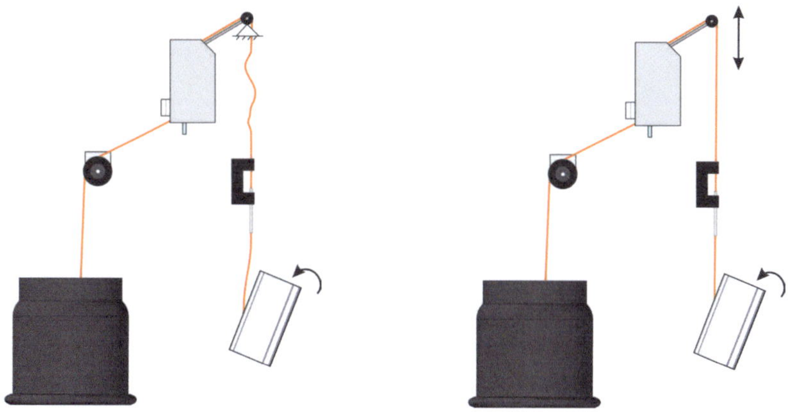

Abb. 1.5 Darstellung einer Drahtlose und deren Korrektur durch den Ausgleichsarm

Für die nachfolgenden Prozesse wird die Spule aus der Maschine entnommen und manuell oder maschinell dem nächsten Prozess zugeführt. Typische nachfolgende Prozesse sind das Abisolieren und Kontaktieren des Drahtes an den zumeist vorher montierten Kontaktelementen. Für diese Aufgabe gibt es eine Vielzahl an Prozessvarianten, die individuell auf die Wickelaufgabe angepasst werden müssen. Im Fall von komplexeren Produktdesigns werden in der Regel einzelne Spulen zu einem Wicklungsdesign montiert bzw. verschaltet. Auch hier gibt es verschiedenste Verfahrensvarianten. Am häufigsten ist die Montage der Wicklung für Statoren von Elektromotoren mit dem Einziehverfahren, welches im Abschnitt 3.3.8 beschrieben wird. Für die Stabilität der körperlosen Spulen ist das Verbacken mit einem Backlack ein typischer nachfolgender Prozess. Alternativ können diese Luftspulen ebenso mit einem Tape fixiert bzw. umwickelt werden. Dieser sichert die vorhandene Formtreue nach dem Wickeln und ermöglicht die Montage der Wicklung an ihrem Funktionsort. Abschließend zu diesen Prozessen werden die Spulen für die weitere Montage oder den Abtransport abgelegt und palettiert.

Für die Mehrzahl der Anwendungen gilt die oben beschriebene Prozesskette zur Drahtzuführung. Die Herstellung von Spulen ist stark produktabhängig, wobei einzelne Schritte hinzugenommen oder weggelassen werden können.

1.2 Einführung in die Spulentechnik

Abb. 1.6 Vielfalt der Spulenarten

Ziel des ersten Abschnittes ist zunächst eine Unterscheidung verschiedener Spulentypen nach ihren dazugehörigen Fertigungsverfahren. Im Folgenden fokussiert sich dieses Buch auf die Spulen, welche mit Hilfe der Wickeltechnik hergestellt werden können. Neben dem Widerstand und der Induktivität werden weitere physikalische Grundlagen von Spulen sowie deren Eigenschaften im Betrieb diskutiert. Eine Übersicht über die vorhandenen Spulenarten und deren spezielle Spulenkörper wird in den darauf folgenden Abschnitten gegeben. Insbesondere deren Anwendungshintergrund, Form und produktspezifische Ausprägungen werden diskutiert. Nach den Formen werden die Materialien, welche für Spulenkörper verwendet werden, in Bezug auf verschiedene Anforderungsfelder eingeordnet. Dabei wird insbesondere auf die Eigenschaften der Kunststoffe eingegangen. Den Abschluss dieses Abschnittes bildet eine Diskussion der spezifischen Herausforderungen der verschiedenen Spulenarten.

Dieser Abschnitt ist daher relevant für Leser, die sich mit der Entwicklung und dem Design, aber auch der Fertigung von Spulen beschäftigen.

1.2.1 Definition der Spule

Spulen sind eine aus mehreren elektrisch isolierten Leitern bestehende geometrische Struktur, die durch einen Stromfluss im Leiter ein Magnetfeld erzeugen oder durch die Messung einer induzierten Spannung ein Magnetfeld detektieren können. Diese geometrische Struktur wird Wicklung genannt und kann in verschiedenen Geometrien mit verschiedenen Schemata aufgebaut werden. Eine Einführung in die Schemata wird detailliert in Abschnitt 3.1.2 vorgestellt. Der Leiter besteht üblicherweise aus Kupfer, jedoch kommen auch andere Materialien zum Einsatz (vgl. Abschnitte 2.1.1 und 2.1.2). Der Leiter wird auf einen Wicklungsträger aufgebracht. Für Luftspulen ist dies das Wickelwerkzeug, bzw. für körperbehaftete Spulen ein Spulenkörper (vgl. Abschnitt 1.2.4). Die Erzeugung des Leiters unterscheidet sich nach verschiedenen Spulenarten analog zu den Fertigungsverfahren, die schon in Abschnitt 1.1.2 vorgestellt wurden. Für die Fertigung von Spulen können unterschiedliche Verfahren zum Einsatz kommen, die in der Tabelle 1.1 aufgeführt sind. Neben der klassischen Spulenwickeltechnik gibt es weitere Fertigungsverfahren, die sich je nach Art und Form der Spulen zur Herstellung eignen. So wird im Stand der Forschung die Eignung verschiedener Urformverfahren für die Spulenherstellung als Alternative zum Wickelprozess untersucht. Für die Herstellung von kompakten Motorspulen, die möglichst nahe der benötigten Endkontur gefertigt werden sollen, untersucht das Fraunhofer IAM die Möglichkeiten des Spulengießens [Gro-14]. Die Herstellung mittels Urformen birgt den Vorteil einer geringen Materialbelastung durch den Fertigungsprozess, einem primär formgebenden Prozess, und die Möglichkeit eines endkonturnahen Bauteils. Allerdings muss dieses für die spätere Montage mit dem Wicklungsträger so konstruiert sein, dass es kollisionsfrei montiert werden kann. Ein weiteres Urformverfahren findet heute schon Anwendung in der Herstellung von Spulen für die Mikroelektronik.

Die mit dem Siebdruckverfahren hergestellten Spulen werden meist für sensorische Anwendungen oder in RFID-Chips (engl. radio-frequency identification), einem funkbasierten Bauteilerkennungsverfahren, verwendet. Auch erste Ansätze für das Drucken von Motorspulen werden in der Forschung bereits erprobt [Bra-12]. Die Massenproduktion von Spulen mit Anwendungen in der Unterhaltungs- oder Kommunikationselektronik basiert auf den trennenden Verfahren der vierten Hauptgruppe von DIN 8085.

Tab. 1.1 Fertigungsverfahren von Spulen und deren Anwendung

Fertigungsverfahren	Anwendung
– Urformen: Gießen	Motoren mit Einzelzähnen
– Beschichten: Drucken [Bra-12]	Mikroaktorik
– Beschichten und Abtragen: Lithographie	Leiterplatten – Mikroelektronik
– Spanendes Umformen	Anwendung mit hohen Strömen (bis zu 1kA)
– Umformen: Stabspule/Hairpin	Starter/Generator/Anlasser, voll-elektrische Antriebe, Hochstromantriebe
– Wickeln: Spulenwickeltechniken	Motoren, Sensoren, Elektronik, u. A.

Dabei wird die Spulenstruktur aus einer mit Kupfer beschichteten Leiterplatte geätzt. Die gewünschte Struktur wird vorher mit Hilfe eines Lithografischen Verfahrens durch den Auftrag eines säureresistenten Films geschützt. Diese Prozesskette ist in der Literatur bereits hinreichend beschrieben und soll an dieser Stelle nicht weiter vertieft werden [Hil-02]. Für die Anwendungen von Spulen im Starkstrombereich werden sehr große Leiterquerschnitte benötigt. Diese größeren mechanischen Strukturen werden, je nach Aufbau und Anwendung, aus kleinen Segmenten montiert oder aus einem Vollmaterial gefräst. Durch die große Verbreitung von Elektromotoren mit verschiedensten Anwendungen hat sich eine hohe Variantenvielfalt an Produktdesigns und Ausführungsarten etabliert. So wird der komplexe Aufbau der klassischen verteilten Wicklung heutzutage durch eine Montage der einzelnen Spulen aus Wickeldraht im Stator erreicht. Alternativ haben sich aber auch Montageverfahren auf Basis von Leiterstäben, auch Hairpins genannt, etabliert, die analog zur verteilten Wicklung montiert werden, jedoch vorher nicht durch einen Wickelprozess, sondern meist durch Umform- und Trennprozesse hergestellt werden. Typische Spulenformen und ihre zugehörigen Fertigungsverfahren können der folgenden Abbildung 1.7 entnommen werden. Im folgenden Verlauf des Buches werden die aus Wickeldraht gefertigten Spulen thematisch fokussiert.

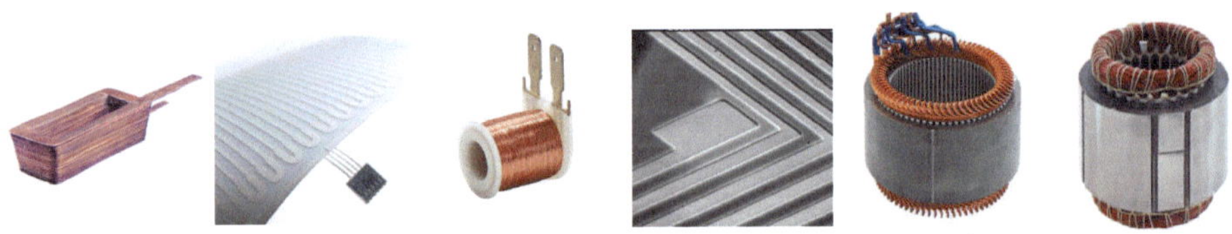

Gegossene Spule | Gedruckte Spule | Gewickelte Spule | Geätzte Spule | Gesteckte Stabspulenwicklung | Einziehwicklung

Abb. 1.7 Darstellung verschiedener Spulenformen mit jeweiligem Fertigungsverfahren (Bildquellen: Fraunhofer IFAM, Freudenberg, Department of Electrical Enginering, University of Palermo and CRES, Monreale, Italy)

Die Spulenwickeltechnik beschäftigt sich nicht nur mit der Herstellung eines Teils der verschiedenen Bauformen von Spulen. Sie wird darüber hinaus auch zur Fertigung resistiver und nicht elektrischer Bauelemente eingesetzt. Diese spielen jedoch eine untergeordnete Rolle. Ausgehend von der dargestellten Vielfalt an Spulenanwendungen und -designs ergibt sich ein Spektrum an Herausforderungen für die Fertigung. Diese beinhalten beispielsweise verschiedene Drahtgeometrien und -abmessungen, Wickelschemata, Spulenkörperformen oder Leistungsdichten der Spulen.

1.2.2 Physikalische Grundlagen

Für ein grundsätzliches Verständnis von elektrischen Spulen und elektrischen Maschinen ist die Kenntnis des Charakters von elektrischen und magnetischen Feldern entscheidend. Dafür werden in diesem Unterkapitel zentrale physikalische Größen vorgestellt. Generell gilt, dass ein magnetisches Feld durch die Wirkung eines stromdurchflossenen Leiters oder durch bestimmte Werkstoffe erzeugt werden kann. Diese Werkstoffe besitzen die Eigenschaft, dass eine einmal eingebrachte Ausrichtung der Weißschen Bezirke durch ein äußeres Magnetfeld dauerhaft bestehen bleibt. Dieser Vorgang wird Magnetisieren genannt (vgl. Abbildung 1.8). Je nachdem, welcher Stoff magnetisiert wird, ergeben sich daraus verschiedene Magnete. Beispielsweise werden ferromagnetische Stoffe zur Erzeugung eines Dauermagneten eingesetzt. Paramagnetische Stoffe erzeugen ein eigenes Magnetfeld, solange sie sich in einem äußeren fremden Magnetfeld befinden. Die Magnetisierungsrichtung entspricht dem des äußeren Feldes. Diamagnetische Stoffe schwächen ein externes Magnetfeld durch den Aufbau eines gegengepolten eigenen Magnetfeldes ab. Zur Darstellung des magnetischen Feldes werden Feldlinien verwendet. Aufgrund der Aufteilung der Feldquellen in einen magnetischen Nord- und Südpol sind Feldlinien stets geschlossene Kurven, die sich nie überschneiden. Für den Richtungssinn magnetischer Feldlinien gilt die Vereinbarung: Innerhalb des magnetischen Körpers führen die Feldlinien vom Süd- zum Nordpol und außerhalb des magnetischen Körpers vom Nord- zum Südpol.

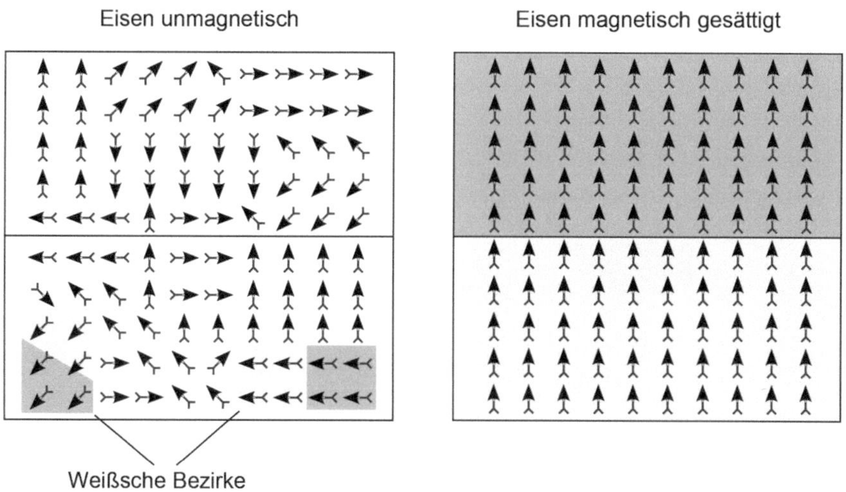

Abb. 1.8 Physikalischer Effekt der Magnetisierung; Ausrichtung der Weißschen Bezirke

Elektrischer Widerstand

Eine materialabhängige Eigenschaft von Stoffen ist deren Fähigkeit, elektrischen Strom zu leiten. Der elektrische Widerstand *R*, angegeben in der Einheit Ohm oder Volt/Ampere, ist ein Maß dafür, welche elektrische Stromstärke sich bei einer angelegten elektrischen Spannung einstellt. Der dabei vorhandene Widerstand eines runden elektrischen Leiters kann durch die folgende Formel (1.1) beschrieben werden.

$$R = \rho \cdot \frac{l}{A} = \rho \cdot \frac{4 \cdot l}{\pi \cdot d^2} \tag{1.1}$$

Rho ist der spezifische elektrische Widerstand und wird in der Einheit Ohm*mm^2/m angegeben. Des Weiteren steht l für die Länge des Leiters und A für die Querschnittsfläche. Unter der Annahme von runden Drähten für Spulen kann daher die Querschnittsfläche durch den Drahtdurchmesser d substituiert werden.

Magnetisches Feld um einen stromdurchflossenen Leiter

Für technische Anwendungen werden die magnetischen Wirkungen von stromdurchflossenen Leitern eingesetzt, da sich diese Wirkung über die Stromstärke, die Leiteranordnung sowie die Leiteranzahl bzw. Windungsanzahl N steuern lässt. Um einen geraden Leiter, der vom Strom I durchflossen wird, bildet sich ein Magnetfeld aus, dessen Feldlinien konzentrische Kreise in Ebenen senkrecht zum Leiter sind. Der Vektor der magnetischen Feldstärke in einem Punkt P (vgl. Abbildung 1.9) des magnetischen Feldes wird mit H bezeichnet. Seine Richtung ist senkrecht zum Strom I. Der Richtungssinn des Feldstärkevektors ergibt sich nach der Rechtsschraubenbewegung, die da lautet: Dreht sich eine Rechtsschraube in Richtung des Feldes, dann bewegt sich diese in Richtung des Stroms I innerhalb des Leiters.

Abb. 1.9 Lenzsche Regel: Magnetfeld eines stromdurchflossenen Leiters

Eine andere Regel, die diesen Zusammenhang beschreibt, ist die sogenannte Rechte-Hand-Regel: Umfasst die rechte Hand den stromdurchflossenen Leiter, sodass der Daumen in die Richtung des elektrischen Stromes zeigt, dann geben die übrigen Finger die Richtung der Feldlinien an. Der Betrag der magnetischen Feldstärke $|\vec{H}|$ im Punkt P ist proportional zur Stromstärke I im Leiter und umgekehrt proportional zum Abstand des Punktes P vom Leiter, wie in Abbildung 1.9 dargestellt. Damit gilt für die Feldstärke H:

$$H = \left|\vec{H}\right| = \frac{I}{l} \qquad \text{mit} \qquad l = 2\pi \cdot r \tag{1.2}$$

wobei l die Länge der durch P gehenden Feldlinie ist. Die Einheit der magnetischen Feldstärke ist 1 Ampere/Meter. Der Feldaufbau um eine steigende Anzahl an Windungen ist in Abbildung 1.10 dargestellt.

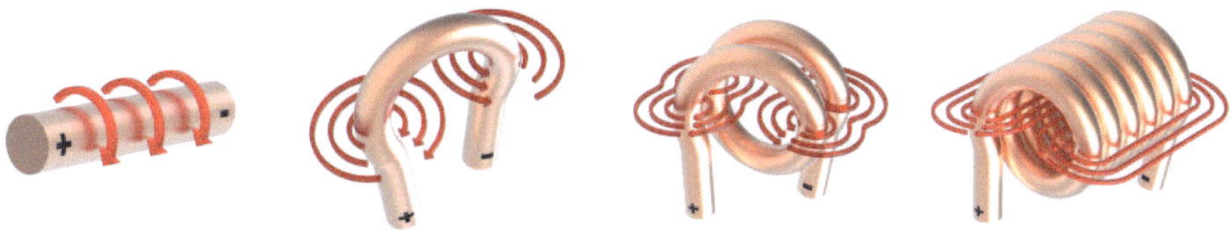

Abb. 1.10 Aufbau des magnetischen Feldes einer Spule

Durchflutungsgesetz von Ampere

Wird eine geschlossene Kurve (Feldlinie) in einem Magnetfeld betrachtet, so nennt man die Summe der Ströme, die diese Kurve durchsetzen, die Durchflutung Θ der Kurve:

$$\Theta = \sum_n I_n \tag{1.3}$$

Bei der Addition der Einzelströme ist das Vorzeichnen der Ströme zu beachten, ein einfaches Summieren der Strombeträge führt zu einem falschen Ergebnis. Am Beispiel einer Spule mit N Windungen bedeutet dies das Folgende: Fließt in der Spule der Strom I und sie besitzt keinen Kern, so kann als geschlossene Kurve eine beliebige Feldlinie des sich ausbildenden Magnetfelds ausgewählt werden. Die Durchflutung dieser Kurve ergibt sich dann zu:

$$\Theta = N \cdot I \tag{1.4}$$

die magnetische Feldstärke längs dieser Feldlinie beträgt

$$H_i = \frac{\Theta}{l_i} = \frac{N \cdot I}{l_i} \tag{1.5}$$

Besitzt die Spule einen Kern aus ferromagnetischem Material, so werden die Feldlinien fast ausschließlich durch diesen Eisenkern geführt. Der Grund liegt darin, dass der magnetische Widerstand von Luft deutlich höher ist als der eines Ferromagneten. Entsprechend geht das Feld den Weg des geringsten magnetischen Widerstandes und die Feldlinien konzentrieren sich im Inneren des Kerns. Der magnetische Widerstand wird auch als Reluktanz bezeichnet und wird mit dem Formelzeichen R_M beschrieben In dem beschriebenen Fall kann die magnetische Feldstärke im Kern als näherungsweise homogen angesehen und die mittlere Feldlinienlänge zur Berechnung dieser konstanten Feldstärke verwendet werden:

$$H = \frac{\Theta}{l_m} = \frac{N \cdot I}{l_m} \tag{1.6}$$

Als praktische Größe in der Auslegung und Produktion von induktiven Bauelementen hat sich die Amperewindungszahl etabliert. Sie entspricht ebenfalls dem Produkt von Stromstärke und Windungszahl einer Spule und ist daher äquivalent zur Durchflutung.

Magnetische Flussdichte bzw. magnetische Induktion

Das magnetische Feld ist allein durch die Wirkungen einer magnetischen Feldstärke nicht ausreichend beschrieben. Zur vollständigen Beschreibung muss deswegen eine weitere Feldgröße eingeführt werden, die magnetische Flussdichte $\boldsymbol{B}$, häufig auch magnetische Induktion genannt. Deren Größe wird wesentlich durch Eigenschaften des Mediums bestimmt, in dem sich das magnetische Feld ausbildet. Sie verläuft in der gleichen Richtung wie die magnetische Feldstärke und wird durch die Ergänzung einer materialabhängigen Konstante, der magnetischen Permeabilität μ, definiert:

$$\vec{B} = \mu \cdot \vec{H} \tag{1.7}$$

Die Permeabilität wird aus dem Produkt zweier Größen gebildet:

- der dimensionsbehafteten Permeabilität des Vakuums $\mu_{0:}$

$$\mu_0 = 4\pi \cdot 10^{-7}\ \mathrm{Vs/Am}$$

- und der dimensionslosen Permeabilitätszahl des Stoffes μ_r:

$$\mu = \mu_o \cdot \mu_r \tag{1.8}$$

Die Einheit der magnetischen Flussdichte ist Tesla mit $1\ \mathrm{T} = 1\ \mathrm{Vs/m^2}$. Bei unmagnetischen Stoffen gilt mit guter Näherung $\mu_r = 1$. Bei magnetischen Stoffen gilt stets $\mu_r > 1$. Bei ferromagnetischen Stoffen kann μ_r theoretisch bis zu 10^6, in der Praxis jedoch eher 10^3 bzw. 10^4 betragen. Allerdings ist bei diesen Stoffen die Permeabilitätszahl nicht konstant, sondern hängt sowohl von den Eigenschaften der Weißschen Bezirke im Material, als auch von der aktuellen Durchflutung ab. Dies beruht auf physikalischen Abhängigkeiten der Atome, wie den Bloch-Wänden zwischen den Bezirken, oder Phänomenen wie dem Barkhausen-Effekt, einer diskreten Magnetisierung des Materials hervorgerufen durch seine Gitterfehler.

Zur Veranschaulichung des magnetischen Flusses wird dieser am Beispiel einer Spule diskutiert. Dabei wird zunächst davon ausgegangen, dass der sich in der Spule befindliche Eisenkern völlig unmagnetisch und die Spule stromlos ist. Wird die Stromstärke in der Spule von Null beginnend langsam erhöht, baut sich ein Magnetfeld auf, welches sich vorwiegend im Eisenkern, aufgrund des geringeren magnetischen Widerstands, ausbreitet. Dieses Feld bewirkt, dass sich die zunächst ungeordneten Weißschen Bezirke zunehmend parallel zu den Feldlinien des magnetischen Feldes ausrichten. Diese Ausrichtung ist zunächst reversibel, mit steigender Feldstärke zunehmend irreversibel. Durch diese Ausrichtung der Bezirke, auch Elementarmagnete genannt, wird in ferromagnetischen Stoffen bei großer Feldstärke die magnetische Flussdichte sehr viel größer als bei kleiner Feldstärke. Dieser Effekt setzt sich nur solange fort, bis alle Elementarmagnete ausgerichtet sind. An diesem Punkt tritt eine Sättigung ein und die magnetische Flussdichte steigt nicht weiter an. Bei einer Reduktion des Spulenstroms nach der Sättigung und bei der dadurch abnehmenden Feldstärke werden zunächst nur die reversiblen Drehungen der Elementarmagnete rückgängig gemacht, sodass, selbst wenn das durch die stromdurchflossene Spule gebildete Feld vollständig abgebaut ist, immer noch eine gewisse magnetische Flussdichte verbleibt, die als Remanenz B_r bezeichnet wird. Der Eisenkern ist demzufolge zu einem Dauermagneten geworden. Um den Kern zu entmagnetisieren, muss die Richtung des Spulenstroms und damit die Richtung des Feldes umgekehrt werden. Die Feldstärke des erforderlichen Gegenfeldes nennt man die Koerzitivfeldstärke H_c des Stoffes. Bei weiterer Vergrößerung der Stromstärke in der Spule und damit des magnetischen Feldes im ferromagnetischen Werkstoff, wiederholt sich der oben beschriebene Vorgang in umgekehrter Richtung bis zur erneuten Sättigung. Ist die Feldstärke *B* über die Flussdichte *H* aufgetragen (*B, H*-Diagramm) wird dieses als Hystereseschleife bezeichnet (vgl. Abbildung 1.11).

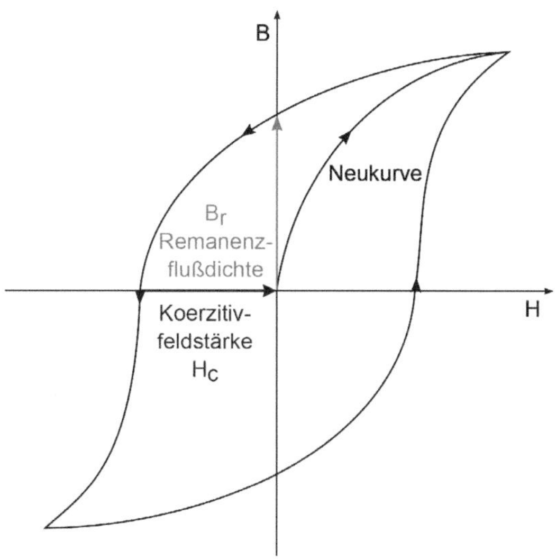

Abb. 1.11 Physikalischer Effekt der Magnetisierung; Hysteresekennlinie

Bei Spulen, die in Wechselstromkreisen eingebaut sind, läuft dieser Vorgang mit 50 Hz, also 50-mal pro Sekunde ab. Die innere Reibung im Werkstoff bei der Ausrichtung der Elementarmagnete führt dabei zu Energieverlusten, die proportional zum Kernvolumen und zum Flächeninhalt der Hystereseschleife sind. Für elektrische Maschinen und Anlagen (z. B. Motoren und Transformatoren), bei denen die Feldlinien in einem geblechten Eisenaufbau geführt werden, sind diese Verluste in zweifacher Hinsicht unerwünscht, weil einerseits der Wirkungsgrad sinkt und sich andererseits das Gerät erwärmt. Um diesem Effekt entgegen zu wirken, werden in Elektromagneten, Transformatoren und Elektromotoren deshalb sogenannte weichmagnetische Werkstoffe verwendet, bei denen sowohl die Remanenz als auch die Koerzitivfeldstärke möglichst klein sind. Das trifft beispielsweise auf das sogenannte Dynamoblech (Fe mit 3,75 % Si) zu.

Dauermagnete müssen demgegenüber über eine große Remanenz und eine große Koerzitivfeldstärke als Schutz gegen eine ungewollte Entmagnetisierung durch elektrische Streufelder verfügen. Für Dauermagnete werden deshalb sogenannte magnetisch harte Werkstoffe verwendet. Die magnetisch härtesten Werkstoffe, deren Remanenz fast so groß ist wie die Sättigungsflussdichte und deren Koerzitivfeldstärke fast die Sättigungsfeldstärke erreicht, werden als Rechteckferrite bezeichnet.

Der magnetische Fluss

Der magnetische Fluss Φ ist die Gesamtheit der aus einer Fläche austretenden Feldlinien und der auf der gegenüberliegenden Fläche eintretenden Feldlinien. Dabei ist A die vom Magnetfeld durchsetzte Fläche, also diejenige Fläche, auf die sich der magnetische Fluss im Luftspalt verteilt. Entsprechend beschreibt die Flussdichte den Fluss, der durch eine gegebene Fläche durchtritt. Folglich ist der Fluss gleich Flussdichte mal Fläche. Bei einem homogenen magnetischen Feld folgt daraus die Definition des magnetischen Flusses durch die Polfläche A, die senkrecht zur Flussrichtung angeordnet ist:

$$\Phi = B \cdot A \tag{1.9}$$

Die Einheit des magnetischen Flusses ist Weber (Voltsekunde) 1 Vs = 1 Weber = 1 Wb.

Analogien der Mechanik und Elektrodynamik

Für das Verständnis von elektrischen und magnetischen Feldern werden zum besseren Verständnis häufig Analogien aus der Mechanik herangezogen. Eine Auswahl an Analogien ist in Tabelle 1.2 zusammengefasst.

Tab. 1.2 Analogien der Mechanik und Elektrotechnik in Anlehnung an [Alt-08]

Mechanische Größe		**Elektrische Analogie 1**		**Elektrische Analogie 2**	
Kraft	F	Spannung	U	Strom	I
Geschwindigkeit Weg Kraftstoß	v s Δp	Strom Elektrische Ladung Magnetischer Fluss	i Q Φ	Spannung Magnetischer Fluss Elektrische Ladung	u Φ Q
Masse	m	Induktivität	L	Kapazität	C
Geschwindigkeit	$v = \Delta s/\Delta t$	Strom	$v = \Delta Q/\Delta t$	Spannung	$v = \Delta\Phi/\Delta t$
Trägheitskraft	$F = \frac{\Delta p}{\Delta t} = m \cdot \frac{\Delta v}{\Delta t}$	Spannung	$U = \frac{\Delta\Phi}{\Delta t} = L \cdot \frac{\Delta i}{\Delta t}$	Strom	$I = \frac{\Delta Q}{\Delta t} = C \cdot \frac{\Delta u}{\Delta t}$
Arbeit: Leistung:	$\Delta W = F \cdot \Delta s$ $P = F \cdot v$	Arbeit: Leistung:	$\Delta W = U \cdot \Delta Q$ $P = U \cdot I$	Arbeit: Leistung:	$\Delta W = I \cdot \Delta\Phi$ $P = I \cdot U$
Federkonstante	$D = F/\Delta s$	Kapazität:	$C = \varepsilon \cdot A/d$	Induktivität:	$L = w^2 \cdot \lambda$
Bewegung:	$p = m \cdot v$	Magn. Fluss:	$\Phi = L \cdot i$	Elektr. Ladung:	$Q = C \cdot u$
Kin. En.	$E = \frac{1}{2} m \cdot v^2$	Magn. En.	$E = \frac{1}{2} L \cdot i^2$	Elektr. En.	$E = \frac{1}{2} C \cdot u^2$

Die Lorentzkraft

Bewegt sich innerhalb eines elektromagnetischen Feldes eine elektrische Ladung q mit einer definierten Geschwindigkeit v, so wirkt auf die Ladung eine Kraft, die sogenannte Lorentzkraft F_L. Mathematisch kann dieser Zusammenhang für eine Punktladung q mit

$$F_L = q \cdot (\vec{v} \times \vec{B}) \quad (1.10)$$

beschrieben werden. Für die Wickeltechnik und den Elektromotor von praktischer Relevanz ist die Erweiterung dieses Phänomens auf einen stromdurchflossenen Leiter mit der Länge l. Auch hier gilt: Ist ein elektrischer Leiter senkrecht zu einem umgebenen magnetischen Feld orientiert und wird er von einem Strom durchflossen, so ist eine Kraftwirkung auf den Leiter zu beobachten. Es gilt der Zusammenhang unter der Annahme, dass Leiterorientierung und Magnetfeld senkrecht zueinander sind:

$$F_L = I \cdot l \cdot B|\vec{l} \perp \vec{B} \quad (1.11)$$

Zur Veranschaulichung wird oft das Beispiel einer Leiterschaukel genannt. Ist eine elektrisch kontaktierte Leiterschleife zwischen den Schenkeln eines magnetischen Kreises, so wird die Leiterschleife durch die Lorentzkraft in Richtung der Schenkel ausgelenkt. Aufgrund der in der Literatur ausführlich beschriebenen Natur der Lorentzkraft soll an dieser Stelle auf weitere Ausführungen verzichtet werden.

Das Induktionsgesetz

Wenn ein konstanter magnetischer Fluss eine Leiterschleife mit *N* Windungen durchdringt, in der kein Strom fließt und die sich in Ruhe befindet, so werden auf die Elektronen in der Leiterschleife keine Kräfte ausgeübt. Wenn sich jedoch der magnetische Fluss verändert, so lässt sich in der Leiterschleife ein Strom *i(t)* nachweisen, dessen Betrag proportional zur Änderungsgeschwindigkeit des magnetischen Flusses ist. Die Ursache dieses Stroms muss eine Quellspannung U_q sein, die durch die Flussänderung induziert wird:

$$u_q = N \cdot \frac{d\Phi}{dt} \tag{1.12}$$

Induktivität einer Spule

Zur Erläuterung der Selbstinduktivität einer Spule wird eine elektrische Spule betrachtet, deren Leiter um einen ringförmigen Kern aus unmagnetischem Kunststoff gewickelt ist (Ringspule). Da der unmagnetische Kunststoff näherungsweise die gleiche Permeabilität wie das Vakuum oder auch die Luft besitzt, kann sie auch als Luftspule bezeichnet werden. Die Windungszahl der Spule sei *N*, der Spulenquerschnitt *A* (Kernquerschnitt) und die mittlere Feldlinienlänge *l*. Bei einem zeitlich veränderlichen Strom *i(t)* ergibt sich die Durchflutung

$$\Theta(t) = N \cdot i(t) = H(t) \cdot l \tag{1.13}$$

der Spule. Durch die zeitliche Veränderung des Stromes ist die Durchflutung ebenfalls zeitlich veränderlich ist. Der magnetische Fluss wird folglich

$$\Phi(t) = B(t) \cdot A = \mu_0 \cdot H(t) \cdot A = \frac{\mu_0 \cdot N \cdot i(t) \cdot A}{l}. \tag{1.14}$$

Durch den veränderlichen magnetischen Fluss wird aber nach dem Induktionsgesetz eine Quellenspannung induziert, die wiederum dafür sorgt, dass ein Strom in der Spule fließt. Dieser Vorgang wird als die Selbstinduktion bezeichnet. Die induzierte Spannung ist häufig 1 *nH* pro

$$u(t) = N \cdot \frac{d\Phi}{dt} = \frac{\mu_0 \cdot N^2 \cdot A}{l} \cdot \frac{di(t)}{dt}. \tag{1.15}$$

Sie ist damit proportional zu der zeitlichen Ableitung des Spulenstroms. Der Proportionalitätsfaktor hängt von der Windungszahl N, der Permeabilität μ_0 und den Abmessungen der Spule ab. Diese, für die Selbstinduktion der Spule charakteristische Größe, wird als deren Induktivität L bezeichnet:

$$L = \frac{\mu_0 \cdot N^2 \cdot A}{l}. \tag{1.16}$$

Für die Induktivität besteht jedoch auch eine Abhängigkeit von der Bauform der Spule. Für Ringspulen kann beispielsweise die Länge über den Durchmesser des Ringkerns bestimmt werden. Dabei wird zwischen dem äußeren Radius des Kerns R, dem inneren Radius des Kerns r und der sich ergebenden Breite bzw. Tiefe des Ringerkerns b unterschieden. Als Näherungsformeln kann folgende Gleichung angesehen werden:

$$L = \frac{\mu_0 \cdot \mu_r \cdot N^2 \cdot b}{2\pi} \ln \frac{R}{r}. \tag{1.17}$$

Für Luftspulen mit Zylinderform, die mindestens die 0,6-fache Länge des Radius r_w haben, gilt die folgende Abschätzung:

$$L = \frac{\mu_0 \cdot N^2 \cdot A}{l + 2 \cdot r_w/2,2}. \tag{1.18}$$

In der Praxis findet oft noch eine andere Größe Anwendung, die als Induktivitätskonstante A_L bezeichnet wird, da oft vorgefertigte Spulenkerne verwendet werden. Die Einheit dieser Konstante ist häufig nH pro Quadratwindung und entspricht dem Kehrwert des magnetischen Widerstandes. Die Induktivität definiert sich dann wie folgt, ist aber nur für den linearen Bereich des magnetischen Flusses ohne Sättigung zulässig:

$$L = A_L \cdot N^2. \tag{1.19}$$

Damit besteht zwischen Strom und Spannung in einer Spule der Zusammenhang

$$u(t) = L \cdot \frac{di(t)}{dt}. \tag{1.20}$$

Die Einheit der Induktivität ist 1 Henry = 1 Vs/A = 1 Ωs (1 H).

Als Schaltzeichen der Spule wird ein längliches Rechteck verwendet. Allerdings wird es im Gegensatz zum Schaltzeichen des ohmschen Widerstands schwarz ausgefüllt. Eine reale Spule ist aus Leitungsdraht gewickelt, hat also immer einen ohmschen Widerstand. Als Schaltzeichen einer realen Spule wird eine stilisierte Spule verwendet oder, im

Ersatzschaltbild, eine Reihenschaltung aus idealer Spule und ohmschen Widerstand. Der Spannungsabfall an einer realen Spule wird dann:

$$u(t) = u_R(t) + u_L(t) = R \cdot i(t) + L \cdot \frac{di(t)}{dt}. \tag{1.21}$$

Elektrische Verlustleistung von Spulen

Die Verlustleistung P_{Cu} einer Spule hängt vorrangig von ihrem ohmschen Widerstand ab und kann daher wie folgt beschrieben werden [Wic-00]:

$$P_{Cu} = I^2 \cdot R_{Cu} = J^2 \cdot A_{Cu}^2 \cdot \frac{\rho_{Cu} \cdot l_{Cu}}{A_{Cu}} = J \cdot A_{Cu} \cdot \rho_{Cu} \cdot n \cdot l_m$$

$$P_{Cu} = J \cdot I \cdot n \cdot \rho_{Cu} \cdot l_m = J \cdot \Theta \cdot \rho_{Cu} \cdot l_m \tag{1.22}$$

Die Stromdichte J beschreibt dabei den Strom geteilt durch den Querschnitt des Leiters A_{Cu}. Die Größe l_m beschreibt die mittlere Leiterlänge pro Windung, welche mit der Anzahl der Windungen die gesamte Leiterlänge beschreibt. Für die Flussdichte wiederum gilt die bekannte Formel

$$P_{Cu} = n \cdot I = J \cdot A_{Cu} \cdot n = J \cdot k_{Cu} \cdot A_W \qquad \text{bzw.} \qquad A_W = \frac{\Theta}{J \cdot k_{Cu}}. \tag{1.23}$$

In diesem letzten Ausdruck sind nun weitere Parameter eingeführt. k_{Cu} ist eine zentrale Größe der Wickeltechnik und beschreibt das Verhältnis von der Fläche des Kupferdrahts zum vorhandenen Wickelraum. Die Querschnittsfläche der gesamten Wicklung inklusive Lücken wird durch die Größe A_w beschrieben. Die letzte unbekannte Größe in der Gleichung für die Verlustleistung ist die mittlere Drahtlänge l_m. Diese kann für einen unrunden Spulenkern mit der folgenden Gleichung angegeben werden, wobei b und t die Breite und Tiefe des Spulenkörpers sind und b_w die Wicklungsbreite beschreibt:

$$l_m = 2 \cdot (b + t + 2 \cdot b_w) = 2 \cdot (b + t + 2 \cdot \frac{A_W}{h_W}) = 2 \cdot (b + t + 2 \cdot \frac{2 \cdot \Theta}{h_W \cdot J \cdot k_{Cu}}). \tag{1.24}$$

Mit dieser Beziehung kann die berechnete Verlustleistung wie folgt ausgedrückt werden:

$$P_{Cu} = J \cdot \Theta \cdot \rho_{Cu} \cdot 2 \cdot (b + t + \frac{2 \cdot \Theta}{h_W \cdot J \cdot k_{Cu}}). \tag{1.25}$$

Die elektrischen Verluste von Spulen hängen demnach von zwei generellen Aspekten ab. Vor der Klammer stehen die Stromdichte, der magnetische Fluss und die elektrische Leitfähigkeit. Alle diese Größen entsprechen Randbedingungen der Applikation, wie der Strom und die Windungszahl, als auch der Auswahl des Leiterwerkstoffes und der Drahtquerschnitt durch die Stromdichte. Der nachfolgende Term ist vorrangig durch die Spulengeometrie und den Füllfaktor definiert, weshalb er stärker durch die Fertigung und Wickeltechnik beeinflusst werden kann.

Magnetische Energie in der Spule (Luftspule)

Die magnetische Energie in der Spule ist gleich der elektrischen Arbeit beim Aufbau des Magnetfelds:

$$dW_m = dW_{el} = u(t) \cdot i(t) \cdot dt = L \cdot \frac{di}{dt} \cdot i(t) \cdot dt = L \cdot i \cdot di. \tag{1.26}$$

Demnach ist

$$W_m = L \cdot \int i \cdot di = \frac{1}{2} \cdot L \cdot I^2. \tag{1.27}$$

Bei Eisenspulen ist die Berechnung der magnetischen Energie wiederum komplizierter, da die Induktivität *L* der Spule zwar deutlich größer als bei einer Luftspule ist, aber wie die Permeabilität μ von der Stromstärke *i(t)* abhängt.

Der magnetische Kreis

Eine geschlossene Feldlinie im magnetischen Feld wird auch als magnetischer Kreis bezeichnet, da eine Analogie zu einem elektrischen Stromkreis besteht. Die Quelle des elektrischen Stroms, die Spannung U_q, wird dabei als Quelle des magnetischen Feldes der Durchflutung Θ gegenübergestellt, die deshalb auch als magnetische Spannung bezeichnet wird. Der elektrischen Leitfähigkeit $\kappa = 1/\rho$ entspricht im magnetischen Kreis die Permeabilität $\mu = \mu_0 \cdot \mu_r$, sodass der ohmsche Widerstand $R = L/(\kappa \cdot A)$ dem sogenannten magnetischen Widerstand des Kerns $R_M = l_m/(\mu \cdot A)$ entspricht.

Die Wirkung der elektrischen Spannung im Stromkreis ist dann die Stromstärke $I = U_q/R$, während als Wirkung der magnetischen Spannung im magnetischen Kreis der magnetische Fluss $\Phi = \Theta/R_M$ auftritt. Folglich entsteht analog zur Stromdichte $S = dI/dA$ des elektrischen Stromkreises in einem magnetischen Kreis die magnetische Flussdichte

$$B = \frac{d\Theta}{dA}. \tag{1.28}$$

Einfacher magnetischer Kreis

Als ein einfacher magnetischer Kreis wird eine Spule mit einem geschlossenen Eisenkern bezeichnet. Mit der Kenntnis, dass der Kernquerschnitt konstant ist, lässt sich die erforderliche Stromstärke I zur Erzeugung eines gewünschten magnetischen Flusses Φ in Abhängigkeit der mittlere Feldlinienlänge l_m und die Windungszahl N bestimmen.

Lösungsweg: Die erforderliche Flussdichte im Eisenkern ist

$$B_{Fe} = \frac{\Phi}{A}. \tag{1.29}$$

Die dazu erforderliche Feldstärke H_{erf} kann, wenn nicht anderweitig vorgegeben, der Magnetisierungskennlinie des Kernwerkstoffs entnommen werden, die vom Hersteller des Kernwerkstoffs in einem Diagramm (vgl. Abbildung 1.11)

$$B_{Fe} = f(H_{Fe}). \tag{1.30}$$

zur Verfügung gestellt wird. Damit ergibt sich die erforderliche Durchflutung zu

$$\Theta_{erf} = H_{erf} \cdot l_m. \tag{1.31}$$

und die erforderliche Stromstärke in der Spule zu

$$I_{erf} = \frac{\Theta_{erf}}{N}. \tag{1.32}$$

Magnetischer Kreis mit Luftspalt

Enthält der Eisenkern des zuvor betrachteten einfachen magnetischen Kreises einen engen Luftspalt, dessen Breite b sehr viel kleiner ist als die mittlere Feldlinienlänge im Eisenkern, so kann davon ausgegangen werden, dass das Magnetfeld weiterhin durch den Eisenkern fließen wird und dass die Streuverluste vernachlässigbar klein sein werden. Damit ist die magnetische Flussdichte im Eisen und im Luftspalt gleich groß und ergibt sich als Quotient aus dem magnetischen Fluss und dem Kernquerschnitt:

$$B_L = B_{Fe} = \frac{\Phi}{A}. \tag{1.33}$$

Aus der Magnetisierungskennlinie des Kernwerkstoffs

$$B_{Fe} = f(H_{Fe}). \tag{1.34}$$

lässt sich wieder die erforderliche Feldstärke H_{Fe} im Eisenkern entnehmen. Die im Luftspalt vorhandene Feldstärke ist

$$H_L = \frac{B_L}{\mu_0}. \tag{1.35}$$

Aus dem Durchflutungsgesetz

$$\int \vec{H} \cdot d\vec{l} = \Theta. \tag{1.36}$$

wird

$$\Theta = H_{Fe} \cdot L_{Fe} + H_L \cdot d = H_{eff} \cdot L_m. \tag{1.37}$$

mit der für die Anordnung des Kerns mit Luftspalt effektiven Feldstärke H_{eff}.

Wird die Flussdichte über der effektiven Feldstärke aufgetragen, so ergibt sich eine andere Magnetisierungskurve für den Kern mit Luftspalt, die flacher und linearer als die Magnetisierungskurve des geschlossenen Kerns verläuft und die als gescherte Magnetisierungskurve der Anordnung bezeichnet wird.

Die Energie des Magnetfeldes

Bei einer stromdurchflossenen Spule mit geschlossenem Eisenkern ergibt sich die im Magnetfeld des Eisenkerns gespeicherte Energie bei der erreichten Flussdichte zu

$$W_{Fe} = V_{Fe} \cdot \int H_{Fe} \cdot dB_{Fe}, \tag{1.38}$$

wobei V_{Fe} das Volumen des Eisenkerns ist.

Bei einem Eisenkern mit Luftspalt beträgt die im Luftspalt gespeicherte Energie wegen des dort linearen Zusammenhangs zwischen magnetischer Flussdichte und magnetischer Feldstärke

$$W_L = \frac{B_L \cdot H_L \cdot V_L}{2} = \frac{B_L^2 \cdot V_L}{2 \cdot \mu_0}. \tag{1.39}$$

Bei einem engen Luftspalt im Eisenkern ist die magnetische Flussdichte im Luftspalt gleich groß wie im Eisen. Wegen der sehr viel kleineren Permeabilität der Luft ist demnach die magnetische Feldstärke im Luftspalt wesentlich größer als im Eisenkern.

Im Eisenkern mit Luftspalt ist folglich bei gleicher Flussdichte eine größere Energie gespeichert als im geschlossenen Eisenkern. Allerdings bedarf es aber auch eines größeren Spulenstroms und damit auch einer größeren Zufuhr an elektrischer Energie, um im magnetischen Kreis mit Luftspalt die gleiche Flussdichte zu erzeugen wie in einem vergleichbaren Kreis mit geschlossenem Eisenkern.

Relevante physikalische Effekte für den Betrieb von Induktivitäten

Die sogenannten Wirbelströme sind für Elektromotoren ein relevanter Effekt. Wie im Abschnitt zur Induktion bereits vorgestellt, führt ein zeitlich veränderliches Magnetfeld innerhalb eines ausgedehnten elektrischen Leiters zu einer Induktion. Ebenso kommt es bei der Bewegung eines stromdurchflossenen elektrischen Leiters innerhalb eines zeitlich konstanten Magnetfelds zu einer Induktion. Generell wird dabei eine Spannung induziert, die in Abhängigkeit der magnetischen Flussdichte und des elektrischen Widerstandes des Objektes zu einem Wirbelstrom führt. Die Namensgebung des Wirbelstromes leitet sich aus der lokalen Veränderung des Magnetfeldes hin zu einer räumlichen inhomogenen Verteilung ab. Um die negativen Effekte von Wirbelströmen einzudämmen, ohne die magnetischen Eigenschaften zu beeinflussen, wird im Fall von Elektromotoren deshalb auf einen in sich isolierten geblechten Aufbau des Spulenkerns zurückgegriffen, um die elektrisch leitfähigen Schichten dünn zu halten (vgl. Abbildung 1.12). Aus den dünnen Schichten ergeben sich wiederum hohe elektrische Widerstände, die bei gleicher Induktion zu geringeren Wirbelströmen führen.

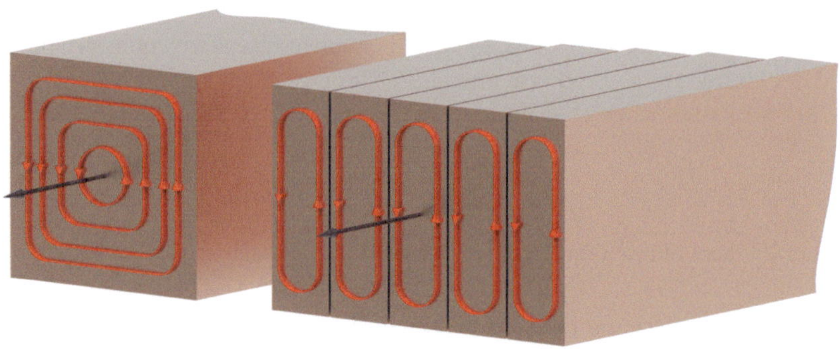

Abb. 1.12 Einfluss des geblechten Kerns auf die Wirbelströme

Der induzierte Strom selbst baut nach der Lenzschen Regel ebenfalls ein Magnetfeld um den lokalen Leiter auf, welches dem Erregerfeld entgegen wirkt. Das erzeugte Gegenfeld ist dabei im Zentrum des Leiters stärker als am Rand. Diese sogenannte Stromverdrängung führt dazu, dass bei einer Induktion mit hohen Frequenzen das äußere Magnetfeld nicht mehr in den Kern des Leiters mit der induzierten Spannung eindringen kann. Entsprechend verändert sich die Eindringtiefe eines Magnetfelds in einen Leiter mit seiner Frequenz. Dieser Effekt wird Skin-Effekt (Englisch für Randschichteffekt) genannt, da für hochfrequente Anwendungen der Strom nur noch in der äußeren Schicht geleitet wird. Für Hochfrequenzspulen sind deswegen generell nur noch kleinere Drahtdurchmesser geeignet. Denn eine Erhöhung des Durchmessers würde den effektiven Leiterquerschnitt nicht vergrößern. Daher wird für diese Anwendung häufig auch Litzendraht verwendet (vgl. Abschnitt 2.1.3). Einige typische Eindringtiefen nach dem Skin-Effekt sind für Kupferleiter in der Tabelle 1.3 angegeben.

Tab. 1.3 Eindringtiefe des Stromes in den Leiter abhängig von der Erregerfrequenz

Niedrigfrequenztechnik (NF)		**Mittelfrequenztechnik (MF)**		**Hochfrequenztechnik (HF)**	
Frequenz	Eindringtiefe	Frequenz	Eindringtiefe	Frequenz	Eindringtiefe
500 Hz	2,97 mm	500 kHz	0,0938 mm	500 Mhz	2,97 μm
5 kHz	0,938 mm	5 MHz	29,7 μm	5 GHz	0,938 μm
50 kHz	0,297 mm	50 MHz	9,38 μm	50 GHz	0,297 μm

Ein ähnlicher Zusammenhang für die Wechselwirkung von magnetischen Feldern kann auch bei benachbarten Leitern auftreten. Dabei wird die Stromverdrängung zwischen zwei benachbarten Leitern über einen magnetischen Streufluss ausgelöst. Entsprechend wird auch wie beim Skin-Effekt nicht der gesamte Leiterquerschnitt zur Stromführung genutzt. Dieser sogenannte Proximity-Effekt (Englisch für Nahwirkungseffekt) ist abhängig vom Abstand der Leiter zueinander, der magnetischen Leitfähigkeit des Leiters und der Frequenz des Magnetfeldes. Aufgrund der Abhängigkeit des Abstandes ist gerade für kompakte Wicklungen von Spulen ein symmetrischer Aufbau wichtig.

Im Bereich der Elektrodynamik gibt es noch weitere Effekte, die aber weniger relevant für den Betrieb von induktiven Bauelementen sind. Typischerweise werden diese Effekte für sensorische Aufgaben zur Informationsgewinnung genutzt. Beispielhaft soll an dieser Stelle auf den Hall-Effekt und den magnetoresistiven Effekt eingegangen werden. Der Hall-Effekt beschreibt das Auftreten einer Spannung in einem stromdurchflossenen Leiter, wenn sich dieser, im Gegensatz zur Induktion, in einem stationären, also nicht zeitlich veränderlichen Magnetfeld, befindet. Die Spannung liegt dabei senkrecht zur Stromfluss- bzw. Magnetfeldrichtung an und wird Hall-Spannung genannt. Der Grund liegt in dem gemeinsamen Auftreten von elektrischem und magnetischem Feld. So verursacht das stationäre Magnetfeld den Aufbau eines elektrischen Feldes im Leiter senkrecht zur eigentlichen Stromrichtung. Als Resultat kann in dieser Richtung an dem Leiter eine Spannung abgegriffen werden, die proportional zur Stärke des Magnetfeldes ist. Aus diesem Grund wird dieser Effekt für die Messung von Magnetfeldern mit sogenannten Hall-Sonden verwendet. Die Hall-Spannung U_H ergibt sich aus:

$$U_H = A_H \cdot \frac{I \cdot B}{d}. \tag{1.40}$$

Mit A_H einer Materialkonstante, auch Hall-Konstante genannt und d, der Dicke der Probe. Der zuvor genannte magnetoresistive Effekt ist eine Sammlung mehrerer Wirkungsprinzipien, die eine Änderung des elektrischen Widerstandes eines Leiters durch das Anlegen eines äußeren Magnetfeldes hervorrufen. Diese Effekte haben ihre Ursachen auf der mikroskopischen Ebene von Werkstoffen und können generell dadurch beschrieben werden, dass durch die Art und Stärke der Elementarmagnete eines Werkstoffes auch seine elektrische Leitfähigkeit beeinflusst werden kann. Dieser Effekt findet sowohl in der magnetischen Sensorik, als auch in der Speichertechnologie Anwendung. In der Magnetelektronik können durch das „Schalten der Widerstände" einer Speicherzelle, die Informationen durch das Anlegen eines Magnetfeldes geschrieben oder durch die Bestimmung des elektrischen Widerstandes gelesen werden.

Für die Wickeltechnik relevant sind der Widerstand und die Induktivität der Spule. In der praktischen Auslegung von Spulen spielt die Amperewindungszahl eine entscheidende Rolle. Die Gewährleistung der durch den Produktdesigner festgelegten Eigenschaften ist eine zentrale Aufgabe der Spulenwickeltechnik, wobei sich aus dem Wickelprozess Änderungen an der Spulengeometrie ergeben können.

1.2.3 Spulenarten

Eine Klassifizierung von Spulen ist nach Art der Anwendung, dem Aufbau der Spulen oder den Fertigungseigenschaften möglich. Alternativ kann in Spulen ohne magnetischen Kern, der Luftspule, oder Spule mit Spulenkörper unterschieden werden.

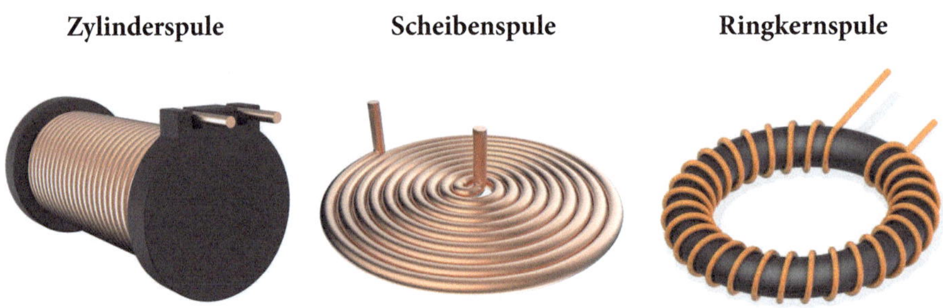

Abb. 1.13 Darstellung verschiedener Spulenarten

Im Aufbau wird zwischen Zylinderspule, Ringerkernspulen und Scheibenspule, bzw. bei Motoren zwischen einer konzentrierten und verteilten Wicklung unterschieden. Diese sind in Abbildung 1.13 bzw. 1.14 dargestellt.

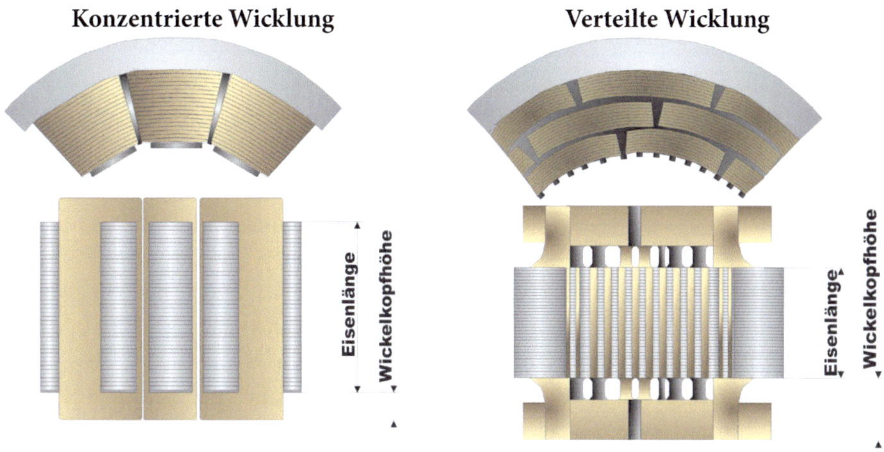

Abb. 1.14 Darstellung verschiedener Motorwicklungen

Die folgende Abbildung 1.15 gliedert die Zylinderspulen anhand ihrer Anwendungsgebiete.

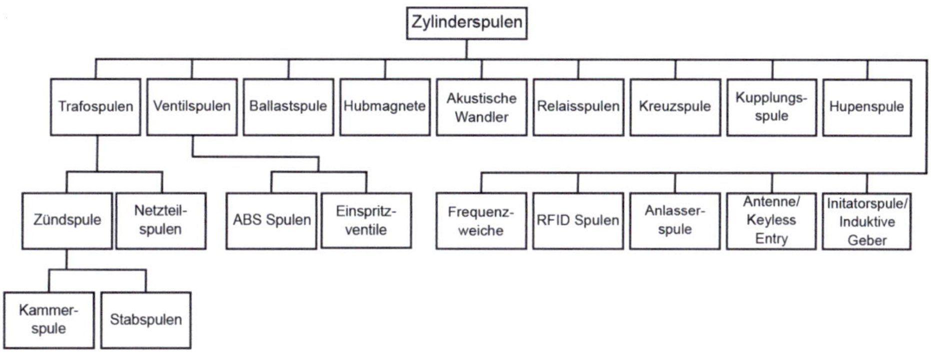

Abb. 1.15 Darstellung verschiedener Anwendungen für die Zylinderspule

Die Abbildung 1.16 zeigt eine Zuordnung der Scheibenspulen sowie der konzentrierten Wicklung für deren Anwendungsgebiete. Die verteilte Wicklung wird nur für Vollblech-Statoren bzw. -Rotoren verwendet. Ein Beispiel für Ringkernspulen sind Transformatoren.

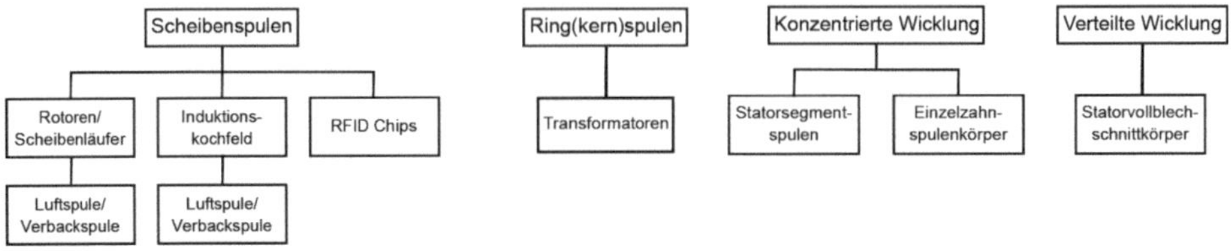

Abb. 1.16 Darstellung verschiedener Anwendungen für weitere Spulenarten

Im Folgenden wird eine Clusterung nach Anwendung der Spulen mit Vorstellung der jeweiligen Funktion/Anwendung vorgenommen. Die erste Kategorie beschreibt dabei die Nutzung des magnetischen Feldes mit einem Kern (also dem magnetischen Fluss) für elektromechanische Energiewandlung oder Aktoren, beispielsweise in Form von Motor/Generator oder Hubmagneten. Eine besondere Anwendung für Hubmagneten ist das Feld der akustischen Wandler und Aktoren für Lautsprecher oder Mikrophone. Die Kompensation der Blindleistung von Netzteilen oder in der Energieversorgung ist eine Anwendung der Drosseln. Eine weitere Form besteht in der Wandlung verschiedener Spannungen durch einen geschlossenen Magnetkreis mit verschiedenen Windungszahlen der Primär- und Sekundärseite von Transformatorspulen, aber auch Zündspulen. Typische Kennwerte wie Drahtdurchmesser, Betriebsspannung und Windungszahl sind für die beschriebenen Spulenarten in der folgenden Abbildung 1.17 dargestellt.

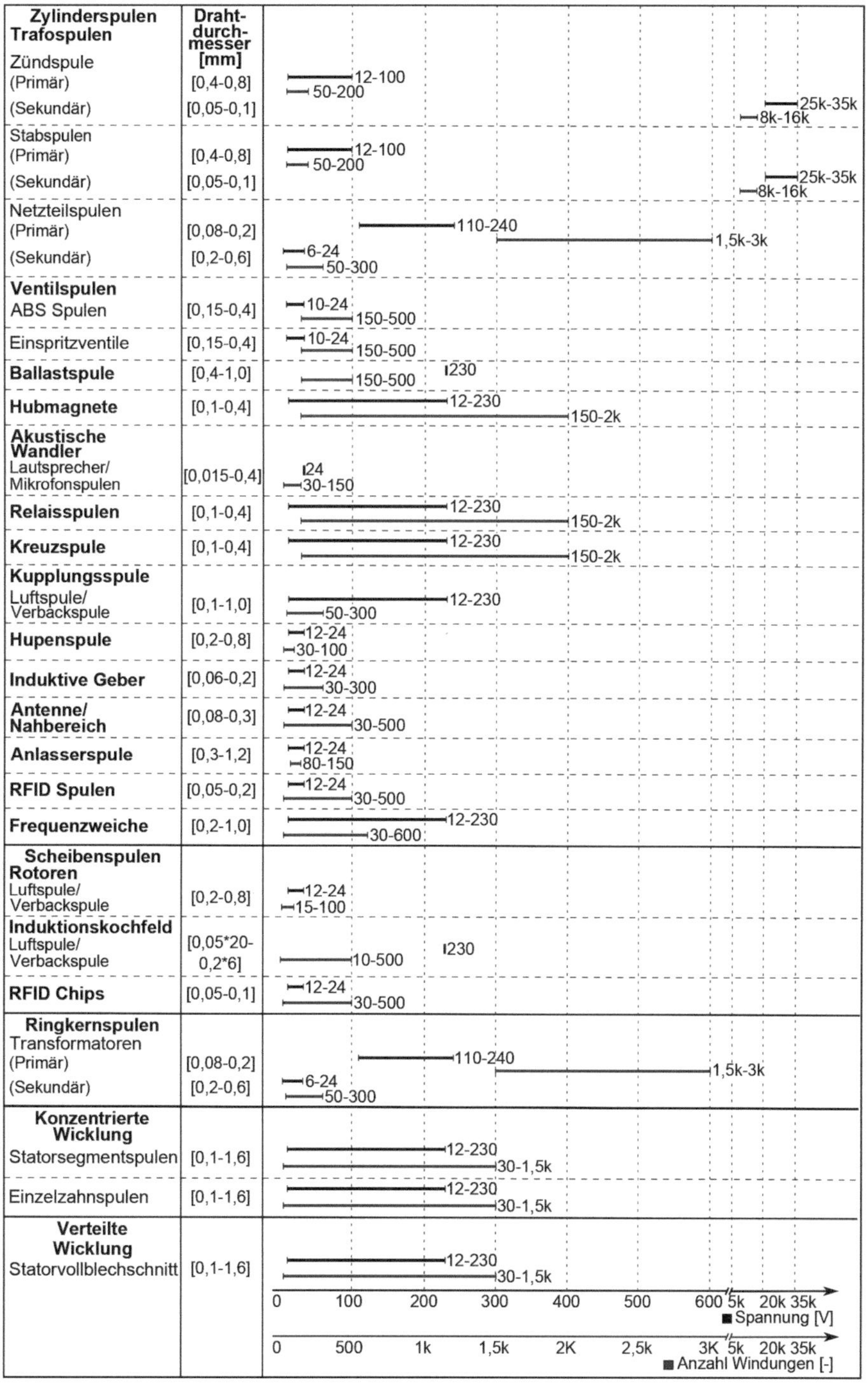

Abb. 1.17 Übersicht von typischen Spannungen und Windungszahlen je Spulenart

Die zweite Kategorie der Nutzungsmöglichkeiten beschreibt das An- und Abklingverhalten von Induktivitäten mit Nutzung der Zeitkoeffizienten für die Signalverarbeitung. So werden Schwingkreise oder Filterelemente (Hoch-, Tief-, Bandpass) durch die Abstimmung der Induktivität auf die gewünschten Frequenzen oder Taktzeiten angepasst. Die dritte Kategorie besteht in der Nutzung von magnetischen Feldern ohne Kern, also der elektromagnetischen Wellen. Diese werden für die Informationsübertragung in der Telekommunikation (HF-Antennen), zur Übertragung elektrischer Leistungen durch das induktive Laden mittels Transformatoren, oder in der Sensorik zur Detektion von Gegenständen mittels der Feldänderung und dem Näherungseffekt genutzt. Eine besondere Anwendung der Felder findet sich durch die Wechselwirkung mit geladenen Teilchen, wie in der Führung von einzelnen Partikeln für Teilchenbeschleuniger, beispielsweise am Large Hadron Collider dem CERN. Weitere Verwendung finden nicht induktive Spulen im Bereich der resistiven passiven Bauelemente, als Widerstand, durch das Aufwickeln von Chrom-Nickel oder Konstantandrähten. Diese werden für Heizwiderstände, Leistungswiderstände oder als Motorschutz mit Bi-Metallen verwendet. Nicht elektrische Anwendungen wie Spulen aus Schweißdraht oder Angelgarn sollen an diesem Punkt mit erwähnt werden, stehen aber aufgrund der nicht elektrischen Anwendung nicht im Vordergrund.

Die Kennzeichen für die verschiedenen Spulen und die dazugehörigen Schaltzeichen sind in der Norm EN-60617-4 hinterlegt, sollen aber aufgrund ihrer Vielzahl nicht weiter ausgeführt werden. Für die Wickeltechnik ergibt sich aus den verschiedenen Anwendungen generell die Anforderung, eine Spule mit einem passenden elektrischen Widerstand beispielsweise mit ± 5 % Toleranz zu fertigen.

> Die Spule ist ein auf die Anwendung hoch angepasstes Bauteil, welches sich in seiner Geometrie vorrangig am gegebenen Bauraum und im Aufbau stark an der Funktion orientiert.

1.2.4 Einführung in die Spulenkörper

Abb. 1.18 Für die Wickeltechnik optimierter Spulenkörper

Im Vergleich zur historischen Entwicklung von Spulenkörpern als reine Wicklungsträger ohne weitere Funktion sind Spulenkörper heute hochoptimierte Bauelemente, die auf ihre jeweilige Anwendung angepasst sind. Für die elektromagnetischen Eigenschaften einer Spule spielt der Spulenkörper eine wichtige Rolle. Für Konstruktion und industrielle Fertigung einer elektrischen Spule spielt die geometrische Form und damit der Spulenkörper (Spulenbasiskörper) eine wichtige Rolle. Spulenkörper oder Wicklungsträger haben in der ursprünglichen Funktion die Aufgabe, eine Wicklung zu tragen, sie räumlich zu begrenzen sowie eine grundlegende elektrische Basisisolation herzustellen. Die Art der Isolation des Spulenkörpers unterscheidet sich jedoch stark in Abhängigkeit von der Anwendung. Neben den elektrischen Randbedingungen, wie Spannung und Isolationsfestigkeit spielen auch die Umgebungsbedingungen, wie Feuchtigkeit und Medien, eine weitreichende Rolle. Eine Einführung in die verschiedenen Isolationseigenschaften der Spulenkörpermaterialien wird im Abschnitt 1.2.5 vorgenommen. Neben der Fertigung aus einem Material, beispielsweise durch ein Spritzgussverfahren, besteht zusätzlich die Möglichkeit, einen Grundkörper zu umspritzen, ihn zu beschichten (beispielsweise durch Pulverbeschichtung, Oxidation oder das Eloxieren) oder ihn durch die Montage weiterer Elemente (beispielsweise Papier oder Folie) zu isolieren, wie es in der Motorentechnik üblich ist. Dafür werden Isolationspapiere, auch in Kombination mit Endscheiben für Vollblechschnitte oder gesteckte Kunststoffkappen für Einzelzähne, verwendet.

Aufgewickelte körperlose Drahtspulen (Luftspulen) haben zunächst keine feste Struktur, sodass sie nur schwer für eine weitere Verarbeitung zu handhaben sind. Der zunächst jedoch wichtigste und ursprüngliche Aspekt eines Spulenkörpers ist die Stabilisierung und räumliche Begrenzung der Spule. Zu Beginn des 20. Jahrhunderts bestanden Spulenkörper aus Pappe oder Bakelit, einem frühen Kunststoff. In der zumeist manuellen Fertigung wurden die Spulenenden nach dem Wickeln mit Hilfe von Bienenwachs oder Garn fixiert. Die Spulenanschlüsse konnten später nur von Hand, z. B. durch Verlöten, Verschrauben oder durch Crimpen, kontaktiert werden. Erst im Zuge der wachsenden Anforderungen bezüglich der industriellen Weiterverarbeitung von Spulen sind dem Spulenkörper weitere Funktionen zugeordnet worden. Durch die damals begrenzte Auswahl geeigneter Materialien wie getränkte Hartpapiere oder Duroplaste, z. B. Bakelit, sind schnell die Grenzen der Leistungsfähigkeit und Formfreiheit erreicht. Die Übernahme weiterer Funktionen eines Spulenkörpers wurde zu einem Großteil durch die Weiterentwicklung der thermoplastischen Kunststoffe ermöglicht. Die Leistungsfähigkeit von Spulenkörpern zeichnet sich heute in folgenden physikalischen und geometrischen Eigenschaften aus:

- Temperaturbeständigkeit
- Elektromagnetische Eigenschaften
- Isolationseigenschaften
- Formstabilität
- Möglichkeit zur Miniaturisierung
- Automatisierbarkeit

Dabei steht die hohe Leistungsdichte auch unter dem Aspekt der heute hohen Anforderungen bezüglich der Energieeffizienz von mechatronischen Bauteilen im Vordergrund. Weiterführende Funktionen, die dem Spulenkörper übertragen werden, erleichtern den elektrischen Anschluss und die weitere Verarbeitung. Die moderne Kunststoffspritzgusstechnik macht es letztlich möglich, sogar Lagersitze, Ventilschaftabdichtungen, verschiedenste Kontaktierungsmöglichkeiten oder Kunststoffgelenke zu integrieren. Häufige Verwendung finden Stifte, bei denen zwischen dem Parkierstift, Hilfsstift und Anwickelstift unterschieden wird (vgl. Abbildung 1.4). Der Parkierstift ist als Zwischenfixierung des Drahtes zwischen zwei Wickelvorgängen am Wickelwerkzeug vorgesehen. Der Hilfsstift dient zur Drahtführung am Spulenkörper bzw. Wickelwerkzeug und der Anwickelstift dient zum Terminieren des Drahtes. Die Spulenkörper besitzen in der Regel einen Wickelgrund und seitliche Wickelraumbegrenzungen, die auch Spulenkörperflansche genannt werden. Im Zuge der Automatisierung von Spulen wurden letztendlich viele Funktionen auf den Spulenkörper übertragen. In Abhängigkeit der Verwendung kommen unterschiedliche Spulenkörpergeometrien zum Tragen. So sind Spulenkörper mit eckigem Querschnitt hauptsächlich für Spannungswandler oder Spulen mit rundem Querschnitt für mechatronische Systeme entwickelt worden. Die geläufigsten Arten von Spulenkörpern werden im Folgenden beschrieben. Ausnahmen sind die sogenannten körperlosen Spulen. Diese werden in der Regel in zwei unterschiedliche Kategorien unterteilt (vgl. Abbildung 1.19).

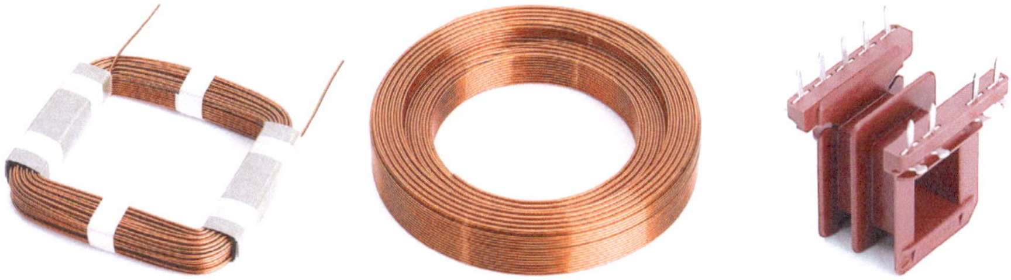

Abb. 1.19 Beispiele für eine Luftspule, Verbackspule und Transformatorspulenkörper

Körperlose Luft- oder Feldspulen

Diese Spulen werden als nicht formstabile Spulen gewickelt (vgl. Abbildung 1.19). Eine Wickelvorrichtung übernimmt die Begrenzung des Wickelraumes im Wicklungsgrund und der Wicklungsflansche. Nach dem Wickeln werden die Windungen mit einem Hilfsmittel, z. B. einem Klebeband, fixiert, sodass sie aus dem Wickelwerkzeug entnommen und weiter verarbeitet werden können. Eine andere Form der körperlosen Luftspule wird nicht abgebunden oder abgeklebt, sondern für die Statorenherstellung, z. B. für Asynchronmaschinen und Feldspulen (beispielsweise für Powertools), direkt nach dem Wickeln in ein Werkzeug übergeben, das wiederum mehrere Luftspulen aufnehmen kann. Mit diesem Aufnahmeschema werden nach dem eigentlichen Wickelprozess alle Luftspulen gemeinsam in die Nuten des Stators eingezogen. Lediglich die Wicklungsköpfe werden nach dem Einziehprozess ggf. abgebunden, geformt und optional mit einem Harz verklebt.

Körperlose Verbackspulen

Diese Spulen werden, mit Ausnahme des Heißluftverbackens (vgl. Abschnitt 3.4.3), nicht als formstabile Spulen gewickelt (vgl. Abbildung 1.19). Ein Wickelwerkzeug übernimmt, so wie bei den körperlosen Luftspulen, die Begrenzung des Wickelraumes. Um eine Formstabilität der Windungen zu erzielen muss ein Kupferlackdraht mit einer thermoplastischen Schicht (Backlack) verwendet werden, die nicht wesentlich zur Isolation des Drahtes beiträgt. Diese Schicht wird während des Wickelns oder unmittelbar nach dem Wickeln, bevor die Spule aus dem Wickelwerkzeug entnommen wird, wiedererweicht und ausgehärtet (Verbacken). Hierbei unterscheidet man drei Arten von Verbackverfahren, die im Abschnitt 3.4.3 näher beschrieben werden. Die Spulenkörper, oder auch Wicklungsträger genannt, besitzen in der Regel einen Wickelgrund und Spulenkörperflansche. Die verschiedensten Geometrien von Spulenkörpern begründen sich in den vielfältigen Anwendungen. So werden körperlose Verbackspulen auch für eisenlose Statoren in Gleichstrommotoren verwendet. Die Kriterien wie der Bauraum der Spule, die elektrische Isolation, der mechanische Schutz der Wicklung sowie fertigungstechnische und wirtschaftliche Gründe müssen hierbei berücksichtigt werden. Spulenkörper können auch aus mehrteiligen

Baugruppen bestehen. So können einzelne Endkappen für Vollschnittstatoren ebenfalls als Teile eines Spulenkörpers bezeichnet werden. In der detaillierten Ausführung von Spulenkörpern sind viele Dinge, wie z. B. die Wickelraumgestaltung, zu beachten. Systemwicklungsträger, die zu einem Großteil andere Funktionsbaugruppen enthalten, werden nicht als Spulenkörper, sondern als Wicklungsträger bezeichnet. Hierzu gehören z. B. umspritzte Stanzpakete von Statoren, Einzelzähne oder Rotoren. Da Spulen und Wicklungen das Herzstück von mechatronischen Systemen bilden, wird aufgrund der verschiedenen Fertigungstechnologien versucht, die Wertschöpfung bei der Herstellung zu unterteilen. Insofern wird nur dann eine Spule auf einem Spulenkörper weiterverarbeitet, wenn sie qualitativ den Anforderungen entspricht. Bei Funktionsbaugruppen ist das oftmals nicht der Fall. Hier werden z. B. umspritzte Statoren direkt bewickelt, die Wertschöpfung ist nicht unterbrochen, sodass ein Schlechtteil auch den Verlust eines teuren Blechpaketes bedeutet. Diese Wicklungsträger werden aufgrund der Mehrzahl an einzelnen Spulen bzw. Phasen auch als Wicklungssystemträger und nicht als Spulenkörper bezeichnet. Zu den Systemwicklungsträgern gehören auch Statoren, die innen- und außengenutet sind, und die Ringkernspulen. Eine ganz besondere Art von Spulenkörpern bildet eine Folie, die als Wicklungsträger fungiert. Diese wird speziell im Bereich der akustischen Wandler wie z. B. Lautsprecher- oder Mikrofonspulen verwendet. Diese Folien, bestehend aus Aluminium oder Nomex Isolationsmaterialien, werden meist zu zylinderförmigen Hülsen geformt, auf denen dann in der Regel Backlackdraht gewickelt wird.

Transformatorspulenkörper

EI und UI Transformatorspulenkörper (vgl. Abbildung 1.19) finden im Netzteilbau ihre Anwendung und sind in Abbildung 1.20 dargestellt. Diese Buchstabenkombination ist typisch in der Angabe der Form des Kernes und beschreibt die Segmente des Aufbaus.

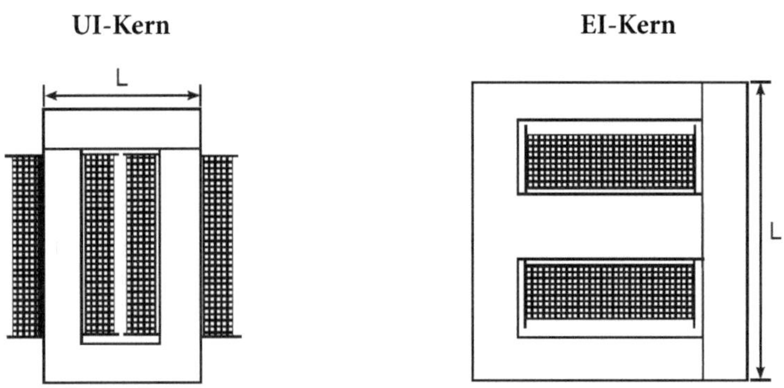

Abb. 1.20 Darstellung verschiedener Transformatorkernformen (Bildquelle: [Reh-03])

Netzteile transformieren das Verhältnis von Strom und Spannung. Die bekannteste Form des Netzteils sind Vorschaltgeräte, für die Verwendung in Kleinspannungsgeräten, z. B. Telefonen oder elektrischen Rasierern im Haushalt. Bei der Ausführung des EI Trafos hat das paketierte Blechpaket die Form eines E und I`s. Diese Transformatorart wird meist für kleinere Transformatoren mit geringer Leistung eingesetzt. Die Bezeichnung UI bedeutet, dass das magnetfeldübertragende Element, ein paketiertes Eisenelement in Form eines U und I`s ausgebildet ist. Zum Brücken des Magnetfeldes wird nach der Montage zweier bewickelter Spulenkörper mit einerseits der Primärwicklung und andererseits der Sekundärwicklung auf das U-Profil ein I-Stab aufgesetzt. Dieser besteht ebenfalls aus paketierten Elektroblechen und kann geklemmt, geklebt, verschraubt, genietet oder verschweißt werden. Die verwendeten Spulenkörper eines UI-Transformators besitzen einen gemeinsamen Wickelraum, der jeweils die Primärwicklung oder die Sekundärwicklung trägt. Zum Brücken des Magnetfeldes wird nach der Montage eines bewickelten Spulenkörpers auf den E-Kern ein I-Kern aufgesetzt. Anschließend wird der aufgesetzte I- Kern mit den genannten Verfahren befestigt. Die verwendeten Spulenkörper eines EI-Transformators besitzen in der Regel zwei Wickelräume, getrennt durch einen Steg, die einerseits die Primärwicklung und andererseits die Sekundärwicklung tragen. Die Transformatorspulenkörper besitzen in der Regel eine Reihe von Kontaktstiften, die zum Anschluss des Drahtes dienen. Mehrere Kontakte je Seite, in Form von axialen oder auch radialen Kontaktstiften, ermöglichen den Anschluss verschiedenster Spannungsbereiche. Hierbei werden oft abgewinkelte Stifte mit in den Kunststoff eingespritzt, um beidseitiges Kontaktieren, einerseits Draht mit Kontakt und andererseits Leiterbahn einer Polychlorierte-Biphenyle(PCB)-Leiterplatte mit dem Kontakt zu ermöglichen. Die Primär- und die Sekundärwicklung wird häufig bei beiden Transformatortypen räumlich getrennt. Die räumliche Unterteilung der Wicklung geschieht axial bei EI-Spulenkörpern oder auch radial bei UI-Spulenkörpern. Dies hat den Vorteil, dass in der Regel bei Vorschaltgeräten die höhere Primärspannung räumlich zu der Sekundärspannung getrennt ist und somit einem höheren Sicherheitsstandard entspricht. Die radiale Zwischenisolation der UI-Transformatorspulen besteht in der Regel aus einem einseitig klebenden, elektrisch isolierenden Bandmaterial oder einem Pressspanstreifen.

Abb. 1.21 Beispiele für eine Schalenkernspulenkörper, Relaisspulenkörper und Ventilspulenkörper

R_M Spulenkörper oder Schalenkernspulenkörper

Anders als bei den klassischen Kleintransformatoren, bei denen ein geschichtetes Blech für den magnetischen Fluss verwendet wird, kommt hier ein Ferritkern oder Ferritschalengehäuse zum Einsatz (vgl. Abbildung 1.21). Diese Ferritkörper erzeugen eine optimale magnetische Sättigung, da fast die gesamte Mantelfläche und eine Stirnseite des Körpers vom ferromagnetischen Werkstoff umschlossen werden können. Mit Hilfe des Ferritbauteils wird zudem auch das von klassischen Kleintrafos erzeugte Frequenzgeräusch vermieden. Ähnlich wie bei den Kleintrafos besitzen sie eingespritzte, meist abgewinkelte Kontakte. R_M Spulenkörper (R_M für den magnetischen Widerstand des Kernmaterials) kommen ursprünglich aus dem Bereich der Telekommunikation und haben die Aufgabe, Kleinspannungen mit zum Teil hoher Frequenz zu wandeln. In früheren Zeiten wurden sie auch als Impulsverstärker eingesetzt.

Relaisspulenkörper

Die weitverbreitetste Art von Spulenkörpern ist der Relaisspulenkörper (vgl. Abbildung 1.21). Relais sind elektromagnetische Schalter, die abhängig von einem Eingangsstrom ein oder mehrere Ausgangsstromkreise schließen oder öffnen. Häufig finden sie Anwendungen bei z. B.: Treppenlichtautomaten, Schützen, Automobilbau (z. B. Blinker) oder Motorschutzschaltern. Der Wickelgrund der Relaisspulenkörper ist in der Regel rund. Relaisspulenkörper haben meist zwei Kontaktstifte. Um die Verwendung in Verbindung einer Leiterplatte zu ermöglichen, sind bei Relaisspulenkörpern oftmals die Kontaktstifte durchgängig durch den Spulenkörperflansch. So kann die elektrische Anbindung von dem Kupferlackdraht zu dem Kontaktstift und der Kontaktbereich zur Leiterplatte räumlich getrennt werden. Bei der Verwendung von durchgehenden Kontaktstiften werden die Enden, die die Verbindung mit dem Kupferlackdraht herstellen, nach der Kontaktierung z. B. durch Löten oder Lichtbogenschweißen umgebogen. Dies erzeugt eine sehr platzsparende Bauweise und, gerade in Verbindung mit Verwendung dünner Drähte, eine Entlastung des Drahtes, der in die Wicklung führt. So wird die Schwingungsfestigkeit der Spule verbessert. Kommen einseitig eingesetzte Kontaktstifte zum Einsatz, entsteht eine Abhängigkeit der elektrischen Anschlussarten von Kupferlackdraht zum Kontaktstift und von Kontaktstift zur Schnittstelle des eigentlichen Anschlusses.

Ventilspulenkörper

Ventilspulenkörper (vgl. Abbildung 1.21) finden ebenso wie die Relaisspulenkörper Einsatz im Haushalt, der Industrie sowie im Automobilbau. Diese Spulenkörper übernehmen neben der Fixierung der Wicklung häufig strömungstechnische Aufgaben. Häufige Anwendungen findet sie bei: Gas- oder Ölheizungen, Wasserhähnen oder im Automobilbau. In der Industrie werden Ventilspulen unter anderem zur Steuerung von z. B. pneumatischen oder hydraulischen Anlagen verwendet. Hauptanteil des Einsatzgebietes von Ventilspulen ist jedoch der Automobilbau. Über die Kraftstoffzuführung und Kraftstoffregelung bis hin zur Komfortsitzverstellung inklusive Belüftung und Massagefunktion, der Steuerung des Ölstromes im Automatikgetriebe, findet man Ventilspulen. Ventilspulenkörper sind abgesehen von wenigen Ausnahmen als runde Wicklungsträger ausgeführt. Der Betriebsspannungsbereich geht in der Regel nicht über den Mittelspannungsbereich hinaus. Durch die zunehmend besser werdenden Spritzgusstechniken für Kunststoffe übernimmt der Spulenkörper nicht nur die Aufgabe der Wicklungsfixierung, sondern kann häufig auch komplizierte Strömungskanäle enthalten. Sowohl Dichtflächen, Kernführungen, als auch angespritzte Schlauchanschlüsse machen den Ventilspulenkörper zu einem effizienten Funktionssystem. Dabei werden immer mehr Funktionsteile eines herkömmlichen Ventils in den Spulenkörper integriert. Nur mit wenigen zusätzlichen Einzelteilen wie z. B. einer Druckfeder, einem Kern und einer Membran sowie einem Rückschlußkern oder Rückschlußgehäuse ist es möglich, ein funktionsfähiges Ventil zu erzeugen. In der Regel hat eine Ventilspule nur eine Wicklung, die auf den entsprechenden Spannungsbereich ausgelegt ist. Nach dem Einsetzen aller notwendigen Einzelteile in den Ventilspulenkörper wird die Baugruppe häufig vergossen oder umspritzt.

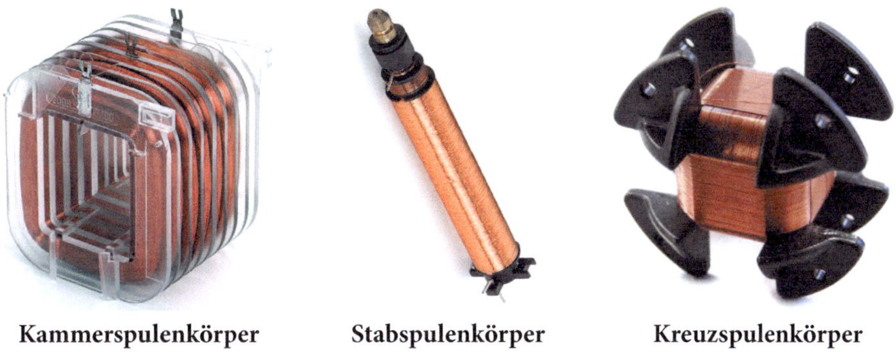

Abb. 1.22 Beispiele für eine Kammerspulenkörper, Stabspulenkörper und Kreuzspulenkörper (papierisoliert, kappenisoliert und umspritzt v.l.n.r.)

Kammerspulenkörper

Kammerspulenkörper sind für den Betrieb mit hohen Spannungen, unter anderem für Zündspulen ausgelegt. Je nach Einbauort können Kammerspulenkörper sowohl rund als auch quadratisch oder rechteckig ausgebildet sein (vgl. Abbildung 1.22). Der Anwendungsbereich liegt hauptsächlich bei Zündsystemen für Heizungsanlagen und im Automobilbau. Ein wesentliches Merkmal der Kammerspulen sind die Zwischenflansche im Wicklungsbereich. Bei den Kammerspulenkörpern handelt es sich eigentlich um den sekundären Teil eines Transformators, jedoch für sehr hohe Spannungen. Wenn hingegen bei Kleintransformatoren in der Regel die Primärspannung immer in eine kleinere Sekundärspannung herunter transformiert wird, wird bei einem Zündspulentrafo die Sekundärspannung hoch transformiert. Der Primärteil des Zündsystems befindet sich in der Regel innerhalb des inneren Durchmessers des Kammerspulenkörpers. Es wird dabei eine Spannung von bis zu 30 kV erzeugt. Unter der Berücksichtigung, dass das Handhaben solch hoher Spannungen eine besondere Isolationsfestigkeit der Wicklung nach sich zieht, wird dazu übergegangen, die Spannungspotenziale innerhalb der Sekundärwicklung durch Zwischenflansche zu trennen. Somit wird verhindert, dass bereits innerhalb der Sekundärwicklung ein Spannungsdurchschlag entstehen kann. Im Automobilbau sind Zündspulen zur Erzeugung der Hochspannung notwendig, um bei Otto-Verbrennungsmotoren über die Zündkerze die notwendige Zündtemperatur des Kraftstoffgemisches zu erzeugen. Durch die hohen Anforderungen der Isolationsfestigkeit eines Kammerspulenkörpers werden in der Regel Materialien verwendet, die die Eigenschaft einer geringen Wasseraufnahme mit sich bringen. Hier kommen Kunststoffe wie Flüssigkristallpolymere (englisch Liquid Cristal Polymers, kurz LCP) oder Polyphenylensulfid (PPS) zum Einsatz. Kammerspulenkörper besitzen in der Regel Stift- oder Flachkontakte, die mit Hilfe des Lichtbogenschweißverfahrens, Lötens oder der Widerstandsschweißtechnik elektrisch verbunden werden. Dabei wird sowohl auf einen verdrillten Draht für den Spulenanfang als auch das Spulenende häufig verzichtet. Die einzelnen Kammern sind teilweise so ausgelegt, dass die Windungszahl zur Hochspannungsseite bewusst reduziert wird. Bei einer Wicklungsverteilung, die zur Hochspannungsseite abnimmt, ist die Gefahr eines elektrischen Durchschlags dadurch weitaus geringer.

Stabspulenkörper

Stabspulenkörper (vgl. Abbildung 1.22) wurden ausschließlich für den Einsatz in der Fahrzeugindustrie konzipiert. Sie dienen als Ersatz für die klassische Kammerspule. Grundgedanke beim Design des Stabspulenkörpers ist die Vermeidung von hochspannungsführenden Kabeln im Motorraum, wie sie bei der herkömmlichen Kammerspulentechnologie verwendet wird. Durch den Verzicht auf Zündkabel wird das Durchschlagverhalten z. B. bei feuchtem Wetter stark reduziert. Die Technologie des Kammerspulenzündtransformators wurde durch eine schlanke, direkt über die Zündkerze angeordnete Stabspule ersetzt. Die Anforderung an den Stabspulenkörper lag darin, einerseits eine höhere Temperaturfestigkeit der Zündspule, wegen der Nähe zum Verbrennungsmotor, zu erzeugen und andererseits die Durchschlagfestigkeit innerhalb des Sekundärteils beizubehalten. Zusätzlich ist ein schlanker Aufbau für den Zündkerzenschacht zu gewährleisten. Die heutige Generation von Stabspulenkörpern besitzt in der Regel keine Kammern, um Wicklungsteile voneinander fernzuhalten. Im Gegensatz zur Kammerspule wird häufig der Sekundärteil der Stabspule in den inneren Durchmesser des Primärteils eingeschoben. Nach dem Einsetzen aller notwenigen Einzelteile in der Zündspule wird die Baugruppe häufig vergossen oder umspritzt.

Kreuzspulenkörper

Der Begriff Kreuzspule stammt ursprünglich aus der Garnindustrie und beschreibt eine Garnspule, welche ein homogenes Aussehen durch das kreuzweise aufgewickelte Garn erlangt (vgl. Abbildung 1.22). In der Elektrotechnik verbergen sich unter dem Begriff Kreuzspule meist zwei Varianten von Spulen, die sich eigentlich in der Ausführung des Spulenkörpers als auch in der Ausführung der Wicklung stark unterscheiden. Kreuzwickelspulen aus HF-Litzendraht finden häufig Anwendung in der Funktechnik im

Mittelwellenbereich oder für Kreiselkompanten. Der Spulenkörper einer Kreuzspule für den Mittelwellenbereich mit einer geringen Wicklungshöhe weist oft nur einen Wickelgrund auf. Durch den kreuzweise gewickelten Draht stabilisiert sich der Wicklungsaufbau selbst. Nur bei hohem Wicklungsaufbau müssen seitlich Spulenkörperflansche vorgesehen werden, damit die Wicklung axial nicht abrutschen kann. Diese Art von Kreuzspulen wird häufig in Verbindung mit der Verwendung von Litzendraht für hohe Betriebsfrequenzen bis zu 50 MHz eingesetzt. Die Verwendung von Litze reduziert die Ansammlung von Ladungen an der Drahtoberfläche durch den Skin-Effekt. Durch die unter anderem mit sehr großer Steigung gewickelten Spulenkörper werden die Spulen hochfrequenztauglich. Die Spulenkörper einer Kreuzspule sind meist sehr einfach gehalten.

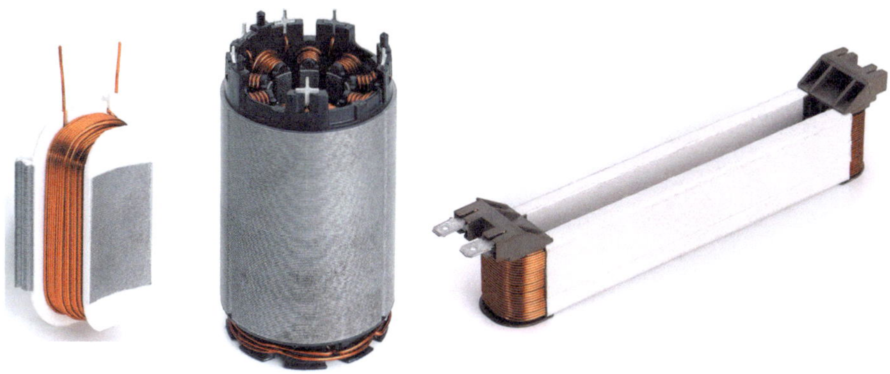

Abb. 1.23 Beispiele für Statorsegment, Stator und Einzelzahnspule

Statorsegment als Spulenkörper

Diese Spulenkörperform findet hauptsächlich bei der Herstellung von Elektormotoren Anwendung. Hierbei werden z. B. einzelne Kunststoffkappen auf die Blechpaketzähne eines segmentierten Stators gesteckt (vgl. Abbildung 1.23). Unterschieden wird zwischen T-Segment und Statorsegment, welches in einen Schlussring gefügt wird. Der segmentierte Stator findet im modernen Motorenbau immer häufiger Anwendung, da er bezüglich des Kupferfüllgrades gegenüber dem Vollblechschnitt deutlich besser ist. Durch den freizugänglichen Wickelraum ist es möglich, eine keilförmige, dem Statordurchmesser angepasste Wicklung zu erzeugen. Eine weitere Verwendungsart der Kunststoffendkappen sind Statoren mit gesteckten Einzelpolspulen. Wenn hingegen bei den Statorsegmenten die Spule auf dem Blechpaket entsteht, so werden bei den blechlosen Einzelzähnen das Nutisolationspapier und die beiden Kunststoffendkappen werkzeugtechnisch in der Wickelmaschine fixiert (vgl. Abbildung 1.24). Dabei ist es fast immer notwendig, mit einem kollabierenden Wickelwerkzeug zu arbeiten, da sonst der entstehende Druck durch die mit Zug gewickelte Wicklung ein Entnehmen der Einzelzahnspule erschwert. Blechlose

Einzelzähne haben den Vorteil, dass sie in Verbindung eines Vollblechschnittes ohne Zahnfuß verwendet werden können, wobei der Kupferfüllgrad nur geringfügig kleiner ist als bei den Statorsegmenten. Diese Art der Endkappen unterscheidet sich nur geringfügig von denen, die direkt auf dem Blech bewickelt werden. Statorsegmente werden in der Regel in zwei unterschiedlichen Designs ausgeführt. Einerseits werden die Endkappen mit langen, der Paketlänge entsprechenden Schächten versehen, andererseits werden Endkappen in Verbindung mit Nutisolationspapier verwendet oder es werden die Statorsegmente umspritzt.

Abb. 1.24 Isolationskonzept für ein Statorsegment

Als Werkstoffe werden häufig Polyamide (PA), PPS oder auch LCP-Kunststoffe eingesetzt. Ebenso wie bei den klassischen Spulenkörpern werden Endkappen für verschiedene Kontaktiermöglichkeiten ausgerüstet. So ist es möglich, Taschen für die Schneid-Klemmtechnik vorzusehen oder Schweißhaken für das Widerstandsschweißen gleich mit einzuspritzen.

Statorvollblechschnitt

Diese Spulenkörperform findet hauptsächlich bei der Herstellung von Elektromotoren Anwendung (vgl. Abbildung 1.23). Bei der Verwendung von Vollblechschnitten werden in der Regel Vollisolationen oder Endscheiben aus Kunststoff verwendet. Diese Endscheiben finden sowohl bei der verteilten Wicklung (vgl. Abschnitt 1.3.6) als auch für konzentrierte Wicklungen (vgl. Abschnitt 1.3.5) Anwendung. Der wesentliche Vorteil von Vollblechschnitten gegenüber den Einzelzahnwicklungen liegt darin, dass die Verbindungsdrähte je nach Verschaltungstopologie der einzelnen Spulen einer Phase weniger Kontaktstellen aufweisen, da sie fortlaufend gewickelt werden können. Die Kunststoffendscheiben können ebenso wie bei den Einzelzahnkappen viele verschiedene Aufgaben übernehmen. Kunststoffendscheiben werden, wie bei den Einzelzähnen, auch in zwei unterschiedlichen Designs ausgeführt. Einerseits werden die Endscheiben mit langen, der Paketlänge entsprechenden Schächten in Abhängigkeit der möglichen Spritztiefe und Wandstärke versehen, andererseits werden Endscheiben in Verbindung mit Nutisolationspapier verwendet. Grundsätzlich ist bei schachtlosen Endscheiben darauf zu achten, dass das verwendete Nutisolationspapier zur Scheibe hin überlappend eingesetzt wird, um die elektrischen Kriechstrecken zu maximieren. Endscheiben mit angespritzten Nutschächten reduzieren wie bei den Einzelzähnen die Anzahl der zu verwendenden Einzelteile. Dies ist in Abbildung 1.25 dargestellt.

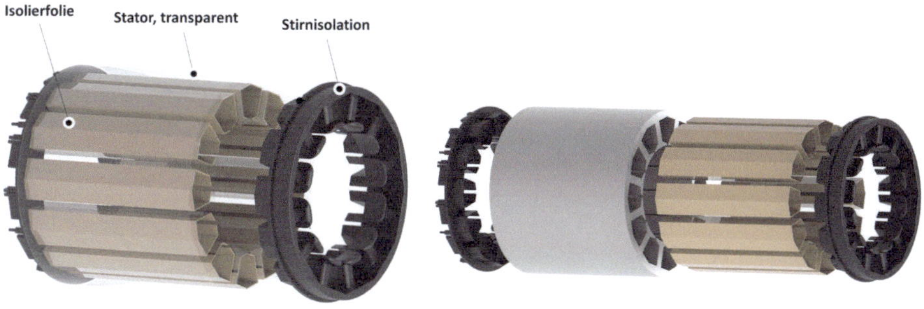

Abb. 1.25 Isolationskonzept: Endscheiben und Isolationspapier/-folie

Die Nutschächte der Endscheiben können, wie bei den Einzelzähnen so ausgeführt werden, dass sie einseitig durchgehend, über die gesamte Zahnlänge die Nut isolieren. In diesem Fall kommt es wiederum zu einer Mischlösung zwischen Endscheibe mit Nutschacht und Endscheibe ohne Nutschacht. Der Vorteil liegt darin, dass keine Spaltbildung auftritt, wie sie bei der Verwendung von zwei Endscheiben mit Nutschacht innerhalb der Statornut kommt. Es ist nur bedingt möglich, Wandstärken, die einem Isolationspapier gleichkämen zu erzeugen. PA, PPS oder auch LCP-Kunststoffe können in Abhängigkeit ihrer Feststoffanteile nur bedingt tief gespritzt werden. So ergeben sich aus praktischen Erfahrungen Wandstärken von ca. 0,5 mm nur bei einer geringen Spritztiefe. Aus diesem Grund wird noch oft auf das zusätzliche Nutisolationspapier zurückgegriffen, speziell dann, wenn der Stator in einer Spannung bis 48 V oder Spannung bis 800 V betrieben wird. Zudem sind Isolationspapiere, wie z. B. Nomex, in Stärken von 0,25 mm durchaus gebräuchlich und begrenzen durch ihre geringen Abmessungen nicht unnötig den Raum für die Wicklung.

Ebenso wie bei den klassischen Spulenkörpern werden Endkappen für allerlei Kontaktiermöglichkeiten und Funktionsmerkmalen, die der Wickeltechnik und der Automatisierbarkeit dienlich sind, ausgerüstet (vgl. Abbildung 1.26).

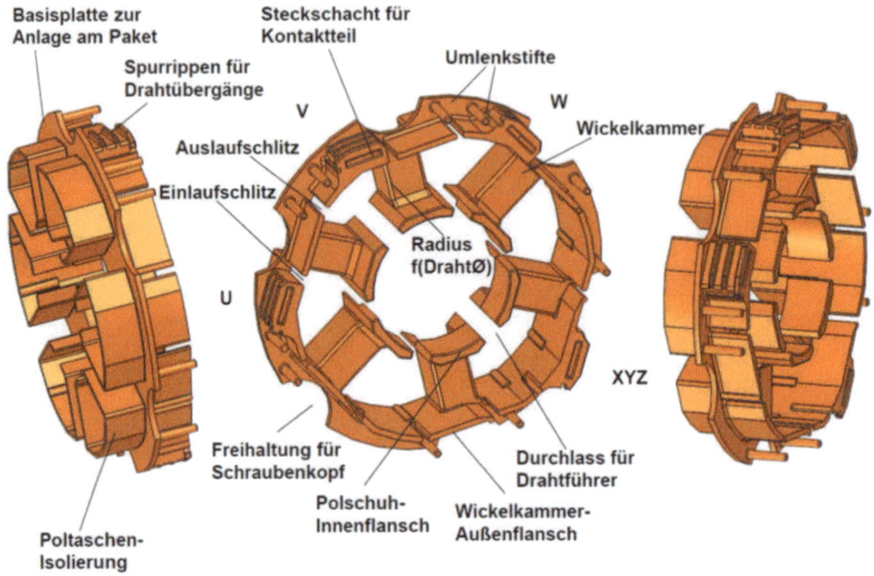

Abb. 1.26 Technische Merkmale für das Endkappendesign (Bildquelle: Technoexpert Dresden)

So ist es möglich, Taschen für die Schneid-Klemmtechnik vorzusehen oder Schweißhaken für das Widerstandsschweißen von den einzelnen Phasen und auch den Sternpunkten gleich mit einzuspritzen. Ein weiteres Merkmal einer Endscheibe ist die Möglichkeit, Verbindungsdrähte der Teilspulen einer Phase am äußeren Umfang der Scheibe verlegen zu können. Besonders vorteilhaft macht sich dies in Verbindung mit einer Reihenschaltung bemerkbar. So können die Verbindungsdrähte aller Teilspulen einer Phase, ohne zusätzliche Verschaltungskomponenten verlegt werden. Liegt die Anwendung im höheren Spannungsbereich, so ist es möglich, am Umfang der Endscheibe, die Verbindungsdrähte der Teilspulen einer Phase von den Verbindungsdrähten der anderen Phasen mittels einer Nut räumlich zu trennen. Durch diese Maßnahme lässt sich eine hohe Durchschlagsfestigkeit erzeugen.

Einzelzahnspulenkörper

Einzelzahnspulenkörper werden oft zur Herstellung von Torque-Motoren eingesetzt, bei denen die Spulen nach dem Wickelprozess auf ein Vollschnittblech oder auf segmentierte Einzelzähne geschoben werden können (vgl. Abbildung 1.23). Im Grunde ist der Einzelzahnspulenkörper die Abwandlung eines einfachen Magnetspulenkörpers in eckiger Form. Durch die beim Spritzgussvorgang entstehenden relativ großen Wandstärken handelt es sich in der Regel um Statoren mit geringem Kupferfüllfaktor. Die einzelnen Spulen werden als eigenständige Spulen gewickelt und nach der Fertigstellung in den Stator eingesetzt. Die Körperwandungen halten dem unter üblichen Bedingungen auftretenden Wickeldruck stand, sodass ein Entnehmen dieser Spulenkörper vom Wickelwerkzeug möglich ist. Die Einzelzahnspulenkörper bieten vielfältige Kontaktiermöglichkeiten, da der Einsatzbereich häufig nicht streng räumlich begrenzt ist. So kommen Verbindungsarten von Löten, Widerstandsschweißen und Schneid-Klemmtechnologien zum Einsatz. Unter der Berücksichtigung, dass der Einzelzahnspulenkörper eine vordefinierte innere Kontur mit bestimmten Maß besitzt, kann es bei der Montage auf den Einzelzahn aufgrund seiner Fertigungsabweichungen zu Problemen kommen. So kann ein fester Sitz auf dem Blechpaket nicht gewährleistet werden. Je nach Materialwahl kann dieser Effekt durch das Anspritzen von sogenannten Opferstegen ausgeglichen werden. Dabei werden in Richtung der Blechpakethöhe dünne, oftmals nur 0,2 mm dicke Stege auf einer der schmalen Innenseiten des Spulenkörpers angespritzt. Diese werden dann beim Fügevorgang entsprechend des Übermaßes des Blechpaketes umgeknickt oder abgeschert. Hierdurch wird immer, unabhängig der Blechpakethöhe in Folge der Paketiertoleranz, ein spielfreier Sitz erzeugt.

Der Spulenkörper hat einen dominanten Einfluss auf die Automatisierbarkeit und die Prozessfähigkeit des zu entwickelnden Wickelprozesses. Ein schlechtes Spulenkörperdesign führt nahezu zwangsläufig zu einem schlechten Wicklungsergebnis. Die Funktionsintegration im Spulenkörper ist ein stark zunehmender Trend, wie die Integration von Funktionen des Lagers, beispielsweise das Innenleben eines Ventils oder die Kontaktierung des Drahtes beim Terminieren. Die immer besser werdende Spritzgusstechnologie ermöglicht daher die Fertigung von komplexen Wicklungsbaugruppen.

1.2.5 Einführung in die Materialien für Spulenkörper

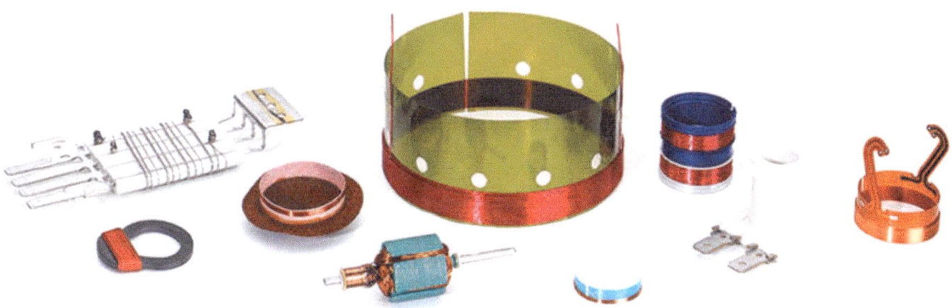

Abb. 1.27 Vielfalt der Spulenkörper

Die Anzahl der verwendeten Kunststoffe für Spulenkörper ist sehr hoch, weswegen im Folgenden nur auf die wichtigsten eingegangen werden soll. Für das Wickeln von Motorspulen wird in der Regel ein geschichteter Aufbau aus Elektroblechen als Körper verwendet. Diese stellen im Vergleich zu den Kunststoffspulenkörpern zum einen weniger Beschränkungen für die Bewicklung dar und sind zum anderen in der Vielfalt ihrer Materialausführung beschränkt. Wie im vorherigen Abschnitt ausgeführt ist eine Isolation der Segmente, aber auch Vollblechschnitte mit Kunststoffen üblich, weswegen Sie auch einen Einfluss auf die Motorenwickeltechnik haben können. Aus diesen Gründen fokussiert sich dieser Abschnitt auf Kunststoffe als Material für Spulenkörper.

Die Kunststoffe und ihre Verarbeitungsmöglichkeiten werden stetig weiterentwickelt, woraus sich neue Möglichkeiten für die Wickeltechnik ergeben. Am Beispiel von karbonfaserverstärkten Werkstoffen, welche im Automobilsport verwendet werden, zeigen sich die enormen Festigkeiten, welche die faserverstärkten Kunststoffe aufweisen können. Der Einsatz von Kunststoffspulenkörpern in den Bereichen der Elektrotechnik/Elektronik und der Fahrzeuge spielte in der Vergangenheit (ca. 50 Jahre) eine untergeordnete Rolle, im Gegensatz zu heute. Das hat zur Folge, dass bei den zu verwendenden Kunststoffen auf die funktionellen Eigenschaften wie Temperaturfestigkeit, die mechanische Festigkeit und die chemische Beständigkeit geachtet werden muss. Aufgrund der guten Materialeigenschaften treten die Materialkosten für die Granulate, speziell bei der Verwendung von Hochleistungskunststoffen, in den Hintergrund. Insbesondere das Verhältnis von Festigkeit zur Dichte ist bei Kunststoffen günstiger, da bei gleichem Gewicht der Kunststoff in der Festigkeit dem Stahl oder der Pappe weit überlegen ist. Die Festigkeit des Spulenkörpers ist nicht nur als Wicklungsträger aufgrund des Wicklungsdruckes relevant, sondern auch in der Drahtführung beispielsweise bei den Endkappen von Vollblechschnitten von entscheidender Bedeutung. Nur in wenigen Fällen wird systembedingt auf Kunststoffspulenkörper verzichtet. Hierzu zählen z. B. auf Ferrite gewickelte Antennen und Sensoren oder Metallträger, die mit einem Lack gegenüber dem Draht isoliert werden. Diese Sonderformen werden hier zunächst nicht betrachtet. Mit der Spritzgusstechnologie für Kunststoffgranulate sind in der nahen Vergangenheit viele verschiedene geforderte Eigenschaften für die notwendige Geometrie von Spulenkörpern erreicht worden. Dabei ist es aber auch heute noch sehr wichtig, den Spulenkörper kunststoffgerecht zu konstruieren.

Bei der Betrachtung der Festigkeit von Kunststoffen wird meist missverstanden, dass es sich um die spezifische Festigkeit handelt. Also die Festigkeit zur Dichte. Einfacher gesagt: Bei gleichem Gewicht ist Kunststoff dem Stahl oder der Pappe weit überlegen! Das ist auch der Grund, warum immer mehr funktionelle Geometrien für z. B. angespritzte Lagersitze bei Statoren oder Ankerführungen bei Ventilspulenkörpern durch Kunststoff ersetzt werden. Bei der Wahl der vielen verschiedenen Kunststoffe werden zunächst die bekannten drei Hauptgruppen betrachtet:

- Duroplaste
- Elastomere
- Thermoplaste

Bei der Betrachtung der infrage kommenden Materialien für Spulenkörper werden die Duroplaste und die Elastomere aufgrund ungeeigneter mechanischer bzw. Verarbeitungseigenschaften in der Regel nicht weiter betrachtet. Standard-Thermoplaste bilden die mengenmäßig größte Gruppe. Die Anzahl der verschiedenen Materialien ist mit Polyethylen (PE), Polypropylen (PP), Polystyrol (PS) und Polyvinylchlorid (PVC) jedoch eher klein. Polyethylenterephthalat (PET) wird aufgrund seiner Produktionsmengen oft zusätzlich den Standard-Kunststoffen zugeordnet, seine Eigenschaften lassen ihn aber eher zur nächsten Gruppe der technischen Kunststoffe zählen. Der Anteil der Standardkunststoffe bei der Spulenkörperherstellung ist sehr gering. Nur Kunststoffe wie PE und PP finden bei untergeordneten Anwendungen ihren Einsatz. Technische Kunststoffe umfassen eine weitaus größere Anzahl von Typen. Beispiele sind Thermoplaste wie Polyamid (PA), Polyoxymethylen (POM) oder Polycarbonat (PC). Einen Vergleich verschiedenster Kunststoffe gibt Tabelle 1.4.

Tab. 1.4 Beispielhafter Vergleich verschiedener Kunststoffeigenschaften [HUG-15]

	Dichte	**Zugfestigkeit**	**Bruchdehnung**	**E-Modul**	**Durchschlagsfestigkeit**	**Feuchtigkeitsaufnahme**	**Temperatur Bereich**	**Wärmebeständigkeit**
Einheit	**g/cm³**	**N/mm²**	**%**	**kN/mm²**	**kV/mm**	**%**	**°C**	**°C**
Kunststoff	DIN 53479	DIN 53455	DIN 53455	DIN 53457	DIN 53481	Bei Normklima		DIN 53461
PE	0,95	24	>200	1	80	0	-100 … 80	48
PP	0,91	33	800	1,3	55-90	0,1	+10 … +100	65
PS	1,04	55	40	3,2	43	<0,1	-10 … 80	86
PA	1,14	50 … 80	50 …160	1,5 … 3	80 …150	2,5 …3	-40 … +100	95
PC	1,2	>60	>80	2,3	35	0,2	-40 … +135	138
POM	1,41	70	75	3	35	0,17	-20 …90	124
PVC	1,36	65	20	3	20	<0,1	-10 … +55	61
PET	1,37	74	>20	3	>70	0,2	-20 … +100	74
PEEK	1,32	160	50	3,6	20	0,2	+250	182
PSU	1,24	72	>50	2,5	>40	0,25	-40 … 150	175
PES	1,37	85	20 … 40	2,9	63	0,8	+180	215
PAI	1,45	120	5	5,8	24	2,5	+250	280
PPS	1,35	90	8	35 ... 42	50µm - 10kV	-	-20 ... 220	240
LCP	1,4	180 ... 240	3,4	10 ... 40	32	0,3	250	300

Häufig werden, bedingt durch die Anforderungen, auch Hochleistungskunststoffe verwendet. Diese können deutlich höhere Temperaturbereiche über 150 °C abdecken. Beispiele dafür sind Polysulfon (PSU), Polyetheretherketon (PEEK), Polyethersulfon (PES) oder Polyamidimid (PAI). Wie bereits erwähnt haben Hochleistungskunststoffe durch den hohen Kostenfaktor einen sehr geringen Marktanteil. Sie zeichnen sich dadurch aus, dass eine oder mehrere Eigenschaften bei der Herstellung von Spulenkörpern besonders hervorstechen. Speziell bei der Verwendung von Hochleistungskunststoffen für Spulenkörper kann man auf eine hohe Betriebstemperatur aufbauen. Letztendlich spielen für die Auswahl von Kunststoffen für die Spulenkörperherstellung häufig folgende Qualitätskriterien eine große Rolle:

- Mechanische Festigkeit
- Elektrische Isolationsfähigkeit (Mit Berücksichtigung der Feuchtigkeitsaufnahme)
- Chemische Beständigkeit
- Thermische Beständigkeit
- Fließverhalten beim Spritzgussvorgang
- Compoundfähigkeit/Temperaturleitfähigkeit

Mechanische Festigkeit

Spulenkörper haben zunächst den Anspruch der Aufnahme der Wicklung und der Formgebung von Spulen. Während des Einbringens der Wicklung in den Wickelraum treten aufgrund der notwendigen mechanischen Drahtzugspannungen Kräfte auf, die den Spulenkörper verformen. Die Verformungen lassen sich einerseits in Richtung des Wickelgrunds feststellen, aber sie wirken auch andererseits axial zur Spule auf die Spulenflansche. Durch eine unerwünschte Verformung des Spulenkörpers kann es einerseits bereits beim Wickeln zu Verformungen kommen, die die Lagegenauigkeit der Wicklung beeinträchtigt. Andererseits ist es aufgrund von beschränkten Bauräumen des Endproduktes nicht möglich, verformte Spulen zu montieren. Da Spulenkörper häufig nur bei der Spulenherstellung benötigt werden, aber keine Funktion im Produkt besitzen, wird versucht, Wandstärken so gering wie möglich zu halten, um den Bauraum der Spule zu minimieren.

Speziell im Zuge der immer mehr diskutierten Energieeffizienz bzw. Leistungsdichte ist ein Verhältnis von viel Kupfer zu wenig Spulenkörpermaterial wünschenswert. Mit schwindenden Wandstärken am Spulenkörper erhöht sich der elektrische Füllfaktor einer elektrischen Baugruppe. Dies steht natürlich gegen die mechanische Stabilität der Spulenkörper. Die Auslegung von Wandstärken ist als eine Abwägung zwischen dem zu verwendenden Spulenkörpermaterials und dem zur Verfügung stehenden Bauraum, bzw. elektrischen Füllfaktor zu sehen.

Die mechanische Festigkeit von Thermoplasten bzw. Elastomeren wird in der Spulenwickeltechnik als Shore-Härte, benannt nach Albert F. Shore, angegeben. Dabei werden verschiedene Verfahren mit den Buchstaben A, C, D unterschieden, die in der DIN EN ISO 868 beschrieben sind. Bei der Prüfung wird ein Kegel (Verfahren D) oder Kegelstumpf (Verfahren A, C) unter einer bestimmten Kraft in den Kunststoff gedrückt. Die dabei entstehende Eindringtiefe ergibt den Shore-Wert. Weitere charakteristische mechanische Größen sind die Kugeldruckhärte, welche nach DIN EN ISO 2039-1 bestimmt werden kann, und die Kerbschlagzähigkeit. Ein Prüfverfahren für die Kerbschlagzähigkeit ist in DIN EN ISO 179 beschrieben. Die Steifigkeit der Kunststoffe kann im elastischen Bereich durch das E-Modul und im plastischen Bereich das zugehörige Spannungs-Dehnungs-Diagramm beschrieben werden (vgl. Tabelle 1.4). Die Zugfestigkeit gibt eine Grenze in Bezug auf die mechanische Belastung an. In der Tabelle 1.5 sind einige gängige Kunststoffe und deren Härtegrade aufgeführt.

Zum Vergleich kann man sagen, dass ein Autoreifen die Shore-Härte D von 15 hat. Speziell bei den hier angesprochenen Thermoplasten wird die Shore-Härte mit der Verfahrensvariante D bestimmt. Bei der Bestimmung der Shore-Härte spielt die Temperatur eine entscheidende Rolle, sodass die Messung bei einer Temperatur von 23 °C durchgeführt werden muss. Leider lässt sich aus wickeltechnischer Sicht nicht einfach daraus ableiten, ein härteres Material zu verwenden, um dem Anspruch von dünnen Wandstärken Genüge zu tun. Wie bei den Metallen muss für eine Eignung für das Wickeln ein ausgewogenes Verhältnis von Härte und Zähigkeit vorhanden sein.

Tab. 1.5 Beispielhafter Vergleich verschiedener Kunststoffhärten [VDI-14]

Kunststoff/Härte	Shore-Härte A	Shore-Härte D
PE	95 … >	40 … 70
PP	>	65 … 75
PS	>	80
PA 66	>	80
PC	>	82 … 85
POM	>	79 … 82
PPS	>	77
PVC-U	>	75 …80
PET	>	83
PEEK	>	85
PSU	>	85

Harte Kunststoffe wie z. B. PPS neigen zu einer geringen Kerbschlagzähigkeit. Diese Eigenschaft führt nicht selten zur Rissbildung während des Wickelvorganges oder unmittelbar nach dem Entnehmen der Spule vom Wickelwerkzeug. Eine Möglichkeit, bei großer Grundhärte eines Kunststoffes die Kerbschlagzähigkeit zu erhöhen, besteht darin, Füllstoffe wie z. B. Glasfasern beizumengen.

Elektrische Isolationsfähigkeit

Die elektrische Isolationsfähigkeit wird häufig im Zusammenhang mit einer hohen Betriebsspannung der Spulenbaugruppe gefordert. Neben der Materialzusammensetzung des Kunststoffes ist für die Isolationsfestigkeit auch der Einfluss von in den Kunststoff diffundierenden Stoffen zu beachten. Eine Verschlechterung der Isolationsfestigkeit von Kunststoffen ergibt sich durch die Neigung des Kunststoffes, Wasser aufzunehmen. Durch die Beimischung von Füllstoffen kann es ebenfalls zur Verschlechterung der Isolationsfähigkeit kommen.

Definiert wird die Isolationsfestigkeit nach ICE 60112. Die Isolationsfestigkeit auch als Kriechstromfestigkeit bei Spulenkörpern kennzeichnet die Isolationsfestigkeit der

Oberfläche (Kriechstrecke) unter Einwirkung von Feuchtigkeit und Verunreinigungen. Sie definiert den maximalen Kriechstrom, der sich unter genormten Prüfbedingungen in einer definierten Prüfanordnung einstellen darf. Eine hohe Kriechstromfestigkeit bedeutet, dass messbare Ströme auf der Oberfläche des Spulenkörpers bei Anlegen einer entsprechend hohen Spannung entstehen. Die Durchschlagsfestigkeit einer Kriechstrecke ist oft geringer als die einer gleich langen Luftstrecke, auch wenn der Isolierstoff selbst gut isoliert. Die Kriechstromfestigkeit eines Isolierstoffes wird durch dessen Wasseraufnahmevermögen und sein Verhalten bei thermischer und ionisierender Beanspruchung beeinflusst. Die Kriechstromfestigkeit wird mit dem CTI-Wert (englisch Comparative Tracking Index) bestimmt und mit dem PTI-Wert (englisch Proof Tracking Index) gemessen. Dafür wird in einem, durch die IEC 60857 und DIN EN 60112, definierten Aufbau Flüssigkeit auf die Spulenkörperoberfläche aufgetragen und eine Spannung am Spulenkörper angelegt. Der CTI-Wert besagt, bis zu welcher Spannung keine Leitfähigkeit in der Kriechstrecke vorliegt. Ausfallkriterium ist ein Kriechstrom von mehr als 0,5 A. Neben der Kriechstromfestigkeit wird auch häufig die Isolierstoffklasse eines Kunststoffes angegeben. Sie wird in der IEC 85 definiert.

Chemische Beständigkeit

Spulenkörper kommen vor allem im Fahrzeugbau mit Substanzen in Berührung, die unter Umständen die Festigkeit, die Isolationsfestigkeit oder auch die Temperaturbeständigkeit negativ beeinflussen können. Ein Kunststoffspulenkörper gilt dann als chemisch beständig, wenn er seine charakteristischen mechanischen, physikalischen und chemischen Eigenschaften trotz beliebig langen Kontaktes mit der chemischen Substanz unverändert beibehält. Da dieser Idealzustand praktisch nie vorkommt, gilt in der Technik ein Werkstoff durchaus noch als „beständig", der nur sehr langsam angegriffen wird. Ein Kunststoffspulenkörper gilt dann als chemisch bedingt beständig, wenn er seine charakteristischen Eigenschaften für eine begrenzte, für den Einsatzzweck akzeptable Zeitspanne oder innerhalb spezieller Grenzen der Einsatzbedingungen beibehält. Die chemische Beständigkeit spielt besonders dann eine große Rolle, wenn das Spulensystem vergossen, getränkt oder umspritzt wird. Hier sind im Vorfeld die Verträglichkeiten unter den verschiedenen Materialien zu berücksichtigen. Häufiger Anwendungsfall sind auch sogenannte Nassläufer. Umgebungsmedien, wie Benzine, Öle oder auch Streusalz können zur extremen Schädigung des Kunststoffes führen.

Thermische Beständigkeit

Elektromechanische Baugruppen werden nicht nur aufgrund der Umgebungstemperatur stark erwärmt. Durch immer besser ausgereifte Designs kommt es nicht selten vor, dass die Betriebstemperaturen von Spulen bei normaler Umgebungstemperatur durchaus 150 °C betragen können. Damit bei den hohen Temperaturen die Spulenkörper sich nicht verformen, schmelzen oder sogar brennen, wurden Kunststoffe wie z. B. PEEK oder PPS entwickelt. Beispielsweise hat ein PA eine Temperaturfestigkeit von nur 130 °C. Dies würde für die Anwendung in mechatronischen Systemen nicht ausreichen. Durch die Verwendung eines PPS können jedoch mechatronische Systeme bis zu einer Temperatur von 200 °C betrieben werden. Die Dauertemperaturfestigkeit wird mit den Buchstaben A, B, C usw. gekennzeichnet. Hinter den Buchstaben verbirgt sich die nach IEC 60034-1 definierte zulässige höchste Dauertemperatur für einen Isolierstoff (vgl. Tabelle 1.6).

Tab. 1.6 Isolierstoffklassen für Isolationsmaterialien nach IEC 60034-1

Isolierstoffklasse	Zulässige höchste Dauertemperatur in °C
Y	90
A	105
E	120
B	130
F	155
H	180

Herstellbarkeit/Fließverhalten beim Spritzgussvorgang

Wie bereits erwähnt, muss der zu verwendende Kunststoff dem Betriebsort und der Betriebsart der Spulen angepasst werden. Dies beeinflusst im Wesentlichen die Konstruktion des Spritzgusszwerkzeuges. Sind hingegen PA-Materialien in Niedertemperatur Spritzgusswerkzeugen herstellbar, so ist bei der Verwendung von z. B. PPS darauf zu achten, dass das Spritzgusswerkzeug als auch die Spritzgusskanäle entsprechend der Verarbeitungstemperatur auf ca. 150 °C vorgewärmt werden. Die Werkzeugtemperaturen können sogar bei der Verwendung von PEEK einen Wert von ca. 240 °C erreichen, was natürlich dann auch erhöhte Werkzeugkosten verursacht. Beimischungen wie Glasfaser oder Glimmer beeinflussen das Fließverhalten negativ. Um das Risiko einer Fehlkonstruktion des Werkzeugs zu verhindern, wird aus diesem Grund oft im Vorfeld unter Verwendung einer Software eine Flussanalyse des Spritzgussmaterials erstellt. Mit Hilfe der rechnergestützte Analyse kann das Fließverhalten des Werkstoffs im Werkzeug festgestellt werden und ein zu schnelles Erkalten bestimmt werden, was zu einer schlechten Bindenahtfestigkeit führen kann. Für die Verarbeitung mit dem Spritzgussverfahren sind Polyamide am besten geeignet. Aufgrund der unterschiedlichen Viskosität verschiedener Kunststoffgranulate bestehen auch ungleiche Anforderungen an die Trennstellen des Werkzeugs und den Einsatz von Schiebern. Hat die Schmelze eine niedrige Viskosität, so kann es bei unsauberer Werkzeugtrennung zu einer Gratbildung kommen. Der Spritzgrat führt speziell bei der Herstellung von Hochspannungsspulenkörper zu Teilentladungen oder auch Drahtbeschädigungen bzw. Wickelfehlern, was natürlich zu einem vorzeitigen Ausfall führt. Wickeltechnisch werden häufig kleinste Geometrien zum Ablegen des Drahtes an einer bestimmten Stelle benötigt. So ist es keine Seltenheit, dass Radien in der Größe R = 0,1 mm ausgebildet werden müssen. Auch diese Tatsache schränkt die Wahl des zu verwendenden Werkstoffes ein. Auch beim Wickeln, z. B. von Stabspulen, ist die entstehende Oberflächenstruktur nach dem Spritzgussvorgang von Bedeutung. So muss bei einer Schräglagenwicklung eine bestimmte Oberflächenrauigkeit erreicht werden, damit die Wicklung nicht verrutschen kann.

Compoundierfähigkeit/Temperaturleitfähigkeit

Unter Compoundierfähigkeit versteht man die Eigenschaft der Vermischung eines Granulates mit einem Fremdstoff. Compoundierung (Compound = „Mischung") ist ein Begriff aus der Kunststofftechnik, welcher mit Kunststoffaufbereitung gleichzusetzen ist und den Veredelungsprozess von Kunststoffen durch Beimischung von Zuschlagstoffen (Füllstoffe, Additive Glasfasern usw.) zur gezielten Optimierung bestimmter Eigenschaften beschreibt. Bessere Temperaturleitfähigkeiten können durch das Beimischen von Quarzen/Glimmer erreicht werden. Für eine Compoundierung wird das Material durch einen Extruder gemischt und zerkleinert bzw. verflüssigt. Die Vielfalt an möglichen Zusatzstoffen ist recht groß und reicht von niedrigschmelzenden Glas- bzw. Metalllegierungen bis zu wärmeleitenden Materialien. Durch diese Zusätze wird das Fließverhalten des Materials jedoch verschlechtert. Für die Zusatzstoffe ist eine Abwägung zwischen den Eigenschaft des Kunststoffes im Betrieb der Spule und Herstellungseigenschaften vorzunehmen. Diese negativen Effekte können durch ein vorrangiges Mahlen des Stoffes mit anschließendem Compoundieren verringert werden. Dies wird beispielsweise bei Glasfasern angewendet, um die Viskosität deutlich zu reduzieren. Zunehmend haben die Compounds mit hoher Wärmeleitfähigkeit an Bedeutung gewonnen, basierend aufgrund des Trends von mechatronischen Systemen mit einer hohen Leistungsdichte. Bei Servomotoren ist es durchaus üblich, eine Leistungsdichte von 1,5 kW/dm^3 zu erzeugen. Bei größeren Leistungsdichten ist oft eine Fremdkühlung mittels Luft oder sogar Wasser notwendig. Um diesen Aufwand zu reduzieren, ist man bestrebt, die Wärmeabfuhr von der Wicklung zum Gehäuse zu verbessern. Dies geschieht unter anderem durch die Beimischung von Wärmeleitern im Kunststoffgranulat für die Spulenträger. Wie schon beschrieben verändern Compounds mehrere physikalische Eigenschaften des Spulenträgers. Während das Zusetzen eines geringen Anteils an Füllstoffen die Festigkeit zunächst erhöht, so nimmt diese mit zunehmendem Anteil bei über 50 % Füllstoffgehalt wieder ab. Pauschal kann man also keine direkte Empfehlung für ein bestimmtes Material geben. Die Wahl des passenden Kunststoffes und des ggf. verwendeten Füllstoffes ist immer von der Anwendung und der Artikelgeometrie abhängig.

Reibungseigenschaften

Die Reibeigenschaften von Kunststoffen spielen für den Wickelprozess eine zentrale Rolle, da diese die Drahtablage auf dem Spulenkörper direkt beeinflussen. Für die Beschreibung werden Reibwerte angegeben, die durch verschiedene tribologische Versuchsaufbauten gewonnen werden können. Die Reibeigenschaften eines Spulenkörpers hängen neben der Materialauswahl auch von der Oberflächenrauigkeit, der Anpresskraft zwischen den Reibpartnern und der Temperatur ab. So werden Stabspulen beispielsweise aufgeraut, um ein Abrutschen der Drähte zu vermeiden. Ein Sonderfall für Stabspulen ist, dass der Wicklungsgrund mit einer weicheren Schicht umspritzt wird. Dafür wird meist ein Zwei-Komponenten-Spritzguss verwendet, um die mechanisch flexible Deckschicht aufzubringen. Eine Auswahl an Reibwerten zwischen verschiedenen Kunststoffen ist in Tabelle 1.7 dargestellt. Diese Reibwerte wurden mit einem Anpressdruck von 0,1 MPa und einer Geschwindigkeit von 0,15 m/s mit einem Ring-Ring-Tribometer ermittelt.

Tab. 1.7 Beispielhafte Reibbeiwerte für verschiedene Kunststoffpaarungen [BASF-14]

	PA 6	PA 6- GF	PA 66 mod.	PA 66-GF	PBT	POM
PA 6	0,65 … 0,85					
PA 6- GF	0,45 … 0,55	0,35 … 0,45				
PA 66 mod.	0,5 … 0,7	0,35 … 0,45	0,15 .. 0,2			
PA 66-GF	0,55 … 0,75	0,46 … 0,6	0,2 … 0,26	0,32 … 0,44		
PBT	0,7 … 0,9	0,65 … 0,85	0,42 .. 0,57	0,6 ... 0,8	0,6 … 0,8	
POM	0,5 … 0,7	0,35 … 0,5	0,2 … 0,3	0,22 … 0,3	0,4 .. 0,6	0,3 .. 0,5

Die ständig weitergehende Entwicklung neuere Materialsysteme, vorrangig von Kunststoffen, ermöglicht die Verwendung von Spulen bei stärkeren mechanischen, thermischen und chemischen Belastungen. Die zulässigen Fertigungstoleranzen für die Spulenherstellung werden dadurch zunehmend eingeschränkt und benötigen effizientere Fertigungsprozesse und Produktdesigns. Die relevanten Eigenschaften für den Wickelprozess sind die Steifigkeit und die Maßhaltigkeit des Spulenkörpers, auch bezüglich der Wickelflansche bei geringeren Wandstärken, sowie die Reibungseigenschaften der Oberfläche. Durch die verbesserten Möglichkeiten der Kunststoffverarbeitung können zunehmend Führungsgeometrien, wie Rillen, in den Wickelgrund eingebracht werden, um die gezielte Führung des Drahtes in der Nut zu unterstützen.

1.2.6 Einfluss des Spulendesigns auf die Fertigungseigenschaften

Allgemeine Aspekte

Ziel des Abschnittes ist es, die Wechselwirkung des Spulendesigns und seiner Fertigungseigenschaften darzustellen. Dafür werden im Folgenden Einflussfaktoren des Designs der Spulenkörperform, aber auch des Materials in Bezug auf die Auswirkung für die Wickeltechnik beschrieben. Zunächst werden allgemeingültige Aspekte vorgestellt, bevor auf spezifische Eigenschaften bestimmter Spulenarten eingegangen wird.

Primär entscheidend für die Wickelbarkeit von Spulenkörpern ist die gegebene Zielform für den Draht. Für komplexe Wickelschemata wird aus diesem Grund für die erste Lage einer Wicklung oft eine Struktur, in Form von Rillen, in den Wickelgrund eingebracht, um eine korrekte Positionierung am Anfang des Wickelprozesses zu gewährleisten. Für Zylinderspulen, Scheibenspulen oder Ringkernspulen ist die Zugänglichkeit zum Wickelort gegeben. Für Motorenwicklungen ist dies für Vollblechschnitte nicht der Fall. Für eine ausreichende Zugänglichkeit zum Wickelraum ist neben der elektromagnetischen Auslegung auf eine Berücksichtigung der gewünschten Drahtquerschnitte für den Nutschlitz zwischen den Zähnen zu achten, um die Wickelbarkeit zu gewährleisten. In Abhängigkeit vom Drahtdurchmesser und dessen Material ergeben sich für jeden Draht andere minimale Biegeradien, die für die Führung des Drahtes in den Wickelraum über Einlauf- bzw.

Auslaufschlitze, oder die Führung um einen unrunden Spulenkörper in Form von minimalen Biegeradien berücksichtigt werden müssen. Als Faustformel gilt, dass der minimale Biegeradius in etwa dem Drahtdurchmesser entspricht. Für die Begrenzung des Wickelraumes werden häufig Flansche verwendet, die aber in der Lage sein müssen, dem durch die Wicklung axial aufgebrachten Druck standhalten zu können. Als Näherungswert kann ein Winkel zwischen den Nuttaschen bzw. dem Wickelgrund und Wickelflansch von 60° oder 90° angenommen werden: Diese haben sich als positiv für das direkte Bewickeln mit einzelnen Drähten erwiesen (vgl. Abbildung 1.28).

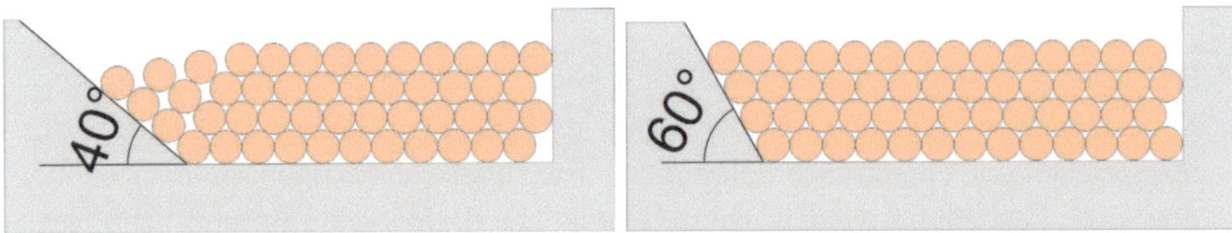

Abb. 1.28 Darstellung einer ungünstigen (40°) und einer günstigen (60°) Kante für die Nutinnengeometrie

Eine Darstellung der beeinflussenden Faktoren für ein erfolgreiches Wickelergebnis ist in Form eines Ishikawa-Diagramms in Abbildung 1.29 gegeben. So sind das Material und die Wickelmethode mit ihrer Geometrie wichtige Faktoren. Jedoch gehen noch weitere Eigenschaften, die des Menschen (Bedieners), der Maschine, der Umwelt (Klima) und der Messung mit ein.

Aufgrund der vielen Einflussfaktoren ist es daher wichtig, die grundlegenden Eigenschaften des Spulendesigns und Spulenkörpermaterials günstig im Sinne des Wickelprozesses, sowie der vor- und nachgelagerten Prozesse zu wählen. Neben dem Wickeln selbst muss auch die Möglichkeit für die Befestigung des Drahtes vor dem Wickeln, dem Terminieren, das Trennen der Drahtüberstände mit Arbeitsweise ohne Drahtreste für den Anfangs- und Enddraht, sowie dem Kontaktieren als Folgeprozess am Spulenkörper berücksichtigt werden. In Abhängigkeit des Kontaktierverfahrens ist das Anwickeln einer Lötfahne oder das Befestigen an Haken bzw. Gabelfahnen beispielsweise für das Widerstandsschweißen notwendig. Das Gleiche gilt für Schneid-Klemmtaschen oder die Kontaktierung eines Vollblechstators über Leadframe für den Anfangs- und Enddraht, bzw. die Möglichkeit des Verlegens von Verschaltdrähten der einzelnen Phasen/Spulen über die Endscheibe eines Stators.

Die Einlaufkammern des Drahtes, auch Startdrahtnut genannt, haben die Aufgabe, das beim Wickeln entstehende Wicklungspaket vom Startdraht fernzuhalten. Der Wicklungsanfang muss aus verfahrenstechnischen Gründen immer zum Wicklungsgrund hin geführt werden, um einen Wicklungsaufbau zu realisieren. Das Wicklungsende liegt in der Regel an der Wicklungsoberfläche. Eine fehlende örtliche Trennung von dem an der Stirnseite zum Wicklungsgrund verlaufenden Startdraht zum Wicklungspaket hat zur Folge, dass Windungen in der Oberwicklung den Startdraht berühren. Das kann dazu führen, dass das hohe Potenzial an dieser Stelle zu einem vorzeitigen Ausfall der Spule führen kann.

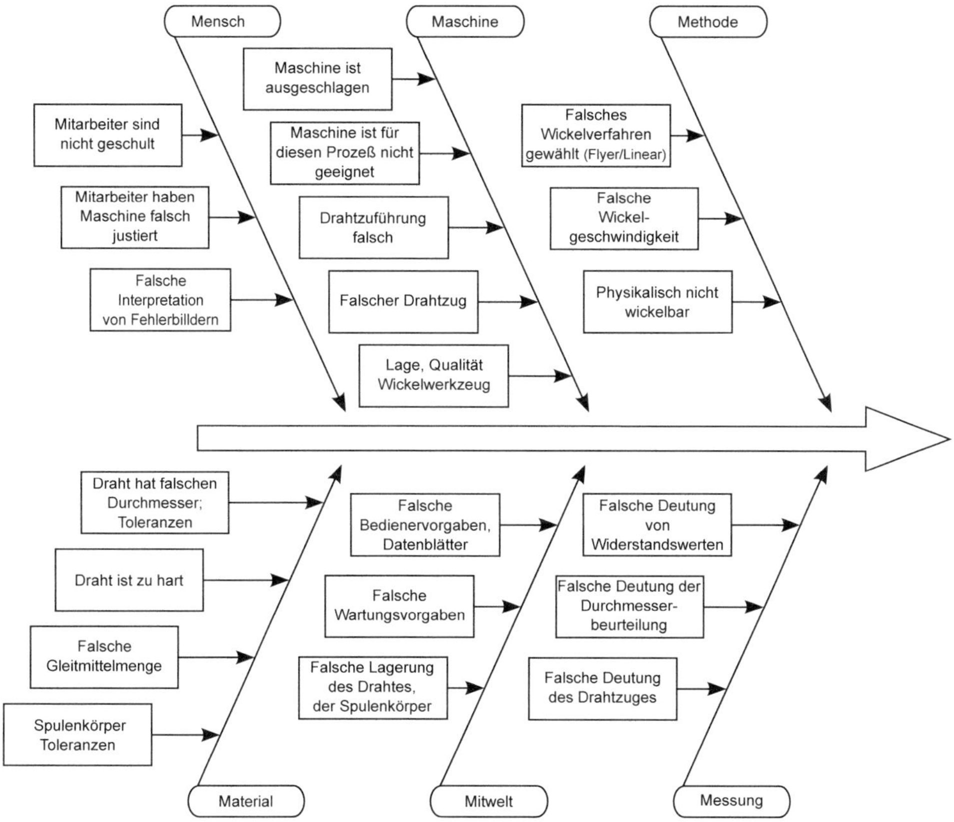

Abb. 1.29 Einflussfaktoren auf den Wickelprozess und das Wickelergebnis

Dem Wickelprozess übergeordnet gilt, dass durch die Verwendung von Merkmalen, sei es im Sinne von Poka Yoke oder für die Ausrichtung des Spulenkörpers, sich zusätzliche Möglichkeiten in der automatisierten Qualitätskontrolle ergeben (vgl. Abschnitt 4.4.1). Typische Gefahrenpotenziale eines Spulenkörpers für den Wickelprozess liegen in seiner Fertigungsgenauigkeit. So kann ein Grat am Spulenkörper, verursacht durch seinen Herstellungsprozess, den Wickelprozess stören. Ebenso sind Formabweichungen des Spulenkörpers kritisch, unabhängig davon ob sie fertigungsbedingt durch die Konstruktion, den Prozess zur Herstellung oder das verwendete Werkzeug verursacht wurden. Alternativ können auch Umwelteinflüsse zu solchen Abweichungen führen, wenn beispielsweise Kunststoffe aufgrund der vorhandenen Luftfeuchte am Produktionsort anschwellen. Neben der Form ist auch die Steifigkeit des Spulenkörpers entscheidend, da der Einschnürungseffekt der aufgebrachten Wicklung zu einer Deformation des Kerns oder der Flansche oder im schlimmsten Fall zum Bruch des Körpers während des Wickelprozesses führen kann.

Gegenmaßnahmen, um ein halbzeugbedingtes Versagen des Wickelprozesses auszuschließen, sind die Integration von Vorprüfungen, wie der Wickelbereitschaftskontrolle in Bezug auf die Maßhaltigkeit des Spulenkörpers, die Lagerung der Halbzeuge unter Normklima oder Moldflow-Analyse für die Konstruktion und Fertigungseigenschaften des Spulenkörpers. Typische Fehlerbilder für den Wickelprozess sind falsche Wicklungsgeometrien, wie eine fehlerhafte Umsetzung des Wickelschemas, falsche elektrische Eigenschaften, wie Widerstand oder Induktivität, eine Beschädigung der Wicklung bzw. ihrer Wicklungsisolation, eine Beschädigung des Spulenkörpers, falsche Maße des Spulenkörpers/Wicklung, wie Außen oder Innenmaße der Spule, und im extremen Fall ein Bruch des Spulenkörper oder ein Drahtriss.

Die wirtschaftliche Bedeutung einer prozesssicheren Auslegung ist in Abbildung 1.30 illustriert. Danach gilt, dass sich mit jedem Fortschritt in den Entwicklungsphasen eines Produktes die Kosten zur Korrektur eines Fehlers mit dem Faktor zehn multiplizieren. Entsprechend kann eine Einbindung der Fertigung im Stadium der Entwicklung die Fehlerkosten um den Faktor Hundert reduzieren.

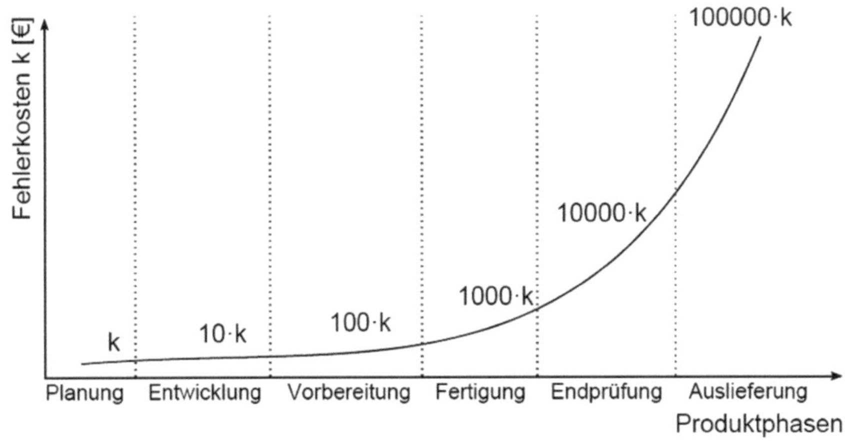

Abb. 1.30 Zuordnung der Kosten einer Fehlerkorrektur zu den Stadien der Produktentwicklung

Im Folgenden wird auf die spulenkörperspezifischen Gegebenheiten und Anforderungen für die Wickeltechnik genauer eingegangen, ohne die zugehörigen Wickelverfahren aus Kapitel 3 vorwegzunehmen.

R_M Spulenkörper oder Schalenkernspulenkörper

Wickeltechnisch sind R_M Spulenkörper mit Axialkontaktstiften schwieriger zu verarbeiten, da hier eine schwenkbare Drahtführerdüse verwendet werden muss (vgl. Abbildung 1.21). R_M Spulen werden auch aufgrund des hohen Frequenzbereiches in der Bifilardrahttechnik hergestellt (vgl. Kap. 3.4.4). Es werden aus zwei Drahtführerdüsen gleichzeitig die Drähte verarbeitet. Hierzu muss grundsätzlich der Stiftabstand des Spulenkörpers mit dem Düsenabstand der Wickelmaschine abgestimmt sein. Die Kontaktierung des Drahtes mit den Kontaktstiften erfolgt fast ausschließlich durch Löten.

Relaisspulenkörper

Aus wickeltechnischer Sicht sind Relaisspulenkörper einfach zu bewickeln. In der Regel sind die Kontakte radial angeordnet und lassen sich einfach anwickeln. Spulenkörper ohne durchgehenden Kontaktstift am Spulenflansch für den Zweck der Drahtzugentlastung werden häufig bei der Verwendung von Drähten unter einem Durchmesser von 0,08 mm in Verbindung mit verdrillten Anfangs- und Enddrähten gewickelt. Das Verdrillen des Drahtes erzeugt eine verdrilltes Drahtbündel mit drei- bis fünffacher Vervielfältigung des Drahtquerschnitts (vgl. Abbildung 2.9/2.10) und verringert die Gefahr des Abreißens des Drahtes, der in die Wicklung einläuft. Im Mittelspannungsbereich werden Relaisspulen mit Drähten von 0,03 mm bis 0,2 mm hergestellt. Bei Relaisspulen im Mittelspannungsbereich können bei der Verwendung von sehr dünnen Drähten bis zu 20.000 Windungen aufgebracht werden. Aufgrund der oftmals räumlichen Begrenzung im späteren Einsatz fallen Relaisspulenkörper klein aus. Kerndurchmesser von weniger als 2 mm sind keine Seltenheit. Aufgrund der kleinen Baugröße können diese Spulenkörper mit recht hoher Drehzahl, bis zu 25.000 Umdrehungen pro Minute, gewickelt werden. Häufig werden Relaisspulenkörper in Verbindung einer Mittelspannungs- oder Hochspannungsanwendung von z. B. 400 Volt mit einer Kammer für den einlaufenden Draht versehen. Typische Windungszahlen in der Automobilindustrie sind bis zu 1000 Windungen.

Ventilkörperspulenkörper

Wicklungstechnisch ist der Ventilspulenkörper eher unproblematisch. Im Automobilbau werden die Spulenkörper häufig wegen der eingeschränkten Raumverhältnisse für orthozyklische Wicklungen (vgl. Abschnitt 3.1.2) ausgelegt. Da die Spulenkörperflansche als auch der Wicklungsgrund in der Regel dünne Wandstärken aufweisen, ist man häufig gezwungen, beim Wickeln mit kollabierenden Wickelwerkzeugen und Gegenlager für die Spulenkörperaufnahme zu arbeiten. Da die Ventilspulenkörper, speziell im Automobilbau, hohen Temperaturen ausgesetzt sind, werden sie aus temperaturfesten Materialien wie z. B. PPS oder PEEK hergestellt. Das Kontaktierverfahren beschränkt sich dabei auf ebenfalls temperaturfeste Verbindungsarten wie z. B. Lichtbogenschweißen, Widerstandsschweißen oder die Schneid-Klemmtechnik.

Kammerspulenkörper

Aus wickeltechnischer Sicht ist bei Kammerspulen der Kammerübergang sehr anspruchsvoll. Jede Kammer besitzt einen Übergangsbereich zur Nachbarkammer, um die Wicklung in der Folgekammer fortführen zu können. Die Wicklung kann in diesem Kammerübergang nur bei sehr geringer Wickeldrehzahl fortgeführt werden. Dies bedeutet eine Unterbrechung des eigentlichen Wickelvorganges bei Erreichen jedes Kammerübergangs. Da bei Zündspulen bis zu 30.000 Windungen aufgebracht werden müssen, ist das Erzeugen der Wicklung sehr zeitintensiv. Ziel ist es deswegen, diese Spulen mit möglichst hoher Drehzahl wickeln zu können. Hierbei stößt man speziell bei den nichtrunden Kammerspulen auf verfahrenstechnische Grenzen. Durch die unterschiedliche Drahtabzugsgeschwindigkeit, die sich ständig innerhalb einer Windung ändert, kommt es zu Drahtlosen, die sich in Form einer Schlaufe innerhalb der Wicklung abzeichnen. Diese Schlaufen wiederum erzeugen innerhalb einer Kammer ein hohes Spannungspotenzial und führen ggf. zu einem vorzeitigen Ausfall der Zündspule. Eine schlechte Qualität bei den Spritzgussteilen, die sich in Form von Spritzgrat abbildet, spielt eine große Rolle bei der geforderten Qualität. Da Drahtdurchmesser von nur ca. 30 µm bis ca. 100 µm verwendet werden, ist die Gefahr der Drahtbeschädigung oder sogar das Aufhängen des Drahtes am Spritzgrat, speziell im Kammerübergang sehr hoch.

Stabspulenkörper

Die Form des Stabspulenkörpers hat für die Wickeltechnologie zur Folge, dass grundlegende Änderungen bei der Drahtverlegung vorgenommen werden müssen. Die Wicklung wird im sogenannten „Pilgerschrittverfahren“ oder „Schrägwicklungsverfahren“ (vgl. Abschnitt 3.1.2.) hergestellt. Das bedeutet, dass Wicklungsabschnitte mit einer Länge von ca. 2 mm unter einem Winkel von max. 12° aufgetragen werden. Dabei wird zyklisch, im sogenannten Pilgerschritt der Drahtführer in bestimmten Stufungen in Richtung der Verlegung verfahren. Die gängigsten Wicklungen bauen sich aus mehreren Teilwicklungen dieses Pilgerschrittverfahrens auf. Die Stabspulen erreichen den Anspruch, durch die stufenförmig aufgebrachte Wicklung das Potenzial zu reduzieren, ohne dabei räumlich getrennte Wicklungskammern zu verwenden. Um eine solche Schräglagenwicklung zu erzeugen, ist es zunächst notwendig, den rechtwinkligen Wickelraum auf der Niederspannungsseite so mit Windungen zu füllen, dass eine schräge Wicklungsoberfläche entsteht, das sogenannte Startdreieck. Im darauffolgenden zylindrischen Teil der Wicklung wird im Pilgerschritt bei gleichbleibenden Verlegefortschritt ein zylindrischer Wicklungsabschnitt erzeugt. Erst zum Ende hin wird der Verlegefortschritt ständig vergrößert, sodass eine konisch auslaufende Wicklung zur Hochspannungsseite erzeugt wird. Der konisch abfallende Teil zur Hochspannungsseite bewirkt, ebenso wie bei der Reduzierung der Windungen einer Kammerspule, eine bessere Isolationsfähigkeit durch geringere elektrische Potenziale innerhalb der Spule. Die Qualitätsanforderungen der Stabspulen sind ähnlich zu den Kammerspulen. Der Kunststoffkörper wird aufgrund der enormen thermischen Belastung aus hochwertigen Materialien wie z. B. PEEK, PPS oder LCP hergestellt. Es darf, trotz der schräg aufgetragenen Wicklung, nicht zum Abrutschen einzelner Windungen kommen. Der Wicklungsgrund wird deswegen mit einer bestimmten Rauigkeit angefertigt, damit zumindest die Unterwicklung einen festen Halt zum Stabspulenkörper bekommt. Besonderes Augenmerk sollte bei den Kammerspulenkörpern auf eine saubere Spritzgusswerkzeugtrennung gelegt werden. Denn auch ein kleiner Spritzgrat führt hier zu Drahtbeschädigungen und einem unsauberen Wicklungsaufbau. Aus den bisher aufgeführten Punkten lässt sich schnell ableiten, dass der Anspruch zum Bewickeln eines Stabspulenkörpers sehr anspruchsvoll ist. Es gibt in der Zündtechnik für Verbrennungsmotoren einen aktuellen Trend von Stabspulen hin zu Kammerspulen als „direct plug-inignition unit“ oberhalb der Zündkerze.

Statorsegmentspulenkörper

Statorsegmentspulen werden häufig mit Hilfe der Linearwickeltechnik (vgl. Abschnitt 3.3.4) oder der Flyerwickeltechnik (vgl. Abschnitt 3.3.5) für konzentrierte Wicklungen elektrischer Maschinen hergestellt. Das Bewickeln von Einzelzähnen mit Endkappen ist aufgrund der Geometrie mit sich bringenden Eckenverhältnisse bzw. Aspektverhältnisse oftmals problematisch. Eine häufig verlangte orthozyklische Wicklung kann nur in Verbindung mit einer Rillenkontur in den Ecken des Wickelraumes und einer geringen Wickelgeschwindigkeit erzeugt werden. Bei Einzelzähnen, die zu einem Stator gefügt werden, ist es unabdingbar, keine Drahtkreuzungen auf den Längsseiten zu erzeugen, da das den Kupferfüllgrad in der Statornut reduzieren würde. Das Endkappendesign wird in der Regel so ausgeführt, dass Windungs- und Lagensprünge auf der kurzen, d. h. der Stirnseite des Einzelzahnes erzeugt werden. Diese Maßnahme hat einen optimalen Kupferfüllfaktor in der Nut zur Folge. Die Anzahl der Kontaktstellen ist im Allgemeinen für die Verschaltung des Stators gegenüber der Bewicklung eines Vollblechschnittes deutlich größer. Diese skaliert allerdings auch mit der Segmentgröße. Im optimalen Fall entspricht das Segment einer Phase, denn dann entspricht die Anzahl der Kontaktstellen, denen des Vollblechschnittes. Die technisch erreichbare Wickelgeschwindigkeit wird jedoch durch die unrunde Wicklungsgeometrie beschränkt.

Statorvollblechschnitt

Die meisten Vollblechschnittstatoren werden häufig mit Hilfe der Einziehtechnik (vgl. Abschnitt 3.3.8.), für die Herstellung von verteilten Wicklungen oder mit Hilfe der Nadelwickeltechnik für konzentrierte Wicklungen gefertigt. Diese beiden Verfahren sind aufgrund der schlechten Raumverhältnisse während des Einbringens der Wicklung vom Kupferfüllgrad begrenzt. Das Bewickeln von Vollblechschnittstatoren mit Vollisolation ist in der Regel nur mit Hilfe der Nadelwickeltechnik (vgl. Abschnitt 3.3.6) möglich. Das Einbringen einer orthozyklischen Wicklung kann nur in Verbindung mit einer Rillenkontur in den Ecken des Wickelraumes und einer geringen Wickelgeschwindigkeit erzeugt werden. Auch bei der orthozyklischen Bewicklung eines Vollbechschnittstators ist es unabdingbar, keine Drahtkreuzungen auf den Längsseiten im Nutbereich zu erzeugen. Das Endscheibendesign wird wie bei den Einzelzähnen in der Regel so ausgeführt, dass Windungs- und Lagensprünge auf der kurzen, d. h. der Stirnseite des Einzelzahnes erzeugt werden. Diese Maßnahme erzeugt einen optimalen Kupferfüllfaktor in der Nut. Generell gilt, dass das Design von Vollblechschnitten unter Verwendung von Kunststoffendscheiben bei der Berücksichtigung des schlechteren Kupferfüllfaktors wesentliche produktionstechnische und auch kostentechnische Vorteile besitzt. Die Anzahl der Kontaktstellen gegenüber den Statorsegmentspulen ist deutlich geringer, da bei idealer Zugänglichkeit die drei Phasen des Stators durchgehend pro Phase gewickelt werden können. Allerdings beschränkt die schlechte Zugänglichkeit der Nuten die Wickelgeschwindigkeit im Vergleich dazu.

Einzelzahnspulenkörper

Einzelzahnspulen werden häufig mit Hilfe der Linearwickeltechnik (vgl. Abschnitt 3.3.4) oder der Flyerwickeltechnik (vgl. Abschnitt 3.3.5) für konzentrierte Wicklungen elektrischer Maschinen hergestellt. Das Einbringen einer orthozyklischen Wicklung ist in Verbindung mit einer Rillenkontur in den Ecken des Wickelraumes und einer geringen Wickelgeschwindigkeit möglich. Auch bei der orthozyklischen Bewicklung eines Einzelzahnspulenkörpers ist es unabdingbar, keine Drahtkreuzungen auf den Längsseiten zu erzeugen. Die Anzahl der Kontaktstellen ist jedoch für die Verschaltung des Stators gegenüber der Bewicklung eines Vollblechschnittes deutlich größer. Zusätzlich beschränkt die unrunde Wicklungsgeometrie die technisch erreichbare Wickelgeschwindigkeit.

Kreuzspulenkörper

Der wesentliche Unterschied zwischen einer Kreuzspule und einer herkömmlich gewickelten runden Spule liegt letztendlich im Wickelverfahren. Kreuzspulen werden mit einer Steigung gewickelt, die einem Vielfachen des Drahtdurchmessers entspricht (vgl. Kreuzwicklung Abschnitt 3.1.2), sodass eine gekreuzte Wicklung entsteht. Des Weiteren wird der Begriff Kreuzspule mit kreuzweise bewickelten Spulenkörpern in Verbindung gebracht. Der Spulenkörper beschreibt einen Formspulenkörper, wie für einen Kreiselkompass, ist aber kein Kreuzspulenkörper. Diese Körper sind meist eine spezielle Anfertigung, angepasst auf den jeweiligen Anwendungsfall. Diese kreuzweise gewickelten Spulen können als Schrittmotor für z. B. Temperatur- oder Tankanzeigen im Automobilbau verwendet werden. Wickeltechnisch sind Kreuzspulenkörper für Schrittmotoren recht anspruchsvoll. Infolge der Tatsache, dass es in der Regel bei dieser Art Kreuzspulen keinen Durchbruch oder keine Bohrung zur Aufnahme während des Wickelprozesses gibt, müssen sie immer mit Hilfe eines Gegenlagers gespannt werden.

> Es gibt vielfältige Einflussmöglichkeiten des Spulenkörpers auf die Eigenschaften des Wickelprozesses. Die parallele Entwicklung des Produktes und der Produktionsprozesse ist notwendig, um späte Anpassungen am Produktdesign zu vermeiden und die Produktqualität und Wirtschaftlichkeit des Wickelprozesses zu steigern. (Stichwort: Simultaneous Engineering).

1.3 Einführung in Elektromotoren

Abb. 1.31 Bewickelter außengenuteter Stator einer bürstenlosen Gleichstrommaschine

Alle Elektromotoren benötigen gleichermaßen die elektromagnetische Anregung über eine Wicklung im Rotor oder Stator. Die Spulenwickeltechnik ist daher für die Herstellung von Elektromotoren eine Schlüsseltechnologie. Aufgrund der Vielzahl an Elektromotorendesigns ergeben sich jedoch verschiedene Herausforderungen für die Wickeltechnik, weswegen den Elektromotoren ein eigenes Unterkapitel gewidmet wird. Zunächst werden dafür eine Definition sowie eine Diskussion der Wirkungsgrade vorgenommen. Anhand von Funktionsprinzip, Betriebsverhalten und Aufbau werden die verschiedenen Funktionsprinzipien erläutert und klassifiziert. Eine Übersicht über verschiedene Einsatzgebiete bietet neben Informationen über anwendungsspezifische und allgemeine Anforderungen einen Einblick in verwendete Drahtdurchmesser, Windungszahlen und Betriebsspannungen der Wicklung. Schließlich werden zentrale Eigenschaften von konzentrierten und verteilten Wicklungen von Elektromotoren vorgestellt. Dabei hat dieses Buch nicht den Anspruch, in die Auslegung von Wicklungen einzuführen, sondern betrachtet die Wicklungsparameter aus fertigungstechnischer Sicht.

Dieser Abschnitt richtet sich an Leser, welche die Grundlagen der Elektromotoren und deren anwendungsspezifische Herausforderungen genauer verstehen möchten. Zusätzlich wird eine Einführung in die verschiedenen Ausprägungen der Wicklungen von Elektromotoren gegeben.

1.3.1 Definition von Elektromotoren

Der Begriff der rotierenden elektrischen Maschinen, welcher als Synonym verwendet wird, stammt aus der elektrischen Energietechnik und beschreibt allgemein Elektromotoren als Energiewandler. Sie wandeln entweder mechanische in elektrische Energie (generatorischer Betrieb) oder elektrische in mechanische Energie (motorischer Betrieb) um. Die Hauptkomponenten der Motoren sind der mechanisch rotierende Teil, der sogenannte Rotor, und der mechanisch stationäre Teil, der sogenannten Stator. Der Stator, auch Ständer genannt, besteht aus einem geblechten Eisenpaket, welches die Erregerwicklung aus elektrisch isolierten Kupferspulen trägt. Bei der Herstellung von Kleinstmotoren werden auch häufig eisenlose Statorwicklungen unter Verwendung eines Backlackdrahtes eingesetzt. Der Aufbau des Rotors, auch Läufer oder Anker genannt, variiert je nach Motortyp und Wirkungsprinzip, welche in Abschnitt 1.3.2 vorgestellt werden. Allgemein kann die Bewegung durch eine elektromagnetische Kraftwirkung auf den Rotor im magnetischen Feld des Stators beschrieben werden. Typenabhängig wirken dabei verschiedene Kräfte. Die meisten Elektromotoren basieren auf der Kraftübertragung durch die Reluktanzkraft bzw. Maxwellsche Grenzflächenkraft.

Eine praktische Einteilung der Motorentechnologie erfolgt nach deren Wirkprinzip und Leistungsklasse. Dabei wird zwischen Kleinstmotoren (bis 1 W), Kleinmotoren (1W – 0,75 kW), Motoren mittlerer Leistungsklasse (0,75 kW – 375 kW) und Großmotoren (>375 kW) unterschieden. Typische Anwendungsgebiete von Kleinstmotoren gibt es in der Mikrotechnik bzw. Mikrosystemtechnik und der Medizintechnik. Aufgrund der Bauraumbeschränkungen kommen hier häufig Gleichstrommaschinen zum Einsatz. Kleinmotoren werden häufig im Konsumerbereich, aber auch für kleine Stellantriebe wie im Automobil verwendet. Auch hier finden Gleichstrommaschinen, aber auch Asynchronmaschinen Anwendung. Der Absatz der Kleinst- und Kleinmotoren betrug im Jahr 2010 rund 300 Millionen Stück, bei einem Produktionswert in der Europäischen Union (EU) von 3.932 Millionen Euro [Wai-11]. Damit liegt die Stückzahl in diesem Bereich am höchsten. Das mittlere Leistungssegment wird sowohl in der klassischen Automatisierungstechnik, als auch im Antriebsstrang für die Elektromobilität verwendet. Dominierend sind hier Asynchron- und Synchronmotoren mit Drei-Phasen-Wechselstrom. Mit einem Absatz von 30 Millionen Stück im Jahr 2010 und einem Produktionswert in der EU von 4.704 Millionen Euro ist diese Leistungsklasse die Umsatzstärkste und daher am relevantesten für die Wickeltechnik. Motoren mit Leistungen über 375 kW besitzen immer noch einen Absatz von 0,6 Millionen Stück im Jahr 2010 bei einem Produktionswert von 1,206 Millionen Euro in der EU.

Neben der Stückzahl und der Anwendung steht immer häufiger auch die Effizienz des Elektromotors im Fokus der Entwickler. Die Effizienz bzw. die Verlustanteile von Elektromotoren hängen stark von ihrem Typ und spezifischen Design ab. Für Anwendungen mit einem hohen Drehmoment dominieren generell die elektrischen Verluste in der Erregerwicklung, während für Anwendungen mit hohen Drehzahlen die Wirbelstromverluste im Blechpaket entscheidend sind. Für die Erzeugung eines höheren Drehmomentes des Motors muss der Strom der Erregerwicklung erhöht werden. Aufgrund der quadratischen Abhängigkeit der elektrischen Verluste der Wicklung vom Strom, dominieren die Wicklungsverluste für hohe Drehmomente. Für höhere Drehzahlen des Elektromotors muss die Umlauffrequenz des Erregerfeldes erhöht werden, was ohne konstruktive Veränderungen häufig durch den Umrichter realisiert wird. Eine höhere Frequenz des Magnetfeldes führt automatisch zu einer häufigeren Ummagnetisierung des Blechpaketes, wodurch die Wirbelstromverluste des Motors steigen. Diese Phänomene sind ausführlich in der einschlägigen Literatur für Elektromotoren beschrieben und können dort detailliert nachvollzogen werden. Entsprechend soll in diesem Buch nicht weiter darauf eingegangen werden [Fis-06].

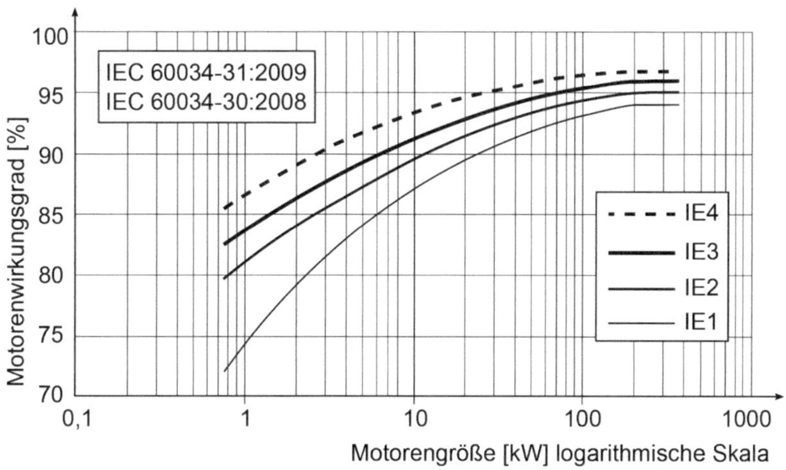

Abb. 1.32 Wirkungsgrad über Leistung für verschiedene Effizienzklassen nach IEC

Ca. 40 % der weltweit erzeugten elektrischen Energie wird in Elektromotoren umgesetzt. Ein kleiner Teil davon, je nach Wirkungsgrad zwischen 10 % und 20 %, wird im Motor in Wärme umgesetzt und geht damit verloren. Der größere Teil wird als mechanische Energie dem Arbeitsprozess zugeführt. Allein auf das mittlere Leistungssegment entfallen 68 % der Verbräuche aller E-Motoren [Wai-11, S. 30]. Entsprechend hat die Gesetzgebung eine Verschärfung der Normen und Vorschriften eingeleitet, weshalb die neue Energieeffizienzklasse IE4 eingeführt wurde. Die neue Energieeffizienzklasse beschreibt einen Mindestwirkungsgrad, den der Motor in Abhängigkeit der Leistungsklasse erfüllen muss (vgl. Abbildung 1.32). Im Vergleich dazu sind typische Kennlinien für verschiedene Motorenarten in Abbildung 1.33 zusammengefasst.

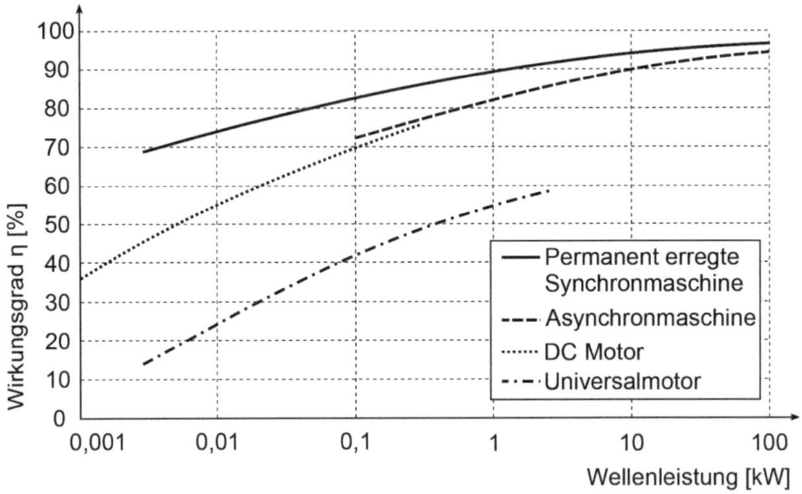

Abb. 1.33 Wirkungsgrad über Leistung für verschiedene Motoren

Neben dem elektromagnetischen Design sind die fertigungstechnischen Eigenschaften der Erregerwicklung von Elektromotoren entscheidend in Bezug auf den Wirkungsgrad. Das Motorendesign dominiert jedoch die Leistungseigenschaften.

1.3.2 Funktionsprinzipien von Elektromotoren

Ziel dieses Unterkapitels ist es, einen Überblick über die verschiedenen Funktionsprinzipien von Elektromotoren zu geben und eine Strukturierung der vielfältigen Motortypen vorzunehmen. Die primäre Strukturierung wird zunächst anhand der Art der Versorgungsspannung vorgenommen. Es wird in Gleichstrommaschinen, Ein-Phasen-Wechselstrommaschinen, auch Universalmotor genannt, und Drei-Phasen-Wechselstrommaschinen, auch Drehstrommaschinen genannt, unterschieden.

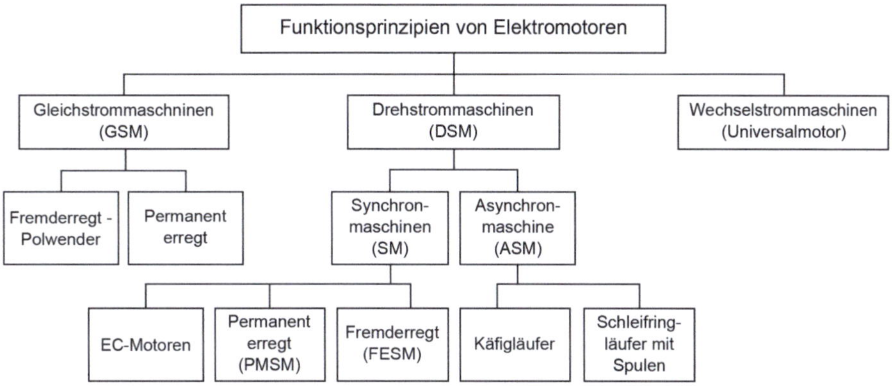

Abb. 1.34 Übersicht der verschiedenen Motor-Funktionsprinzipien

Die sekundäre Strukturierung richtet sich nach dem Wirkungsprinzip und die letzte Ebene der Strukturierung nach dem konstruktiven Aufbau der Motoren. Eine grundsätzliche Unterteilung ist in Abbildung 1.34 sowie deren Aufbau in Abbildung 1.35 dargestellt.

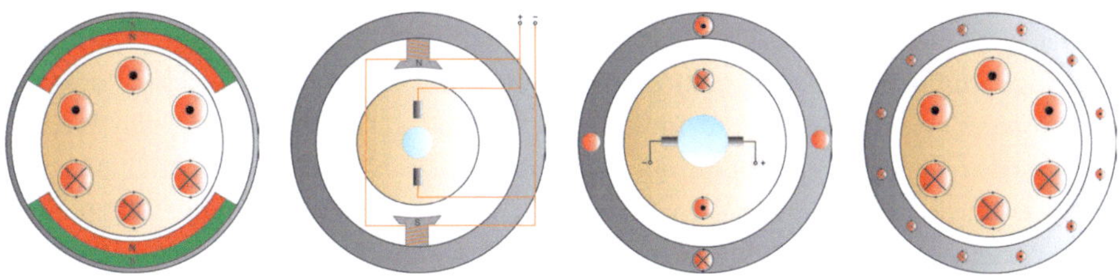

Abb. 1.35 Aufbau der verschiedenen Motor-Funktionsprinzipien

Gleichstrommotor

Wie in Abschnitt 1.3.1 beschrieben, werden typischerweise für die Nutzung des motorischen Effektes ein magnetisches Feld im Stator und ein magnetisches Feld im Rotor benötigt. Für die Bewegung des Motors ist es notwendig, dass eines dieser magnetischen Felder mit der gewünschten Drehzahl des Motors in Umfangsrichtung wandert. Der Stator von Gleichstrommotoren erzeugt entweder durch Dauermagnete oder eine bestromte Wicklung ein nicht veränderliches Magnetfeld. Entsprechend muss er prinzipbedingt, im Vergleich zu den anderen Motortypen, nicht als geblechter Aufbau ausgeführt werden. Für Gleichstrommotoren mit höheren Anforderungen an ihren Wirkungsgrad wird der Aufbau dagegen geblecht ausgeführt. Die Erzeugung des bewegten Magnetfelds wird im Fall vom Gleichstrommotor durch das Schalten von Spulen auf dem Rotor erreicht. Um die Wirkung der Lorentzkraft zu nutzen, muss dafür die Wicklung des Rotors so bestromt werden, dass sie sich gerade senkrecht zum Erregerfeld bewegt. Das Schalten kann je nach Ausführungsart durch einen Kommutator, auch Polwender genannt, auf dem Rotor erreicht werden. Auf dem Kommutator befinden sich Lamellen die mit Kohlebürsten kontaktiert werden (vgl. Abbildung 1.35). Über den Kommutator werden die Spulen des Rotors auf die gewünschte Polung geschaltet. Sind sowohl Rotor als auch Stator mit einer Wicklung aufgebaut, ergeben sich zusätzliche Möglichkeiten in der Verschaltung von Rotor- und Statorspulen, die in Abhängigkeit der gewünschten Betriebseigenschaften vorgenommen werden.

Der Reihenschluss bedeutet in diesem Sinne die Reihenschaltung von Statorwicklung, auch Erregerwicklung genannt, und Rotorwicklung, auch Ankerwicklung genannt. Ein Vorteil dieser Beschaltung ist, dass diese Konfiguration auch mit Wechselstrom betrieben werden kann, wobei das Stator- und Rotorfeld dann jeweils die passende Halbwelle des Wechselstromes nutzt. Ist der Widerstand der Statorwicklung jedoch zu hoch, so begrenzt dieser den möglichen Stromfluss durch Rotor- und Statorwicklung. Die Drehmomentencharakteristik dieses Motors zeigt, wie in Abbildung 1.36 dargestellt, eine starke Abhängigkeit von der Drehzahl. Bei geringer Drehzahl ergibt sich eine geringe Gegeninduktion des Rotors, weshalb ein großer Strom durch die Rotorwicklung und somit auch die Statorwicklung fließen kann. Bei höheren Drehzahlen ergibt sich eine stärkere Feldschwächung des Statorfeldes durch das Feld der Rotorwicklung, weswegen das Drehmoment abnimmt. Eine Anwendung, typisch für das hohe Drehmoment bei geringen Drehzahlen, ist der Starter/Anlasser im PKW.

Der Nebenschluss entspricht einer Parallelschaltung von Statorwicklung und Rotorwicklung. Durch diese Konfiguration wird der Strom für die Statorwicklung aufgrund ihres höheren Widerstandes und Induktivität begrenzt. Die Verwendung von Wechselstrom ist für diese Konfiguration aufgrund der unterschiedlichen Induktivitäten nicht geeignet. Durch die Begrenzung des Stromes in der Statorwicklung ist die Drehmomentencharakteristik, wie in Abbildung 1.36 dargestellt, nahezu unabhängig von der Drehzahl. Entsprechend eignen sich diese für Anwendungen mit gleicher Drehzahl aber variablem Lastmoment, wie beispielsweise Förderbänder. Das erreichbare Drehmoment wird durch den maximal zulässigen Rotorstrom begrenzt. Deswegen werden häufig Kühlmaßnahmen für Reihenschlussmotoren mit Nebenschluss vorgenommen, wie beispielsweise Kühlrippen im Gehäuse oder ein Lüfterrad auf der Welle.

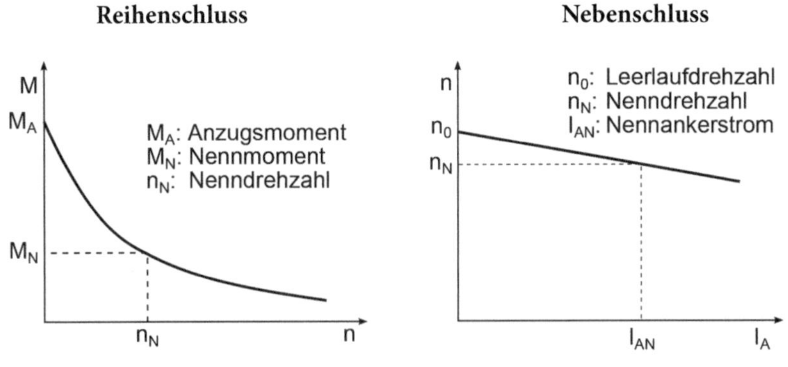

Abb. 1.36 Charakteristik des Reihen- bzw. Nebenschlusses

Eine Sonderform des Gleichstrommotors kommt für kleine Leistungsbereiche bis 0,1 kW mit Luftspulen für die Rotorwicklung aus und benötigt daher kein Blechpaket. Durch die damit wegfallenden Eisenverluste und das geringere Trägheitsmoment des Rotors, der sogenannten Glockenankermaschine, werden besonders hohe Drehzahlen bei hohen Wirkungsgraden ermöglicht.

Der bürstenlose Gleichstrommotor (englisch Brushless DC Motor (BLDC)), also elektrisch kommutierte Gleichstrommotoren, funktioniert entgegen seinem Namen nach dem Prinzip der Drehstromsynchronmotoren, besitzt jedoch ein Regelverhalten, welches dem der Gleichstrommaschine ähnelt. Er wird aufgrund seines Aufbaus in den kommenden Abschnitten erläutert.

Wechselstrommaschinen (Universalmotor)

Der Aufbau von einphasigen Wechselstrommaschinen, auch Universalmotoren genannt, ist generell mit dem beschriebenen Aufbau einer Gleichstrommaschine mit Reihenschluss vergleichbar. Unterschieden werden die beiden in der Form des Blechpakets und der Bestromung des Stators mit Wechselstrom. Für den Universalmotor werden die Nuten zum Einbringen der Statorwicklung so geformt, dass, wie in Abbildung 1.37 gezeigt, ein sogenannter Polschuh entsteht. Ebenso sind sowohl Rotor als auch Stator wie bei allen Wechselstrommaschinen aus einem Blechpaket aufgebaut, um die entstehenden Wirbelströme zu begrenzen. Durch diesen Aufbau ist der Motor gleichermaßen für einen Betrieb mit Wechselstrom und Gleichstrom geeignet, woher sich sein Name ableitet. Die Leistungseinbußen eines mit Reihenschluss betriebenen Gleichstrommotors wären für Wechselstrom dabei um ca. 15 % höher als bei einem vergleichbaren Universalmotor. Der Aufbau für höhere Leistungsklassen ändert sich, da anstelle von einem mehrere Pole ausgeführt werden. Entsprechend ergibt sich für den Stator der klassische Aufbau des Blechpaktes mit mehreren Nuten für die Statorwicklung. Verwendung findet dieser Aufbau beispielsweise bei Power Tools.

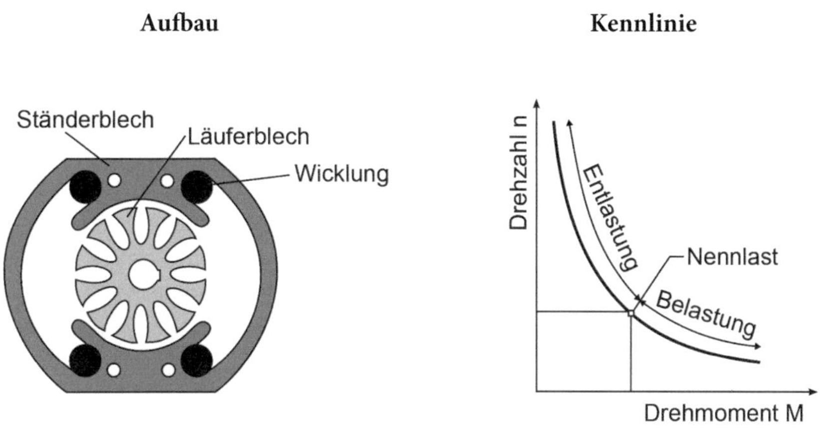

Abb. 1.37 Aufbau und Charakteristik eines Universalmotors

Sonderformen des Universalmotors sind der Kondensatormotor und der Spaltpolmotor, welche grundlegend nach dem Prinzip der Asynchronmaschine funktionieren. Für das Asynchronprinzip sind die Phasen des magnetischen Feldes von Rotor und Stator zueinander verschoben. Beim Kondensatormotor wird dies erreicht, indem ein Kondensator zwischen der Wicklung des Stators und des Rotors geschaltet wird, der eine Phasenverschiebung erzeugt. Typischerweise finden Kondensatormotoren Anwendung im Haushaltsbereich, beispielsweise als Antrieb für den Kühlschrank-Kompressor oder in Rollladen- und Markisenantrieben. Der Spaltpolmotor wird durch eine Kurzschlusswicklung so geschaltet, dass jeder Pol gespalten ist. Eine Hälfte des Pols ist mit einem Kurzschlussring versehen, wodurch sich das Magnetfeld verzögert aufbaut und die Phasenverschiebung entsteht. Typischerweise finden Spaltpolmotoren Anwendung als beispielsweise Pumpenantrieb für Wasch- oder Geschirrspüler mit einer Leistung von bis zu 100 W [Rud-08, S.229].

Drehstromsynchronmotoren

Im Gegensatz zu den einphasigen Wechselstrommotoren werden für das Drehstromsynchronprinzip mehrere Phasen des Wechselstroms benötigt. Wie der Name schon aussagt, sind dabei das Magnetfeld des Rotors und des Stators in der gleichen Phasenlage. Die sekundäre Strukturierung erfolgt nach der Art, wie das Rotorfeld erzeugt wird. Dafür können entweder Permanentmagnete auf dem Rotor montiert werden, für die permanent erregte Synchronmaschine, oder es wird, für die fremderregte Synchronmaschine, eine Wicklung auf dem Rotor aufgebracht, welche mit einem Schleifring bestromt wird. Für die Regelung dieses Antriebes gibt ein Stromumrichter die Drehfrequenz des Statorfeldes vor. Die Stromstärke bestimmt das umgesetzte Drehmoment im Rotor. Dadurch wird eine hohe Dynamik der Regelung auch bei höheren Leistungsklassen erreicht. Im Vergleich zum Gleichstrommotor muss eine deutlich geringere Erregerleistung über die Schleifringe übertragen werden, bzw. entfällt komplett für die permanent erregte Maschine. Dies resultiert in einem deutlich besseren Wirkungsgrad von bis zu 98 %. Durch die starre Kopplung der Phasen von Rotor- und Statorfeld eignen sich diese Motoren für Anwendungen mit stabilen Drehzahlen, unabhängig von der Belastung, wie bei Stellantrieben. Alternativ kann auch für andere Motorprinzipien eine Regelung des Umrichters mit Drehzahlgeber integriert werden, um eine hohe Drehzahlstabilität zu erreichen. Insbesondere für Anforderungen in niederen Leistungsklassen und hohen Beschränkungen des Bauraums kommen Synchronmotoren aufgrund ihrer Kompaktheit zum Einsatz. Aber auch bei hohen Effizienzanforderungen im hohen Leistungssegment werden diese Motoren beispielsweise in Schiffsantrieben (20 MW) oder in Generatoren von Windkraftanlagen (10 MW) verwendet. Eine Sonderbauform der permanenterregten Synchronmaschine ist die Transversalflussmaschine. Wie aus dem Namen bereits hervorgeht, sind für dieses Prinzip die Spulen des Stators in Umfangsrichtung angeordnet. Daher läuft der magnetische Fluss im Stator senkrecht (transversal) zur Drehebene und damit parallel zur Drehachse. Diese Bauweise bietet den Vorteil, dass der elektrische und der magnetische Kreis des Motors voneinander entkoppelt sind und daher unabhängig dimensioniert werden können. Die Wickelköpfe, also die Teile der Wicklung außerhalb der Nut, des Stators, die normalerweise zu den Verlusten des

Motors beitragen, entfallen. Durch die besondere Bauweise sind insbesondere feinere Polteilungen möglich, was auch bei kleinen Drehzahlen zu einem hohen Drehmoment führt. Daher sind diese Motoren besonders für Anwendungen mit niedrigen Drehzahlen aber hohen Drehmomenten geeignet, ohne ein Getriebe verwenden zu müssen. Eine besondere Bauform für die fremderregte Synchronmaschine ist die Reluktanzmaschine. Die Reluktanz ist eine Bezeichnung für den magnetischen Widerstand innerhalb eines geschlossenen magnetischen Kreises (vgl. Abschnitt 1.2.2). Das Grundprinzip dieses Maschinentypes liegt darin begründet, dass ein magnetischer Kreis generell versucht, einen minimalen magnetischen Widerstand anzustreben. Wenn als Beispiel ein magnetischer Kreis ein loses Segment besitzt, so tritt durch den magnetischen Fluss eine Reluktanzkraft auf, die die Position des Segmentes zentriert und so den magnetischen Widerstand minimiert. Der Aufbau dieser Motoren ist daher recht einfach. Der Rotor besteht nur aus einem geblechten Aufbau, welche über die Reluktanzkraft an den magnetisch passenden Pol des Stators ausgerichtet wird. Die Verluste treten dementsprechend nur im Statorfeld auf, weswegen die Reluktanzmaschine hohe Wirkungsgrade erzielt, aber nur geringe Drehmomente übertragen kann. Ist die Rotorform auch zahnförmig ausgeführt und die Anzahl der Statorzähne höher als die der Rotorzähne, spricht man häufig von einer geschalteten Reluktanzmaschine. In deren Betrieb werden die Einzelzähne so bestromt, dass der nächste Rotorzahn angezogen wird. Kurz bevor der Rotorzahn seine Position erreicht hat, wird das Erregerfeld um einen Zahn weitergeschaltet, um die Bewegung aufrecht zu erhalten. Durch dieses Motorenprinzip ist die Position des Rotors immer bekannt und funktioniert ohne zusätzliche Motorkomponenten. Aufgrund des geringen Drehmoments und schlechtem Wirkungsgrad für hohe bzw. niedrige Leistungsbereiche werden diese Motoren nur im mittleren Leistungsbereich verwendet. Durch ihren robusten Aufbau werden sie häufig in rauen Umweltbedingungen eingesetzt. Für die Verwendung in hybriden Kfz-Antriebssträngen werden sie als paralleler Hybridmotor verwendet, da sie im Gegensatz zu den anderen Motortypen durch die fehlenden magnetisch aktiven Elemente auf dem Rotor keine Verlustleistung erzeugen, wenn der Verbrennungsmotor den Antrieb übernimmt.

Der BLDC-Motor (englisch brushless DC Motor), oder auch EC-Motor (englisch electronically commutated) genannt, besitzt meist einen Rotor mit Permanentmagneten und einen Statoraufbau mit Spule, meist in Form einer dreisträngigen Drehstromwicklung. Einfachere Ausführungen können auch eine zwei- bzw. einphasige Wicklung besitzen. Die Besonderheit des Motors liegt in der möglichen Ansteuerung der Drehstromwicklung mi einem Frequenzumrichter, der eine rechteckförmige Modulation vorgibt. Durch die gezielte Regelung der vorgegebenen Spannung, anhand von Rotorposition, Drehzahl oder Drehmoment kann das Motorverhalten direkt berücksichtigt und ausgeregelt werden. Dafür müssen allerdings die Rotorposition und Drehzahl bekannt sein. Diese können durch Sensoren im Magnetfeld des Rotors bzw. durch optische Systeme an der Rotorwelle erfasst werden. Alternativ ist eine Erfassung der Rotorposition bei vorhandener Mindestdrehzahl durch die Induktion in den Statorspulen möglich. Eine Anwendung, typisch für diese dynamischen Drehmomente bei geringen Drehzahlen, sind Kleinantriebe für Ventilatoren, Kompressoren oder Servomotoren.

Drehstromasynchronmotoren

Asynchronmaschinen bestehen im Stator aus der bereits bekannten Drehstromwicklung und im Rotor typischerweise aus einem Käfig oder eher selten auch aus bewickelten Spulen, die gemeinsam über einen Kommutator geerdet sind. Für dieses Prinzip besteht generell eine Phasenverschiebung zwischen dem magnetischen Feld des Stators und des Rotors. Diese Verschiebung der Phase zwischen dem Feld des Rotors und des Stators wird als Schlupf bezeichnet und führt dazu, dass der Rotor sich immer etwas zeitlich versetzt zum Statorfeld dreht. Aufgrund der Rotation des Statorfeldes wird ein Strom im Käfig des Rotors bzw. den kommutierten Spulen induziert. Diese Induktion führt zu einem elektrischen Stromfluss, welcher wiederum ein Magnetfeld erzeugt. Ist das magnetische Feld aufgebaut, so führt die Wechselwirkung von magnetischem Feld des Rotors und dem Strom der Statorwindungen zu einer Lorentzkraft. Diese resultiert, analog zu den restlichen Motorprinzipien, in einem Drehmoment des Rotors. Durch die Möglichkeit der Kommutierung der Rotorwicklung kann die Asynchronmaschine das bereits bekannte Verhalten der Nebenschluss- bzw. Reihenschlussschaltung aufweisen. Der Käfigläufer besitzt diese Möglichkeit nicht. Die resultierenden Drehzahl-Drehmomenteigenschaften sind in Abbildung 1.38 dargestellt. Aufgrund der ständigen Induktion in den Rotor erreicht die Drehstromasynchronmaschine vergleichsweise niedrigere Wirkungsgrade als die Synchronmaschine und muss generell zumindest passiv gekühlt werden.

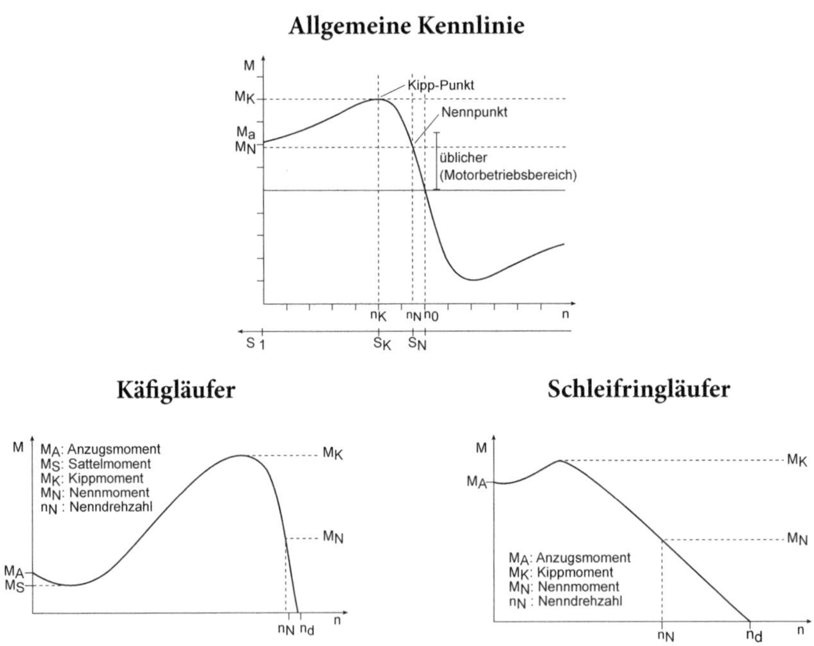

Abb. 1.38 Charakteristik einer Asynchronmaschine

Dennoch ist sie aufgrund ihres einfacheren Aufbaus für eine Vielzahl von Anwendungen geeignet und kostengünstig. Typische Anwendungen reichen von Industrieantrieben, über Fahrantriebe wie in der Straßenbahn oder dem Aufzug bis hin zu Kleinstmotoren in der Medizintechnik mit Drehzahlen über 300.000 U/min.

Einführung in die Servomotor-Technik

Für die Anwendung von Motoren spielt der Servomotor als Motortyp eine besondere Rolle, da er sich nicht durch seinen elektromagnetischen Aufbau unterscheidet, sondern in seiner Funktionsweise. Durch zusätzliche Sensorik zur Erfassung der Rotorposition ist es mit dem Servomotor möglich, die Position, Drehgeschwindigkeit und Beschleunigung genau zu messen und dadurch zu regeln. Als Sensorik werden entweder Resolver, Inkrementalgeber oder Absolutwertgeber eingesetzt. Der Resolver besteht aus zwei in 90° angeordneten Spulen im Stator die entweder induktiv oder über Schleifkontakte mit dem Rotor verbunden sind. Das sich ergebende elektrische Signal aus der Phasenverschiebung gibt immer den Absolutwert der Rotorposition an. Inkrementalgeber sind in der Regel Sensoren, die direkt auf die Welle montiert werden und über verschiedene Verfahren eine relative Positionsänderung erfassen. Die ursprüngliche Lage ist ohne eine Referenzieren bzw. Kalibrieren daher unbekannt. Für den Absolutwertgeber existieren ebenfalls verschiedene optische, magnetische oder elektrische Verfahren zur Bestimmung der absoluten Position. Auch diese Geber werden meist direkt an der Welle montiert. Ein Trend der Servomotorentechnik sind bürstenlose Gleichstrommotoren, die aufgrund von ihrem hohen Wirkungsgrad und einfachen Aufbau mit Hilfe eines Revolvers die Anforderungen an energieeffiziente Servomotoren erfüllen.

Vergleich der Motortypen

Ein Vergleich der Motoreigenschaften kann aufgrund des ähnliches Stator-Designs anhand der Rotoreigenschaften erfolgen. Für die häufigsten Motorentypen, Synchron- und Asynchronmaschine, kann dies in der Tabelle 1.8 nachgelesen werden [Osw-10].

Tab. 1.8 Vergleich der verschiedenen Motorvarianten anhand der Rotoren [Osw-10]

	ASM	PMSM (OM1)	PMSM (OM2)	PMSM (VM)	FESM
Kosten	Niedrig	Mittel	Hoch	Hoch	Mittel
Magnete	Keine	Ja	Hoch	Hoch	Mittel
Zusätzliche Magnetfixierung	Keine	Keine	Bandage /Klebung	Keine	Keine
Masse	Hoch	Gering	Mittel	Hoch	Hoch
Feldschwächung	Gut	Schlecht	Schlecht	Mittel	Gut
Rotorverluste	Hoch	Sehr Gering	Gering	Gering	Mittel

Für die Synchronmaschine werden die Variante mit Oberflächenmagnete ohne (OM1) und mit Umspritzung (OM2) und vergrabenen Magneten (VM) verglichen, wobei Erstere direkt oder mit Bandage ausgeführt werden können. Die Asynchronmaschine ist durch ihren Aufbau ohne Magneten kostengünstig, besitzt aber aufgrund des passiven Rotors mit einem Käfig eine hohe Masse mit hohen Verlusten. Der resultierende Wirkungsgrad ist schlechter als bei den anderen Varianten, allerdings lässt sich das Feld für höhere Drehzahlen gut schwächen, weswegen die ASM für Hochdrehzahlanwendungen geeignet ist. Der Synchronmaschinenaufbau mit Oberflächenmagneten ohne Bandage besitzt den besten Wirkungsgrad durch die geringsten Verluste. Auch ist die Rotormasse sehr gering. Allerdings sind die Rotoren durch die fehlende Masse in ihrer Drehzahl beschränkt. Der Übergang mit bandagierten Magneten hin zu vergrabenen Magneten hat eine Reduktion des Wirkungsgrades zur Folge. Allerdings werden höhere Drehzahlen möglich durch die besseren Feldschwächungseigenschaften.

Die Auslegung von Motoren ist ein sehr gut erforschtes Entwicklungsfeld und bietet eine breite Literatur. Aus diesem Grund soll dieser Abschnitt nur ein Grundverständnis für die verschiedenen Motorentechnologien vermitteln, auch insoweit es für die Wickeltechnik relevant ist. Servomotoren werden für die Automatisierung, unter anderem für den Wickelprozess, verwendet. ASM werden hingegen durch ihren kostengünstigen Aufbau für einfache Anwendungen wie in der Fördertechnik oder in Lüftern verwendet. BLDC-Motoren werden für typische Leistungsklassen (Kleinmotoren) verstärkt eingesetzt aufgrund des bürstenlosen Aufbaus und des Systemwirkungsgrads, basierend auf der besseren Regelbarkeit durch die Leistungselektronik.

1.3.3 Einsatzgebiete von Elektromotoren

Generell lassen sich laut [Gar-08] die Anwendungsgebiete von Motoren in vier Segmente unterteilen: Haushaltsgeräte, Automobiltechnik, Consumer-Bereich und Industrieanwendungen. Entsprechend den Bereichen sind exemplarische Anwendungen für verschiedenste Motorenarten nach [Gar-08] aufgeführt. Ein Beispiel für die Vielfalt der verwendeten wickeltechnischen Bauelemente im Kfz ist in Abbildung 1.39 dargestellt.

Automobiltechnik: elektrischer Fahrantrieb, elektrische Fensterheber, elektrische Zentralverriegelung, elektrisches Schiebedach, elektrischer Antennenantrieb, elektrischer Starter, Scheibenwischerantrieb, elektrische Kraftstoffpumpe, elektrische Ölpumpe, Gebläseantrieb für Motorkühlung, elektronisches Stabilisierungssystem, Antiblockiersystem, Frischluftventilator, Drosselklappenverstellung, elektrische Sitzverstellung, elektrische Außenspiegelverstellung, Kompressor für Klimaanlage, …

Abb. 1.39 Spulen im Kraftfahrzeug

Haushaltsgeräte: Kühlgeräte, Gefriergeräte, Geschirrspülmaschinen, Müllschlucker, Abfallverdichter, Drehteller in Mikrowellengeräten, Waschmaschinen, Wäschetrockner, Ventilatoren, Kompressoren für Klimaanlagen, Verdampfungskühler, Kaminventilatoren, Lufttrockner, Luftbefeuchter, Absaugventilatoren, Haartrockner, Mixer, Zerkleinerungsmaschinen, Kaffeemaschinen, Rührgeräte für Teig, Zitruspressen, Dosenöffner, Dampfreiniger, Staubsauger, Poliergeräte, Nähmaschinen …

Consumer-Bereich: Computer, Trainingsgeräte, Zerreißwölfe, Garagentorantriebe, Umwälzpumpen für Swimmingpools und Teiche, Saunapumpen, Kinderspielzeug, Funkgesteuerte Fahrzeuge und Roboter, Ventilatoren zur Kühlung elektrischer Geräte, Antriebe für Speicherlaufwerke, Antriebe in Kameras, Antriebe für CD/DVD-Laufwerke. Vorschubantriebe in Faxgeräten und Druckern, Rasenmäher, Rasentrimmer, Kettensägen, Heimwerkergeräte, …

Industrieanwendungen: Maschinen zur Nahrungsmittelherstellung, Pumpen, Förderbänder, Krane, Traktionsantriebe, Präzisionsantriebe für Roboter, Druck- und Werkzeugmaschinen, Antriebe in der Medizintechnik, Servoantriebe, Antriebe für alle Bereiche der industriellen Fertigung wie z. B. Textilmaschinen, …

Tab. 1.9 Auswahl verschiedener Anwendungen für Motorvarianten nach [Gar-08]

Motortypen \ Anwendungen	Heizungs- und Klimatechnik	Hilfsantrieb in der Kfz-Technik	Hub- und Föderantriebe	Haushaltsmaschinen	Handwerkermaschinen für Netz o. Akkumulator	Büro- und Computertechnik	Servoantriebe in Werkzeugmaschinen	Servoantriebe in der Handhabungstechnik	Verpackungsmaschinen	Spindelantriebe in der Bearbeitungstechnik	Pumpen und Ventilatoren	Zentrifugen und Rührer	Uhrenantriebe	Prüftechnik, Positionsantriebe
Schrittmotor						X			X					X
Geschalteter Reluktanzmotor						X			X					X
Drehstromsynchronmotor			X				X	X	X	X	X	X		
Drehstromasynchronmotor			X				X	X	X	X	X	X		
Wechselstrommotor zweisträngig mit Kondensatorhilfszweig und Käfigläufer	X			X							X	X		
Wechselstrommotor zweisträngig mit Kondensatorhilfszweig und Permanentmagnetläufer	X			X							X	X	X	
Universalmotor				X	X									
Elektronik (EC)-Motor	X	X			X	X			X	X	X	X		
Gleichstromreihenschlussmotor		X		X	X									
Gleichstromnebenschlussmotor		X		X	X									
Permanentmagneterregter Gleichstrommotor		X		X	X	X								X

In Anlehnung an die verschiedenen Anwendungen sind in der Tabelle 1.9 für einige Beispiele die zugehörigen Motorentypen aufgeführt.

Die Auslegung der Elektromotoren und die Anpassung an die gewünschten Charakteristika, wie Leistung, Drehzahl oder Drehmoment, aber auch Spezifika wie das Rastmoment oder die Drehmomentenwelligkeit sind durch das Produkt vorgegeben und werden vom auslegenden Produktdesigner berücksichtigt. Relevant für die Wickeltechnik sind zunächst die Geometrie von Rotor und Stator, die Nutgeometrie und die Herstellung als Vollblechschnitt oder segemtierte Einzelzähne. Die Wicklung als Herzstück des Motors wird durch das Wickelschema, bzw. Spulentyp sowie die Anzahl der Windungen und den verwendeten Drahtdurchmesser beschrieben. Um ein Verständnis für die typischen Parameter in Bezug auf die verschiedenen Motoranwendungen zu geben, wurden Übersichten für die Windungszahlen in Abbildung 1.40 und den Drahtdurchmesser in Abbildung 1.41 erstellt.

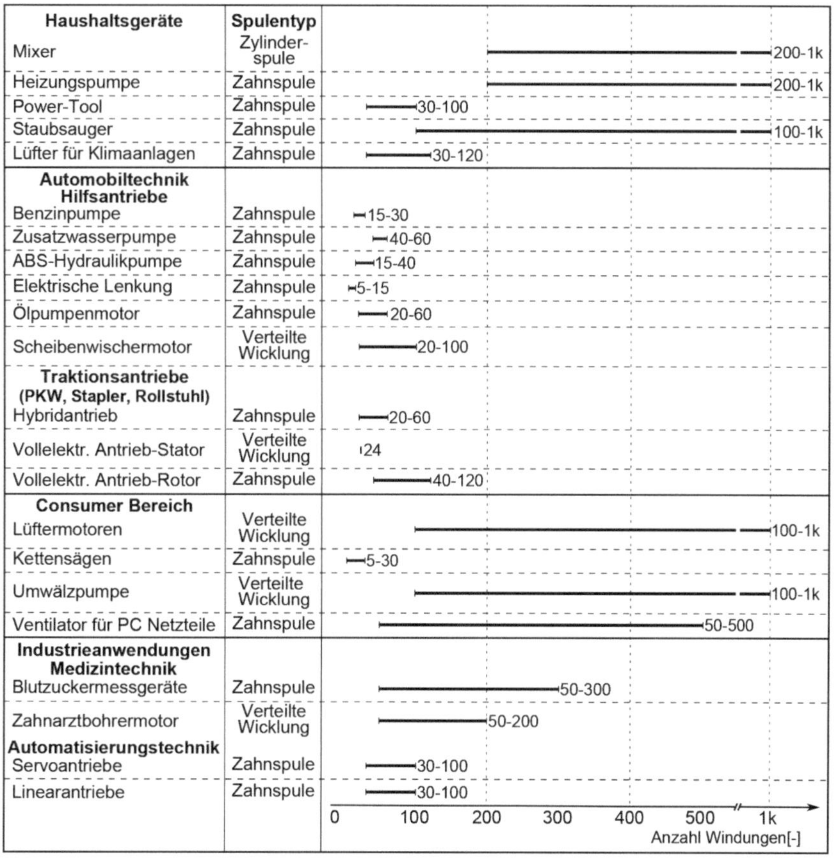

Abb. 1.40 Anzahl der Windungen für typische Motorwicklungen

Als zentrale Herausforderung für den Einsatz von Elektromotoren stellt die Energieeffizienz der Antriebe neue Anforderungen an die elektromagnetische Auslegung und die Fertigung der Motoren. Grund für den steigenden Bedarf an effizienten Elektromotoren sind strengere Vorgaben des Gesetzgebers und die große Verbreitung von Elektromotoren. Durch die große Verbreitung ergeben sich wiederum hohe Potenziale für eine mögliche CO_2-Einsparung bzw. allgemeiner formuliert für Energieeinsparungen. Nach [Wai-11] entfielen 2011 40 % des Weltstromverbrauches auf den Einsatz von Elektromotoren, davon 9 % im kleinen Leistungssegment (bis 0,75 kW), 68 % auf das mittlere Leistungssegment (0,75 kW bis 375 kW) und 23 % auf große Leistungsklassen über 375 kW. Als Reaktion wurden die gesetzlichen Auflagen im Jahr 2009 für die Energieeffizienz verschärft und eine neue Effizienzklasse die IE-4 eingeführt (vgl. Abbildung 1.32). Seit dem 1.1.2015 gilt in der EU die Vorgabe, dass alle Motoren im mittleren Leistungsbereich mindestens die IE 3 Effizienzklasse erfüllen müssen. Ab 2017 gilt diese Vorgabe dann auch für große Leistungsklassen. Diesem Trend folgend, nimmt der Marktanteil effizienter Motoren seit 1990 stetig zu (vgl. Abbildung 1.42). Für die Optimierung der Elektromotorentechnologie sind jedoch nicht nur Änderungen im Design und der Regelung zielführend, sondern vielmehr muss auch die Fertigung durch effizientere Prozesse verbesserte Komponenten für Elektromotoren herstellen. Alle Motoren benötigen gleichermaßen die Anregung über eine Wicklung im Stator oder Rotor, weswegen der Spulenwickeltechnik in diesem Punkt eine Schlüsselstellung zukommt.

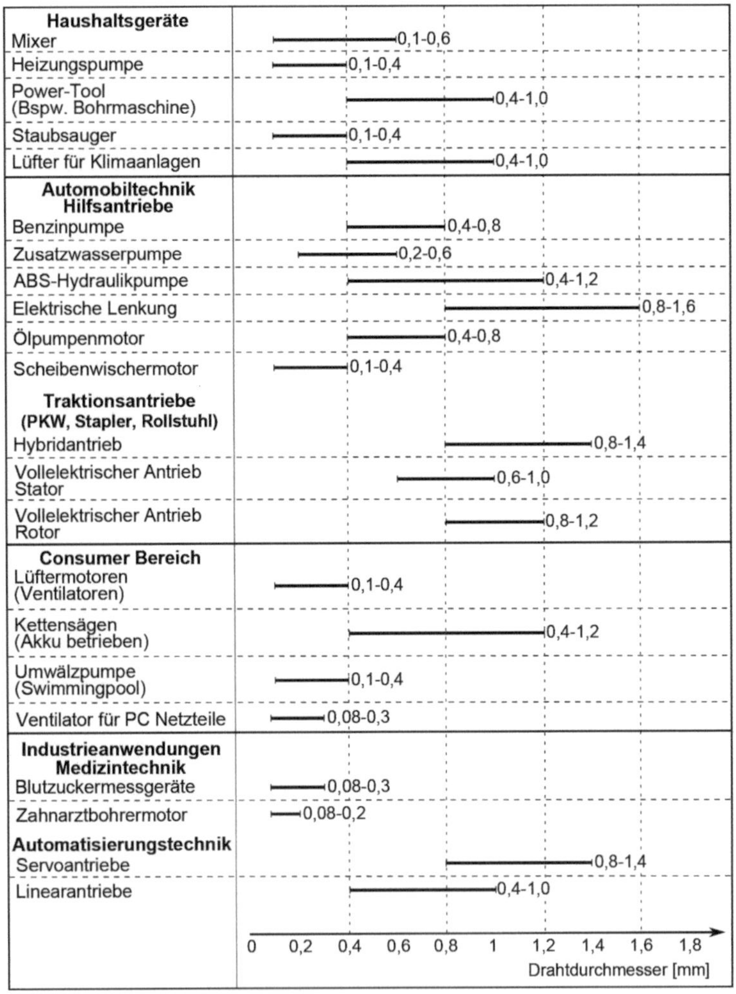

Abb. 1.41 Drahtdurchmesser Verteilung für typische Motorwicklungen

Die zunehmende Elektrifizierung in vielen Bereichen des täglichen Lebens wird den Bedarf an Elektromotoren generell steigern. Insbesondere der Bedarf an Motoren mit hohem Wirkungsgrad, wie im automobilen Antriebsstrang, nimmt deutlich zu. Entsprechend werden für die verschiedensten Anwendungen von Elektromotoren immer effizientere Wicklungen benötigt.

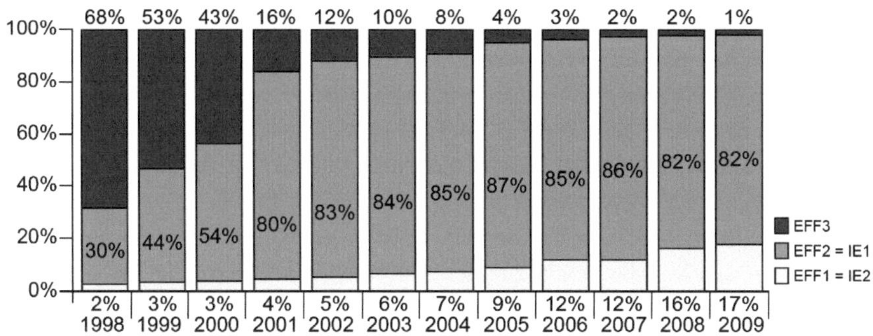

Abb. 1.42 Verbreitung der Effizienzklassen in der Europäischen Union

Um diesen Anforderungen gerecht zu werden, ist ein fertigungsgerechtes Design notwendig und die Ertüchtigung der Fertigungsprozesse ein stetiges Ziel der Industrie. Die Anforderungen, die sich aus einer spezifischen Anwendung für den Elektromotor ergeben und die ein Produktdesigner in der Auswahl des Motortypen trifft, sind vielfältig und müssen in der Auslegung berücksichtigt werden. Diese spiegeln sich in den Anforderungen an die Produktionsprozesse wider und kommen aus den verschiedensten Bereichen. Dieser Aspekt wird im folgenden Abschnitt diskutiert. Die Einsatzgebiete der Elektromotoren sind vielfältig und besitzen, je nach Art der Anwendung, verschiedene Herausforderungen für die Wickeltechnik. In Bezug auf die Energieeffizienz muss die Wicklung kompakt hergestellt werden und einen minimalen elektrischen Widerstand aufweisen. Durch die direkte Abhängigkeit von Leiterquerschnittsfläche und den ohmschen Verlusten einer Spule gibt es einen Trend zu höheren Drahtstärken und einer geringeren Windungszahl bzw. zu parallelen Teilleitern. Insbesondere in der mobilen Anwendung geht der Trend in der Auslegung zu höheren Erregerspannungen und damit höheren Drahtquerschnitten. Die Verarbeitung einzelner dickerer Drähte stellt dabei eine größere Herausforderung dar, da die Positioniergenauigkeit des einzelnen Drahtes in der Montage einen größeren Einfluss auf die Wicklungseigenschaften hat.

1.3.4 Allgemeine Anforderung an die Wicklung

Die Anforderungen des Elektromotors an seine Wicklung gehen über die rein elektromagnetischen Eigenschaften hinaus und sind, wie bereits eingeführt, stark abhängig vom Anwendungsgebiet. Ein Vergleich verschiedener Anforderungen des Elektromotors an seine Wicklung ist in Tabelle 1.10 zusammengefasst.

Für Traktionsmotoren mit Anwendung als Hybridmotor oder im vollelektrischen Antriebsstrang sind die Leistungsdichte und die Effizienz der Wicklung entscheidend. Durch den beengten automobilen Bauraum muss der Motor möglichst kompakt und gewichtsarm ausgeführt werden. Die zurzeit noch unreife Batterietechnik kann in Bezug auf die Elektromobilität nur geringe Reichweiten garantieren, im Vergleich zum reinen Verbrennungsmotor-Antriebsstrang. Dies kann durch einen effizienteren Elektromotor zum Teil wieder kompensiert werden, der dennoch die geforderte Fahrdynamik des Fahrzeugs erreichen muss. Für die automobile Anwendung gelten ebenso die typischen Anforderungen, wie auch für die meisten anderen Hilfsantriebe im Fahrzeug. Es werden Schwingungen aus dem Fahrwerk auf die Antriebe übertragen, abhängig von dem Einsatzort kann es zu Temperaturschwankungen zwischen -40 °C und 180 °C kommen. Ebenso sind die Antriebe den Medien der Straße, wie Wasser oder Ölen ausgesetzt. Soll der Motor hingegen im Ölkreislauf eingesetzt werden, müssen gewisse Reinheitsklassen eingehalten werden, um den Kreislauf nicht zu kontaminieren. Eine chemische Beständigkeit der Motorkomponenten ist dafür die Voraussetzung.

Tab. 1.10 Resultierende Anforderungen der Wicklung aus den Motorenanforderungen

Anforderung an Elektromotoren	Resultierende Anforderung an die Wicklung
– Hohe Lebensdauer	– Fehlerlose Isolation der Wicklung
– Drehzahl-Drehmomenten-Charakteristik	– Passende Induktivität und Widerstand
– Bauraumbeschränkungen	– Kompakter Wicklungsaufbau
– Verhalten im Fehlerfall	– Hochspannungsfestigkeit
– Temperaturbeständigkeit	– Thermisch beständige Wicklungsisolation
– Beständigkeit ggü. Medien (Öle, Wasser)	– Chemisch beständige Wicklungsisolation
– Elektromagnetische Verträglichkeit (EMV)	– Zuverlässige Wicklungsisolation
– Geräuschentwicklung und Laufruhe	– Rüttelfestigkeit der Wicklung
– Leistungsaufnahme und Verlustleistung	– Passender elektrischer Widerstand
– Leistungsdichte	– Geringes Gewicht und kompakter Aufbau
– Geringe Produktionskosten	– Gute Verarbeitungseigenschaften

In der Automatisierungstechnik sind die Randbedingungen noch vielfältiger. Eine Pumpe für Kühl- und Schmierstoffe in einer Werkzeugmaschine muss mit vielen Fremdpartikeln im Medium arbeiten können. Diese haben zwar keinen direkten Kontakt zu den Motorkomponenten, können sich aber an der Peripherie absetzen. Im Gegensatz muss der Winkelschleifer Fremdpartikel in der Luft durch eine Wicklungsisolation mittels Verguss oder Tränkung fernhalten. In Walzwerken werden die Motoren für die Fahrstraßen durch die abgestrahlte Wärme des Roheisens auf Temperaturen bis zu 300 °C aufgeheizt. In Pulvermahlwerken können feinste Stäube entstehen, die höchste Anforderungen an die Dichtigkeit des Motors und Partikelresistenz stellen. Für den Bereich eines Lackierbetriebes hingegen stellen sich besondere Anforderungen durch den Explosionsschutz.

In der Medizintechnik geht der Trend zu immer kleineren Aktoren, die durch Miniaturisierung näher an den Arbeitsort gebracht werden sollen. Für diese kleinen Antriebe kann die geforderte mechanische Leistung nur noch über enorm hohe Drehzahlen mit mehreren 100.000 Umdrehungen realisiert werden. Ebenso ist auf die absolute Reinheit des Motors in der Fertigung und die Biokompatibilität der eingesetzten Materialien zu achten.

Bei höheren Wirkungsgraden der Motoren werden oft auch höhere Spannungen verwendet, um durch die größere Leistungsdichte einen kompakteren Motor zu bauen. Dies führt zur Erhöhung der Zwischenkreisspannung des Umrichters und damit auch zu höheren Anforderungen an die Spannungsfestigkeit und Teilentladungsfestigkeit der Wicklung. Die Anforderungen an die Isolation des Drahtes werden im Abschnitt 2.3.1 und 2.3.2 diskutiert. Isolationsverfahren im Sinne einer zweiten Isolationschicht, auch Sekundärisolation werden im Abschnitt 3.4.6 vorgestellt.

1.3.5 Konzentrierte Wicklungen für Elektromotoren

Für den Aufbau einer Statorwicklung bestehen verschiedene Varianten, wie in Abbildung 1.43 dargestellt. Diese kann aus Einzelpolen bzw. Einzelzahnwicklungen auf einen innen- bzw. außengenuteten Stator montiert werden oder über eine Polkette bereits mit zusammenhängenden Segmenten bewickelt werden. Für die Polkette kann eine Teilpolkette je Phase des Motors oder eine Vollpolkette mit allen Phasen des Motors verwendet werden. Jede Polkette kann dabei aus separaten Segmenten gefertigt werden, die sich dann gegenseitig stützen. Zuletzt ist die Bewicklung eines Vollblechschnittes für den Stator möglich, wobei die schwerere Zugänglichkeit der Nuten durch den begrenzenden Nutschlitz den Wickelprozess erschwert.

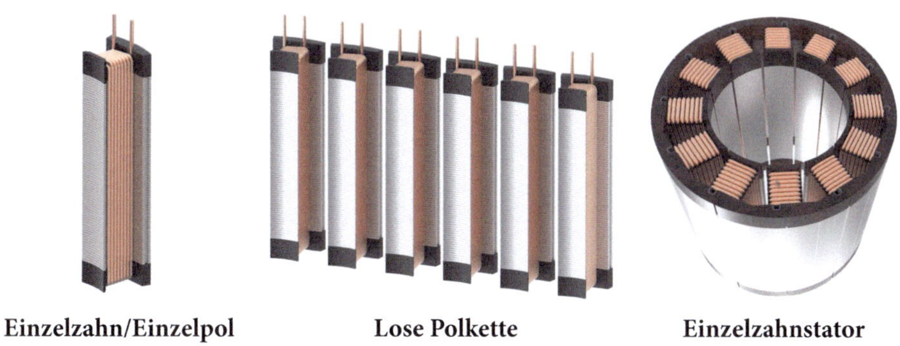

Abb. 1.43 Statorwicklungen bzw. deren Elemente

Für die genannten Einzelsegmente gibt es verschiedenste Arten der Montage zu einem Stator. Für die Rotorwicklung kann im Fall von fremderregten Synchronmaschinen auf eine Einzelzahnwicklung zurückgegriffen werden. Alternativ kann eine verteilte Wicklung auch auf den Vollblechschnitt bewickelt werden. Einige Varianten sind in Abbildung 1.44 dargestellt.

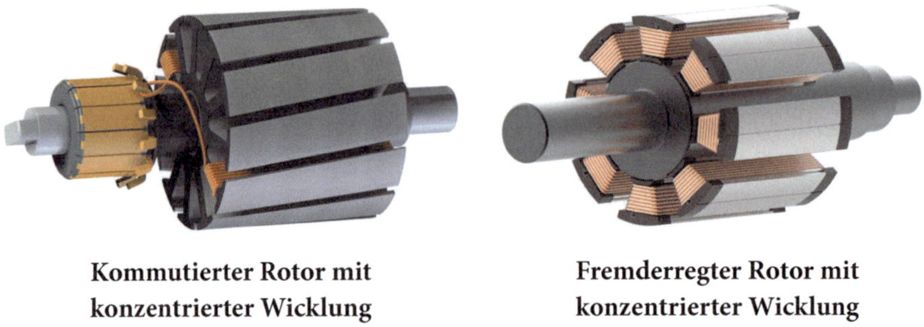

Abb. 1.44 Beispiele für Rotorwicklungen

Die Anforderungen aus der Anwendung bedingen das Design und die Bauform des Motors. Die Gestaltung der Spulen innerhalb des Motors ergibt sich als Konsequenz daraus.

1.3.6 Verteilte Wicklung für Elektromotoren

Generell wird zwischen verteilter und konzentrierter Wicklung unterschieden. Ist die Spule um einen Spulenkörper bzw. Zahn gewickelt, spricht man von einer konzentrierten Wicklung. Ist die Spule über mehrere Zähne verteilt, spricht man von einer verteilten Wicklung. Die wichtigsten Kenngrößen von Wicklungen werden im Folgenden vorgestellt:

- Anzahl der Nuten N: Aufbau des Stators
- Zahl der Windungsstränge m: Anzahl der Phasen
- Schrittverkürzung v: Änderung der Schrittweite einer Phase
- Spulenweite w: Weite der Spulenweite zwischen den Nuten
- Polzahl p Anzahl der magnetischen Pole

Die Lochzahl q ist eine Hilfsgröße in der Auslegung elektrischer Maschinen und dient zur Berechnung der Magnetfelder bzw. des resultierenden Motordrehmomentes. Sie ist wie folgt definiert:

$$q = \frac{N}{2 \cdot p \cdot m}. \tag{1.41}$$

Ist die Lochzahl ganzzahlig, so spricht man von einer Ganzlochwicklung, da das Verhältnis von Anzahl der Nuten je Pol und Strang ganzzahlig ist. Im anderen Fall spricht man von einer Bruchlochwicklung. Weitere charakteristische Größen sind die Polteilung τ_p, die Nutteilung τ_n und der Wickelschritt y_N. Diese sind wie folgt definiert:

$$\tau_p = \frac{N}{2 \cdot p}, \tau_n = \frac{\pi \cdot d}{N}, \gamma_n = \frac{N}{2 \cdot p}, \text{ bei gesehnten Wicklungen gilt } \gamma_n = \tau_p - \nu \quad (1.42)$$

Eine Wicklung kann in mehrere Schichten pro Nut aufgeteilt werden. Dabei gibt es typischerweise Einschicht- oder Zweischichtwicklungen. Für die Einschichtwicklung gilt, dass in jeder Nut nur eine Spulenseite liegt. Zudem müssen alle Spulendurchmesser im Mittel der Polteilung entsprechen, da es sonst zu Überschneidungen in der Nutbelegung mit den Spulen der anderen Stränge kommt [Fis-06]. Die Einschichtwicklung lässt sich in zwei verschiedenen Variationen ausführen:

- Spulen gleicher Weite: Der Durchmesser jeder Spule entspricht dem einer Polteilung ($w = \tau_p$)
- Konzentrische Spulen: Nur im Mittel entspricht der Spulendurchmesser einer Polteilung (unterschiedliche Durchmesser an einzelnen Spulen)

Da sich die Wicklung mit konzentrierten Spulen seriell einfacher fertigen lässt, ist sie weit verbreitet [Fis-06]. Bei der Zweischichtwicklung liegen in jeder Nut zwei Spulenseiten verschiedener Spulen. Dies ermöglicht unter anderem die Ausführung sogenannter „gesehnter Wicklungen". Dabei entspricht die Spulenweite nicht mehr der Polteilung, sondern wird verlängert oder verkürzt. Durch die Topologie der Zweischichtwicklung werden dabei die anderen Stränge in der Nutbelegung nicht beeinträchtigt. Es entstehen doppelt so viele Spulengruppen wie bei einer Einschichtwicklung, da ein Spulenpol immer durch zwei Spulengruppen mit zueinander entgegengesetztem Wickelsinn ausgebildet wird. Durch diese Sehnung nähert sich der Feldverlauf besser einer Sinusform an [Fis-06]. Ein Vergleich des Aufbaus von Einschicht- bzw. Zweischichtwicklung ist in Abbildung 1.45 dargestellt.

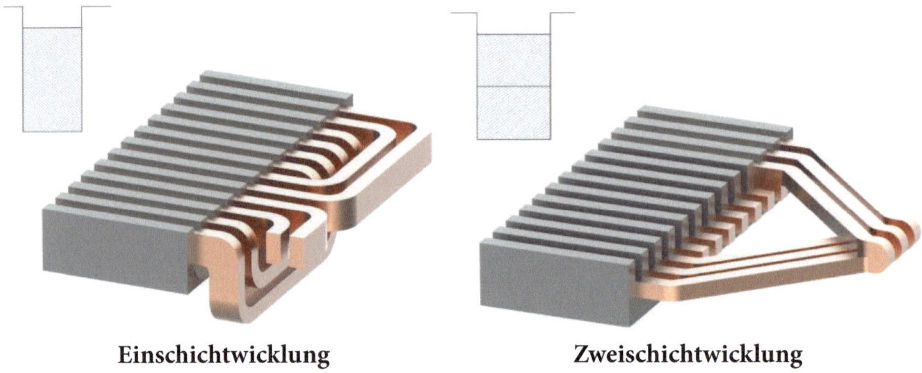

Abb. 1.45 Einschicht- und Zweischichtwicklung nach [Mül-08]

Für Bruchlochwicklungen ist die Nutenzahl je Pol und Phase eine gebrochene Zahl. Dies hat positive Auswirkungen, denn durch die Bruchlochwicklung werden die sich negativ auswirkenden Spannungsanteile in den Oberfeldern stärker unterdrückt als bei einer Ganzlochwicklung [Fis-06]. Somit wird sie verwendet, um eine Oberwelligkeit, beispielsweise in großen Drehstromgeneratoren, zu unterdrücken [Gie-03]. Die Ausführung von elektrischen Wicklungen lässt sich anhand verschiedenster Kriterien, wie dem Anlaufverhalten, der Drehmomentenwelligkeit oder dem maximalen Drehmoment optimieren.

Entsprechend viele Wickelschemata existieren für die unterschiedlichsten Anwendungen. Ein Auszug gängiger Wickelschemata ist in Abbildung 1.47 aufgeführt.

Für ein besseres Verständnis sollen nun die Schleifenwicklung und die Wellenwicklung noch einmal detaillierter vorgestellt werden. Eine vergleichende Darstellung der Wellen- bzw. Schleifenwicklung ist in Abbildung 1.46 dargestellt.

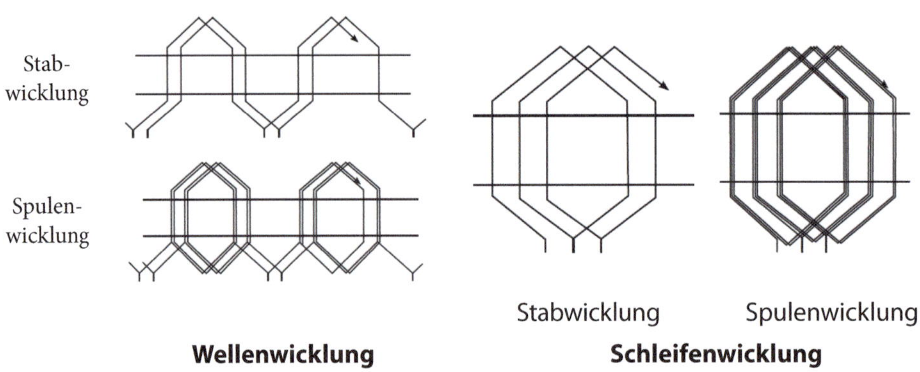

Abb. 1.46 Vergleich einer Wellen- und Schleifenwicklung [Mül-08]

Dabei kann zwischen einem Aufbau aus Leiterstäben bzw. gesteckten Stabspulen (vgl. Abschnitt 1.2.1), auch Hair-Pins genannt, oder einem Aufbau aus gewickelten Spulen unterschieden werden. Die Anzahl der Striche in der Skizze verdeutlicht die Anzahl der Leiter.

Für die Schleifenwicklung wird das Ende der vorherigen Spule mit dem Anfang der nächstgelegenen benachbarten Spule verbunden. Für die Wellenwicklung wird das Ende der vorherigen Spule mit dem Anfang des gleichliegenden nächsten Polpaares verbunden. Auf diese Weise wird eine Anzahl p der Spulen bereits ein voller Umlauf erreicht. Jede Spule hat bei beiden Wicklungen eine definierte Windungszahl. Das resultierende Schema einer verteilten Wicklung für Gleichstrommotoren ist mit einem Aufbau von vier Polen und einer Lamellen- bzw. Stegzahl von 16 in Abbildung 1.48 dargestellt.

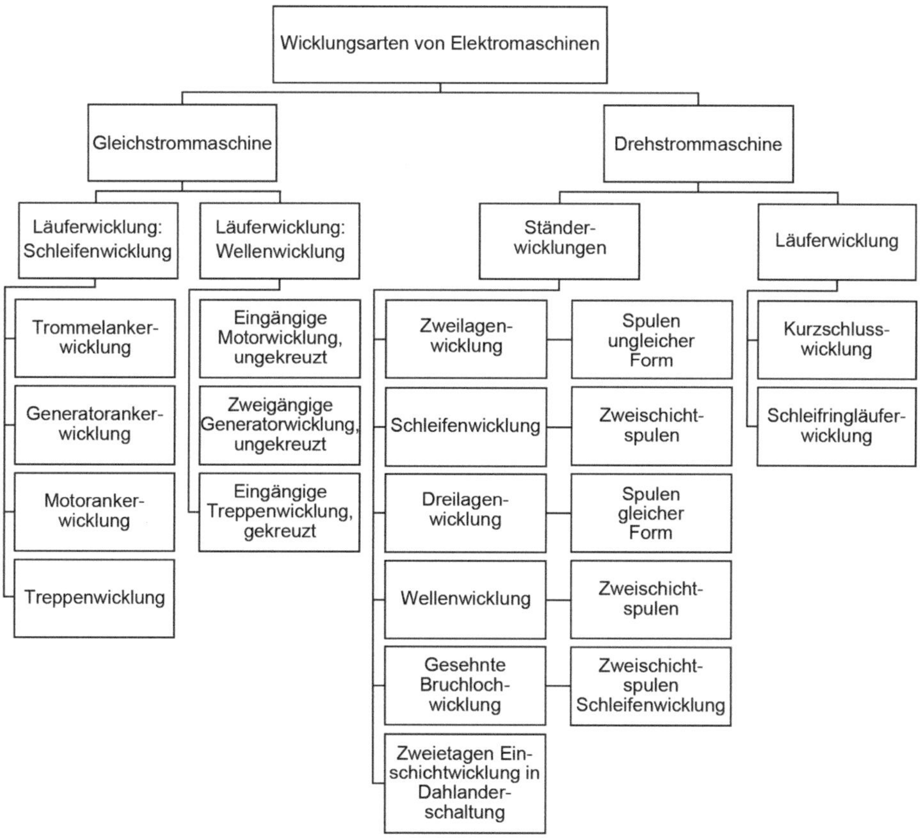

Abb. 1.47 Übersicht verschiedener Wicklungstopologien

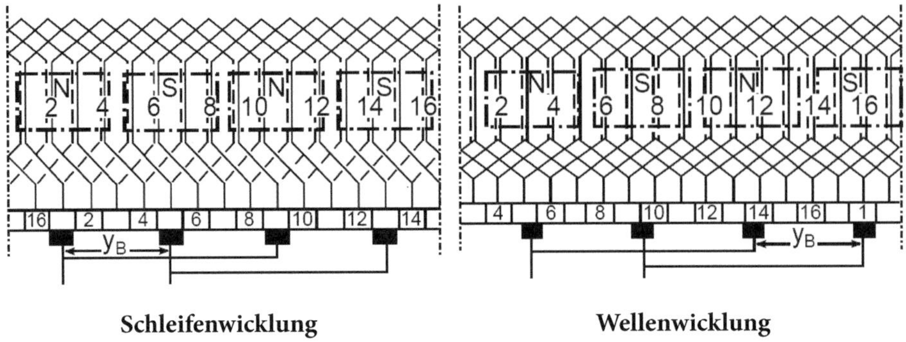

Abb. 1.48 Komplettes Wickelschema einer Wellen- und Schleifenwicklung am Beispiel einer DC-Gleichstrommaschine nach [Fis-06]

Für das Design von Wicklungen gibt es in [Bal-69] und anderen Werken zur Auslegung elektrischer Maschinen vielfältige Literatur. Die Herstellung der Wicklung wurde erstmalig in [Tzs-90] thematisiert. Für diese komplexen Aufbauten kommen in der Regel nur mehrstufige Produktionsverfahren zum Einsatz. Für diese wird die Wicklung außerhalb des Stators auf einem Werkzeug gerichtet und dann separat montiert. Es gibt jedoch einen Trend für das direkte Bewickeln von Statoren. Für diesen Ansatz ist das korrekte Verlegen der Verschaltungsdrähte die große Herausforderung. In Bezug auf die Endscheiben bzw. Endkappendesign wird dieser Aspekt aufgrund der Bauraumanforderungen für den Motor noch komplexer. Insbesondere sind die minimalen Biegeradien des Drahtes für die Verlegung an den Endscheiben bzw. Endkappen zu berücksichtigten. Für stärkere Drahtdurchmesser ist die mechanische Stabilität der Kappe bzw. der Stege für die Verlegung zu gewährleisten, die durch eine minimale Wandstärke gesichert werden können.

Klassische Statorwicklungen sind verteilte Wicklungen, die mit dem Einziehverfahren (vgl. Abschnitt 3.3.8) hergestellt werden. Aufgrund möglicher Skaleneffekte gibt es in einigen Produktbereichen dagegen einen Trend zu Fertigung von Einzelzähnen. Diese sind jedoch in ihrem Anwendungsgebiet begrenzt. Für Starter-Generatoren gibt es einen Trend zu gesteckten Stabsulen oder hin zu einer Wellenwicklung.

Quellen

[Alt-08] Alt, H.: „Dualität: Mechanik – Elektrik", Lehrmaterial, Arbeitsblatt der FH Aachen

[Bal-69] Bala, C.; Fetita, Alexandru; Lefter, Virgil: Handbuch der Wickeltechnik elektrischer Maschinen" Verlag Technik, 1969

[BASF-14] BASF: Reibung und Verschleiß bei Polymerwerkstoffen, Technische Information, Broschüre

[Bra-12] Braeuer, P. et. al.: „3D Screen Printing technology – Opportunities to use revolutionary materials and machine designs", Electric Drives Production Conference (EDPC), 2012 2nd International, Print ISBN: 978-1-4673-3007-7

[Fis-06] Fischer, Rolf: „Elektrische Maschinen", Carl Hanser Verlag München 2009, ISBN 978-3-446-41754-0

[Gar-08] Garbrecht, F. W.: „Auswahl von Elektromotoren – leicht gemacht: Der Weg von der Anwendungsanalyse zum richtig dimensionierten Elektromotor", VDE VERLAG; Auflage: 1., Aufl. (29. Januar 2008), ISBN-13: 978-3800729111

[Gie-03] Giersch, H.-U.; Harthus, H.; Vogelsang, N.: „Elektrisch Maschinen", Springer Verlag, 2003, ISBN 3-519-46821-2, S. 244

[Gro-14] Groninger, M., et. al.: „Cast coils for electrical machines and their application in automotive and industrial drive systems", Electric Drives Production Conference (EDPC), 2014 4th International, Print ISBN: 978-1-4799-5008-9

[Hil-02] Hilleringmann, Ulrich: „Silizium-Halbleitertechnologie", Vieweg+Teubner Verlag, 2002, eBook ISBN 978-3-322-94119-0

[HUG-15] HUG Industrietechnik, 2015, online: INDUSTRIETECHNIKKATALOG der Firma HUG, http://www.hug-technik.com/inhalt/ta/werkstoff_kunststoffe.htm

[Mül-08] Müller, Vogt, Ponick: „Berechnung elektrischer Maschinen", Wiley Verlag, VCH, 2008

[Osw-10] Oswald, Johannes: „Vor- und Nachteile verschiedener Motorkonzepte für Fahrantriebe", DRIVE-E Akademie 2010

[Reh-03] Rehrman, Jörg: „Das InterNetzteil- und Konverter-Handbuch", Online-Handbuch http://www.joretronik.de/Web_NT_Buch/Vorwort/Vorwort.html, Zugriff 7.8.15

[Rud-08] Rudolph, Manfred; Wagner, Ulrich: „Energieanwendungstechnik", Fachbuch im VDI/Springer Verlag, 2008, ISBN 978-3-540-79021-1

[Tzs-90] Tzscheutschler, Rolf; Olbrisch, Helmut; Jordan, Wolfgang: „Technologie des Elektromaschinenbaus", Verlag Technik (1990), ISBN-10: 3341008519

[VDI-14] VDI-Richtlinie: VDI/VDE 2616 Blatt 1 & 2: „Härteprüfung an metallischen Werkstoffen", 2014-07, ICS-Nummer: 83.060

[Wai-11] Waide, Paul; Brunner, C. U. r: „Energy-Efficiency Policy Opportunities for Electric Motor-Driven Systems – Working Paper", 2011 International Energy Agency

[Wic-00] Wicki, Stefan: „Berechnung der Spulen", Projektbericht für Projekt Alpha Step, FH Aargau, 10.07.2000

Kupferlackdraht

2

Ziel dieses Kapitels ist es, dem Leser Wissen über die Eigenschaften und den Herstellungsprozess von Kupferlackdraht zu vermitteln. Dazu werden typische Materialien und Geometrien des Drahtquerschnitts (Profildraht) sowie alternative Ausführungsformen wie Litzdraht vorgestellt. Anschließend wird die Prozesskette zur Herstellung des Lackdrahtes detailliert eingeführt.

2.1 Leitereigenschaften

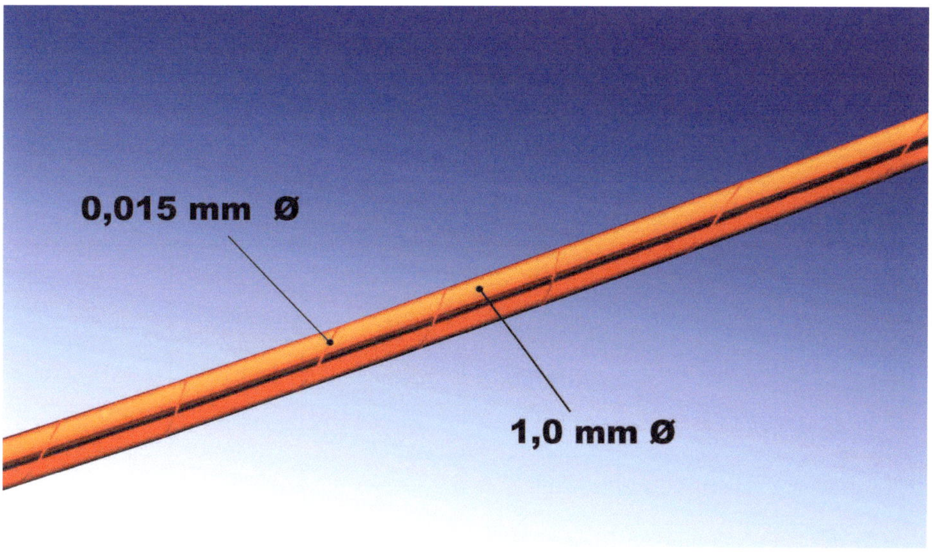

Abb. 2.1 Dimensionen der verschiedenen Drahthalbzeuge

Dieser Abschnitt beschäftigt sich eingehend mit Kupfer als Leitermaterial und stellt neben diesem noch weitere alternative Materialien vor. Neben den elektrischen Eigenschaften, werden Einflüsse auf die mechanischen und thermischen Eigenschaften von Kupfer diskutiert. Für die Verwendung von Kupferlackdraht werden die nach DIN 60317 genormten Verarbeitungseigenschaften vorgestellt. Neben dem Material werden auch unterschiedliche Geometrien diskutiert, die von Hilfen zur Auslegung von Litzendrähten bis zur Verwendung von Profildrähten reichen.

Entsprechend richtet sich dieser Abschnitt an Leser, welche die Eigenschaften von Wickeldrähten interessiert, sei es aus dem Bereich der Fertigung oder der Entwicklung von Wickelgütern.

2.1.1 Kupfer im Einsatz als elektrischer Leiter

Kupfer hat sich in der Elektrotechnik wegen seiner hervorragenden elektrischen Leitfähigkeit von κ_{Cu}= 60 m/(Ω mm²) durchgesetzt. Im Vergleich zu anderen Metallen bietet lediglich Silber eine bessere Leitfähigkeit von ca. 6 %, bei jedoch deutlich höheren Rohstoffkosten. Um diese hohen Leitfähigkeitswerte zu erreichen, ist Kupfer mit einem möglichst geringen Anteil an Verunreinigungen erforderlich. So muss zur Sicherstellung der in den ISO-Normen verlangten Mindestleitfähigkeit von $\kappa_{Cu,min}$ = 58 m/(Ω mm²) für die Drahtherstellung, Elektrolytkupfer mit einer Reinheit von mindestens 99,90 % verwendet werden [DKI-00]. Einige typische Materialkennwerte sind in Tabelle 2.1 zusammengefasst. Für einen einfachen Vergleich wurden die Werte auf die Kupferwerte in % normiert.

Tab. 2.1 Materialkennwerte und Preise von verschiedenen Metallen (Stand 06.2015)

Metall	Rel. Elektrische Leitfähigkeit	Rel. Wärmeleitfähigkeit	Rel. Wärmeausdehnung	Normierte Dichte	Normierte Kosten
Silber	106	108	112	118	8917
Kupfer	**100**	**100**	**100**	**100**	**100**
Gold	72	76	100	217	633333
Aluminium	62	56	135	30	28
Magnesium	39	41	153	19	42
Zink	29	29	176	80	36
Nickel	25	15	76	100	208
Kobalt	18	17	71	100	550
Stahl	13-17	13-17	71	82	10
Platin	16	18	53	242	595000
Zinn	15	17	124	82	258
Blei	8	9	165	127	32

Für die Verarbeitung von Kupfer als Wickeldraht gibt es in Bezug auf die Materialeigenschaften verschiedene internationale Normen. So beschreibt die DIN EN 1977 *Kupfer und Kupferlegierungen für die Produktion von Vordraht aus Kupfer*, einem Halbzeug für die Drahtherstellung. Die DIN EN 13601 beschreibt *Kupfer und Kupferlegierungen für Stangen und Drähte aus Kupfer für die allgemeine Anwendung in der Elektrotechnik*. Die DIN EN 13602 *Kupfer und Kupferlegierungen beschreibt spezifisch die Eigenschaften von gezogenem Runddraht aus Kupfer zur Herstellung elektrischer Leiter*, welche durch die DIN EN 13605 für *Kupfer und Kupferlegierungen mit Anwendung für Profile und profilierte Drähte aus Kupfer für die Anwendung in der Elektrotechnik* ergänzt wird.

Charakteristik von Standard-Wickeldrähten

Ziel dieses Abschnittes ist es, einige zentrale Eigenschaften von Standard-Wickeldrähten vorzustellen. Neben den elektrischen Eigenschaften werden weitere anwendungsrelevante Eigenschaften von Standard-Wickeldrähten, wie beispielsweise Geometrie oder Mindestbruchdehnung, in der DIN EN 60317 festgelegt. Die maximal erlaubte Abweichung für den Außendurchmesser eines Drahtes in Abhängigkeit des Blankdrahtdurchmessers und der Isolationsstärke von Grad 1 bis Grad 3 ist in Abbildung 2.2 dargestellt. Dabei wird deutlich, dass die Isolationsstärken ähnliche Durchmesserabweichungen haben. Diese liegen jedoch deutlich über den Abweichungen des Blankdrahtes, für einen Bereich bis zu 4 mm.

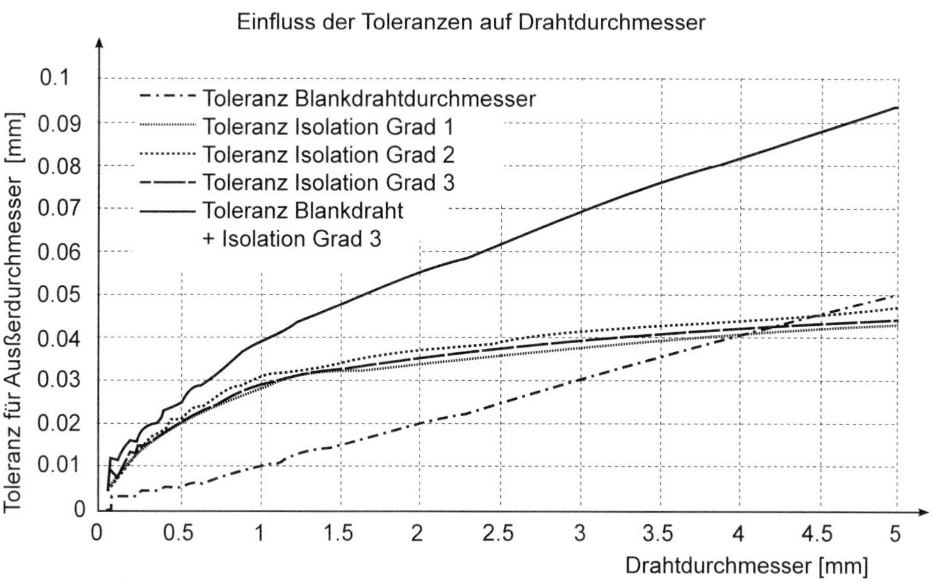

Abb. 2.2 Drahtdurchmesser inkl. Isolation in Abhängigkeit der Toleranzen

Der resultierende mechanische Füllfaktor, also das Verhältnis von Drahtquerschnitten zum gesamten Wickelraum, ist in Abbildung 2.3 für verschiedene Lagenzahlen dargestellt. Dabei wird deutlich, dass kleine Änderungen im Drahtdurchmesser bereits eine große Auswirkung auf den Füllfaktor haben.

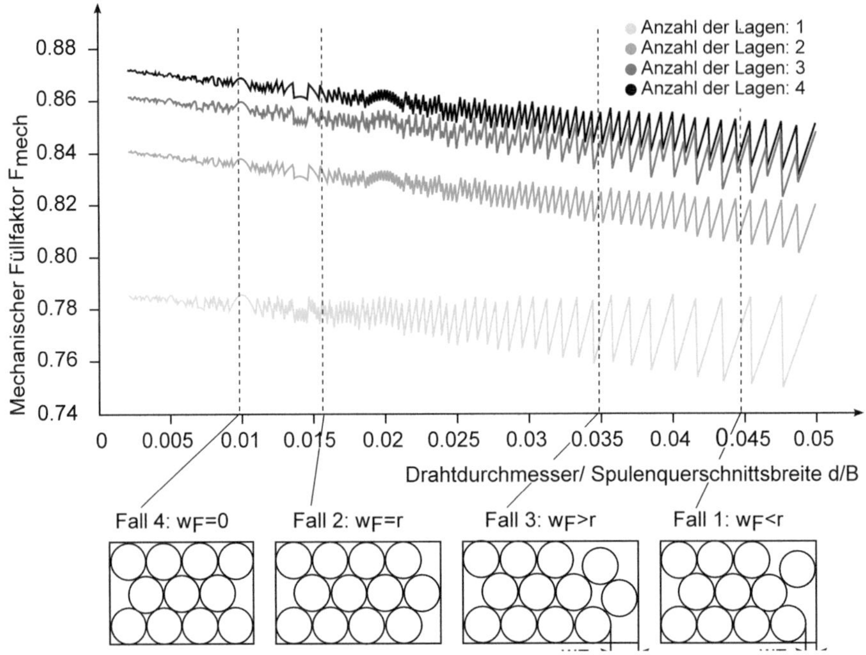

Abb. 2.3 Einfluss von Drahtdurchmesser und Wickelbreite auf den mechanischen Füllfaktor

Zusätzlich werden weitere mechanische Größen, die relevant für die Verarbeitung sind, wie die Rückfederung oder die Bruchdehnung, in der DIN 60317 angegeben (vgl. Abbildung 2.4). Die Bruchdehnung, als Maß für die maximale Umformung des Drahts, nimmt bei steigendem Drahtdurchmesser zu. Der erlaubte Rückfederungswinkel sinkt. Entsprechend können dicke Drähte stärker belastet werden und weisen eine geringere Rückfederung auf. Die notwendigen Biegekräfte steigen dabei jedoch.

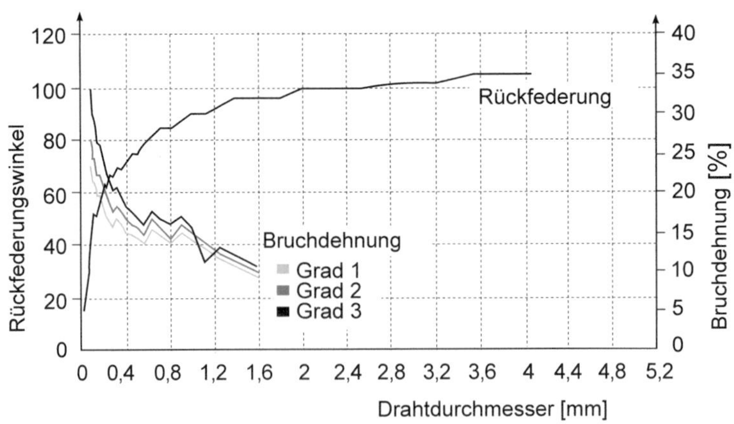

Abb. 2.4 Diagramme zur Rückfederung und Bruchdehnung des Drahtes

Für die Verwendung von Standard-Wickeldraht ist es wichtig zu wissen, dass die Isolation eine genormte Anzahl an Fehlstellen bzgl. der Geschlossenheit besitzen darf. Die Anzahl ist in Abhängigkeit von Drahtdurchmesser und der gewählten Isolationsstärke laut Tabelle 2.2:

Tab. 2.2 Erlaubte Anzahl an Fehlstellen der Isolation nach EN 60317-0-1:2008 (S.18)

Nenndurchmesser des Leiters in mm		Höchstwert der Fehlerzahl je 30 m		
Über	Bis einschließlich	Grad 1/1B	Grad 2/2B	Grad 3
-	0,05	60	24	-
0,05	0,08	60	24	3
0,08	0,125	40	15	3
0,125	1,6	25	5	3

Elektrische und thermische Eigenschaften von Kupfer

Der spezifisch elektrische Widerstand von Werkstoffen lässt sich allgemein mit der Matthiesenschen Regel bestimmen. Diese beschreibt die Abhängigkeit des spezifischen elektrischen Widerstandes von der Temperatur und der Materialbeschaffenheit, wie beispielsweise Gitterfehler im makroskopischen Aufbau oder Fremdatome durch Legierung des Werkstoffs. Die Abhängigkeit der spezifisch elektrischen Leitfähigkeit von der Legierung durch weitere Materialien oder der Temperatur ist in Abbildung 2.5 dargestellt.

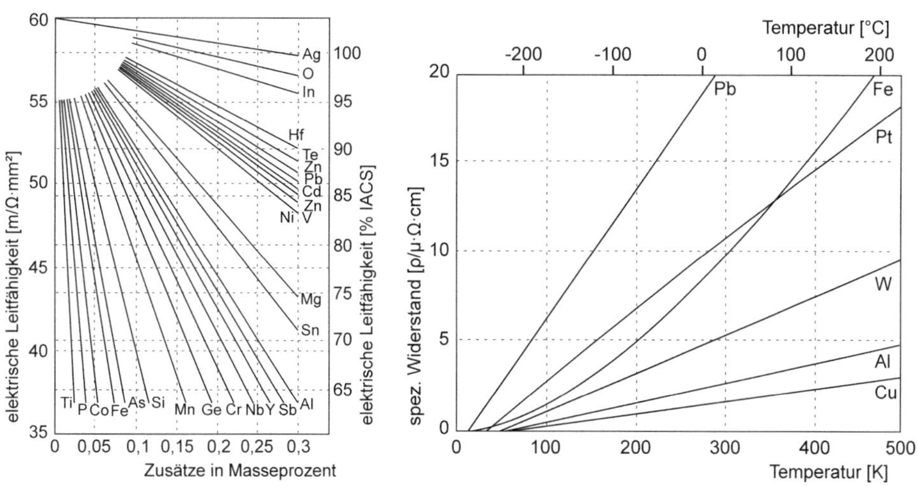

Abb. 2.5 Einflüsse auf die elektrische Leitfähigkeit nach [DKI-00, S.7], [Tif-07, S.70]

Die elektrische Leitfähigkeit ist definiert als der Kehrwert des elektrischen Widerstandes. Die elektrische Leitfähigkeit des Kupferdrahtes kann jedoch nicht nur in der Produktion durch die Beimischung weiterer Metalle beeinflusst werden, sondern auch durch dessen Verarbeitung. So kann durch die Verarbeitung und wiederholte Biegeumformung eine Kaltverfestigung des Materials eintreten, die die elektrische Leitfähigkeit reduziert. In Abschnitt 3.1.1 wird auf diese Thematik genauer eingegangen. Für die Wärmeleiteigenschaften gilt eine ähnliche Gesetzmäßigkeit, wobei Kupfer ebenfalls eine sehr gute Leitfähigkeit besitzt, die nur von Silber übertroffen wird. Die Wärmeleiteigenschaften sind insbesondere relevant für die thermische Auslegung von Baugruppen. Die elektrische Verlustleistung von Spulen wird, abgesehen von der Blindleistung induktiver Bauelemente, vollständig in Wärme umgewandelt. Daher erwärmen sich Spulen im Betrieb und unter hoher Last sehr stark. Entsprechend ist eine gute Wärmeleitfähigkeit des eingesetzten Spulendrahts Voraussetzung, um ein Überhitzen des Bauteils zu verhindern. Durch die zunehmende Abhängigkeit des elektrischen Widerstandes von der Temperatur steigen mit höherer Leitertemperatur die elektrischen Verluste. Dies ist vor allem kritisch für Anwendungen mit einem konstant hohen Stromfluss. Demzufolge ist für einen hohen Wirkungsgrad eine effektive Kühlung des Bauelements oder der Baugruppe notwendig. Das thermische Längenwachstum ist für Kupfer im Vergleich zu den anderen Metallen eher gering, was eine Maßhaltigkeit der Baugruppe auch bei höheren Betriebstemperaturen ermöglicht. Daher existieren Anwendungen für Elektromotoren, die in Betriebsumgebungen von -80 °C bis 300 °C liegen [Dem-11].

Mechanische Eigenschaften von Kupfer

Die hohe Verbreitung von Kupfer in der Elektrotechnik und anderen technischen Bereichen kann, neben den positiven elektrischen Eigenschaften, auf die guten mechanischen Eigenschaften, insbesondere bzgl. der Verarbeitung, zurückgeführt werden. Kupfer ist ein sehr duktiles Material und lässt sich entsprechend gut, auch im kalten Zustand, plastisch verformen. Ein Maß für die Verformbarkeit von Materialien ist ein möglichst hoher Umformgrad, auch Umformvermögen genannt. Dieser ist für Kupfer sehr hoch, was durch ein Beispiel aus der Drahtherstellung gezeigt werden kann. So ist es möglich, den Querschnitt eines runden Drahtes um mehr als 99 % durch ein kontinuierliches Drahtziehen zu reduzieren, ohne das Material zu beschädigen [DKI-00]. Im Gegensatz zu vielen anderen Materialen besitzt Kupfer keine feste Streckgrenze. Das heißt, dass es keinen festen Übergang vom elastischen in den plastischen Bereich gibt. Als Streckgrenze wird daher typischerweise ein Wert von 0,2 % der Dehngrenze definiert. Diese liegt für Kupfer in der Regel zwischen 40 N/mm^2 und 80 N/mm^2. Die Abhängigkeiten der Härte, Streckgrenze und der Dehnung von der Verformung bzw. Belastung sind in Abbildung 2.6. dargestellt. Bei der Betrachtung fällt auf, dass Verformungen bis 10 % vergleichsweise geringe Auswirkungen auf die mechanischen Verarbeitungseigenschaften durch Umformung haben.

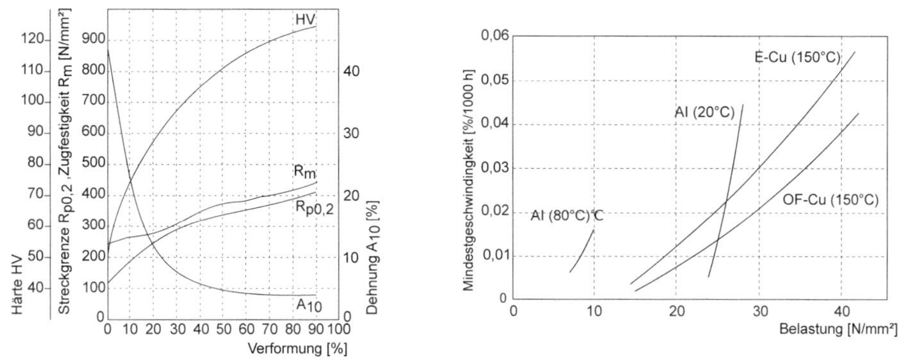

Abb. 2.6 Einflüsse auf die mechanischen Eigenschaften nach [DKI-00, S.9]

Neben einmaligen mechanischen Belastungen, beispielsweise während der Verarbeitung, ist die hohe Zeitstandfestigkeit von Kupfer mit einer gegen Null tendierenden Kriechgeschwindigkeit ein Vorteil. Diese beschreibt die Ausdehnung des Materials unter Dauerlast. Die Dauerstandfestigkeit ist insbesondere für den Bau großer Elektromotoren relevant, in welchen die Wicklung als Baugruppe neben den elektrischen auch mechanische Funktionen übernimmt. Typische Verarbeitungseigenschaften von verschiedenen Festigkeitsklassen eines Kupfermaterials (Cu-ETP) sind in der folgenden Tabelle 2.3 zusammengefasst.

Tab. 2.3 Verarbeitungseigenschaften von Cu-ETP [DKI-00]

Festigkeitsklasse	Elektrische Leitfähigkeit in m/Ωmm^2	Zugfestigkeit R_m in N/mm^2	0,2 % Streckgrenze $R_{p0,2}$ in N/mm^2	Brinellhärte HV
R200	58	200-250	max. 100	55
R220	58	220-260	max. 140	55
R240	57	240-300	max. 180	80
R290	57	290-360	max. 250	95
R360	56	min. 360	320	min 110

Generell gilt, dass eine höhere mechanische Festigkeit des Kupfers zu geringfügig schlechteren elektrischen Eigenschaften führt. Entsprechend können Drähte mit höherer Festigkeit aufgrund ihrer mechanischen Robustheit im Prozess größere Belastungen erfahren, besitzen jedoch ein verringertes Umformvermögen. Daraus resultiert eine mögliche Verarbeitung mit höheren Belastungen, beispielsweise durch höhere Prozessgeschwindigkeiten, jedoch meist verbunden mit schlechteren Produktmerkmalen des Wickelgutes, wie ein höherer elektrischer Widerstand oder eine schlechtere Endkontur des Drahtes. Eine ausführliche Erläuterung findet sich dazu im Abschnitt 3.1.1. Der zugrunde liegende physikalische Effekt kann in [Kug-09] nachgelesen werden.

Chemische Eigenschaften von Kupfer

Zu den chemischen Eigenschaften von Kupfer zählt die gute Korrosionsbeständigkeit. Grund dafür ist die Ausbildung einer Oxidschicht an der Oberfläche, welche die darunter liegenden Schichten vor reaktiven Medien schützt. Bekannt ist dieser Effekt bei alten Kupferdächern, bei denen sich aufgrund der Witterung eine grüne Oxidschicht ausbildet. Durch die Einwirkung von Komplexsalzen kann die Bildung dieser Schicht jedoch verhindert werden. Entsprechend besteht dann die Gefahr einer kompletten Zersetzung des Kupferleiters. Zusätzlich besitzt Kupfer noch weitere Eigenschaften, wie beispielsweise eine antibakterielle Wirkung, die aber aufgrund des Fokus dieses Buch nicht weiter diskutiert wird. Weiterführende Informationen können über das Deutsche Kupferinstitut oder die Copper Alliance eingeholt werden. [DKI-00]

Die Verwendung von Kupfer in der Elektrotechnik beruht auf dem Verhältnis von Kosten zu spezifischer Leitfähigkeit. Die guten Umformeigenschaften des Materials ermöglichen eine gute Verarbeitung. Das sind die Gründe für die aktuelle Dominanz von Kupfer als Leitermaterial für die verschiedensten Arten von Spulen.

2.1.2 Andere Leitermaterialien

In Abhängigkeit von der Anwendung können neben anderen Reinmaterialien auch verschiedene Kombinationen von Leitermaterialen zum Einsatz kommen.

Tab. 2.4 Vergleich: Aluminium, Kupfer und kupferbeschichtete Leiter nach [Bec-13, S.8]

	Kupfer	Aluminium	CCA (10 %)
Vorkommen der Erde	0,01 %	7,75 %	-
Dichte	8,92 g/m^3	2,70 g/m^3	3,63 g/m^3
Schmelzpunkt	1083 °C	658 °C	658 °C
Wärmeausdehnung	17,0 x 10^{-6} 1/K	23,5 x 10^{-6} 1/K	-
Wärmeleitfähigkeit	385 W/mK	230 W/mK	240 W/mK
Spez. Wärmekapazität	382 J/(kg K)	896 J/(kg K)	862 J/(kg K)
E-Modul	13,0 x 10^4 MPa	7,1 x 10^4 MPa	-
Elektrische Leitfähigkeit - DC	> 58,58 m/(Ω mm^2)	> 35,67 m/(Ω mm^2)	> 37,35 m/(Ω mm^2)*
El. Leitfähigkeit -AC (>5MHz)	> 58,58 m/(Ω mm^2)	> 35,67 m/(Ω mm^2)	> 58,58 m/(Ω mm^2)
Preis (Stand 2014)	5,741 €/kg	1,416 €/kg	3,6 €/kg – 13,7 €/kg
Schweißbarkeit	Gut	Schlecht	Gut
Oxidationsrate	Gering	Hoch	Gering
Umformbarkeit	Gut	– Biegefestigkeit – Langzeitfließen	– Biegefestigkeit

Als häufigste Alternative zu Kupfer wird Aluminium in Reinform verwendet. Daraus leitet sich auch der Trend zum kupferbeschichteten Aluminium (engl. copper-clad-aluminum), kurz CCA, genannt ab. Aufgrund des Skin-Effektes sinkt für höhere Frequenzen die Eindringtiefe des Stromes in den Leiter (vgl. Abschnitt 1.2.2). Entsprechend ist die Leitfähigkeit im äußeren Leiterradius wichtig und kann durch eine Kupferbeschichtung verbessert werden. Die resultierenden Eigenschaften im Vergleich mit reinen Aluminium- bzw. Kupferleitern sind in Tabelle 2.4 dargestellt.

Der Vorteil der Beschichtung liegt neben der Leitfähigkeit in den niedrigeren Materialkosten von Aluminium als Trägermaterial. Allerdings lässt sich dieses im Gegensatz zu Kupfer schlechter verarbeiten. Ein Kontaktieren, beispielsweise durch Schweißen, ist nicht oder nur schwer möglich und die erlaubte mechanische Beanspruchung ist deutlich geringer im Vergleich zu Kupfer. Die thermischen Eigenschaften sind gemischt. So ist die Leitfähigkeit insgesamt geringer, jedoch die Wärmekapazität höher. Das heißt, es wird mehr Energie benötigt, um einen Aluminiumleiter zu erwärmen als einen Kupferleiter. Der erwärmte Aluminiumleiter gibt die Wärme jedoch langsamer an seine Umgebung ab. Die Wahl des Leitermaterials hat dementsprechend immer einen Einfluss auf die Produkt- und Produktionseigenschaften. Auch wenn eine höhere Wirtschaftlichkeit des Produktes durch geringere Materialpreise erreicht werden kann, ist es möglich, dass sich Änderungen für andere Produktparameter aufgrund veränderter Materialeigenschaften ergeben. Als Beispiel für das Design können verschiedene Spulenkörperradien oder deren Eckenradien genannt werden.

Tab. 2.5 Ausgewählte Verwendungsszenarien für alternative Drahtwerkstoffe

Drahtwerkstoff	Einsatzbereich	Technischer Hintergrund
Aluminium	Lautsprecher, Mikrofonspulen; Ballastspulen (Leuchtstoffröhren), Drosselspulen (Trafo), Kupplungsspulen (Klimakompressor)	- Gewichtsreduktion - Materialkosten
Messing	Antennen und Hohlleiter, Elektronik für Spulen mit dünnen Leiterquerschnitten	- Gute Festigkeit
Silber	Motoren für Medizintechnik, optische Industrie	- Gute Festigkeit - Gute Federeigenschaften - Elektrische Leitfähigkeit
Gold	Antennen, Flip-Chip- und Chip-to-Chip-Bonding	- Gute Eignung für das Kontaktieren
Nickel	Heiz-Anwendungen, Elektronische Komponenten, Chemische und elektrotechnische Industrie	- Gute mech. Eigenschaften - Korrosionsbeständigkeit - Hoher Temp.-Koeffizient - Hoher spez. el. Widerstand
Spezialdraht CCA	Hochfrequenzspulen	- Hohe elektrische Leitfähigkeit bei geringem Gewicht

Drahtwerkstoff	Einsatzbereich	Technischer Hintergrund
Spezialdraht: Konstantan (55 % Ni 44 % Cr 1 % Mn)	Relais im Motorschutzschalter	- Unabhängiger Widerstand bei versch. Temperaturen
Spezialdraht: Nickel-Chrom	Heizwiderstand für Automobil	- Temperaturresistenz - Chemische Beständigkeit
Spezialdraht: Edelstahl	Schweißdraht	- Gute Eignung für das Schweißen

Für den Wickelprozess kann eine höhere Steifigkeit des Materials zu einer größeren Drahtbelastung und damit zu einem früheren Materialversagen führen. Das Terminieren des Drahtes gestaltet sich bei beschichteten Drähten schwierig, da die Funktionsfähigkeit der Beschichtung gewährleistet sein muss bzw. diese nicht beschädigt werden darf. Neben der Nutzung des Schweißverfahrens sind auch andere Kontaktierprozesse verfügbar, die eine Abhängigkeit der gewählten Materialpaarung der Fügepartner besitzen (vgl. Abschnitt 3.4.2). Generell sind in der Materialauswahl alle nachfolgenden Fertigungsprozesse zu berücksichtigen. Zur Steigerung der Festigkeit des Kupferdrahts wird häufig Silber hinzu legiert. Obwohl Silber eine bessere elektrische Leitfähigkeit als Kupfer besitzt, sinkt die Leitfähigkeit der Legierung aufgrund der Mischkristallbildung. Im Vergleich zu anderen Werkstoffen weist die Legierung mit Silber jedoch die geringste Reduktion der elektrischen Leitfähigkeit auf. Ebenso bewirkt die Legierung eine Verbesserung des Zeitstandverhaltens durch die erhöhte Festigkeit. Das Zeitstandverhalten beschreibt das Ertragen einer Werkstoffspannung ohne Bruch über einen definierten Zeitraum. Die Verwendung weiterer Leitermaterialien ergibt sich in der Regel aus der Anwendung. Einige Beispiele sind in der Tabelle 2.5 zusammengefasst.

Die für die Verarbeitung relevanten Eigenschaften einiger Werkstoffe sind in der Tabelle 2.6 zusammengefasst. Diese können jedoch nach Art der Herstellung stark variieren. So führt eine Erhöhung der Drahthärte zu einer geringeren Streckgrenze. In diesem Kontext soll auch die Bruchdehnung von Materialien genauer definiert werden: Sie ist ein Maß für die Verformbarkeit von Materialien und hängt bei Kupfer direkt mit dem Rekristallisationsgrad zusammen. Sie wird im Zugversuch bestimmt und gibt das Verhältnis von Längenänderung zu Ausgangslänge des Drahtes beim Versagen durch einen Bruch an. Sie ist daher eine zentrale Größe für die Wickeltechnik und beschreibt das maximale Maß der Umformung. Typische Werte liegen zwischen 25 % bei 0,2 mm starken Drähten und 45 % bei 4,1 mm dicken Drähten. Durch jeden Umformvorgang wird die Bruchdehnung, aufgrund der entstehenden Gefügeveränderung herabgesetzt. Bei stark umgeformten Drähten kann sie Werte kleiner als 1 % annehmen. [Syn-15]

Tab. 2.6 Verarbeitungseigenschaften für verschiedene Werkstoffe [Ele-15]

Werkstoff	E-Modul in kN/mm^2	Bruchfestigkeit R_m in N/mm^2	Streckgrenze $R_{p0,2}$ in N/mm^2	Maximale Bruchdehnung
Kupfer	120	220 - 270	120-180	42 %
Aluminium	67	120 - 140	20	35 %
Messing	80 - 120	340 - 390	120 - 420	30 %
Silber	80	170 - 220	170	30 %
Gold	80	120 - 220	205	50 %
Platin	170	150 - 380	185	39 %
Nickel	205	450 - 550	230-460	45 %
Edelstahl (X5CrNi18-10)	200	540 - 850	230	45 %

Generell lässt sich für den Wickelprozess feststellen, dass Werkstoffe mit einem hohen E-Modul bei gleichzeitig hoher Zug- bzw. Bruchfestigkeit im elastischen Bereich prozesssicherer zu verarbeiten sind. Für die Anwendung in der Wickeltechnik ist die Streckgrenze als Prozessgrenze relevant. Sie beschreibt die notwendige Zugkraft pro Drahtquerschnittsfläche, ab der der Draht nicht mehr elastisch sondern plastisch verformt wird. Entsprechend sollte diese Zugkraft im Wickelprozess nach Möglichkeit nicht überschritten werden, da sich neben einer dauerhaften Reduktion des Drahtdurchmessers auch eine Kaltverfestigung einstellt. Beide haben negative Auswirkungen auf den elektrischen Widerstand. Die Verfestigung führt zusätzlich zu einer Reduktion der Schwingfestigkeit. Analog ergeben sich daraus auch minimale Biegeradien, die in der Drahtführung oder dem Spulenkörperdesign berücksichtigt werden müssen. Eine plastische Verformung findet allerdings dennoch statt. Die Zugfestigkeit gibt die Kraft pro Drahtquerschnittsfläche an, die für einen Drahtriss erforderlich ist. Diese Größe ist für das definierte Trennen, wie das werkzeuglose Reißen des Drahtes am Spulenkörper, für die Trennung von Anfangs- bzw. Enddraht relevant.

Die Anforderungen aus dem Einsatz des Produktes bestimmen die Auswahl des Leitermaterials. Aluminium findet nach Kupfer die häufigste Anwendung aufgrund des geringeren Rohstoffpreises bei relativ guten Leiteigenschaften. Für die Fertigung von resistiven Bauelementen wird typischerweise Nickel-Chrom-Draht verwendet.

2.1.3 Geometrien des Leiterquerschnitts und Ausführungsformen des Leiters

Aufbau eines Leiters

Generell ist der Aufbau elektrischer Leiter für die Wickeltechnik ähnlich und unterscheidet sich neben dem Material nur durch seine Geometrie. Im Kern des Leiters ist das Trägermaterial, welches, wie im vorherigen Abschnitt diskutiert wurde, aus verschiedenen

Werkstoffen bestehen kann. Über dem Trägermaterial ist ein Grundlack aufgetragen, um ein fehlerfreies Aufbringen der elektrischen Isolation zu gewährleisten. Nach dem Grundlack (engl. Primer) wird die elektrische Isolationsschicht (engl. Overcoat) aufgetragen. Im Anschluss wird die Isolation durch Funktionsschichten, wie einen Backlack oder eine Gleitmittelschicht, ergänzt. Der resultierende Drahtaufbau wird in Abbildung 2.7 gezeigt.

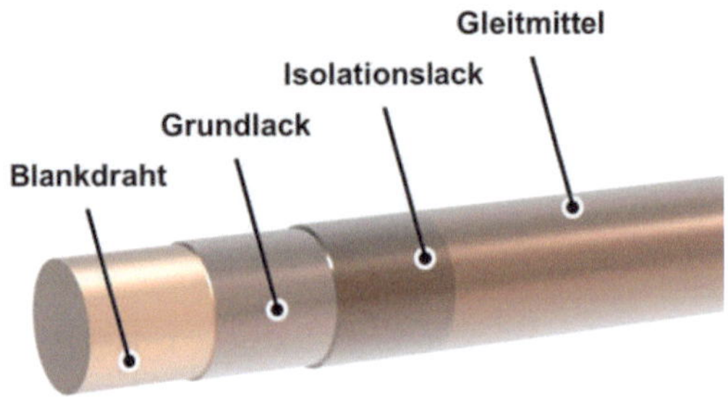

Abb. 2.7 Aufbau eines Leiters für Wickelgüter

Die Leiter können verschiedene Querschnittsformen und verschiedene Durchmessern aufweisen. Die häufigste Verwendung haben, neben runden Querschnitten, Leiter mit einem rechteckigen Querschnitt. Um einen vorgegebenen Wicklungsraum zu füllen, stehen sowohl für runde als auch rechteckige Querschnitte verschiedene Anordnungen zur Verfügung. Für das Bewickeln von Nuten eines Stators sind in Abbildung 2.8 verschiedene Geometrien und Anordnungen dargestellt.

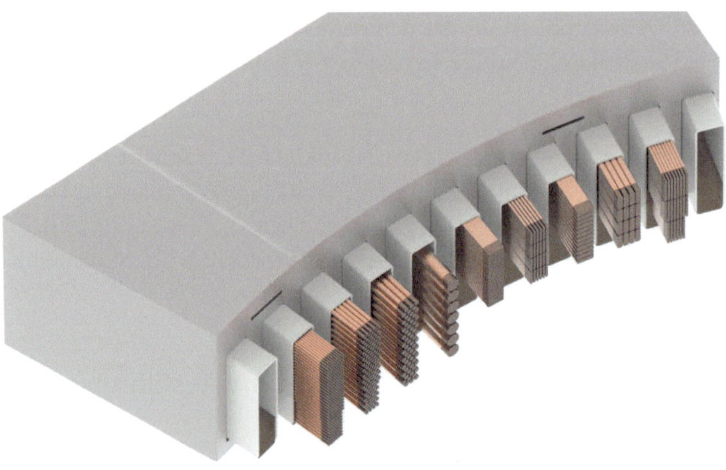

Abb. 2.8 Geometrievariationen des Drahtes für ein Nutdesign (Darstellung nach [Bic-14])

Litzenleiter

Neben der Variation der Leitergeometrie können auch unterschiedlich kleine Teilleiter zu einem gemeinsamen Leiterbündel zusammengefasst werden. Für einen runden Leiterquerschnitt ergibt sich ein sogenannter Litzenleiter, bei dem die verschiedenen Drähte gegeneinander verdrillt sind.

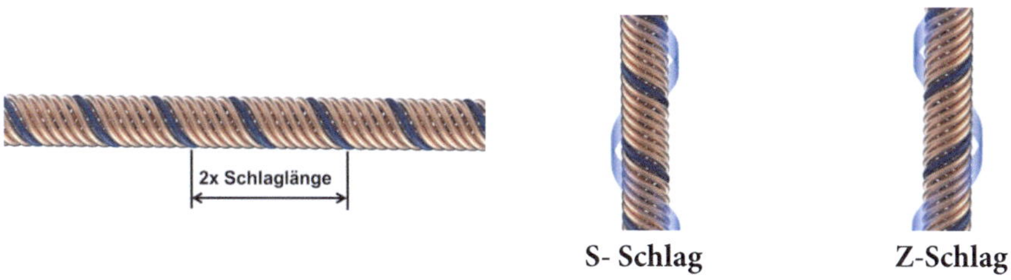

Abb. 2.9 Charakteristische Größen eines Litzenleiters

Dadurch ergibt sich der sogenannte Drallschlag. Dieser kann in Schlaglänge und Schlagrichtung variiert werden, welche in Abbildung 2.9 verglichen werden. Zur Sicherstellung der Maßhaltigkeit können aus den einzelnen Kupferlackdrähten (a) (vgl. Abbildung 2.10) Litzen ohne (b) und mit Ummantelung (c) gebildet werden. Durch die Verwendung von verschiedenen Litzensträngen können aus runden Leiterprofilen auch quadratische (d) oder rechteckige Querschnitt (e) zur Erhöhung der Packungsdichte im Wickelraum geformt werden. Durch das Verdrillen der Leiter ergeben sich elektrische Vorteile. Zum einen hat der Skin-Effekt aufgrund der kleineren Leiterquerschnitte eine geringere Wirkung (vgl. Abschnitt 1.2.2). Analog verhält es sich mit dem Proximity-Effekt (vgl. Abschnitt 1.2.2), da sich durch die wechselnde Position der Drähte zueinander keine gleichmäßige Stromverdrängung zwischen den isolierten Leitern einstellen kann. Litzenleiter werden daher vorrangig für Hochfrequenzanwendungen verwendet. Der Nachteil von Litzenleitern liegt im hohen Verschaltungsaufwand der parallelen Teilleiter und der Reduktion der erlaubten Leiterlasten im Wickelprozess, bedingt durch die reduzierten Querschnitte der Teilleiter.

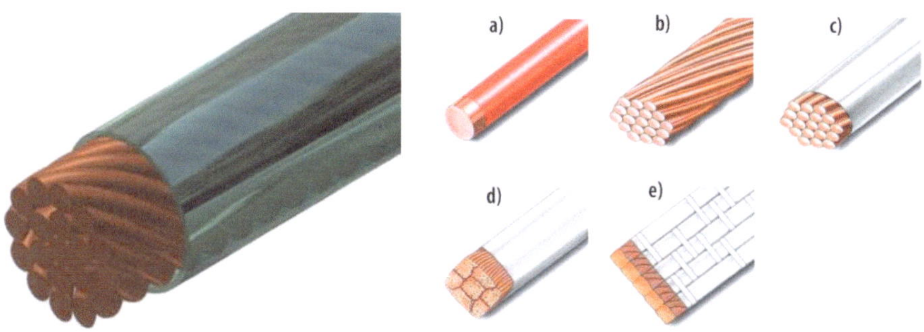

Abb. 2.10 Litzen: Innerer Aufbau und äußere Kontur (Bildquellen: Elektrisola GmbH&Co. KG, Rudolf Pack GmbH & Co. KG)

In Abhängigkeit der Anzahl der Verseilschritte in der Herstellung können sich in einem Schritt ein Bündel (vgl. Abbildung 2.11) oder für mehrere Verseilschritte mehrere Bündel ergeben. Im Aufbau wird zwischen der Würgelitze und der konzentrischen Litze unterschieden. In der Würgelitze besitzen die einzelnen Leiter eine beliebige Position innerhalb des Querschnitts. Im Gegensatz dazu führt der konzentrische Aufbau zu einem ringförmigen und homogenen Aufbau. Für den Aufbau aus mehreren Bündeln können beliebige Anordnungen gewählt werden, die sich aus den Anforderungen des Endproduktes bzw. der Wicklung ergeben. Nach Veröffentlichungen von [Pac-10] im Rahmen eines Forschungsprojektes können durch die systematische Definition des Litzenaufbaus Wicklungsverluste beispielsweise in leistungselektronischen Anwendungen minimiert werden.

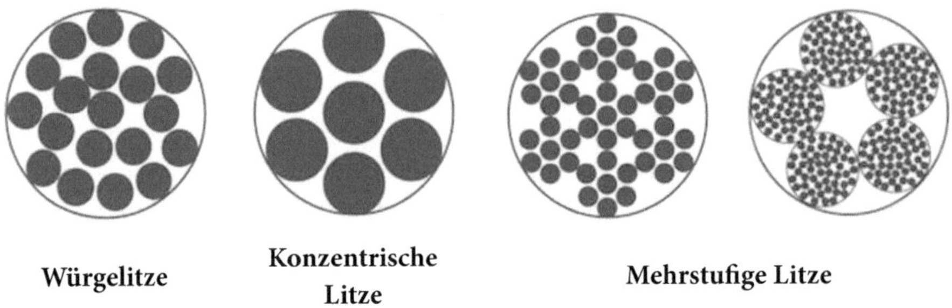

Abb. 2.11 Strukturvarianten von Litzenleitern (Bildquellen: Elektrisola GmbH&Co. KG,)

Für die Auslegung von Litzenleitern sind mehrere Aspekte zu beachten. Eine Übersicht über den Zusammenhang der Konstruktionsparameter der Litze und den resultierenden Litzeneigenschaften gibt Tabelle 2.7. Die wichtigsten Litzeneigenschaften sind der Gleichstrom- R_{DC} und Wechselstromwiderstand R_{AC}, die Stromdichte J, das Füllverhältnis von Litzenmaterial zum vorhandenen Raum A_{Leiter}/A_{Litze}, die Durchschlagsspannung U_{BV} sowie einige ausgewählte mechanische Parameter.

Tab. 2.7 Konstruktionsmatrix für das Design von Litzenleitern nach [Ele-15a]

		Konstruktionsparameter						
		Leiter-material	Durch-messer Leiter	Anzahl Leiter	Anzahl Bündel	Schlag-länge	Schlag-richtung	Zunahme der Lackierung
Litzeneigenschaften	R_{DC}	X	X	X				
	R_{AC}	X	X		x	X		
	J		X	X				
	A_{Leiter}/A_{Litze}		X		x	X	X	X
	U_{BV}							X
	Außendurch-messer	X	X	X	X	X	X	X
	Formstabilität		X	X	X	X	X	
	Mech. Flexibilität	X	X	X	X	X		
	Biegewechsel-festigkeit	X	X		x	X		
	Zugfestigkeit	x						
	Rundheit		x	x	x	x	x	

Eine reduzierte Übersicht für die Auslegung von Hochfrequenzlitzen (HF-Litze) gibt Tabelle 2.8.

Tab. 2.8 Wechselwirkung von Litzen- und Produktparameter nach [Ele-15a]

		Konstruktionsparameter				
		Durchmesser Draht	Anzahl Leiter	Anzahl Bündel	Schlaglänge	Schlagrichtung
Litzeneigen-schaften	R_{DC}	X	X			
	R_{AC}	X		x	X	
	Außendurchmesser	X	X	X	X	X
	Mech. Flexibilität	X	X	X	X	

Alternative Leitergeometrien

Neben der Kombination verschiedener Teilleiter zu einem gemeinsamen Leiter ist die einzelne Geometrie des Leiterquerschnitts ein weiterer Freiheitsgrad. Der größte Gewinn in der Verwendung verschiedener Leitergeometrien liegt im Füllfaktor, also dem Verhältnis von Leitermaterial zum vorhandenen Wickelraum. Nach Veröffentlichungen von [Bra-11] und [Her-08] führt eine Erhöhung des Füllfaktors um 10 % im Schnitt zu einer ein-prozentigen Steigerung des Wirkungsgrades eines Elektromotors. Die Herstellung von verschiedenen

Leiterprofilen erfordert unterschiedliche Herstellungsprozesse und/oder nachgelagerte Prozesse. Für die Herstellung muss in der Regel ein Walzen des Leiterrohlings vorgenommen werden, im Gegensatz zum sonst üblichen Drahtziehen. Alternativ ist es ebenso möglich, den Rundleiter, nach einem Ziehen auf den korrekten Ausgangsdurchmesser, durch ein Walzen in die gewünschte Form zu bringen. Herausforderung in der Herstellung von Profilleitern ist die Ausführung eines möglichst kleinen Kantenradius für die Rechtprofile und das Aufbringen der Isolation auf den Kanten. Diese geometrischen Merkmale führen auch zu einer schwierigeren Handhabung in der Verarbeitung von Profilleitern, was im Kapitel 3 genauer erläutert wird.

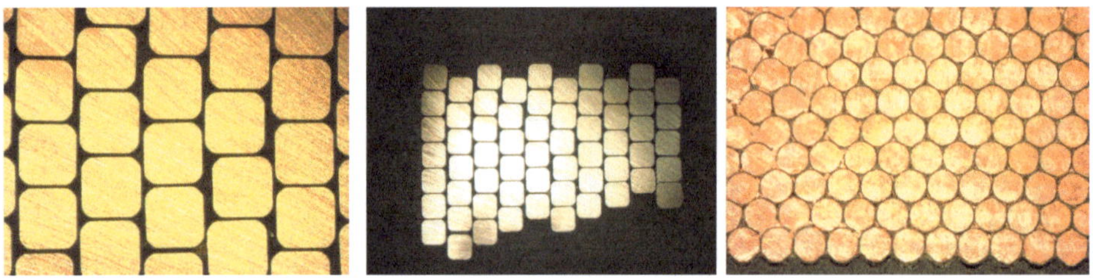

Abb. 2.12 Schliffbilder für Rechteckleiter und verpresste Rundleiter

Die meistverwendete Geometrie ist der Rundleiter. Der Grund liegt in der einfacheren Verarbeitung im Vergleich zu unrunden Querschnitten. Nur für besondere Anforderungen an die Wicklung kommen Profildrähte zum Einsatz. Diese ermöglichen einen höheren Füllfaktor, bedingen aber eine ungleich schwierigere Prozessführung aufgrund ihrer Verarbeitungseigenschaften.

2.2 Prozesskette zur Leiterherstellung am Beispiel von Kupferlackdraht

Abb. 2.13 Nahaufnahme einer Drahtzieheinheit

Dieser Abschnitt beschäftigt sich eingehend mit der Prozesskette zur Gewinnung des Rohstoffes Kupfer und der anschließenden Weiterverarbeitung zum Kupferblankdraht. Die zentralen Prozessschritte werden in Bezug auf Parameter, Maschinentechnik und mögliche Prozessfehler eingehend beschrieben. Die sich ergebenden physikalischen Eigenschaften des Blankdrahtes werden diskutiert. Die Fertigung sieht Verfahren zur Umformung, Wärmebehandlung des Kupferrohlings vor.

Entsprechend richtet sich dieser Abschnitt an Leser, welche die Herstellung von Wickeldrähten interessiert. Da der Wickeldraht, als zentrales Halbzeug der Wickeltechnik, einen Einfluss auf den Wickelprozess hat, ist das Verständnis für den Ursprung der Halbzeugeigenschaften wichtig für eine passende Prozessauslegung.

2.2.1 Übersicht der Prozesskette

Die Prozesskette für die Herstellung eines Wickeldrahtes beginnt mit der Gewinnung des Rohstoffes Kupfer. Ausgangspunkt kann eine Erz-Mine oder ein aus dem Recyclingkreislauf gewonnenes Material sein. Zum besseren Verständnis der Unterschiede in der

Materialqualität wird die Rohstoffgewinnung aus verschiedenen Quellen im Folgenden kurz beschrieben. Je nach Region sind auch weitere Verfahren zur Gewinnung von Kupfer möglich. Die verschiedenen Stufen der typischen Kupferaufbereitung können in Abbildung 2.14 nachvollzogen werden. In der Regel wird Kupfererz in der Natur in chemischer Verbindung mit Schwefel, als Kupfersulfid (Cu_2S), auch Kupferglanz genannt, oder Chalkopyrit ($CuFeS_2$), auch Kupferkies genannt, gewonnen.

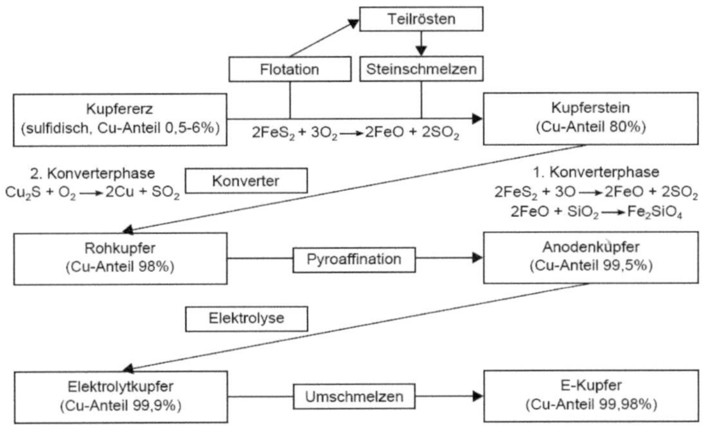

Abb. 2.14 Prozesskette zur Kupferaufbereitung nach [Ing-15]

Das Roherz hat zunächst einen Kupfergehalt von weniger als 2 %. Durch das physikalisch-chemischen Trennverfahren Flotation wird das begleitende Gestein abgetrennt und der Kupfergehalt auf bis zu 25 % erhöht. Anschließend wird das Erz geröstet, wobei unter Zugabe von Sauerstoff in zwei Konverterphasen, also in zwei chemischen Prozessschritten, Schwefeldioxid und Eisenoxid entsteht. Nach erfolgter Oxidation werden Eisen und Schwefel in einer schwimmenden Schlacke gebunden und anschließend durch Abguss entfernt. Das verbleibende Rohkupfer besitzt nun einen Kupferanteil von ca. 98 %. Zur weiteren Anreicherung wird das Rohkupfer in einem Elektrolysebad gereinigt. Dabei setzt sich das (Elektrolyt-)Kupfer an den Anodenplatten ab. Als erste geometrische Form des Reinkupfers liegt also immer eine Platte vor. Der Wandel der Kupferformen ist in Abbildung 2.15 dargestellt. Anschließend wird aus den Kupferplatten durch Umschmelzen ein Strangmaterial hergestellt. Durch das darauf folgende Walzen wird das Strangmaterial auf einen Durchmesser von 7 bis 8 mm gebracht.

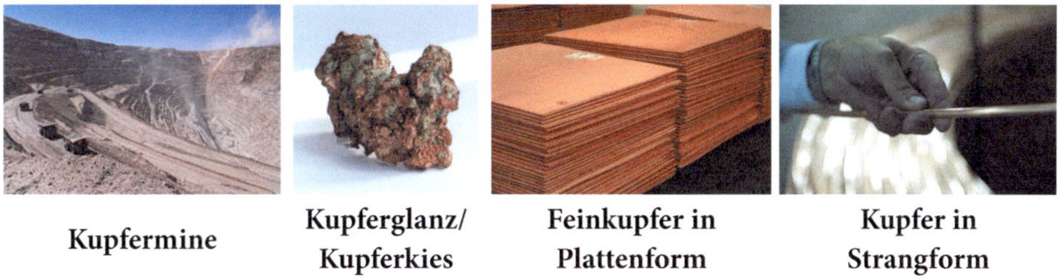

Abb. 2.15 Ausgangsformen des Kupfer-Rohstoffes: vom Erz bis zu den Kupferplatten (Bildquellen: M. Hagmann, Astro.GoBlack.de, Essex Germany GmbH)

Das oben beschriebene Strangmaterial ist in der Regel die Ausgangsform für die klassische Drahtherstellung. Generell lassen sich die Fertigungsschritte zur Herstellung in die folgenden Prozesse untergliedern, welche in einer Drahtzieh- und Lackieranlage in Abbildung 2.16 dargestellt sind

- Umformen des Drahtes auf gewünschten Durchmesser
- Weichglühen des Drahtes
- Reinigen des Drahtes
- Aufbringen mehrerer Isolationsschichten
- Aufbringen eines Gleitmittelauftrages oder alternativer Funktionsschichten: Backlack
- Aufrollen des Drahtes auf eine Vorratsspule

Auf die einzelnen Prozessschritte und die zugehörige Maschinentechnik wird in den folgenden Abschnitten näher eingegangen. Das finale Aufspulen des Drahtes auf eine Vorratsrolle geschieht in der Regel über einen Doppelspuler, wobei eine Vorratsspule bewickelt wird. Hat die Vorratsspule ihre Kapazität erreicht, vollzieht sich ein automatischer Wechsel zur Reservespule. Für den Spulenwechsel wird der Draht zwischen beiden Rollen gespannt und dadurch gerissen oder bei dickeren Drähten über 1,0 mm kommen zusätzliche Werkzeuge zum Einsatz. Der im Raum stehende Draht wird anschließend für die neue Spule über den Fangmechanismus wieder eingefangen und geklemmt. Das Handhaben des Drahtes beim Spulenwechsel geschieht über Fanghaken oder Fangfedern und erfordert keine Unterbrechung des Produktionsprozesses.

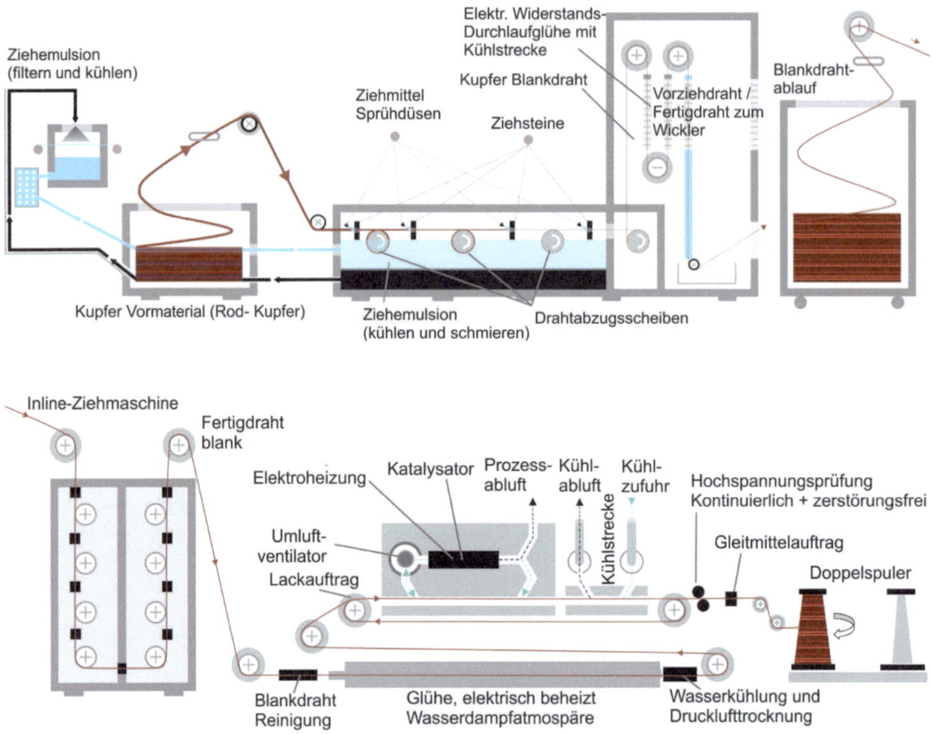

Abb. 2.16 Prozesskette zur Drahtherstellung

2.2.2 Ziehverfahren

Ziel des Ziehverfahrens ist es, durch Überschreiten der Streckgrenze $R_{p0,2}$ eine dauerhafte Änderung des Drahtdurchmessers zu erreichen. Die dafür benötigte Last wird durch einen kontinuierlichen Drahtvorschub und die Verwendung von Ziehsteinen erreicht. Ein Ziehstein besteht aus einer runden Metallscheibe als Trägermaterial mit einem Diamanten in der Mitte. Dieser besitzt eine Bohrung, welcher annähernd dem Zieldrahtdurchmesser entspricht. Die Bohrung selbst besitzt einen Einlaufkegel, gefolgt von einem zylinderförmigen Abschnitt und einem Austrittskegel. Bei Durchmessern bis ca. 0,15 mm wird, aufgrund der besseren Werkstückoberfläche, ein Naturdiamant verwendet. Unabhängig vom Drahtdurchmesser findet sich dieser aber auch immer in der letzten Ziehstufe wieder. Bei größeren Drahtdurchmessern über 0,15 mm werden Industriediamanten eingesetzt. Durch die Rückfederung bzw. elastische Rückverformung des Drahtes besitzt dieser nach einer Ziehstufe einen etwas größeren Durchmesser als der Durchmesser des Ziehsteines. Dies ist in der Auslegung der Ziehstufen zu berücksichtigen. Der Aufbau verschiedener Ziehstufen und die Vielfalt an Ziehsteinen ist in Abbildung 2.17 dargestellt. Üblicherweise werden mehrere Ziehstufen verwendet, um eine schrittweise Anpassung des Drahtdurchmessers zu gewährleisten.

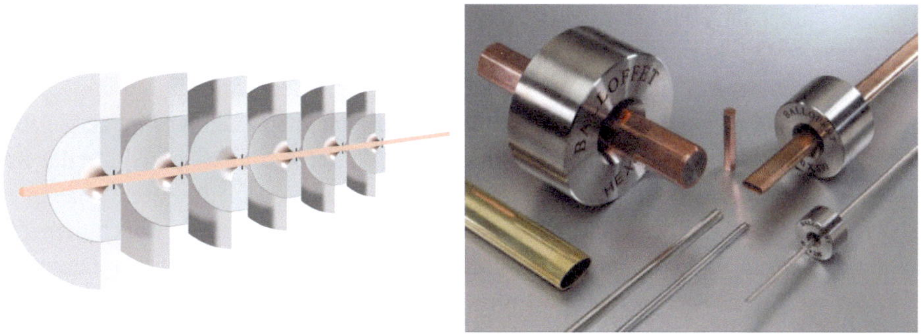

Abb. 2.17 Aufbau von Ziehstufen (Bildquelle (r.): BALLOFFET GmbH)

Für den Feindrahtbereich, mit einem Durchmesser zwischen 0,02 mm bis 0,1 mm, kommen 15 Ziehstufen zum Einsatz. Für Drahtstärken über 0,1 mm werden in der Regel 21 Ziehstufen verwendet. Um den Platzbedarf für die Ziehstrecke zu reduzieren, werden diese auf Ziehkonen mit mehreren Stufen parallel angeordnet. Die Ziehsteine befinden sich zwischen zwei Ziehkonen. Die Drahtführung erfolgt mit kleiner werdendem Drahtdurchmesser auf größer werdenden Radien des Ziehkonus.

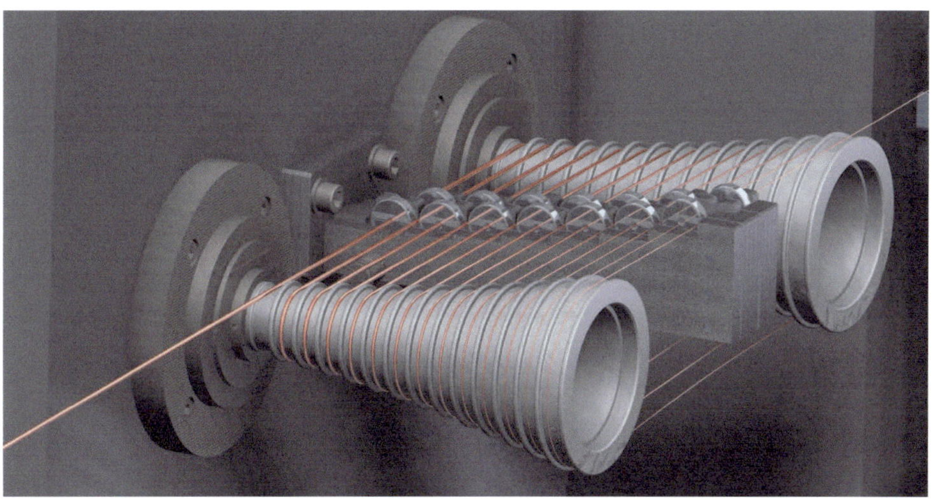

Abb. 2.18 Aufbau mit zwei Ziehkonen und 14 Ziehstufen

Für den Grundaufbau gibt es die Möglichkeit, 2 Konen mit je 14 Ziehstufen für einen dünneren Draht zu verwenden oder 4 Konen mit 10 Ziehstufen für einen dickeren Draht zu nutzen. Ein entsprechender Aufbau ist in Abbildung 2.18 dargestellt. Eine serielle Anordnung der Ziehsteine ist ebenso möglich und wird in der Regel für Drähte ab einem Durchmesser von 0,2 mm verwendet (vgl. Abbildung 2.17 links). Die Ziehkonen selbst besitzen eine Rillengeometrie, mit deren Hilfe der Draht besser geführt werden kann.

Alternativ führt auch die Verwendung von mehreren Ziehsteinen zu einer besseren Drahtführung (vgl. Abbildung 2.18). Neben Ziehkonen können auch Ziehscheiben verwendet werden, die anstelle eines horizontalen Aufbaus eine vertikale Anordnung ermöglichen. Verschiedene Varianten des Aufbaus mit Ziehkonen und Ziehscheiben sind vergleichend in Abbildung 2.19 dargestellt. Die Zieheinheit, also der Drahtantrieb, besteht in der Regel aus einer mechanischen Übersetzung mit einem Riementrieb. Die Ziehsteine haben eine Übersetzung von Geschwindigkeit und Drahtdurchmesser von vor und nach dem Ziehstein von 8 %. Die Reduktion des Drahtdurchmessers führt zu einer größeren Drahtlänge, die über eine erhöhte Fördergeschwindigkeit ausgeglichen werden muss. Analog ergibt sich damit vor dem Ziehstein eine Drahtlose. Auf dem Ziehkonus wird für die Förderung des Drahtes nur ein Teil des Umfanges genutzt. Die sich aus dem Durchmesser der Ziehkonen bzw. Ziehscheiben ergebende Übersetzung ist 6 %. Daraus ergibt sich ein Schlupf von 2 %, welcher als Reserve genutzt werden kann. Der Schlupf selbst ist notwendig, um dem Umformvorgang die notwendige freie Drahtlänge für die Stauchung beim Eintritt in die Ziehscheibe zu geben. Die Paarung der Übersetzung ist vom Drahtdurchmesser abhängig, so funktionieren auch 10 % und 12 % als Maschinen- bzw. Drahtverlängerung.

Aufbau mit zwei Ziehkonen

Aufbau mit Ziehscheiben

Abb. 2.19 Vergleichender Aufbau mit zwei Ziehkonen oder sechs Ziehscheiben

Für dickeren Draht von 2 bis 2,5 mm können auch Übersetzungen von 34 % und 36 % verwendet werden. Aufgrund der Umformung mit hohem Umformgrad ergeben sich große Beanspruchungszonen im Drahtwerkstoff, welche die Verwendung von Hilfsstoffen, sogenannten Ziehölen, notwendig machen. Das Ziehöl sorgt für eine Kühlung des Drahtes, reinigt ihn und schmiert gleichzeitig den Ziehstein sowie die Handhabungskomponenten (Konen bzw. Scheiben). Die Beanspruchung des Drahtes während des Ziehens ist immens, weswegen er nach Erreichen des finalen Drahtdurchmessers geglüht werden muss, um die Eigenspannungen zu reduzieren. Der Prozess des Ziehens ist sowohl abhängig vom Drahtdurchmesser selbst als auch der Geschwindigkeit und den geforderten Toleranzen für Durchmesser und Bruchdehnung. In der Regel werden nur runde Drahtprofile mit dem Ziehverfahren hergestellt. Ausnahme sind komplexere Geometrien, die für das

Walzverfahren zu filigran sind. Als Beispiel kann das Sechskantprofil für einen Profildraht genannt werden. Die Anforderungen an diesen Umformprozess sind ungemein höher im Vergleich zum Runddraht. Entsprechend können auch nur kleinere Drahtdurchmesser gefertigt werden. Der gesamte Aufbau einer Drahtziehanlage ist in Abbildung 2.20 abschließend dargestellt.

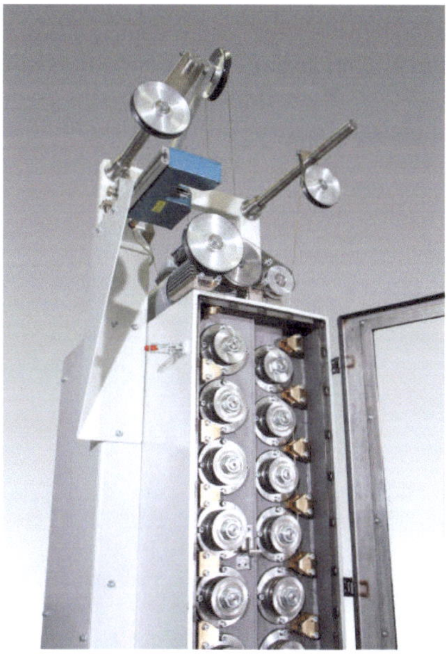

Abb. 2.20 Aufbau einer kompletten Drahtzieheinheit

Das Inline-Ziehverfahren ist ein flexibles Verfahren zur Herstellung gewünschter Drahtdurchmesser bei verschiedenen Ausgangsdurchmessern und erzeugt eine Materialoberfläche von hoher Güte mit einer geringen Oberflächenrauigkeit bei sehr hoher Prozessgeschwindigkeit.

2.2.3 Walzverfahren

Analog zum Ziehverfahren gilt es beim Walzverfahren, durch das Pressen des Drahtes zwischen zwei drehbar gelagerten Walzen den Durchmesser bzw. die Höhe des Drahtes dauerhaft zu ändern. Ausgangsprodukt für dieses Verfahren ist ebenso ein Runddraht. In der Regel kommt für den Draht das Längswalzen zum Einsatz, bei dem der Draht senkrecht zur Walzenachse, ohne Drehung um die eigene Achse, durch den Walzspalt geführt wird.

Die obere und die untere Walze laufen dabei gegenläufig. Eine Profilierung der Walzen für die Erzeugung einer definierten Geometrie ist dabei möglich. Durch das Walzen wird jedoch immer das Drahtprofil verändert. Im Gegensatz zum Ziehen, wo das Profil durch die Geometrie des Ziehsteines bestimmt wird, kann es beim Einsatz des Walzverfahrens zu Formabweichung von der Sollkontur kommen. Entsprechend wird die Oberfläche des Drahtes nach dem Umformen typischerweise abgetragen, um die Formtreue zu gewährleisten. Dabei entsteht ein Span als Abfallprodukt. Aufgrund der Sonderstellung des Walzverfahrens, mit fast ausschließlicher Anwendung für Profildrähte, soll an dieser Stelle nicht näher darauf eingegangen werden. Der Aufbau eines Walzenpaares für die Herstellung von rechteckigem Profildraht ist in Abbildung 2.21 dargestellt.

Abb. 2.21 Walzenpaar für Profildrähte (Bildquelle: Essex Germany GmbH)

Das Walzverfahren ist das bevorzugte Verfahren zur Herstellung von Profildrähten. Genutzt werden Vertikalmaschinen zur effektiven Herstellung von Profildraht.

2.2.4 Durchlaufglühverfahren

Die Verformung des Drahtes in seinem Profil oder Durchmesser führt zu einer Kaltverfestigung des Drahtes und einer geringen Bruchdehnung, wie in der Tabelle 2.9 zu sehen ist. Zur Bestimmung der aufgeführten Werte wurde der Draht bis zu dem angegebenen Anteil seiner Zugfestigkeit belastet.

Tab. 2.9 Resultierende Drahteigenschaften nach dem Drahtziehen (CuMg0,7) [DKI-12]

Werkstoffzustand	Streckgrenze $R_{p0,2}$ in N/mm²	Zugfestigkeit R_m in N/mm²	Bruchdehnung A in %
Weich geglüht	80	270	50
Hart gezogen (50 %)	410	450	5
Hart gezogen (80 %)	510	550	4
Hart gezogen (90 %)	640	695	2

Eine Verarbeitung des Drahtes ohne Glühen würde im Prozess zum Versagen führen, weil seine Verformbarkeit nicht mehr gegeben ist. Entsprechend muss das verfestigte Materialgefüge wieder spannungsfrei geglüht werden. Dazu muss in einem Glühverfahren der Werkstoff auf eine Temperatur oberhalb der Rekristallisationsgrenze erwärmt werden. Für die Drahtherstellung wird dies in einem kontinuierlichen Prozess, dem Durchlaufglühen, durchgeführt. Dabei muss sich die Temperatur durch Wärmediffusion bis in den Kern des Drahtes verteilen.

In Abhängigkeit von Drahtstärke und der gewünschten Bruchdehnung muss die Temperatur daher länger oder kürzer gehalten werden. Je länger die Temperatur gehalten wird, desto weicher wird der Draht. Für die korrekte Erwärmung werden bestimmte Temperaturprofile gefahren. Standardmäßig werden zwei Heizstrecken für Eingangs- und Ausgangstemperatur verwendet, wobei der Durchlauf typischerweise bei einer Temperatur zwischen 500 °C und 650 °C liegt. Diese liegt in der Rekristallisationstemperatur von Kupfer begründet, welche in Abhängigkeit der Legierung zwischen 250 °C und 500 °C liegt. Eine erste Entspannung entsteht jedoch schon zwischen 150 °C und 200 °C. Die Glühtemperatur ist ebenso abhängig von der Ausgangshärte des Werkstoffes und seiner Zusammensetzung, wie in Abbildung 2.22 am Beispiel der resultierenden Härte für verschiedene Glühtemperaturen dargestellt ist.

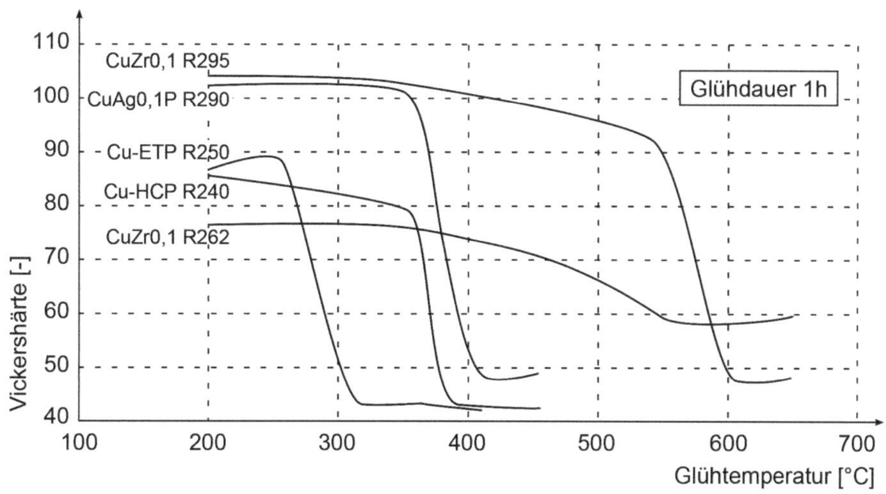

Abb. 2.22 Benötigte Temperaturen für das Weichglühen in Anlehnung an [DKI-12, S.14]

Die Länge der Glühstrecke hängt vorrangig vom Drahtdurchmesser ab und kann von 1 m für dünne Drähte bis zu 16 m für starke Drähte mit einem Durchmesser ab 1 mm reichen. Die Glühstrecke wird durch ein elektrisch beheiztes Rohr auf die gewünschte Temperatur gebracht. Nach dem Glühen folgt eine Abkühlungsstrecke unter Schutzgasatmosphäre (z. B. Stickstoff), um eine Oxidation des Drahtes zu verhindern. Dünne Drähte bis zu 0,1 mm Drahtdurchmesser werden durch einen kontinuierlichen Medienstrom mit Raumtemperatur abgekühlt. Alle Drahtdurchmesser über 0,1 mm Durchmesser darüber werden mit Hilfe von Wasser gekühlt. Die Einstellung der gewünschten Bruchdehnung des Drahtes geschieht über Versuche in der Inbetriebnahme der Maschine. Sie wird in Zugversuchen nach dem Glühen ermittelt. Dafür werden die Temperatur und die Glühdauer über die Fördergeschwindigkeit variiert. Aufgrund des kontinuierlichen Prozesses wird die Geschwindigkeit allerdings durch den langsamsten Prozess, dem folgenden Lackierprozess, vorgegeben. Entsprechend kann nur die Glühtemperatur frei angepasst werden. Die Balance zwischen der Haltezeit des Drahtes und der Temperatur muss genau bestimmt werden (vgl. Abbildung 2.23 links). Auch ein Glühen bei niederen Temperaturen führt langfristig zur Reduktion der Restspannungen wie in Abbildung 2.23 (rechts) dargestellt ist. So kann bei 200 °C eine Erhöhung der Bruchdehnung von 3 % auf 20 % erreicht werden. Eine effektive Entspannungstemperatur für diesen Werkstoff (Cu-Ni-P) liegt jedoch zwischen 380 °C und 420 °C.

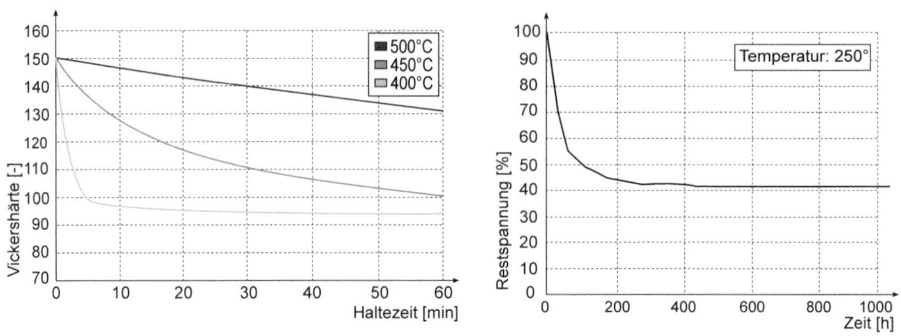

Abb. 2.23 Einfluss von Temperatur und Haltezeit auf das Weichglühen (Links: CuFe2P, Rechts: Cu-Ni-P) in Anlehnung an [DKI-12, S.17, S.23]

Aus Sicht der Prozesskette hat das Glühen den Vorteil, dass gleichzeitig auch die Reste des Ziehöls verbrannt werden, was einen reinigenden Effekt hat. Die Herausforderung des Prozesses ist ein vollständiges Durchglühen bei kurzen Verweildauern des Drahtes.

Das Glühen ermöglicht eine spätere Umformbarkeit und führt eine erste Reinigung des Drahtes für eine fehlerfreie Lackierung durch. Ebenso erzeugt es die gewünschten physikalischen Eigenschaften (Steifigkeit und Bruchdehnung) zur Handhabung im Wickelprozess als auch des elektrischen Widerstandes.

2.2.5 Reinigungsverfahren

Die Reinigung des Drahtes ist notwendig, um einen gleichmäßigen und funktionalen Lackauftrag zu gewährleisten. Fremdpartikel werden zwar durch den Lack zunächst überdeckt, können aber in der Verarbeitung des Drahtes oder seiner Alterung zu einem Abplatzen des Partikels und des darüber liegenden Lackes führen. Die Wahrscheinlichkeit für einen resultierenden Bauteilausfall steigt dadurch deutlich. Eine Detektion unerwünschter Partikel während der Verarbeitung oder am Produkt ist nicht möglich. Allerdings können als Hilfsgrößen der Drahtdurchmesser und die Hochspannungsfestigkeit inline in der Drahtherstellung bzw. dem Wickelvorgang gemessenen werden. Fremdpartikel können z. B. Ziehöle, Stäube aus dem Ziehprozess, Oberflächenverunreinigungen des Ausgangsmateriales oder Stäube aus der Produktionsumgebung sein. Für dünnere Drähte bis 0,2 mm Drahtdurchmesser ist das Durchlaufglühen für die Reinigung ausreichend. Bei stärkeren Drähten wird die Reinigung mittels Wasserbad in einem Tank übernommen. Zusätzlich wird ein Schwamm zur Reinigung im Wasserbad verwendet, um durch die Reibung die restlichen Partikel abzutragen.

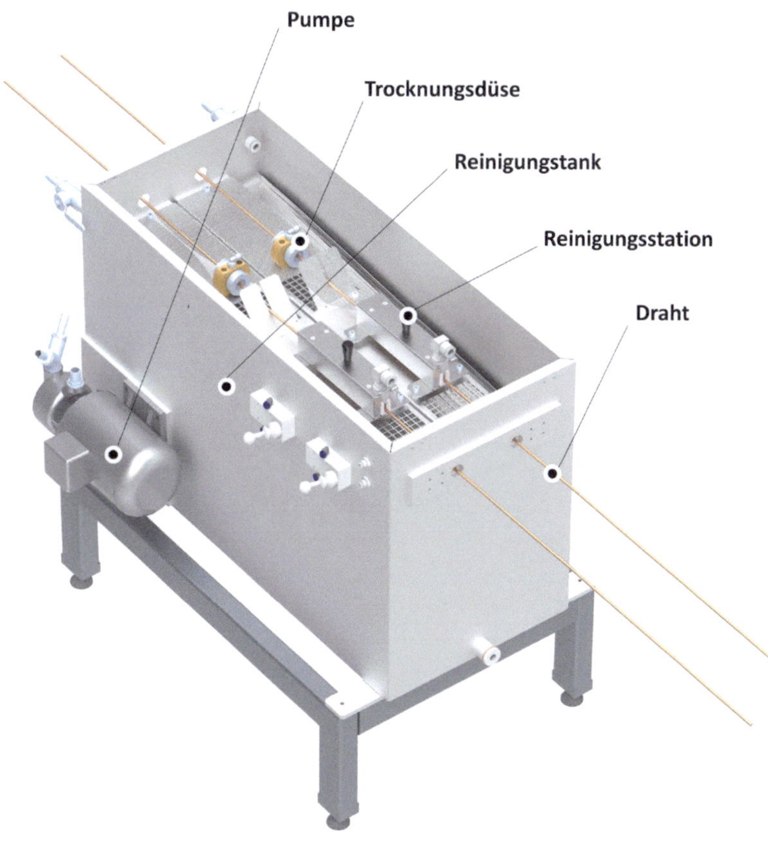

Abb. 2.24 Aufbau einer Reinigungsstation für zwei parallele Drähte

Der Schwamm wird kontinuierlich mit Wasser gespült, um einen Abtrag der gesammelten Partikel zu gewährleisten. Dieses Verfahren kann für viele Leitermaterialien verwendet werden. Eine schematische Darstellung der Reinigungsstation findet sich in Abbildung 2.24. Ausnahme sind Aluminiumdrähte, für die ein Ultraschallbad eingesetzt wird. Für das Aluminium besteht die Gefahr einer Oberflächenbeschädigung durch den Schwamm, was zu einem Abtrag der schützenden Oxidschicht führen kann. Entsprechend werden berührungslose Verfahren bevorzugt.

Der Reinigungsprozess ist eine zentrale Voraussetzung für eine optimale Haftung des Lackes auf dem Draht und minimiert die Einflüsse durch Fremdpartikel in den folgenden Prozessen. Insbesondere für thermisch und mechanisch hochbeanspruchte Wicklungen stellt eine gute Reinigung des Drahtes vor dem Lackierprozess eine Notwendigkeit dar.

2.3 Isolation des Leiters

Abb. 2.25 Düsenlackierung eines Drahtes

Die bisherige Prozesskette beschreibt die Fertigung des reinen Blankdrahtes. In diesem Abschnitt 2.3 wird die aufzubringende Isolationsschicht in Bezug auf ihre Produkt- und Fertigungseigenschaften diskutiert. Von den Isolationseigenschaften wird mit einer Vorstellung der passenden Prüfverfahren der Bogen hin zu verschiedenen Isolationsstoffen und verschiedenen Lackierprozessen gespannt. Die Isolationsstoffe werden dabei nur kompakt vorgestellt, da sie sich in Bezug auf ihre Applikation weniger unterscheiden. Ein besonderer Fokus wird auf die Vorstellung typischer Fehlerbilder aus dem Lackierprozess gelegt.

Entsprechend richtet sich dieser Abschnitt an Leser, welche die Herstellung von Wickeldrähten interessiert. Da der Wickeldraht, als zentrales Halbzeug der Wickeltechnik, einen Einfluss auf den Wickelprozess hat, ist das Verständnis für den Ursprung der Halbzeugeigenschaften wichtig für eine passende Prozessauslegung. Die elektrischen Eigenschaften einer Spule werden in hohem Maße durch die Isolation und ihre Applikation definiert. Daher ist dieser Abschnitt auch für Leser aus der Entwicklung oder Qualitätssicherung relevant.

2.3.1 Definition der Isolationseigenschaften und Prüfverfahren

Einführung

Die elektrische Isolation des Drahtes ist eine zentrale Eigenschaft für die Verwendung von Kupferlackdrähten in Spulen. Die Ausführung der Isolation richtet sich nach den Anforderungen der Anwendung, wie beispielsweise der Betriebsspannung bzw. dem Betriebsstrom, oder dem Wickelschema. Neben den elektrischen Anforderungen werden jedoch auch mechanische, chemische und thermische Anforderungen an die Isolation gestellt. Grundlegende Begriffe und Eigenschaften der Isolationstechnik für Wickeldrähte sind in [Syn-15] eingehender beschrieben.

Eine zentrale Größe für die Charakterisierung der Isolationseigenschaften ist die Durchschlagsspannung. Sie ist ein Maß für die Isolationsfestigkeit von Isolierstoffen. Wird ein Isolationsmaterial von zwei Elektroden kontaktiert und eine steigende Spannung angelegt, so kommt es bei Erreichen der Isolationsfestigkeit zu einem Durchschlag. Bei lackisolierten Kupferdrähten hängt die Durchschlagsspannung von der Dicke der Lackschicht bzw. dem gleichmäßigen Auftrag, also der Zentrizität, ab. Die Oberflächengüte des Blankdrahtes sowie der Einbrenngrad der Lackschicht sind weitere Einflussgrößen. Der Einbrenngrad ist ein Maß für die korrekte Evaporation des Lösemittels des vorher aufgetragenen Lackes. Die elektrischen und mechanischen Eigenschaften der Isolation sind in der DIN EN 60317 für verschiedene Lackdrahttypen genormt. Die zugehörigen Prüfmethoden sind in der DIN 60851 beschrieben. Die Isolationsschichtdicken und die damit einhergehenden elektrischen Wirksamkeiten sind in Grade eingeteilt. Je nach Grad ergibt sich ein anderes Verhältnis von Kupferquerschnittsfläche zu Gesamtquerschnittsfläche, welches in Abbildung 2.26 dargestellt ist. Die Isolationsgrade beschreiben einen Mindest- und einen Maximalwert für die Zunahme der Schichtdicke. Dabei hat der Grad 1 die dünnste und Grad 3 die dickste Isolationsschicht. Die Schichtdicken gehen dabei nahtlos ineinander über. Der Grad 3 wird in der Regel bei Anwendungen mit einer hohen Zuverlässigkeit eingesetzt, wie beispielsweise Windkraftanlagen. Eine Einführung von zwei weiteren Isolationsgraden 4 bzw. 5 ist in Zukunft zu erwarten, bedingt durch den Trend zu höheren Spannungen für verschiedene Applikationen. [Syn-15]

Neben den Maßen sind auch die elektrischen Eigenschaften in der DIN 60317 genormt. Dazu gehören die Mindestdurchschlagspannung, der Gleichstromwiderstand und die Anzahl zulässiger Fehlstellen der Isolation, wie sie in Tabelle 2.2 vorgestellt wurden. Wichtig für die Auswahl der Isolation sind neben den Produkteigenschaften auch die Verarbeitungseigenschaften. Diese sind relevant für die gewünschten Kontaktierprozesse (vgl. Abschnitt 3.4.2) oder für die Applikation einer Sekundärisolation der Spule in Form von Harzen (vgl. Abschnitt 3.4.6).

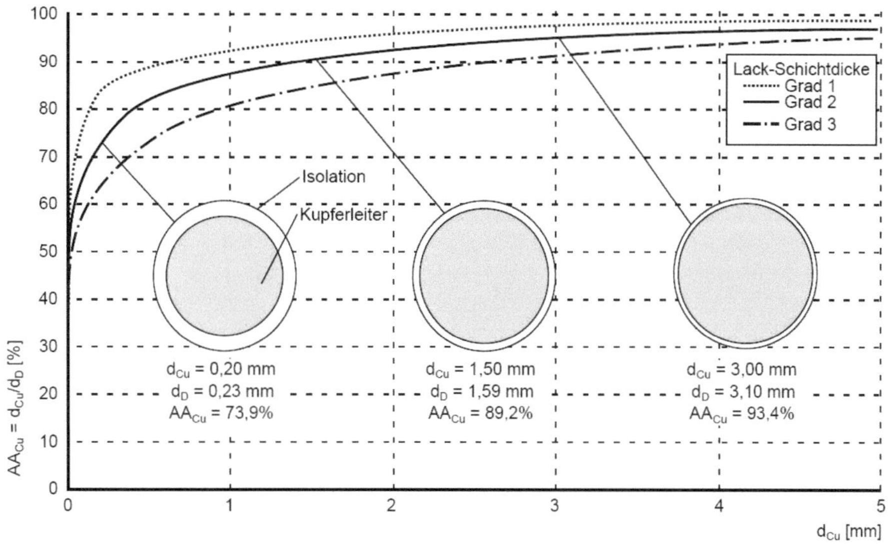

Abb. 2.26 Drahtdurchmesser in Abhängigkeit der Isolationsschicht nach [Dob-11, S 28.]

Prüfverfahren für Wickeldrähte

Zur Messung der Durchschlagsspannung werden auf einem Prüfstand die abisolierten Drahtenden der Drahtprobe eingespannt. Der Draht wird über eine Rolle geführt und von dieser auf Zug belastet. Im nächsten Schritt wird eine Hochspannung an den Draht angelegt und so lange erhöht, bis es zu einem Versagen der Isolation mit einem elektrischen Durchschlag kommt. Der Durchschlag findet zwischen Rolle und Draht statt und kann an den Drahtenden durch den plötzlichen Abfall der Spannung detektiert werden. Die Durchschlagspannung ist nach DIN EN 60851-5/4/2012-04 genormt und ein Maß für die Isolationsfestigkeit.

Ein weiterer Test ist der Tangens-δ Test nach DIN EN 60851. Der Begriff Tangens-δ beschreibt einen Verlustfaktor, der nur auf dielektrische Medien, wie die Isolation, zutrifft. Im Gegensatz zu einer theoretisch idealen Isolation weisen reale Isolationen kleine dielektrische Verluste auf. Als Analogie kann das Laden von Kondensatorplatten herangezogen werden, wobei durch das Aufladen Verluste entstehen. Die physikalische Ursache der Verluste liegt in der Dipol-Reibung auf Molekülebene. Die durch eine Wechselspannung angeregte Schwingung erzeugt mittels Reibung Wärme. Abhängig sind die Verluste vom Einbrenngrad und dem chemischen Aufbau der Isolationsschicht. Die Prüfung erfolgt mit einem kontaktieren und gedehnten Draht. Die Prüfanordnung besteht daher aus einer Ziehmaschine, die entweder mit zwei hintereinander fluchtenden Ziehscheiben oder Ziehkonen gerüstet ist. Die Ziehscheibenanordnung wird als Tandem-Anordnung bezeichnet. Durch unterschiedliche Fördergeschwindigkeiten an den Ziehscheiben wird eine Drahtdehnung erreicht. Anschließend wird durch eine Temperaturerhöhung das Molekülgefüge der Isolation soweit angeregt, bis es zu einem Anstieg der dielektrischen Verluste kommt. Beide Größen werden dabei kontinuierlich aufgezeichnet. Der Punkt, an dem die Verluste steigen ist in Abbildung 2.27 in Form eines Tangens-δ Knickpunktes (vgl. DIN EN 60851-5/Anhang A/2012-04) zu sehen.

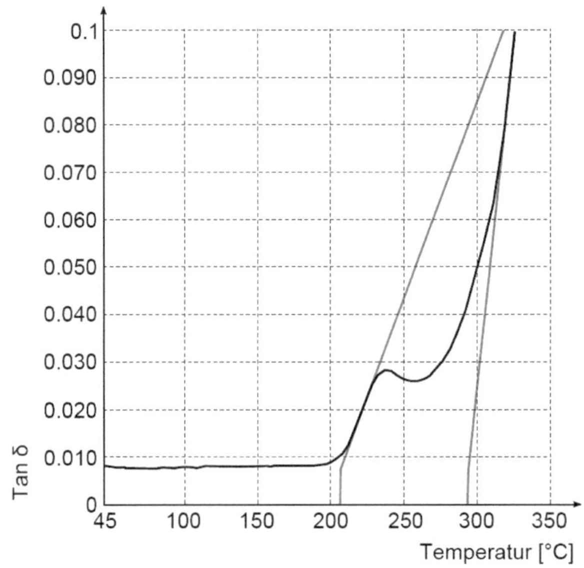

Abb. 2.27 Verlauf einer Tangens-δ Messung

Dieser Punkt beschreibt das thermische Versagen der Isolation und gibt eine Charakteristik über den Einbrenngrad an. Dabei gilt, dass durch einen stärkeren Einbrenngrad in der Drahtherstellung der Knickpunkt in Richtung einer höheren Temperatur wandert. Die Auswertung der Messung kann nach drei Kriterien erfolgen [Syn-15]:

- Höhe des Tangens-δ Wertes bei einem Fünftel der Bemessungsspannung
- Steigerung der Tangens-δ Werte vom Testbeginn bis zum Versagen der Isolation
- Charakterisierung des Tangens-δ Verlaufs

Ein weiterer Test für die Isolationseigenschaften ist die Prüfung der Wiedererweichungstemperatur. Dabei werden zwei Drähte gekreuzt und an ihren Enden verschaltet. Anschließend drückt ein Stempel auf die gekreuzte Anordnung. Die Temperatur des Drahtes inkl. seiner Isolation wird kontinuierlich erhöht, bis der Lack wiedererweicht und die Isolation versagt.

Ein verbreiteter Test für Wickeldrähte ist der Pinhole-Test, auch Fehlerzahltest genannt, nach DIN EN 60851-5/7/2012-4. Dabei wird die Anzahl an Fehlerstellen der Drahtisolation bestimmt. Diese Prüfung kann durch ein Fehlerstellenmessgerät oder mit Hilfe eines Wasserbads im Batch-Prozess, also einem nicht kontinuierlichen Prozess, erfolgen. Bei der Bestimmung im Wasserbad wird der Draht hineingelegt und an den Drahtenden kontaktiert. Die Drahtproben werden anschließend für 10 min in einem Umluftschrank bei 125 °C ausgelagert und getrocknet. Anschließend folgt ein Salzbadtest mit 2g/l NACL und einer Phenolphthalein-Lösung im Wasser. In dem Bad wird eine Messung, für mindestens eine Minute, mit Anschluss einer Spannung von 12V durchgeführt. Gibt es eine Fehlstelle in der Isolation, so zeigt sich die fehlerhafte Stelle durch eine violette Färbung der Lösung. [Syn-15]

Eine weitere Testmöglichkeit besteht im Wickellockentest nach DIN EN 60851-3/5/2014-7. Der Begriff Wickellocke beschreibt eine Schlaufenbildung des Drahtes. Dieser wird über einen Dorn gewickelt, wobei sich die Locke bildet, und bis zu einer 60 %igen Dehnung der Außenfaser belastet. Daraufhin wird die Isolation der Wickellocke mit einem Mikroskop auf mögliche Risse untersucht. Anschließend erfolgt die Bestimmung der Bruchdehnung über einen Zugversuch. An der Bruchstelle kann das Haftverhalten der Lackschicht am Blankdraht bestimmt werden. Bei einer sehr schlechten Haftung lässt sich die Lackschicht „wie ein Strohhalm vom Blankdraht abziehen“ [Syn-15].

Zur Prüfung stehen noch weitere Verfahren zur Verfügung, auf die aber nicht mehr im Einzelnen eingegangen werden soll. Dazu gehören das Prüfverfahren zur Bestimmung des Temperaturindex von Lackdrähten nach DIN EN 60172/2010-11 und die Bestimmung der Hochspannungsfehlerzahl (HFZ) nach DIN EN 60851-5/5/29012-04.

> Zur Prüfung der an die Isolation gestellten Anforderungen existieren spezifische Prüfverfahren. Die meisten basieren auf Stichproben bzw. sind prozessexterne Prüfung. Die Anzahl der zulässigen Fehlstellen ist genormt, diese werden aber im industriellen Standard durch Prozesskontrolle und -regelung in der Regel deutlich unterschritten.

2.3.2 Einführung der Isolationsstoffe

Die elektrische Isolation des Drahtes hat einen Einfluss auf die unterschiedlichsten Produkteigenschaften, wie Einsatzbereich, Lebensdauer, Kosten oder Spulendesign und auf verschiedene Produktionseigenschaften, wie Ausschuss, Verarbeitung oder einsetzbares Wickelverfahren [Bec-13]. Die Isolationsstoffe besitzen verschiedene Festkörpergehalte, welche das prozentuale Volumenverhältnis von Kunstharz im Lack angeben. So besteht ein Lack mit 40 % Festkörpergehalt aus 60 % Lösemittel und 40 % Isolierstoff. Für dünne

Drähte ergeben sind Festkörpergehalte von 20 % üblich. Für dickere Drähte erhöht sich der Anteil der Feststoffe auf 45 %. [Syn-15] Generell unterschieden werden die folgenden Isolationsstoffe:

- Lötbare Lacke, wie Polyurethane
- Wärmebeständige Lacke, wie Polyester
- Lösemittelresistente Lacke, wie Polyesteramidimid
- Backlacke, wie Polyesteramid
- Nylon
- Textilisolation für Drähte, wie E-Glasgarn, alkali-frei und lackimprägniert
- Band und Folienisolation, wie Glimmer/Polyesterfilm als Band mit Epoxidharz

Typische Isolationswerkstoffe und deren Eigenschaften sind in Tabelle 2.10 beschrieben. Der Temperaturindex gibt in der Tabelle die maximale Betriebstemperatur der Isolation an. Die Temperatur des Wärmeschocks beschreibt eine mögliche zeitlich begrenzte Überschreitung des Temperaturindex. Diese wird mit einer auf einen Prüfdorn gewickelten Wickellocke in einem Wärmeschrank bestimmt. Ähnlich zur Haftungsprüfung wird im Anschluss an den Wärmetest die Isolation auf mögliche Risse mit dem Mikroskop untersucht. Die Erweichungstemperatur gibt die Schmelztemperatur des Lackes an. Eine Übersicht an Zuordnungen von verschiedenen Isolationsstoffen und Drähten zu den jeweiligen Anwendungen soll in Tabelle 2.11 die Vielfalt der vorhandenen Isolationssysteme, auch in Abhängigkeit der Anforderungen an das Produkt, darstellen. Ein aktueller Trend ist die Integration von weiteren Funktionen in die Isolationsmittel, wie beispielsweise eine Integration des Gleitmittels in den Lack, um einen separaten Auftrag zu vermeiden.

Tab. 2.10 Vergleich verschiedener Isolationsstoffe [Bec-13]

Werkstoff	**Temperatur Index**	**Wärme-schock**	**Erweichungs-temperatur**	**Verzinnung**	**Chem. Beständigkeit**
Polyvinylacetal	120 °C	155 °C	>215 °C	Nein	Sehr Gut
Polyurethan	180 °C	200 °C	> 250 °C	Ja	Gut
T. Poly. (imid) + Polyamidimid	200 °C	220 °C	> 340 °C	Nein	Gut
Polyamidimid	220 °C	240 °C	> 400 °C	Nein	Sehr Gut
Polyimid	240 °C	260 °C	> 500 °C	Nein	Sehr Gut

Aufgrund der Fülle an verschiedensten Isolationsherstellern soll in diesem Abschnitt nicht weiter auf Isolationsmaterialien und deren Eigenschaften eingegangen werden.

Tab. 2.11 Einsatz von Isolationsstoffen [Von-12]

Anwendung	Lackisolierte Runddrähte	Lackisolierte Flächendrähte	Garnisolierte Drähte	Band- und Folienisolierte Drähte	Lackisolierte Litzen-Drähte
Transformatoren und Schaltanlagen	x	x			x
Elektrowerkzeuge	x				
NV-Motoren (Industrie)	x		x	x	
NV-Motoren (Automotive)	x	x			
Elektroindustrie	x				x
Traktionsmotoren	x	x	x	x	
Windturbinen-Generatoren			x	x	x
Hochspannungs-Rotationsmaschinen			x	x	x
Großgeneratoren			x		
Reparaturindustrie		x	x	x	

Typische Drahthersteller sind die Firmen Essex, Schwering und Hasse, Heerman Wickeldraht oder Elektrosiola bzw. von Roll. Typische Isolationshersteller für Wickeldrähte sind die Firmen DuPont oder Altana.

Es gibt eine sehr hohe Anzahl an Isolationswerkstoffen, wobei die Mehrzahl auf Harzen basiert. Die Anwendung bestimmt die benötigte Isolationsklasse, welche in verschiedenen Stärken und Materialien der Isolationsschicht resultiert. Die Ausführung der Isolation spielt allerdings für die Verarbeitung des Drahtes, abgesehen vom Gleitmittel, eine untergeordnete Rolle.

2.3.3 Lackierverfahren zur Aufbringung der Isolation

Das Lackierverfahren erfolgt entweder über einen Filz, der den Lack aufträgt, oder über eine Düse. Dazu wird aus einem Vorratstank über eine Zahnradpumpe der Lack zu Filz oder Düse gefördert. Beim Filz findet zunächst eine Tränkung bis zur Sättigung statt (vgl. Abbildung 2.28). Danach erfolgt der Lackauftrag am Draht, wobei gilt, dass das Fördervolumen der Zahnradpumpe dem Lackauftrag am Draht entspricht. In der Düse befindet sich eine Bohrung, die die Durchflussmenge definiert. Der Auftrag geschieht vor der Düse. Der Düsendurchmesser steigt entsprechend bei höheren Auftragsstufen.

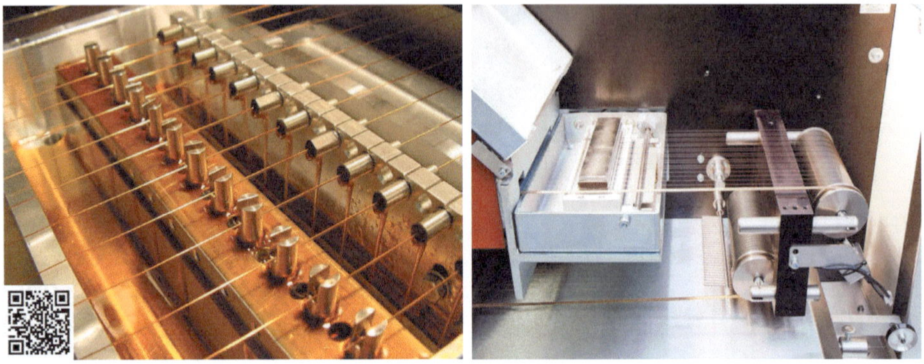

Düsenlackierung **Auftrag mit Filz**

Abb. 2.28 Prozessschaubild mit QR-Link zu einem Video der Düsenlackierung

Im Aufbau sind zwei Aufbauarten von Lackiermaschinen möglich. Grund für die Unterscheidung im Aufbau ist eine durchmesserabhängige Durchbiegung des Drahtes, welche die Drahtführung erschweren kann. Ein Aufbau in horizontaler Richtung wird für Dünndrähte mit Durchmessern zwischen ca. 0,001 mm und 1,2 mm verwendet. Ein vertikaler Aufbau wird für Drahtdurchmesser von 0,5 mm bis 5 mm angewendet. Die Maschinenkomponenten sind für beide Aufbauten ähnlich. Zunächst kommt der Drahtablauf, allgemein Drahtzuführung genannt, aus der Spule (Dünndraht) oder aus einem Korb/Fass (Starkdraht). Vor der Lackierung wird der Draht noch einmal von einer Inline -Zieheinheit gezogen, um eine saubere Oberfläche mit hoher Güte zu gewährleisten. Anschließend ist eine erneute Reinigungs-, Kühl und Schmiereinheit aufgrund der Ziehemulsion notwendig. In der Glüheinheit wird entsprechend erneut geglüht und anschließend abgekühlt. Nun erfolgen der eigentliche Auftrag und das Einbrennen des Lackes. Dazu wird der Lack in sehr dünnen Schichten von ca. 0,5 bis 1 μm aufgetragen. Die Anzahl der Schichten hängt vom Drahtdurchmesser ab. Generell gilt, dass ab einem Drahtdurchmesser von 0,15 mm eine Düse für Lackauftrag genutzt werden kann. Diese ermöglicht den Auftrag einer größeren Lackmenge als mit dem Filz:

- 12 – 24 Schichten bei dünneren Drähten 0,012 mm bis 0,03 mm
- 15 – 30 Schichten bei mittleren Drähten 0,04 mm bis 0,15 mm
- 12 – 24 Schichten bei dickeren Drähten 0,15 mm bis 5 mm

Nach erfolgtem Auftrag kommt es zu einer Trocknungs- und Abkühlungsphase für den Lack. Die Isolation selbst wird erst mechanisch belastbar, nachdem sie abgekühlt ist. Aufgrund der Führung des Drahts durch Umlenkrollen muss daher erst eine Abkühlung erfolgen, bevor der Draht weiter verarbeitet werden kann. Anschließend wird der Auftrag bis zur gewünschten Lackdicke wiederholt. Der Lackierprozess ist für unterschiedliche Drähte generell ähnlich, variiert jedoch in den Temperaturprofilen für das Eintrocknen des Lackes, je nach Isolationswerkstoff. Die bisher beschriebene Technik des Lackauftrages kann sowohl für den Primer, einen Grundlack zur besseren Anhaftung des Lackes, für den Overcoat, also den eigentlichen Isolationslack, als auch für den Auftrag eines Backlackes für Verbackspulen verwendet werden. Die Bestimmung des aktuellen Drahtdurchmessers in der Maschine kann beispielsweise mittels Lasermesstechnik nach dem Schattenwurfprinzip erfolgen. Das Lackierergebnis kann anhand der verschiedenen Prüfverfahren, welche im vorherigen Abschnitt 2.3.1 beschrieben wurden, charakterisiert werden. Eine übliche Maßnahme zur Charakterisierung der Isolationsgüte nach der Lackierung ist der kontinuierliche Pinhole-Test. Im Gegensatz zum vorher beschriebenen Batch-Prozess mit Wasserbad wird für die Inline-Prüfung ein Satz Rollen oder Bürsten verwendet, die den Draht mit einer Spannung kontaktieren, um Fehlstellen zu identifizieren. Im Fall von zu vielen fehlerhaften Isolationsstellen ist die Charge Ausschuss und der Prozess muss erneut eingefahren werden.

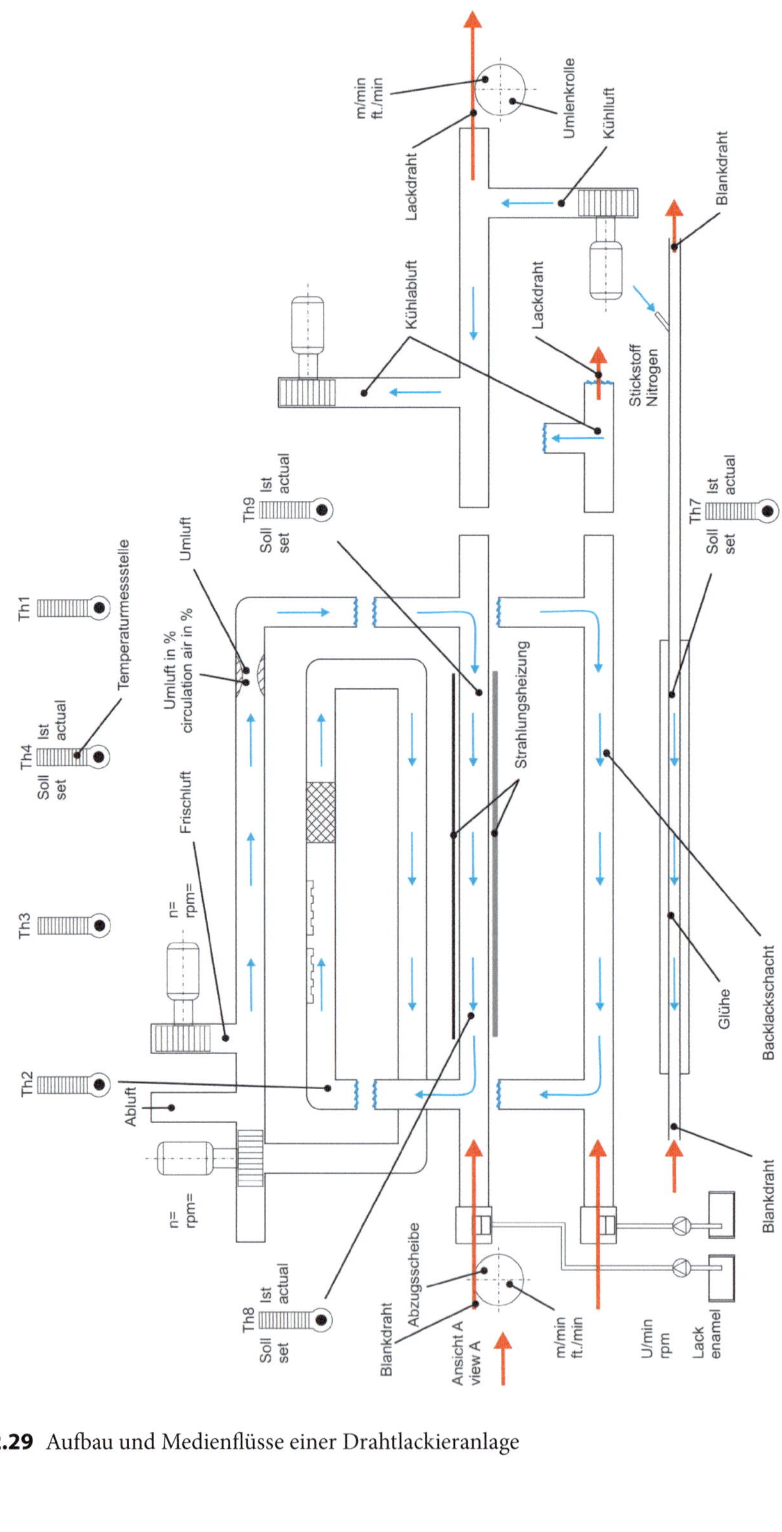

Abb. 2.29 Aufbau und Medienflüsse einer Drahtlackieranlage

Alle zentralen Prozessparameter werden in der Anlage bzw. der zentralen Steuerung der Maschine protokolliert, um mögliche Chargenschwankungen analysieren zu können. Zentrale Parameter der Lackierung sind dabei vor allem der Volumenstrom der Zahnradpumpe und der Bohrungsdurchmesser der Düse für die gewünschte Lackmenge. Ebenso sind die Temperatur, Geschwindigkeit des Drahtes und der Volumenstrom der Luftrocknungsanlage, welcher für die Aushärtung des Lackes verantwortlich ist, entscheidend. Einige typische Prozessfehler im Drahtlackieren und häufig zugehörige Ursachen sind in Tabelle 2.12 bzw. Abbildung 2.30 dargestellt.

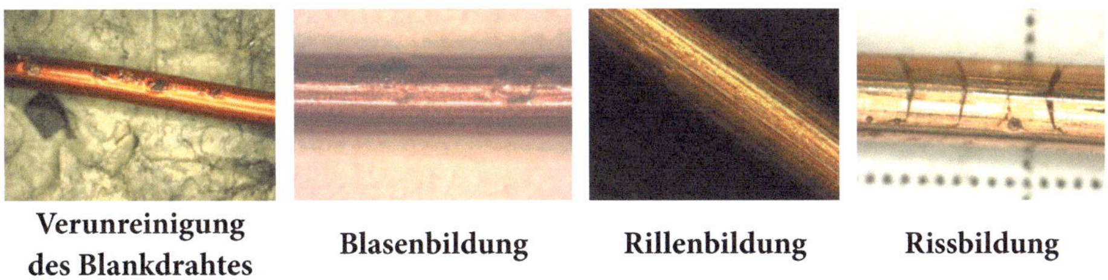

Abb. 2.30 Typischer Fehlerbilder der Lackdrahtherstellung

Ein typisches Fehlerbild ist die Blasenbildung an der Oberfläche des Lackdrahtes. Grund dafür sind häufig Einschlüsse in der Lackschicht, wie etwas Lösungsmittel oder Feuchtigkeit, welche z. B. aus der Kühlstrecke der Glüheinrichtung kommen können. Durch den Einschluss von Fremdstoffen im Lackieren kommt es beim Einbrennen der Isolation zum Verdampfen des Einschlusses, die Blasen an der Drahtoberfläche bilden.

Tab. 2.12 Typische Fehlerbilder der Drahtherstellung

Fehlerbild	**Ursache**
Blasen an der Drahtoberfläche	- Verschmutzung der Oberfläche vor Lackierung
Nicht haftender Lack: Raue Oberfläche	- Zu hohe Prozessgeschwindigkeit - Zu niedrige Temperatur - Verschlissener Filz/falsche Düsenwahl
Falsche Bruchdehnung	- Zu niedrige/hohe Glühtemperatur
Falsche Reibungseigenschaften: Probleme beim Abziehen	- Problem beim Gleitmittelauftrag
Fehlerhafte Isolation: TE und Durchschlagsfestigkeit	- Bsp.: Schleifen an Rolle/Maschinenelementen Lackabtragung, siehe Bläschen/raue Oberfläche - Nicht ausreichende Lacktrockung

Der Lackauftrag von Profildrähten wird mit Profildüsen und nicht dem Filz durchgeführt. Der Problembereich für das Lackieren sind die Ecken der Profildrähte und der notwendige gleichmäßige Schichtdickenauftrag, wie beispielsweise bei Sechsecken.

Das Lackierverfahren ist stark abhängig von den gewünschten Drahteigenschaften (Durchmesser und Temperaturklasse, Isolationsklasse) und wird soweit möglich im Prozess überwacht und protokolliert. Durchmesser und Isolationseigenschaften können im Prozess geprüft werden. Die weiteren Eigenschaften lassen sich erst nach der Lackierung ermitteln. Die eingehenden Drahteigenschaften, wie Härte und Durchmesser, müssen in gleichbleibender Qualität geliefert werden, da es sonst zu chargenbedingten Schwankungen kommen kann. Aufgrund der veränderten Fertigdrahteigenschaften können diese im schlimmsten Fall auch zu Ausschuss führen.

2.4 Gleitmitteleinsatz

Abb. 2.31 Auftragswerkzeug für das Gleitmittel

Die bisherige Prozesskette beschreibt die Fertigung des isolierten Kupferdrahtes. Für dessen Verarbeitung ist es notwendig, die Reibung zwischen der Handhabung und dem Draht so gering wie möglich zu halten, um eine ungewollte Deformation zu vermeiden. Entsprechend werden in diesem Kapitel Aspekte verschiedener Gleitmittel und Möglichkeiten der Applikation diskutiert.

Entsprechend richtet sich dieser Abschnitt an Leser, welche die Herstellung von Wickeldrähten interessiert. Da der Wickeldraht, als zentrales Halbzeug der Wickeltechnik, einen Einfluss auf den Wickelprozess hat, ist das Verständnis für den Ursprung der Halbzeugeigenschaften wichtig für eine passende Prozessauslegung.

2.4.1 Definition der Gleitmitteleigenschaften

Ein Verarbeiten von Lackdrähten ohne einen Gleitmittelzusatz wäre aufgrund der Reibungseigenschaften der Isolation nicht möglich. Aus diesem Grund wird nach jedem Lackierprozess eine dünne Schicht Gleitmittel aufgetragen. Dieses besteht aus Paraffin oder einer gelösten Form von Bienenwachs. Zur Lösung diese Feststoffe werden 0,5 bis 1 %ige Leichtbenzinlösungen verwendet. Die Applikation auf den Draht erfolgt mittels eines getränkten Fadens. Die letztendlich applizierte Menge ist dabei äußert gering. Auf

1 km Lackdraht mit einem Durchmesser von z. B. 0,5 mm werden nur 40 mg Paraffin aufgetragen. Auf 1 kg Draht kommen dementsprechend 22 mg Paraffin. Ein Trend in der Entwicklung von Isolationssystemen ist die Integration von verbesserten Gleiteigenschaften in die Isolationsmaterialien, um dadurch auf den Zusatz von Gleitmitteln in Form von Paraffin verzichten zu können.

Bei fehlendem Gleitmittel können z. B. Losen und Löcher in den Vorratsspulen entstehen, die bis hin zu Verknotungen während des Abspulens führen können. Ebenso ist durch die erhöhte Reibung die Verwendung von Vorratsspulen mit geraden parallelen Flanschen nicht möglich. Stattdessen werden bi-konische Flansche verwendet, die einen Über-Kopf-Abzug ermöglichen (vgl. Abbildung 2.32).

Abb. 2.32 Drahtabzug aus Vorratsspule

Im Fall von zu wenig Gleitmittel kann die Stumpfheit, also der hohe Reibwert, des Drahtes zu Kreuzungen auf der Vorratsspule führen. Durch diese Verkeilung kann der Draht radial sehr schlecht abgezogen werden. Ein axialer Abzug ist in diesem Zustand gar nicht mehr möglich. In der Verarbeitung treten Probleme in der Wickelmaschine auf, wenn der Austrittswinkel im Bereich von 60° oder 90° liegt. Aufgrund der Reibung zwischen Draht und Drahtführer kann es hier zum Drahtriss kommen. Generell wird der Drahtzug in der Wickelmaschine unweigerlich zunehmen. Dadurch wird eine Isolationsbeschädigung in der Verarbeitung, beispielsweise durch Abscherung, wahrscheinlich. Ein zu hoher Gleitmittelauftrag für geringe Drahtdurchmesser führt bei erhöhter Umgebungstemperatur zu einem Absetzen des Mittels an den Düsen. Dadurch kann es zur Verstopfung und schließlich zum Drahtriss kommen.

In den nachfolgenden Prozessen kann es zu Problemen mit der Verträglichkeit für die Sekundärisolation kommen, weil das Isolationsharz nicht anhaftet und dadurch Fehlstellen entstehen können. Ähnlich kann das Gleitmittel in Kombination mit Backlackdrähten zu Fehlstellen führen, da eine mechanische Verbindung zwischen den Drähten hergestellt werden soll.

Das Gleitmittel ist in der richtigen Dosierung auf dem Wickeldraht für seine Verarbeitung unerlässlich. Alternativen bestehen in Top Coats, wobei die Gleitmitteleigenschaften der elektrischen Isolationsschicht dafür gezielt verändert werden. Eine höhere Marktverbreitung besteht dafür bisher aufgrund der geringeren Margen nicht.

2.4.2 Einführung der Gleitmittelstoffe

Das bereits beschriebene Paraffin-Benzin-Gemisch besitzt einen Anteil an organischem Lösemittel von 98 bis 99,5 %. Bei Verwendung einer Wachsart, wie beispielsweise Bienenachs, können auch Konzentrate mit einem Lösemittelgehalt zwischen 50 bis 95 %, bzw. auch komplett lösemittelfreie Alternativ verwendet werden. Aufgrund der Notwendigkeit, das Lösemittel aufzufangen und zu verbrennen sind die lösemittelfreien Lösungen deutlich umweltfreundlicher. Primär stehen jedoch die Kundenanforderungen in Bezug auf einen gleichmäßigen Auftrag und die Stärke des Gleitmittelauftrages im Vordergrund. Dabei gilt, je dünner der Draht, desto weniger eignen sich die zurzeit verfügbaren lösemittelfreien Systeme. [Umw-02]

Die Auswahl an Gleitmitteln ist für den Wickeldraht stark eingeschränkt. Der Grund liegt in den benötigten dauerhaften und konstanten Adhäsionseigenschaften des Mittels. Ein Kriechverhalten kann in diesem Umfeld nicht geduldet werden, um eine Verarbeitung des Drahtes auch nach längerer Lagerung noch zu ermöglichen.

2.4.3 Verfahren für den Gleitmittelauftrag

Das Auftragsverfahren wird unterschieden in flüssigen und festen Auftrag. Das flüssige Auftragen erfolgt durch in Benzin gelöstes Wachs, welches über eine Pumpe in den bereits bekannten Filz gefördert wird. Nachteil des flüssigen Auftrages sind Benzindämpfe, die entsprechend abgesaugt werden müssen bzw. spezielle Anlagenregularien nach sich ziehen. Vorteil dieses Prozesses ist, dass er unabhängig vom Drahtdurchmesser läuft.

Der feste Auftrag erfolgt über einen mit Gleitmittel getränkten Wollfaden, der den kontinuierlich bewegten Draht mehrfach umschlingt (vgl. Abbildung 2.33). Wird der Draht gefördert, verursacht die Reibungswärme eine Verflüssigung des Wachses und trägt das Gleitmittel auf. Bei dünnen Drähten hat ein Drahtriss aufgrund der Verdrillung auch einen Fadenriss zur Folge. Der Auftrag erfolgt einmalig und beträgt zwischen 5 und 80 mg/m^2 auf der Drahtoberfläche. Nachteil dieses Prozesses ist ein minimaler Drahtdurchmesser von 0,05 mm und der Bedarf an verschleißenden Halbzeugen. Vorteil dieses Prozesses ist der Entfall von Benzindämpfen durch die fehlende Verflüssigung.

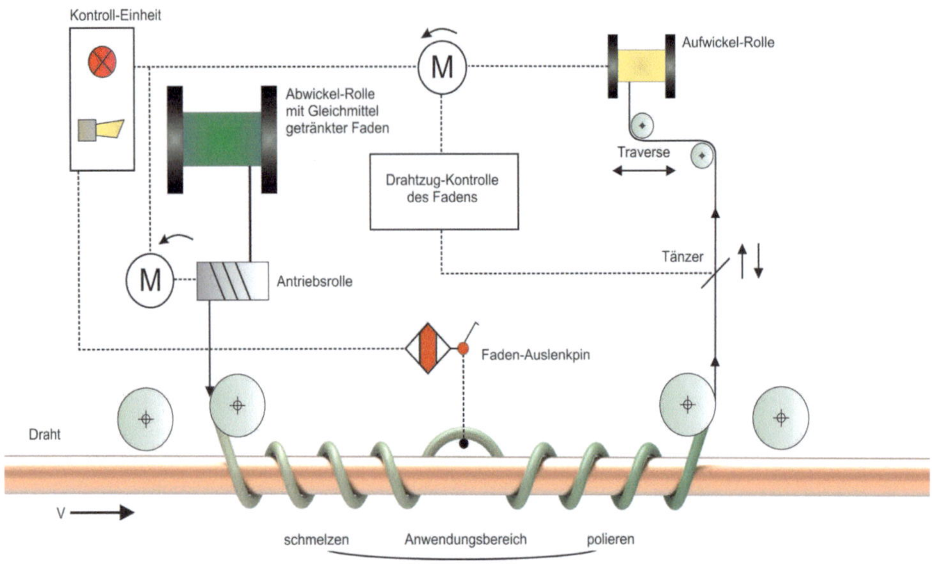

Abb. 2.33 Aufbau des festen Auftrages

Zur Überprüfung des Gleitmittelauftrages gibt es Testgeräte zur Bestimmung des Reibkoeffizienten für die Stichprobenprüfung. Dabei wird der Draht von einer Spule zu einer anderen Spule geführt. Zwischen den Spulen wird der Draht durch einen Aufbau aus zwei horizontal angeordneten Metallplatten geführt. Die obere Metallplatte wird anschließend mit einem Gewicht belastet und der entstehende Drahtzug zur Bestimmung der Reibeigenschaften gemessen.

Die Gleitmittelmenge selbst kann auch über eine Feinwaage geprüft werden. Als aktueller Forschungsaspekt kann der Auftrag per Dampf oder Zerstäubung von Wachsen genannt werden.

> Der Gleitmittelauftrag ist zur Gewährleistung der Handhabbarkeit beim Ab- und Aufspulen, der Drahtführung in der Maschine und im Wickelprozess notwendig. Entscheidend sind dabei die Menge des Auftrags und die daraus resultierenden Gleiteigenschaften.

Quellen

[Bec-13] Beckmöller, S.: „Wickeldrähte – ein High-Tech-Produkt – Möglichkeiten und Grenzen", Fachworkshop FAPS TT, Nürnberg, 24.04.2013

[Bic-14] Bickel, B.; Hübner, M.; Franke, J.: „Analyse des Optimierungspotenzials zur Erhöhung des Kupferfüllfaktors in elektrischen Maschinen, In: ant Journal 53 (2014), Nr. 2, S. 16-21

[Bra-11] Braun, M.: „Motoren mit hohem Wirkungsgrad – Optimierung durch Berechnung und Fertigung", ZVEI (Hrsg.): 2. Fachtagung zu Produkten und Produktionstechnologien für die Herstellung von Elektromotoren, Generatoren und Transfor matoren, 2011, S. 31-37

[Dem-11] Dempewolf, K.-H.: „Herausforderungen und Probleme bei der Fertigung von E- Maschinen für die Automobilindustrie", Beitrag auf der wbk Herbsttagung, am 27.10.2011

[DKI-00] Deutsches Kupfer Institut: „Kupfer in der Elektrotechnik – Kabel und Leitungen", Informationsbroschüre, 2000, www.kupferinstitut.de, Stand 11.08.2015

[DKI-12] Deutsches Kupfer Institut: „Niedriglegierte Kupferwerkstoffe", Informationsbroschüre, www.kupferinstitut.de, Stand 11.08.2015

[Dob-11] Dobroschke, A.: „Flexible Automatisierungslösungen für die Fertigung wickeltechnischer Produkte", Dissertation, ISBN 978-3-87525-317-7

[Ele-15] Webseite der Fa. Elektroisola: http://www.elektrisola.com/de/leitermaterial.html, Übersicht zu Leitermaterialien, Stand 11.08.2015

[Ele-15a] Webseite der Fa. Elektroisola: http://www.elektrisola.com/de/hf-litze/begriffe-grundlagen/auswahl-der-litzen-parameter.html, Auswahl der Litzenparameter, Stand 11.08.2015

[Her-08] Herzog, H.-G.: „Effizienzpotenziale bei Elektromotoren – Status und Ausblick aus Sicht der Forschung", Kooperationsforum Energieeffiziente elektrische Antriebe, 2008

[Ing-15] Webseite: https://www.ingenieurkurse.de/werkstofftechnik-2/werkstoffe-auf-eisenbasis/herstellung-von-metallen/weitere-metallische-werkstoffe/kupfer.html, Stand 11.08.2015

[Kug-09] Kugler, H.: „Umformtechnik: Umformen metallischer Konstruktionswerkstoffe", Fachbuch im Hanser Verlag, 2009, ISBN-13: 978-3446406728

[Syn-15] Fa. Synflex Fachwörter Lexikon: http://www.synflex.com/de/fachlexikon/, Stand 11.08.2015

[Tif-07] Ivers-Tiffée, E.; von München, W: „Werkstoffe der Elektrotechnik", Fachbuch, Teubner Verlag 2007, ISBN 978-3-8351-0052-7

[Umw-02] Studie des Umweltbundesamt: „Integrierter Umweltschutz bei bestimmten industriellen Tätigkeiten", Endbericht, Teilband 1, Oktober 2002

[Von-12] von Roll: „Wicklungsdrähte und Litzen", Prospekt, Stand 12.08.15 http://www.vonroll.de/media/files/downloads/broschures/Wire_DE_20120516.pdf

3 Wickeltechnik

Ziel dieses Kapitels ist es, dem Leser Wissen über die zentralen Wickelprozesse und die dazugehörige Maschinentechnik zu vermitteln. Durch den gezielten Aufbau von Wicklungsschemata der Spulen ergeben sich entsprechende produktionstechnische Herausforderungen. Speziell für diese Herausforderungen sollen Hilfen zur Auslegung der Prozesse und der Maschinentechnik vorgestellt werden. Der Wickelprozess als Teil einer Prozesskette wird anschließend in Bezug auf mögliche Folgeprozesse eingeordnet und deren Parameter vorgestellt.

Abb. 3.1 Maschinenelemente für die Herstellung wickeltechnischer Produkte

3.1 Grundlagen der Wickeltechnik

Ziel dieses Abschnittes ist die Diskussion der physikalischen Grundlagen für dieses umformbasierte Montageverfahren. Darauf basierend werden Richtlinien zur Auslegung drahtführender Elemente vorgestellt. Als zentrale Größe der Wicklung wird aber zunächst der Füllfaktor eingeführt. Anschließend werden verschiedene Schemata zum Aufbau einer Wicklung erläutert und deren Vor- und Nachteile vergleichend in Betrieb und Herstellung diskutiert.

Dieser Abschnitt gibt eine Hilfestellung in der Auslegung und Fertigung verschiedener Schemata von Spulen.

3.1.1 Physikalische Grundlagen

Wie bereits im ersten Kapitel beschrieben, ist das Wickeln ein Fertigungsprozess, der auf der Umformung drahtförmiger Körper beruht. Entsprechend gehen viele Eigenschaften des Wickelprozesses mit den Umformeigenschaften des Drahtes einher. Dies gilt insbesondere für die erreichbare Packungsdichte der Wicklung.

Nut und Draht mit Isolation

$$k = \frac{A_{Draht}}{A_{Nut,iso}} = \frac{\frac{d^2 \cdot \pi}{4} \cdot n \cdot 2}{A_{Nut}} = 51\%$$

Nut und Draht ohne Isolation

$$k_{el} = \frac{A_{Draht}}{A_{Nut}} = \frac{\frac{d_{Cu}^2 \cdot \pi}{4} \cdot n \cdot 2}{A_{Nut}} = 36,5\%$$

Abb. 3.2 Vergleich: mechanischer Füllfaktor (links) und elektrischer Füllfaktor (rechts)

Für diesen Begriff haben sich in der Wickeltechnik zwei zentrale Größen, der elektrische und der mechanische Füllfaktor, etabliert. Das Verhältnis der eingebrachten Menge an elektrischen Leitern, gemessen an der Querschnittsfläche, zum vorhandenen Wickelraum wird als mechanischer Füllfaktor bezeichnet. Dabei wird die eingebrachte Summe an elektrischen Leitern einschließlich ihrer Isolation mit dem zur Verfügung stehenden isolierten Wickelraum ins Verhältnis gesetzt. Ein Vergleich der beiden Größen ist in Abbildung 3.2 dargestellt. Neben der Darstellung wird exemplarisch ebenso der Füllfaktor für die jeweils dargestellte Anordnung berechnet. In dem gegebenen Beispiel besitzt die Spule $n = 38$ Windungen. Der Blankdraht hat einen Durchmesser von $d_{Cu} = 0,5$ mm. Mit der Isolation vergrößert sich der Durchmesser auf $d = 0,548$ mm. Der zur Verfügung stehende Wickelraum beträgt

A_{Nut} = 41 mm² aufgrund des Blechpaketschnittes. Wird die Nutisolation mit einer Isolationsstärke von 0,25 mm eingefügt, so verringert sich der Wickelraum auf $A_{\mathrm{Nut,iso}} = 35\ \mathrm{mm}^2$. Die berechneten Füllfaktoren wurden exemplarisch gewählt, demonstrieren aber das folgende Problem: Bei geschlossenen Statoren ist eine direkte Bewicklung generell schwierig, da im Fall von direktbewickelnden Verfahren immer noch Platz für die Drahtführerdüse vorgehalten werden muss. Direktbewicklung heißt, dass die Wicklung an ihrem Funktionsort gefertigt wird und nicht separat auf einen weiteren Spulenkörper oder Wickelwerkzeug montiert werden muss. Entsprechend kann dieser Raum nicht für die Wicklung genutzt werden.

Speziell bei runden elektrischen Leitern lässt sich ableiten, dass ein geordneter Aufbau, auch als Lagenaufbau bezeichnet, nur kleinere Räume in der Wicklung ungenutzt lässt, d. h. zu einem höheren Füllfaktor und damit zu einer besseren Effizienz des elektrischen Bauteils führt. Da ein runder Draht immer Räume einschließt, die nicht elektrisch wirksam sind, wird der Füllfaktor immer kleiner 1 sein. Generell gilt ebenso, dass Drähte mit stärkerer Isolationsschicht für höhere Spannungen der Wicklung zwar den gleichen oder einen besseren mechanischen Füllfaktor aufweisen, jedoch bei gleicher Ampere-Windungszahl einen höheren Widerstand der Wicklung nach sich ziehen. Der Grund liegt in der gleichen Kupferfläche pro Nutquerschnitt. Als Folge des größeren Drahtdurchmessers ergibt sich, für dieselbe Windungszahl, eine wachsende Wicklungshöhe, die zu einer größeren Drahtlänge auf der Spule führt. Maßnahmen zur Erreichung hoher Füllgrade durch den Aufbau gezielter Wickelschemata werden im folgenden Abschnitt 3.1.2. diskutiert.

Grundlage für das Erreichen eines guten Füllfaktors ist jedoch immer die gezielte Umformung des Drahts für den gewünschten Lagenaufbau. Dabei spielen die Belastungen des Drahtes und das resultierende Umformverhalten eine entscheidende Rolle. Typische Belastungen des Drahtes sind Zug-, Druck- und Biegebeanspruchungen im Wickelprozess. Die entstehenden Spannungen im Draht und die resultierende Formänderung sind in Abbildung 3.3 dargestellt.

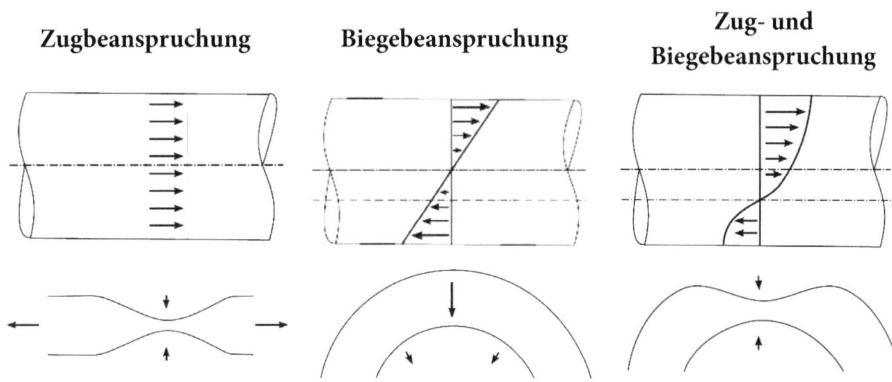

Abb. 3.3 Mechanische Belastungsarten des Drahtes aus dem Prozess

Zugbelastungen treten während allen Wickelprozessen auf. Grund dafür ist die Relativbewegung des Drahtes zum Spulenkörper zur Montage der Wicklung. Wird der Draht in Bewegung versetzt, so führen seine Masse und die Reibung in den Führungselementen der Maschine zu einem geringen Drahtzug. Dieser ist im Vergleich zu den Eigenspannungen des Drahtes deutlich kleiner und daher für den Wickelprozess nicht ausreichend, weswegen ein zusätzlicher Drahtzug in der Wickelmaschine aufgebracht wird, um eine definierte Ablage des Drahtes auf dem Spulenkörper zu gewährleisten. Würde der Drahtzug nicht aufgebracht werden, so würde die Eigenspannung des Drahtes, welche aus der Herstellung und Speicherung auf Vorratsrollen stammt, zu einer nicht definierten Drahtablage führen. Neben dem beaufschlagten Grunddrahtzug können Störungen aus dem Prozess hinzukommen. Diese müssen durch die Wickelmaschine ausgeglichen werden. Die dafür verantwortliche Maschinenkomponente ist die Drahtbremse, welche in Abschnitt 3.2.1 vorgestellt wird. Die Notwendigkeit der Drahtzugregelung liegt in der Prävention einer möglichen zu großen Drahtverjüngung, welche zu einem erhöhten Wicklungswiderstand führen kann. Zugbelastungen bis zur Streckgrenze $R_{p0,2}$ des Drahtes, also in dessen elastischen Bereich, werden im Wickelprozess angestrebt. Belastungen, die darüber hinausgehen, sollen allgemein vermieden werden, da sich ansonsten aufgrund der plastischen Verformung eine dauerhafte Durchmesserverjüngung und damit einhergehend eine Erhöhung des Widerstandes einstellt. In Ausnahmefällen wird bei hohen Anforderungen an die Prozessdynamik oder bei schwierig zu bewickelnden Spulenkörpern mit einem größerem Ausgangsdrahtdurchmesser gewickelt, der durch die gezielte Überschreitung der Streckgrenze im Wickelprozess auf den gewünschten Solldrahtdurchmesser reduziert wird. Die Funktionsfähigkeit der Isolation muss dabei gewährleistet bleiben. Führen die Drahtbelastungen während des Wickelprozesses zu einer Überschreitung der Zugfestigkeit des Kupferdrahtes R_m, kommt es zum Drahtriss und damit zu einem Prozessversagen. Für die Charakterisierung des Umformverhaltens des Drahtes dient das Spannungs-Dehnungs-Diagramm. Das Umformverhalten oberhalb der Streckgrenze wird durch die sogenannte Fließkurve beschrieben. Diese beiden Diagramme sind exemplarisch für Kupfer in Abbildung 3.4 dargestellt.

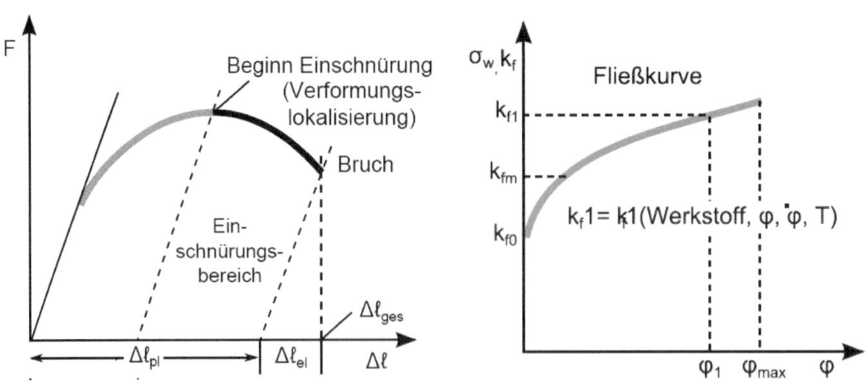

Abb. 3.4 Spannungs-Dehnungs-Diagramm und Fließkurve von Kupferdraht

Aufgetragen wird im Spannungs-Dehnungs-Diagramm der Drahtzug bzw. die Drahtzugkraft σ über die prozentuale Längenänderung ε. Bekannt aus Abschnitt 2.1.1 ist die Bruchdehnung A. Ebenso relevant sind die Gleichmaßdehnung A_g für den elastischen Bereich und die gesamte Dehnung beim Bruch A_t. In der Fließkurve ist die Fließspannung k_f über dem Umformgrad φ aufgetragen. Der maximale Umformgrad ist mit φ_{max} gekennzeichnet und beschreibt das Materialversagen.

Durch das Wickeln des Drahtes unter Zugbeanspruchung besitzt der Draht nach dem Wickelprozess, also innerhalb der Wicklung, einen Restdrahtzug. Eine Druckbeanspruchung tritt vor allem im Lagenaufbau auf, wenn aufgrund des Restdrahtzuges eine kumulierte Einschnürung der unteren Lagen stattfindet. Diese ist für den eigentlichen Wickelprozess von sekundärer Bedeutung, muss aber in der Auslegung der Spulengeometrie und der Stabilität der Spulenflansche berücksichtigt werden. In der Regel liegt die Druckbeanspruchung jedoch im elastischen Bereich des Drahtes.

Die Biegebeanspruchung tritt bei der Umformung des Drahtes durch Ablage an dem Spulenkörperradius oder der Spulenkörperkante, sowie bei der Drahtführung in der Maschine auf. Durch die Notwendigkeit des Drahtzuges für den Wickelprozess wird die Biegebeanspruchung immer mit einer Zugbeanspruchung überlagert. Dies führt zu einer erhöhten Drahtspannung am Außenradius des Drahtes, was zur Drahtdeformation des Drahtprofils oder einer Beschädigung der Drahtisolation führen kann (vgl. Abbildung 3.3). Durch die Umformung des Drahtes an den Spulenkörperkanten wird er an dieser Stelle plastisch verformt. Dies gilt auch für runde Spulen, die einen kleineren Durchmesser als 5000 mm haben.

Die im Wickelprozess auftretenden Belastungen haben neben einer Deformation der Drahtgeometrie noch Einfluss auf weitere Aspekte der Drahteigenschaften.

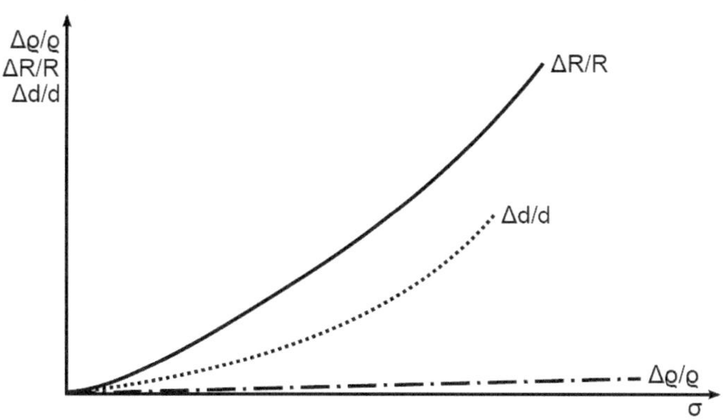

Abb. 3.5 Einfluss der Kaltverfestigung und einer Drahtverjüngung auf den elektrischen Widerstand nach [Tzs-90]

So kann es neben einer Querschnittsverjüngung durch wechselnde Belastungen des Drahtes zu einer Kaltverfestigung des Materials kommen. Diese setzt die spezifische elektrische Leitfähigkeit des Leitermaterials $\Delta\rho$ herab. Im Vergleich zur entstehenden

Drahtverjüngung Δd spielt diese in Bezug auf den Widerstand jedoch eine untergeordnete Rolle, wie Abbildung 3.5 demonstriert. Neben einer Erhöhung des spezifisch elektrischen Widerstandes setzt eine Kaltverfestigung ebenso die Bruchdehnung des Drahtes herab und die Drahthärte herauf. Entsprechend ist das für den Wickelprozess wichtige Umformvermögen des Drahtes geschwächt.

Neben dem gezielten Verjüngen des Drahtes im Wickelprozess ist die Nutzung umformtechnischer Effekte möglich, um eine exakte Endkontur oder geringere Prozesskräfte zu erzeugen. Ein Beispiel dafür ist das Gegenbiegen des Drahtes, welches den Bauschinger Effekt nutzt. Dieser beschreibt den Effekt, wenn ein Draht in eine bestimmte Richtung über die elastische Grenze hinaus gebogen wird, ist ein anschließendes Biegen in die entgegensetzte Richtung mit geringeren Kräften verbunden. Dies liegt an rücktreibenden Kräften, die aus aufgestauten Versetzungen im Materialgefüge herrühren. Eine entsprechende Darstellung der Spannungs-Dehnungs-Verhältnisse zeigt Abbildung 3.6.

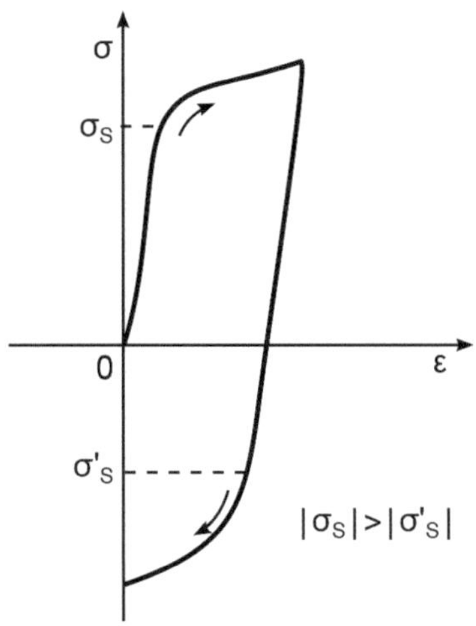

Abb. 3.6 Bauschinger Effekt – Nutzung des Gegenbiegens

Nach dem Wickelprozess sind die vorherrschende Restdehnung und Bruchdehnung des Drahtes entscheidend für den sich ergebenden elektrischen Widerstand und die mechanische Festgkeit der Wicklung. Diese ergeben sich jedoch nicht nur aus den Umformeigenschaften, sondern auch aus den Prozesskräften, wie z. B. der durch die Drahtreibung verursachten Drahtzugkräfte.

Für die Drahtführung in der Maschine müssen, basierend auf den minimalen Biegeradien des Drahtes, passende Maße gewählt werden. Als Faustformeln für Rollenradien, Drahtführerradien, -durchmesser und minimale Spulenkörperkantenradien gilt:

$$R_{Rolle} = 15 \cdot d_{Draht} \tag{3.1}$$

$$R_{Düse} = 1,5 \cdot d_{Draht} \tag{3.2}$$

$$R_{Spulenk\ddot{o}rper} = 1 \cdot d_{Draht} \tag{3.3}$$

Zusätzliche Anforderungen an den Umformprozess ergeben sich in der Verarbeitung von Profildrähten mit unrundem Drahtprofil (vgl. Abschnitt 2.1.3). In der Verarbeitung von Flachdraht werden vorwiegend Rollendrahtführer oder Drahtführer mit unrundem Profil verwendet, da diese bessere Führungseigenschaften für Profildraht besitzen. In der Verarbeitung entstehen Randspannungen, die abhängig vom gewählten Biegeradius der langen bzw. kurzen Seite des Profildrahtes sind. Für hochkant gewickelte Flachdrähte ergeben sich aus diesem Grund gewöhnlich nur einlagige Spulen.

Der Wickeldraht wird im Wickelprozess durch verschiedene Belastungsarten verformt. Die mechanischen Verarbeitungseigenschaften des Drahtes werden größtenteils durch seine Materialeigenschaften bestimmt. Aufgrund der Drahtlasten hat das Produkt am Ende immer schlechtere elektrische Eigenschaften. Die Wahl des Wickelverfahrens bestimmt die Beanspruchung des Drahtes. Ziel der Wickeltechnik ist es daher, durch den Einsatz des richtigen Wickelverfahrens und intelligenter Maschinenkomponenten eine produktive Fertigung mit den gewünschten Produktparametern zu ermöglichen.

3.1.2 Einführung in die Wickelschemata

In Abhängigkeit der Anforderungen an das Produkt, beispielsweise hoher Füllfaktor oder niedrige Fertigungskosten, können verschiedene Anforderungen an das Wickelschema abgeleitet werden. Die gängigen Wickelschemata, ihre Eigenschaften und Anwendungen sollen im Folgenden vorgestellt werden. Als Kenngröße für die Komplexität einer Wicklung wird der Wicklungsindex berechnet. Dieser beschreibt das Verhältnis von Drahtdurchmesser, geteilt durch die Wickelbreite mal Lagenzahl.

Wilde Wicklung

Die einfachste Art der Wicklung, mit den geringsten Anforderungen an den Prozess, ist die wilde Wicklung. Entsprechend dem Namen wird der Draht ungeordnet auf den Spulenkörper aufgebracht. Bei dieser Art des Wicklungsaufbaus wird daher auch kein hoher Füllfaktor erreicht. Ein typischer mechanischer Füllfaktor für wilde Wicklungen beträgt ca. 73 %, bei der Verwendung von Runddrähten. Auch ist die Streuung der aufgebrachten Drahtlänge und damit des Spulenwiderstandes relativ groß. Wilde Wicklungen werden in der Regel homogen erzeugt, indem der Draht mit der 1.5- bis 3-fachen Steigung gegenüber dem Drahtdurchmessers verlegt wird. Durch die hohe Steigung soll das Herabrutschen von Windungen in die Unterwicklung, also Windungen der unteren Lagen, verhindert werden. Dieses gilt es zu verhindern, da durch den kontinuierlichen Spannungsabfall über den Draht ein hoher Potenzialunterschied zwischen benachbarten Windungen entsteht. Dieser kann zu einem elektrischen Durchschlag führen. Trotz vieler Nachteile in den Spuleneigenschaften, wie ein hoher Widerstand und großer Bauraum, kann dieses Schema als das gebräuchlichste und wirtschaftlichste Verfahren angesehen werden. Grund dafür ist die einfache Massenproduktion. Es zeichnet sich dadurch aus, dass keine hohen Anforderungen an Maschine und Bediener gestellt werden und die Wicklungen mit sehr hoher Geschwindigkeit gefertigt werden können.

Hauptanwendungsgebiete von wilden Wicklungen sind beispielsweise Schützspulen, Relaisspulen, Kleintrafos und Zündspulen. Aufgrund der guten Produktionseigenschaften findet die wilde Wicklung Anwendungen bei hohen Windungszahlen mit relativ dünnen Drähten bis ca. 0,5 mm. Als Faustformel für die Abschätzung der resultierenden Wicklungshöhe H bei gegebener Windungszahl n, Drahtdurchmesser d und Wickelbreite B, für wilde Wicklungen gilt näherungsweise:

$$H = d^2 \cdot \frac{n}{B} \tag{3.4}$$

Ein typischer Aufbau ist in Abbildung 3.7 dargestellt.

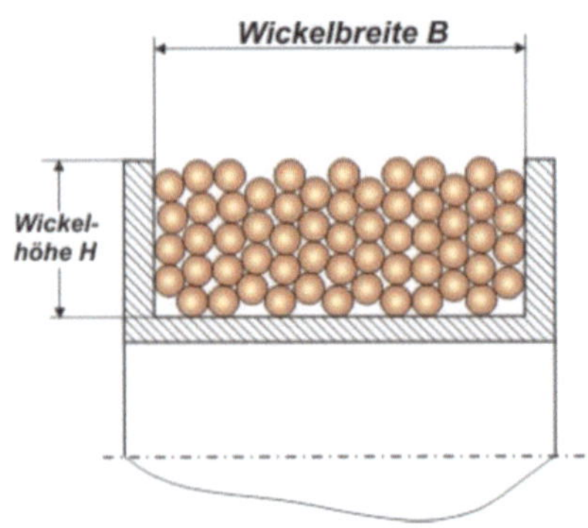

Abb. 3.7 Aufbau einer wilden Wicklung

Orthozyklische Wicklung

Das fertigungstechnisch anspruchsvollste Wickelschema im Gegensatz zur wilden Wicklung ist die orthozyklische Wicklung. Der benötigte Lagenaufbau kann beschrieben werden als vier Linienkontakte einer Windung zu den benachbarten Windungen im mittleren Bereich der Wicklung. Entsprechend liegen die Leiter meist parallel zum Spulenflansch. Bei dieser Art des Wicklungsaufbaus kann für runde Drähte der theoretisch optimale mechanische Füllfaktor von 90,1 % im Bereich der parallelen Drähte erzeugt werden. Ziel ist es im Wickelprozess, die Windungen der Oberwicklung in die Täler der Unterwicklung abzulegen. Wenn man nun drei Kreise der Leiterquerschnitte so ineinander legt, zeigt sich, dass sich ein kleinster möglicher Raumbedarf unter einer 60°-Anordnung ergibt. Hieraus lässt sich mathematisch ableiten, wie groß das Verhältnis des Anteils des verwendeten Gesamtraumes zu dem Anteil der Kreise ist. Dies ist in Abbildung 3.8 dargestellt. Dazu wird das Verhältnis von Leiterfläche zu Gesamtfläche eines einschließenden Dreiecks gebildet.

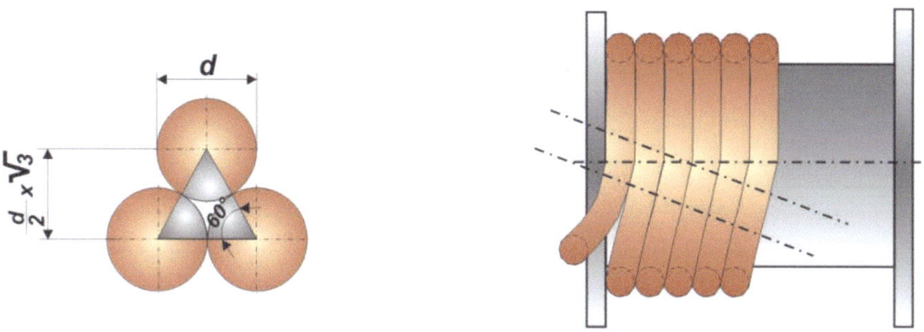

Flächeninhalt Dreieck: $$A_D = 0,5 \cdot \frac{d}{2} \cdot \sqrt{3} \cdot d = \frac{d^2}{4} \cdot \sqrt{3} \quad (3.5)$$

Anteil Wicklungfläche im Dreieck: $$A_W = \frac{d^2 \cdot \pi}{4} \cdot \frac{60}{360} \cdot 3 = \frac{d^2 \cdot \pi}{8} \quad (3.6)$$

Mechanischer Füllfaktor: $$k = \frac{A_W}{A_D} = \frac{\frac{d^2 \cdot \pi}{8}}{\frac{d^2}{4} \cdot \sqrt{3}} = \frac{\pi}{2 \cdot \sqrt{3}} = 0,907 \quad (3.7)$$

Abb. 3.8 Abschätzung Füllfaktor für orthozyklische Wicklungen

Der theoretisch erreichbare Füllfaktor gilt nur für den Bereich, in dem die Drähte die links dargestellte Geometrie einnehmen. Für die beste Raumausnutzung gilt es, den größten möglichen Umfangsanteil einer Windung parallel zum Spulenflansch zu wickeln. Trifft die Windung dann auf den zuvor einlaufenden Draht, muss nun der Draht einen Windungsschritt in Größe des Drahtdurchmessers vollziehen. Der Windungsschritt bezeichnet den Abschnitt der Wicklung in einer Lage, bei dem der Draht von einer zur nächsten Windung überleitet. In Abbildung 3.8 ist dieser für den Aufbau der ersten Lage einer Wicklung auf der rechten Seite zu sehen. Der Drahteinlauf erfolgt dabei vom linken Spulenflansch. Aufgrund des Bereiches des Windungs- und Lagensprungs ist der real erreichbare Füllfaktor geringer. Der Windungs- und Lagensprung nimmt bei einer runden Spule zwischen 30° und 60° des Umfangs ein. Dieser Windungsschrittbereich kann sich je nach Drahtdurchmesser und Spulendurchmesser und vor allem der Wickelbreite über einen Winkel von bis zu 60° des Umfanges einer runden Spule bzw. bei rechteckigen Spulen über eine Rechteckseite am Wicklungsgrund in der ersten Lage ausbreiten. Ist dies nicht der Fall, geht das Eigenführungsverhalten des Drahtes verloren und es bildet sich eine wilde Wicklung ab.

Letztendlich beeinflusst der einlaufende Draht im Wesentlichen die Lage und die Qualität des Windungssprunges. Es ist zu beachten, dass der Draht in einem möglichst flachen Winkel in den Wickelraum einläuft. Dabei wird vermieden, dass der Draht durch unnötige Umlenkungen zum Beulen neigt und mehr Platz als nötig verwendet, den die zweite Windung eigentlich benötigt. Bei orthozyklisch gewickelten Spulen befindet sich der Windungssprungbereich immer an der gleichen Stelle, im Bereich des Drahteinlaufs, und setzt sich schraubenförmig, entgegengesetzt der Wickelrichtung fort. Das heißt, je größer die Wickelbreite einer Spule ist, desto größer ist der sich abzeichnende Windungssprungbereich entlang des Umfanges. Dieser entstehende Versatz des Windungssprunges hat zur Folge, dass sich am Ende der ersten Lage, wo der Draht sich in die zweite Lage hochdrückt, die radiale Position des Drahteinlaufs für die zweite Lage an einer anderen Stelle befindet als in der ersten Lage. Diese Eigenschaft wiederholt sich zu jeder gewickelten Lage, sodass sich seitlich bei dieser Spule ein spiralförmiger Lagensprungbereich (engl. crossover) abzeichnet. Der typische Verlauf der Lagensprungzone über den Aufbau einer Spule ist in Abbildung 3.9 dargestellt. Die Drahtkreuzungen im Lagensprungbereich führen in diesem Bereich zu größeren Wicklungshöhen. Deswegen sind orthozyklisch gewickelte Spulen mit rundem Spulengrund in der letzten Lage niemals rund. Die radial, ständig wandernden, Windungs- und Lagensprünge sorgen für eine buckelförmige Ausformung an dieser Stelle. Der sich ständig radial ändernde Kreuzungsbereich hat zur Folge, dass die Wicklungshöhe an dieser Stelle nicht gleich der Anzahl der Lagen mal Drahtdurchmesser ist. Erfahrungswerte haben gezeigt, dass sich je nach Wickelbreite, Lagenzahl sowie Drahtdurchmesser dieser Kreuzungsbereich mit 5 % bis 10 % der eigentlichen Wicklungshöhe im Lagenbereich abzeichnet.

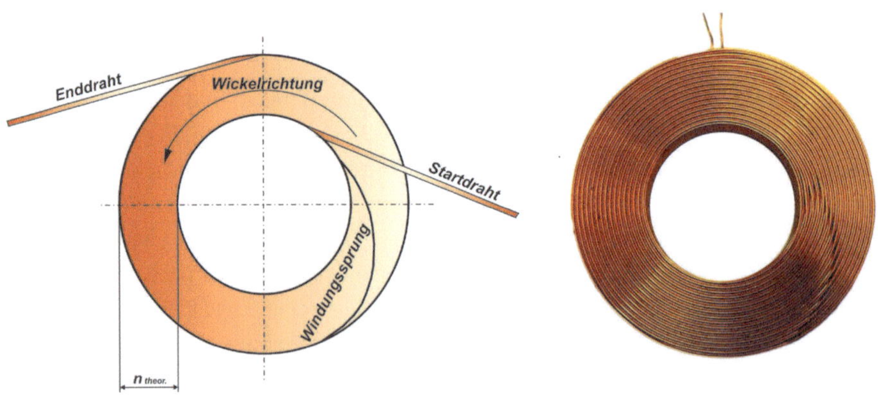

Abb. 3.9 Verlauf der Lagensprungzone

Aus der Voraussetzung heraus, dass die Windungen einer Wicklung möglichst lange parallel liegen, d. h. die Orthogonalitätsbedingung erfüllen müssen, ist es grundsätzlich notwendig, die Wickelbreite genau auf die Anzahl der zu wickelnden Windungen je Lage abzustimmen. Insbesondere bei unrunden Spulenquerschnitten wird versucht, die buckelförmige Abzeichnung infolge des Lagensprunges auf die Wickelkopfseite, d. h. auf die schmale Seite der Spule zu bringen. Der Grund liegt darin, dass eckige Spulen häufig als Segment, in einem stanzpaketierten Blechpaket oder als Einzelpol in einer Kreisanordnung eingesetzt werden. Dies hat zur Folge, dass die Längsseiten nach Möglichkeit schmal zu halten sind, damit es zu keiner Berührung mit der Nachbarspule oder zum Blechpaket kommt. Bei dem grundsätzlichen Aufbau der Wicklung werden bei runden als auch bei eckigen Spulen drei verschiedene Geometrievarianten spezifiziert. Dargestellt sind diese in Abbildung 3.10 mit der Lagenzahl w.

Gleiche Windungszahl je Lage

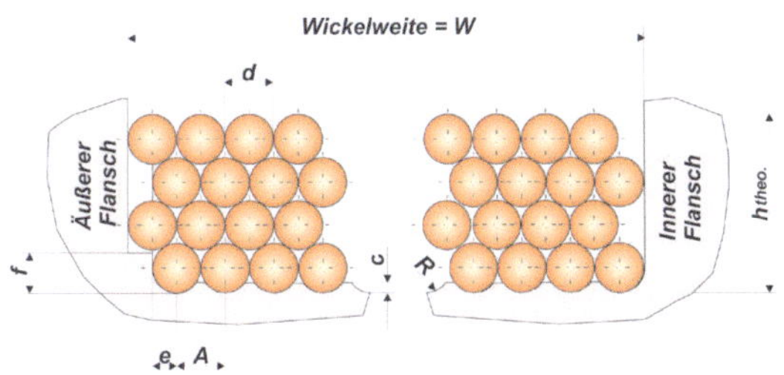

$$A = d_{max}$$
$$c = 0,3 \cdot A$$
$$e = \frac{A}{2}$$
$$f = 0,75 \cdot A$$
$$R = \frac{d}{2}$$
$$H_{theo} = (1 + (w-1) \cdot \sin 60°) \cdot d + 10\%$$

Ungleiche Windungszahl je Lage, Beginn verkürzte Lage

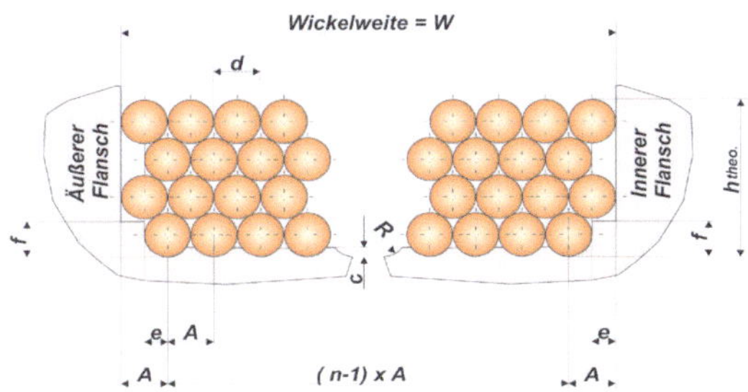

$$A = d_{max}$$
$$c = 0,3 \cdot A$$
$$e = \frac{A}{2}$$
$$f = 0,75 \cdot A$$
$$R = \frac{d}{2}$$
$$H_{theo} = (1 + (w-1) \cdot \sin 60°) \cdot d + 10\%$$

Ungleiche Windungszahl je Lage, Beginn gestreckte Lage

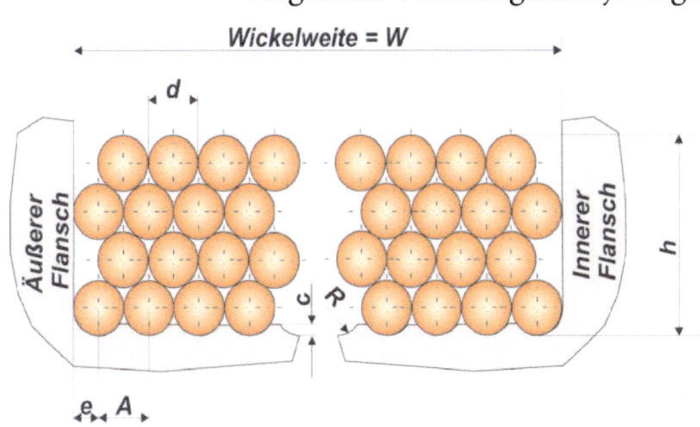

$$A = d_{max}$$
$$c = 0,3 \cdot A$$
$$e = \frac{A}{2}$$
$$R = \frac{d}{2}$$
$$H_{theo} = (1 + (w-1) \cdot \sin 60°) \cdot d + 10\%$$

Abb. 3.10 Varianten des Lagenaufbaus für orthozyklische Wicklungen

Die Wahl des zu verwendenden Wicklungsaufbaus hängt von der Konstruktion der Spule oder des Spulenkörpers ab. Es ist unter anderem zu berücksichtigen, welche Platzverhältnisse in der Wickelbreite als auch in der Wicklungshöhe zur Verfügung stehen. Zudem ist es möglich, bei der geschickten Wahl des Wickelschemas die Lage der letzten Windung zu beeinflussen. Die Wicklungshöhe einer orthozyklischen Wicklung H ergibt sich aus der in Abbildung 3.10 angegebenen Gleichung. Durch die parallele Orientierung des Drahtes der Oberwicklung zur Unterwicklung über min. 300° des Umfanges kann ein Maximum an Drähten in den zur Verfügung gestellten Wickelraum hineingebracht werden. Theoretisch wird ein mechanischer Füllfaktor von 90,1 % erreicht. Zwar wird dieser Füllfaktor in der Praxis nicht erreicht, da im Windungssprung- und Lagensprungbereich keine optimale Anordnung vorliegt, dennoch stellt das orthozyklische Wickeln die beste Möglichkeit dar, den zur Verfügung stehenden Raum für runde Drähte optimal zu nutzen. Die zu erfüllenden Voraussetzungen für die Fertigung orthozyklischer Wicklungen sind sehr hoch. So ist die Aufsummierung aller Toleranzen für das Wickelfensters ΔW und den Drahtdurchmessers Δd sehr klein zu halten:

$$\Delta d = 0,4 \cdot \frac{d}{w} \tag{3.8}$$

$$\Delta W = 0,2 \cdot d \tag{3.9}$$

Im Vergleich zur DIN 46435 entspricht dies etwa der halben Drahttoleranz laut Vorgabe. Bei orthozyklischen Wicklungen von Profildraht ist es möglich, den Bereich des Windungs- und Lagensprungs auf die lange Seite der Zahnspule zu legen, da die Höhe dieses Bereiches gleich hoch wie der normale Windungsbereich sein kann. Die benötigte Führungsstruktur des Drahtes im Lagenaufbau kann durch ein Drehen des Drahtes über die Achse zur Passung des Lagensprunges erreicht werden (vgl. Abbildung 3.11).

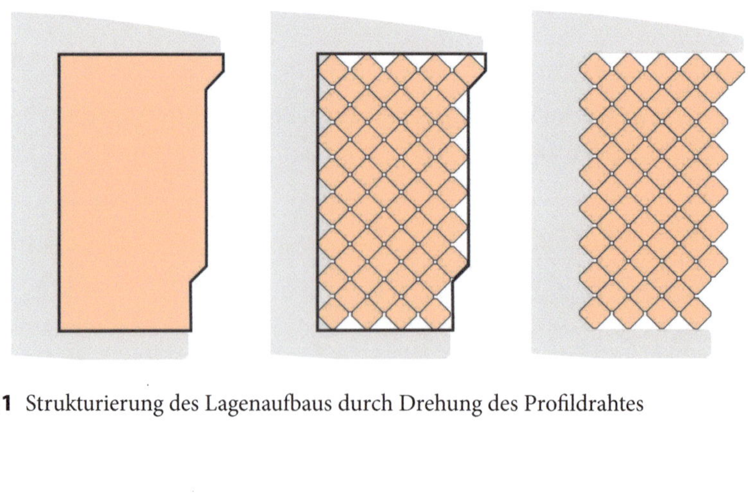

Abb. 3.11 Strukturierung des Lagenaufbaus durch Drehung des Profildrahtes

Aspekte der Fertigung orthozyklischer Wicklungen

Selbst wenn mit entsprechend hohem technischen Aufwand die Forderungen nach geringen Toleranzen beim Draht und des Wickelraumes zu erfüllen wären, bliebe immer noch das Problem, dass die maschinenseitige Drahtführung auch bei hohen Wickelgeschwindigkeiten dem zuvor beschriebenen Wicklungsaufbau folgen kann. Dies ist in der Praxis nicht möglich, da der Drahtführer einen Windungsschritt für einen beispielsweise 0,3 mm dicken Draht beispielsweise 18.000 U/min in nur 0,7 ms mit einer Geschwindigkeit von 0,42 m/s machen müsste. Eine Regelung der Ablageposition ist maschinell mit dieser Dynamik nicht möglich.

Dieses Problem wird dadurch vergrößert, dass auch der ideale Draht in der Praxis niemals absolut gerade ist, sondern durch Eigenspannungen eine Formabweichung besitzt. Diese Ungeradheiten und Krümmungen resultieren aus der Aufspulung und dem Transport des Drahtes auf Lieferrollen. Als Folge liegt der Draht in der gefertigten Wicklung niemals gerade neben seiner Nachbarwindung. Stattdessen entsteht ein Abstand entsprechend seiner Ungeradheit. Beeinflusst wird diese Lückenbildung beim Aufwickeln des Drahtes noch durch seine Oberflächenbeschaffenheit in der Lackschicht, d. h. im Gleitverhalten und dem Dehnungsverhalten, d. h. der Steifigkeit des Kupfers. Dies kann zum Verlust der Eigenführungseigenschaften des Drahtes im Wicklungsaufbau führen. Die Bruchdehnung kann je nach Drahtdurchmesser und Lieferanten zwischen 6 % und 45 % liegen. Für die Fertigung einer orthozyklischen Wicklung wird jedoch eine hohe Bruchdehnung benötigt.

Durch die Begrenzung in der Maschinendynamik und den variierenden Eigenschaften des Drahtes bzgl. Form und Steifigkeit ist es in der Praxis unmöglich, für den Drahtführer eine genaue Steigung entsprechend dem Drahtdurchmesser zu bestimmen. Diese unberechenbaren Gegebenheiten werden kompensiert, indem der Draht, d. h. jede einzelne Windung auf dem Innendurchmesser der Spule, in eine vorgegebene Lage gezwungen wird. Das beschriebene Verfahren der Strukturierung des Nutgrundes führt den Draht zusätzlich, sodass der Draht dem Drahtführer nicht zwingend exakt folgen muss. Dieser Aufbau ist in Abbildung 3.12 dargestellt.

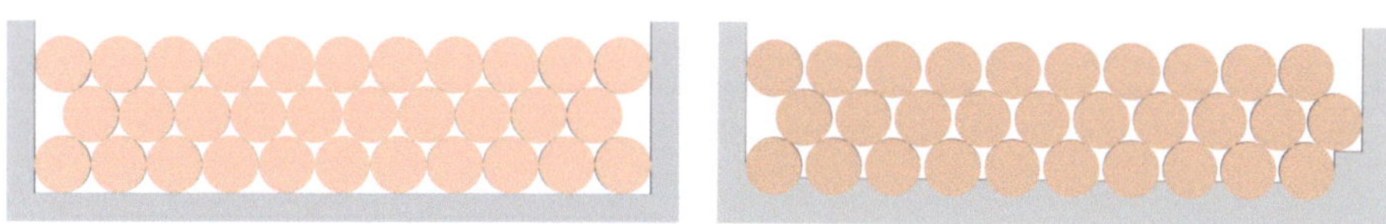

Abb. 3.12 Darstellung einer Rillenkontur für den Spulenkörper

In der Regel wird diese Rillenkontur auch verwendet, um die korrekte Anzahl an Drähten in der ersten Lage unabhängig von der Drahtdurchmessertoleranz sicherzustellen. Die Rillenkontur ermöglicht die korrekte Drahtablage sogar bei einer nicht digitalen Verlegung des Windungsschrittes, also einer schrittweise ruckartigen Verlegebewegung im Windungsschrittbereich. Da der Draht infolge des zu verwendenden Drahtzugs und der notwendigen Umlenkungen (mechanische Beanspruchungen unter Zugbelastung) während des Wickelns immer an Querschnittsfläche verliert, ist der Abstand der Rillengeometrie auf den max. möglichen Drahtdurchmesser laut DIN 60317 ausgelegt. Krümmungen und Toleranzen des Drahtes als auch des Spulenkörpers sowie wechselnde Oberflächenbeschaffenheiten können so weitgehend entkoppelt/ausgeglichen werden. Ab der zweiten Lage wird die Verlegung insofern leichter, als das dann die notwendigen Rillen jeweils von der vorhergehenden Lage vorhanden sind. Bei nicht zu großen Auslenkungen des Drahtführers, führt sich der Draht allein und mit der korrekten Windungszahl je Lage. Bei der Drahtführerbewegung ist zu beachten, dass die Bewegung umso genauer sein muss, je kleiner der Abstand der Drahtführerdüse zur Spule ist. Im Gegenzug heißt dies, dass unter Umständen völlig auf eine Verlegebewegung verzichtet werden kann, wenn der Abstand der Düse zur Spule so groß ist, dass die Kraftkomponente, infolge eines Vor- oder Nachlaufs des Drahtes, entgegen des Eigenführungsverhaltens des Drahtes keine Auswirkung mehr hat. Durch das Selbstführungsverhalten des Drahtes ist es somit möglich, dass auch beim orthozyklischen Wickeln der Drahtführer kontinuierlich, d. h. analog laufen kann, und nicht schrittweise, d. h. digital folgen muss. Für die Einstellung des korrekten Vorschubs wird der Winkel zwischen dem Auslauf des Drahtes am Drahtführer und der Ablage am Spulenkörper genutzt. Dieser Vorlauf-/Nachlaufwinkel ist eine zentrale Größe der Wickeltechnik und muss je nach Wickelschema anders gewählt werden. Nach [Dob-11] gibt es die folgende Faustformel für runde Spulenkörper für die korrekte Einstellung des maximalen positiven Nachlaufwinkels α_{max} des Drahtes in Abhängigkeit des Spulenkörperdurchmessers d_{Spk} und des Durchmesser des Drahtes d_D:

$$\alpha_{max} = 51,52 \cdot d_{Spk}^{-0,41} + 11,31 \cdot d_{Spk}^{-0,33} \cdot \ln d_D \qquad (3.10)$$

Als Sicherheitsfaktor wird 0,4 für den Soll-Nachlaufwinkel vorgeschlagen, um eine orthozyklische Wicklung zu erzeugen.

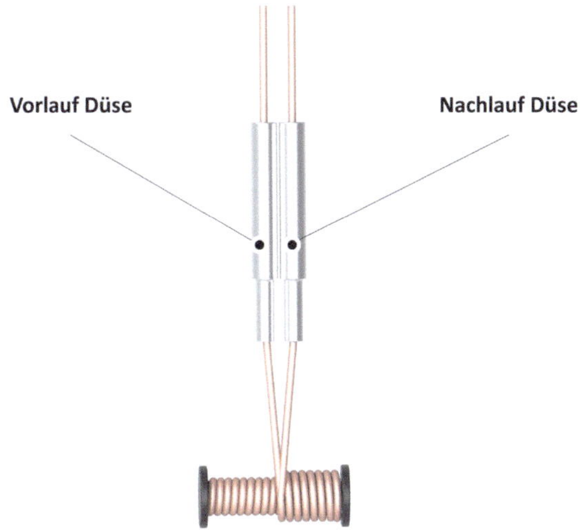

Abb. 3.13 Darstellung des Vorlauf-/Nachlaufs von Drahtführer bzw. Draht

Schraubenförmige Wicklung

Die schraubenförmige Wicklung besitzt die Geometrie eines Gewindes und zeichnet sich in der Fertigung durch einen kontinuierlichen Vorschub des Drahtführers aus. Der Lagenaufbau zeichnet sich durch vier Punktkontakte im Querschnitt zu den benachbarten Windungen im mittleren Bereich der Wicklung aus. Der Draht liegt dabei nicht parallel zum Flansch, sondern mit kontinuierlicher Steigung auf dem Spulenkörper. Auch wenn die Oberwicklung teilweise in den Tälern der Unterwicklung liegt, lassen sich aufgrund der Kreuzung keine perfekten Füllgrade erreichen. Der Aufbau einer solchen Wicklung ist in Abbildung 3.14 dargestellt.

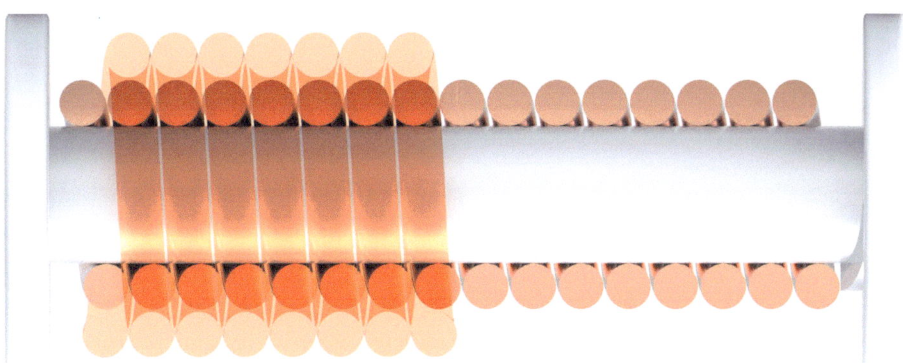

Abb. 3.14 Darstellung einer schraubenförmigen Wicklung

Typische Anwendungen für dieses Wickelschema finden sich bei einlagigen Heizspule bzw. Heizwiderständen. Um die Fertigung solcher Wicklungen zu gewährleisten, werden häufig Keile in dem Bereich des Drahteinlaufs positioniert (vgl. Abbildung 3.14 rechts unten), um die korrekte Lage der ersten Windung zu garantieren. Durch die Selbstführungseigenschaften des Drahtes werden sich die folgenden Windungen selbstständig an die vorgegebene Form anpassen. Wird der Vorschub größer als der Drahtdurchmesser gewählt, entstehen Lücken im Lagenaufbau, welche für weitere Zwecke z. B. eines Isolationsabstandes bei nicht isolierten Drähten genutzt werden können. Diese Wicklung wird Lückenwicklung genannt und wird in diesem Abschnitt ebenfalls diskutiert. Bei einer Variation des Drehsinns kann in Kombination mit einer Lückenwicklung ein weiterer Typ realisiert werden, der dem Aufbau eines zweigängigen Gewindes ähnelt.

Neben dem Keil zur gezielten Drahtführung kann, anlog zur orthozyklischen Wicklung, eine Rillengeometrie in den Spulenkörper eingebracht werden. Insbesondere bei einer hohen Steigung und einem entsprechend großen Drahtdurchmesser ist diese Maßnahme sinnvoll. Aufgrund der kontinuierlichen Steigung der Wicklung bietet sich ein kontinuierlicher Vorschub des Drahtführers an, im Vergleich zur digitalen Verlegung. Als Abschätzungen für die reale Wickelgeometrie kann das Verhältnis von Drahtdurchmesser zu Spulendurchmesser bestimmt werden, um den benötigten Steigungswinkel zu bestimmen. Für diese gibt es einen Grenzwinkel in der Betrachtung von 15° bei unrunden Spulen im Vergleich zu runden Spulen.

Kreuzwicklung

Die Kreuzwicklung beschreibt einen besonderen Lagenaufbau, der ursprünglich aus der Garnindustrie kommt. Sie ist charakterisiert durch einen gespreizten Aufbau in Form einer Schraubenwicklung. Zur Veranschaulichung ist diese in Abbildung 3.15 dargestellt. Der Füllgrad ist aufgrund der Anwendung nicht entscheidend.

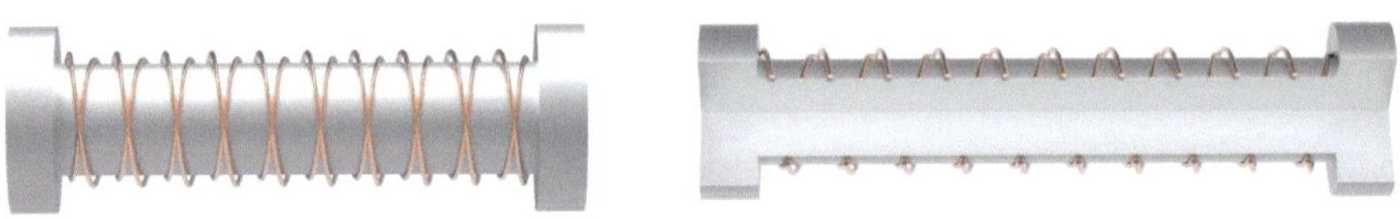

Abb. 3.15 Darstellung einer Kreuzwicklung

Kreuzwickelspulen aus HF-Litze finden häufig Anwendung in der Funktechnik im Mittelwellenbereich. Der Spulenkörper einer Kreuzspule, mit beispielsweise Anwendung im Mittelwellenbereich, besteht aufgrund seiner geringen Wicklungshöhe oft nur aus einem Wickelgrund ohne Spulenflansche. Durch den kreuzweise gewickelten Draht stabilisiert sich der Wicklungsaufbau selbst. Mit der Nutzung von Silberdraht kann die große Oberfläche der Wicklung beispielsweise in galvanischen Prozesse für die An- und Ablagerung von Werkstoffen genutzt werden. Die für die Wickeltechnik relevanten Eigenschaften sind der Drahtdurchmesser, der Durchmesser des Spulenkörpers bzw. der Wicklung. Durch diesen speziellen Aufbau ist es möglich, die Wicklung im Wickelwerkzeug zu fertigen und sie nachfolgend ohne weitere Stützelemente zu entnehmen. Für die Optimierung der Prozessfähigkeit gelten, aufgrund der Ähnlichkeit der Wickelschemata, dieselben Maßnahmen wie bei der Schraubenwicklung.

Pilgerschrittwicklung

Prinzipiell ist die Pilgerschrittwicklung eine wilde Wicklung und daher mit deren Füllgraden vergleichbar. Im Unterschied zur klassischen wilden Wicklung wird im Pilgerschrittverfahren die Wicklung durch einzelne Segmente erzeugt. Der Aufbau ist in Abbildung 3.16 dargestellt. Typische Anwendungen für diese Wicklungen sind Stabspulen bzw. Zündspulen für PKW. Die eben beschriebene typische Kontur ergibt sich dabei aus den Einbaubeschränkungen der Spule. Generell besitzt dieses Wickelschema viele Windungen und ist daher eher für Hochspannungsanwendungen geeignet.

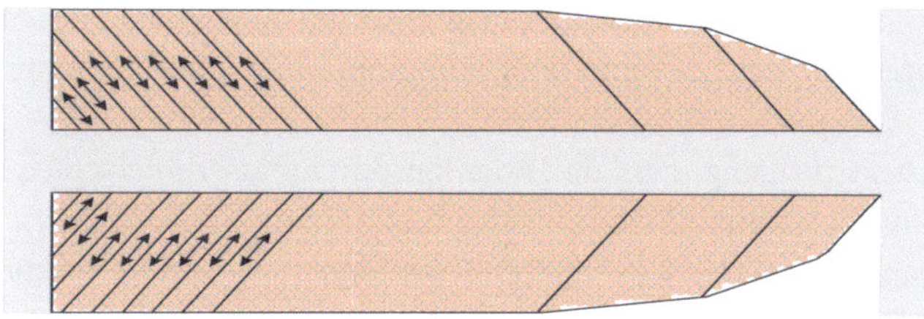

Abb. 3.16 Darstellung einer Pilgerschrittwicklung

Pilgerschrittverfahren

Die Wicklung wird im sogenannten „Pilgerschrittverfahren“ oder „Schrägwicklungsverfahren“ hergestellt. Dieses zeichnet sich im Vergleich zu den Verfahren aus Abschnitt 3.3 durch seine besondere Kinematik des Drahtführers aus. Das bedeutet, dass Wicklungsabschnitte, bzw. Segmente, mit einer Länge von ca. 2 mm unter einem Winkel von max. 12° aufgetragen werden. Dabei wird zyklisch, im Pilgerschritt der Drahtführer in bestimmten Stufungen in Richtung der Verlegung verfahren. Die gängigsten Wicklungen bauen sich aus mehreren Teilwicklungen dieses Pilgerschrittverfahrens auf. Die Stabspulen (engl. Pencilcoils) haben den Anspruch, durch die stufenförmig aufgebrachte Wicklung das Spannungspotenzial zu reduzieren. Um eine solche Schräglagenwicklung zu erzeugen, ist es zunächst notwendig, den rechtwinkligen Wickelraum auf der Niederspannungsseite so mit Windungen zu füllen, dass eine schräge Wicklungsoberfläche entsteht, das sogenannte Startdreieck. Im darauffolgenden zylindrischen Teil der Wicklung, bei gleichbleibendem Verlegefortschritt, wird ein zylindrischer Wicklungsabschnitt erzeugt. Erst zum Ende hin wird der Verlegefortschritt ständig vergrößert, sodass eine konisch auslaufende Wicklung zur Hochspannungsseite entsteht. Der konisch abfallende Teil zur Hochspannungsseite führt, ebenso wie bei der Reduzierung der Windungen einer Kammerspule, zu einer besseren Isolationsfähigkeit durch geringere elektrische Potenziale innerhalb der Spule. Die beim Pilgerschrittverfahren erreichten Wicklungshöhen einer Stabspule liegen in der Regel zwischen 1,5 mm und 4 mm entsprechend der Bauraumvorgaben.

Aufgrund der komplexen Zusammenhänge der einzelnen Teilwicklungen und der vielen möglichen veränderbaren Parameter ist es oft notwendig, vor dem Programmieren einer Wickelmaschine die voraussichtliche Kontur der Wicklung mit einem Berechnungsprogramm zu ermitteln. Hier werden iterativ die Parameter einer Wicklung in mehreren Berechnungsschritten eingegeben, bis die gewünschte Oberflächenstruktur erreicht wird. Die Qualitätsanforderungen der Stabspulen sind ähnlich denen der Kammerspulen (vgl. Abschnitt 1.2.4 Spulenkörper). Es darf, trotz der schräg aufgetragenen Wicklung, nicht zum Abrutschen einzelner Windungen kommen. Der Wicklungsgrund wird deswegen mit einer bestimmten Rauigkeit angefertigt, damit zumindest die Unterwicklung einen festen Halt zum Stabspulenkörper bekommt. Auch das Abrutschen einzelner Windungen auf der Wicklungsoberfläche erzeugt zudem Spannungspotenziale, die zu einem vorzeitigen Ausfall des Systems führen können. Es ist somit unabdingbar, dass während des gesamten Wickelvorganges der Draht mit einer möglichst konstanten Drahtzugspannung verarbeitet wird.

Unter Berücksichtigung, dass der Rotationsdurchmesserunterschied einer Schräglagenwicklung innerhalb eines Pilgerschrittes bis zu 4 mm betragen kann, sind die daraus folgenden Drahtgeschwindigkeitsänderungen enorm. So kann es vorkommen, dass die Drahtbeschleunigung bei einer Wickeldrehzahl von 12.000 1/min bis zu 5 m/s^2 betragen kann. Eine enorme Schwankung der Drahtzugspannung ist dabei die Folge. Starke Drahtzugschwankungen haben in diesem Zusammenhang einen negativen Einfluss auf die Qualität der Stabspule. So kann es vorkommen, dass Windungen abrutschen und sich Schlaufen bilden, was wiederum zu großen Spannungspotenzialen innerhalb der Wicklung führen kann. Wie bei den Kammerspulen ist im Vergleich zum Abschnitt 1.2.4 (Spulenkörper) auf eine saubere Spritzgusswerkzeugtrennung zu achten. Denn der Spritzgrad führt auch hier zu Drahtbeschädigungen und einem unsauberen Wicklungsaufbau. Aus dem Wickelvorgang geht hervor, dass sich zu jeder Zeit eines Pilgerschritts die Drahtführerposition zur Wicklungsoberfläche permanent ändert. Der tangential auf die Wicklungsoberfläche auflaufende Draht folgt der Kontur der Wicklung. Dies bedeutet, dass der Draht unter sich ständig ändernden Austrittswinkeln die Drahtführerdüse verlässt. Untersuchungen haben gezeigt, dass unterschiedliche Austrittswinkel des Drahtes aus der Düse zu unterschiedlichen Drahtzügen führen, was sich wiederum nachteilig auf die Wicklungsqualität auswirkt. Um diesen Effekt zu kompensieren, wird versucht, die Drahtführerdüse während des Pilgerschrittes räumlich in drei Dimensionen zu verfahren, um den Abstand konstant zu halten.

Aus der Tatsache heraus, dass der Stabspulenkörper sehr hohe Anforderungen an die Wickeltechnik stellt, muss letztlich auch die Dynamik der Drahtführerbewegung betrachtet werden. Ungenaue Positionen des Drahtführers oder ein Überschwingen der Achsbewegungen führen schnell zu Wickelfehlern. Aus der reversierenden Achsbewegung wird deutlich, dass in den Umkehrpunkten der Bewegungsablauf aus einer Verzögerung und einer Beschleunigung besteht. Bei einer konstanten Wickeldrehzahl hat das zu Folge, dass sich Windungen am Anfang und am Ende vermehrt häufen. Speziell bei der Pilgerschrittwicklung wird das durch Messungen der Drahtführerbewegung mittels High-Speed-Kamera analysiert und durch einen Abgleich der Servomotoren in Abhängigkeit der Drahtführermasse reduziert. Aus den bisher aufgeführten Punkten lässt sich ableiten, dass die Anforderungen an das Pilgerschrittwickelverfahren aufgrund der hohen Drahtführerdynamik und des variierenden Wicklungsaufbaus hoch sind.

Ringkernwicklung

Die Ringkernwicklung wird in ihrem Aufbau primär durch ihren Spulenkern beschrieben. Die Wicklung wird mit einem rotierenden Verfahren entlang des Umfangs aufgebracht. Dadurch ergibt sich außen eine Wicklung in gespreizter Lage. Dem gegenüber ist eine kompaktere Wicklung im Kerninneren notwendig. Diese wird mit einem kontinuierlichen Vorschub in der Art einer Schraubenwicklung ausgeführt. Generell ist aber auch ein Aufbau in wilder Wicklung oder Lückenwicklung möglich. Eine typische Darstellung des Ringkerns enthält Abbildung 3.17.

Abb. 3.17 Darstellung einer Ringkernwicklung

Typische Anwendungen für Ringkernwicklungen sind Drosseln oder Transformatoren. Die Angabe eines Füllfaktors ist aufgrund der Anwendung unüblich. Für die Wickeltechnik relevant sind der Innendurchmesser des Ringkernes sowie der Drahtdurchmesser. Aufgrund des Wickelverfahrens, welches in Abschnitt 3.3.7 näher erläutert wird, muss für einen automatisierten Prozess ein Drahtmagazin durch die mittlere Öffnung geführt werden.

Lückenwicklung

Diese Form des Wicklungsaufbaus bezieht sich nicht per se auf ein festes Wickelschema. Vielmehr beschreibt sie das Vorgehen in der Erzeugung einer Wicklung. So werden bewusst in einer Unterwicklung Freiräume, also Lücken, für das einfachere Bewickeln in der nächsten Lage gelassen. Dieser Wicklungsaufbau kann beispielsweise Anwendung bei orthozyklischen Wicklungen und der Schraubenwicklung finden. Ein praktisches Beispiel, für das Führen der aktuellen Lage in die Unterwicklung, ist in Abbildung 3.18 dargestellt.

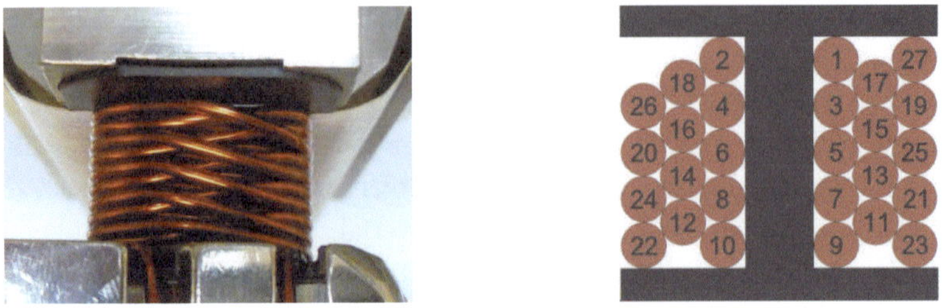

Abb. 3.18 Darstellung einer Lückenwicklung in der letzten Lage

Der erreichbare Füllgrad dieser Wicklung ist geringfügig niedriger im Vergleich zu einer Wicklung mit kompletter Anzahl an Windungen in den letzten Lagen. Je nach Größe des Windungssprungbreiches ist dieser Effekt stärker oder schwächer ausgeprägt. Die Wicklungshöhe ist eine Lage höher als die der rein orthozyklischen Wicklung im Lagensprungbereich. Angewendet wird dieses Prinzip, wenn die Auslegung der Spule so gestaltet wurde, dass der Enddraht nicht am Anfangsflansch angebracht ist oder die Anzahl der Windungen in der letzten geraden Lage geringer ist als in den vorherigen Lagen. Für den Fall, dass die letzte Lage eine ungerade Ordnung hat (3./5./7. Lage), wird alternativ eine gespreizte Lage anstelle der Lückenwicklung verwendet. Entsprechend kann dieser Wicklungstyp keinem konkreten Anwendungsfall zugeordnet werden, da sich die Notwendigkeit aus der geforderten Anzahl der Windungen pro Lage ergibt.

Wicklungskontur

Neben dem eigentlichen Wickelschema kann auch die Kontur der Wicklung variieren, wie es im Fall der Pilgerschrittwicklung gezeigt wurde. Generell ist eine konvexe, konkave oder konische Wickelkontur möglich, ebenso wie eine abgesetzte Wicklung. Die Kontur beschreibt immer die Außenmaße der Wicklung. Typische Anwendungen für konvexe Spulen sind Einzelzähne für Motorspulen, Alternatormotoren oder Klauenpolmotoren. Insbesondere für die Integration des Thermofühlers an den Einzelzahn ist die konvexe Form entscheidend. Eine konische Bauform ist für Einzelzahnwicklungen aufgrund des begrenzten Wickelraums in der finalen Montage zum Stator sinnvoll. Eine konkave Wicklung wird in der Regel nicht verwendet, sondern deutet eher auf einen Wickelfehler hin. Ausgenommen davon sind Sonderbauformen für beispielsweise Sensorspulen. Abgesetzte Wicklungen kommen für Ventilspulen oder Zuganker zum Einsatz und ergeben sich in der Regel ebenso bauraumbedingt.

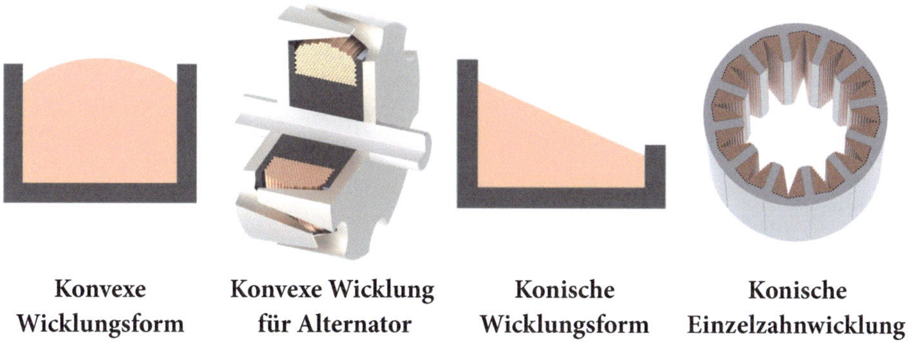

Abb. 3.19 Darstellung von möglichen Wicklungskonturen

Vergleich der Wickelschemata

Ein abschließender Vergleich der verschiedenen Wickelschemata wird in der folgenden Tabelle 3.1 zusammengefasst. Die Bewertung geht von ++ bis --, wobei ++ für die besten Eigenschaften und -- für ungünstige Eigenschaften stehen.

Tab. 3.1 Systematischer Vergleich der Wickelschemata

Eigenschaft	Wilde Wicklung	Orthozyklische Wicklung	Schrauben-wicklung	Kreuz-wicklung	Pilgerschritt-wicklung	Ringkern-wicklung
Füllfaktor	-	++	+	--	-	-
Einfluss Toleranz Drahtdurch-messer	++	--	-	++	+	+
Eignung hohe Drahtstärke	-	+	+	**0**	-	-
Eignung breite Spulen-körper	+	+	+	+	+	+
Eignung hohe Lagenzahl	**0**	**0**	-	**0**	-	-
Wärme-leitung	--	++	**0**	--	--	-
Mech. Stabilität	-	+	+	++	-	+
Eignung für Sekundär-isolation	**0**	--	+	++	**0**	+
Anfor-derung an Wickelver-fahren	++	--	-	0	--	+
Anfor-derung an Spulen-körper	+	--	-	++	-	+
Geschwin-digkeit	++	0	+	0	+	-
Häufigkeit	++	+	--	--	-	0

Die Auslegung und Wahl des Wickelschemas ist stark produktabhängig und kann daher nicht generell vorgegeben werden. Generell gilt, dass ein hoher Füllfaktor positive Auswirkungen auf die elektrischen und mechanischen Eigenschaften der Spule hat. Dies wird in Abbildung 3.20 für den elektrischen Widerstand und die Induktivität anhand einer vorgegebenen Wickelbreite BK, eines Spulendurchmessers RK und einer Windungszahl N veranschaulicht.

Für die Auswahl des Drahtdurchmessers ist immer die Toleranz für den Gesamtdurchmesser des Drahtes zu berücksichtigen, da durch eine geänderte Windungszahl pro Lage ein gestörter Lagenaufbau resultiert. Unterschieden wird dafür in Abbildung 3.21 in Fall 1, welcher den geordneten Lagenaufbau beschreibt, und Fall 2, welcher durch Verdrängung einer Windung in die nächsthöhere Lage einen gestörten Lagenaufbau darstellt. Als Resultat sinkt der mechanische Füllfaktor durch den plötzlich benötigten zusätzlichen Wicklungsraum der verdrängten Windung. Dies führt, bedingt durch die größere Drahtlänge, ebenfalls zu einem relativ schlechten ohmschen Widerstand.

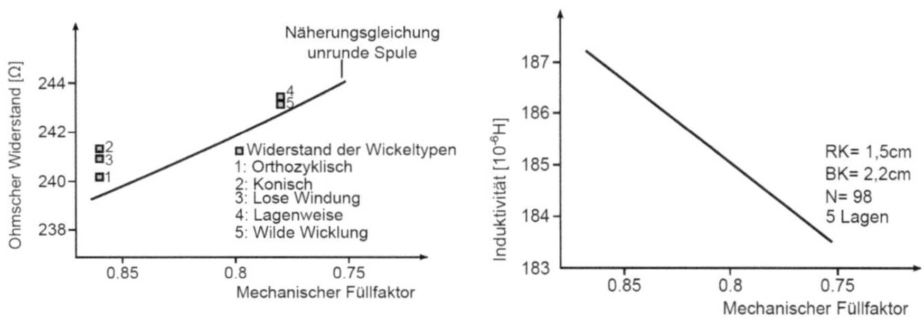

Abb. 3.20 Einfluss des Füllfaktors auf die elektrischen Eigenschaften der Spule nach [Dob-11]

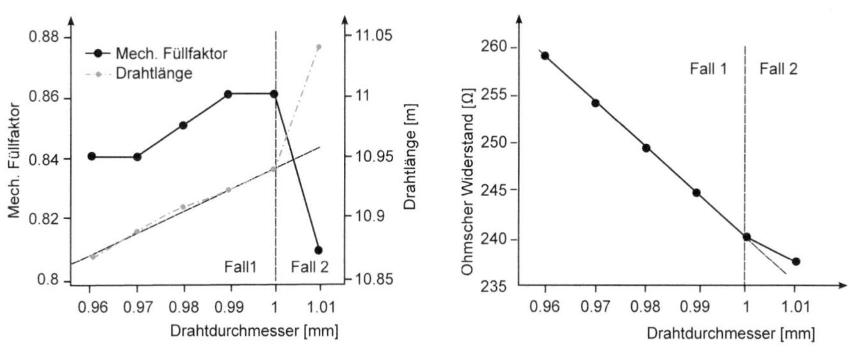

Abb. 3.21 Beispielhafter Einfluss der Toleranz des Drahtes auf die Spuleneigenschaften

Das Wickelschema wird primär durch die Funktion und Anforderungen des Produktes definiert. So führen z. B. hohe Anforderungen an die Leistungsdichte in der Regel zu einem orthozyklischen Lagenaufbau. Diese Produkte werden daher typischerweise mit einem orthozyklischen Wickelschema und evtl. Profildraht gewickelt. Eine sehr geringe Prozesszeit erlaubt das wilde Wickelschema aufgrund seiner geringeren Anforderungen an den Prozess und es erlaubt einhergehend höhere Wickelgeschwindigkeiten. Die Anforderungen des Wickelschemas spiegeln sich daher in der Prozesszeit und der Qualität des Wicklungsträgers wider.

3.2 Zentrale Funktionen der Wickeltechnik

Abb. 3.22 Elektronische Drahtzugregler in der Wickeltechnik

Als zentrale Größe der Wickeltechnik hat die Zugkraft des Drahtes im Prozess einen entscheidenden Einfluss auf die Produktivität und die Produktqualität. Entsprechend werden in diesem Abschnitt Ursachen für Schwankungen des Drahtzuges und mögliche Gegenmaßnamen mittels Drahtzugregelung vorgestellt.

Dieser Abschnitt richtet sich primär an Leser aus der Fertigung und Prozessentwicklung. Für die Auslegung von möglichen Taktzeiten kann der Drahtzug ebenfalls als relevante Größe aufgefasst werden.

3.2.1 Drahtzugregelung

Wie bereits im vorherigen Abschnitt eingeführt (vgl. 3.1.1), wird eine definierte Drahtzugkraft für einen funktionierenden Wickelprozess benötigt. Zur Beschreibung der Drahtzugkraft in Bezug auf den Drahtquerschnitt wird die mechanische Drahtspannung verwendet. Diese ist definiert über den Quotienten von Drahtzugkraft und Drahtquerschnittsfläche. Üblicherweise wird die Drahtspannung als Drahtzug bezeichnet. Im Allgemeinen entsteht durch die Relativbewegung von Draht und Spulenkörper in Kombination mit der Reibung an den Führungselementen in der Maschine eine Zugkraft, welche auf den Draht wirkt. Diese ist für einen funktionsfähigen Wickelprozess allerdings deutlich zu gering. Die Richtwerte der Drahtüge für den Wickelprozess sind, wie in Abschnitt 2.1.2 ausgeführt wurde, nach DIN 60317 definiert.

Eine sichere Drahthandhabung ist abhängig vom Drahtzug, da ein zu geringer Drahtzug zu einer nicht definierten Drahtlänge und -lage zwischen Handhabungselementen führt. Aus diesem Grund ist ein definiertes Ablegen des Drahts in diesem Zustand nicht möglich. Ist die Drahtspannung durch die Drahtbremse korrekt geregelt, so ermöglicht sie einen bündigen Lagenaufbau auf dem Spulenkörper, was positive mechanische, elektrische und thermische Eigenschaften zur Folge hat. Ausgehend von den Drahtbelastungen im Wickelprozess (vgl. 3.1.1) kann so auch ein konstanter Drahtquerschnitt gewährleistet werden. Dieser wiederum garantiert einen definierten Spulenwiderstand. Der Zusammenhang zwischen Drahtspannung und resultierendem Spulenwiderstand ist proportional, wie in Abbildung 3.23 für geringe Drahtdurchmesser dargestellt ist.

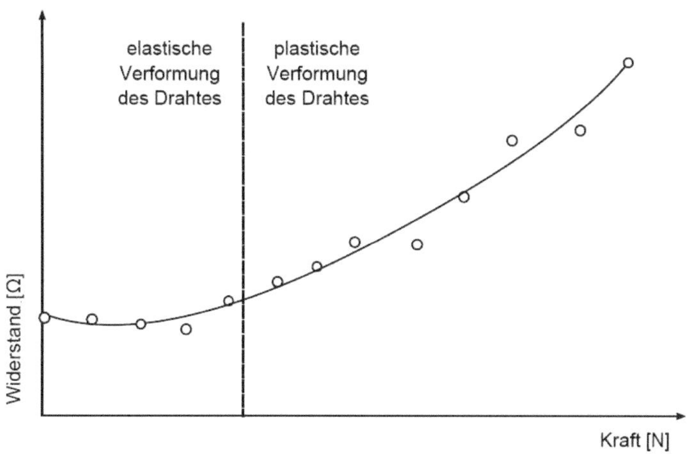

Abb. 3.23 Einfluss des Drahtzuges auf den elektrischen Widerstand nach [Wo-97]

Besitzt die Wicklung nach dem Wickeln einen definierten Restdrahtzug, so wirkt sich dieser, wie bei einer vorgespannten Feder, positiv auf die Rüttelfestigkeit aus. Eine Regelung des Drahtzuges ist notwendig, um Störungen durch den Prozess zu unterdrücken. Allerdings misst die Regelung nur die Drahtzugschwankungen an der Drahtbremse und kann nur am Stellglied der Bremse die Drahtzugvarianz reduzieren. Was an anderen Stellen des Drahtes in der Wickelmaschine geschieht, kann daher nur bedingt beobachtet und korrigiert werden. Die Reibung der Führungselemente und die Dehnungseigenschaften des Drahtes verfälschen den am Wickelobjekt vorliegenden Drahtzug im Vergleich zum gemessenen Drahtzug (vgl. Abbildung 3.24). Zusätzlich besteht ein zeitlicher Versatz zwischen Messung und Ausführung eines Stelleingriffs. Oft wird daher nur im Stellbetrieb, also ohne geschlossene Regelung gearbeitet. Der Stellbetrieb garantiert einen definierten Grunddrahtzug, welche für den Wickelprozess notwendig ist, und versucht nicht, diesen aktiv zu regeln. In der Regel wird dieser Stellbetrieb durch Kompensationselemente ergänzt, welche die Störungen aus dem Prozess ausgleichen sollen.

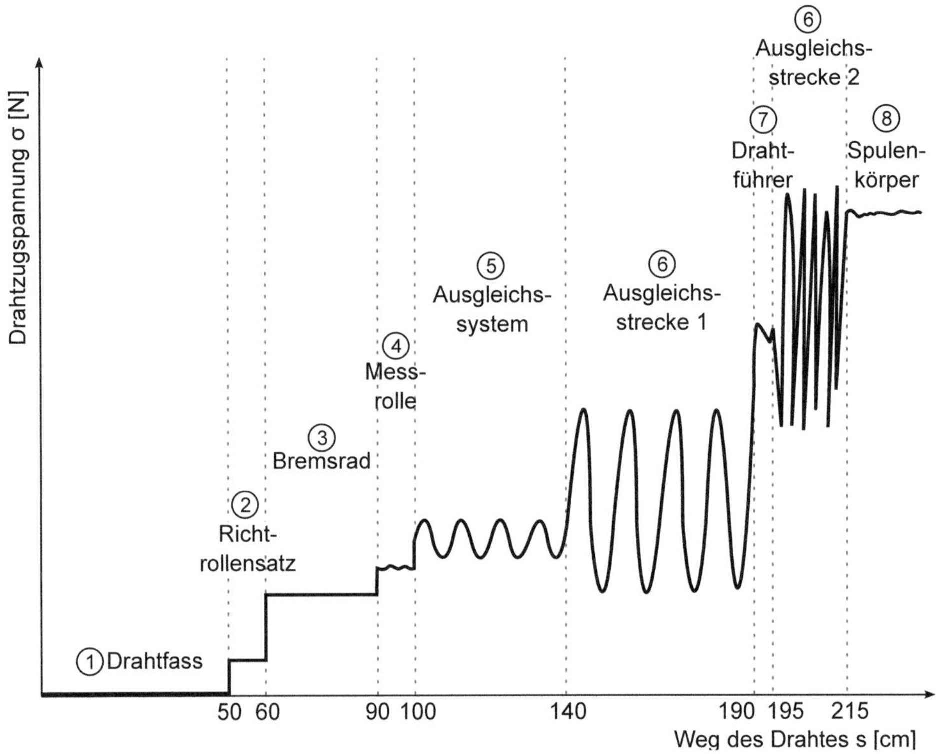

Abb. 3.24 Verlauf des Drahtzuges über den Ort des Drahtes in der Wickelmaschine

Eine zu hohe Drahtspannung wird anhand vieler Merkmale sichtbar. So ist die Querschnittsverjüngung des Drahts, welche in einem erhöhten Spulenwiderstand resultiert, ein sicheres Zeichen. Deutliche Zeichen für einen zu hohen Drahtzug sind die Beschädigung der Lackisolation des Drahtes, Verformung des Spulenkörpers, Abweichungen von der gewünschten Spulengeometrie und im Extremfall der Drahtriss.

Eine zu niedrige Drahtspannung macht sich in der Regel durch Drahtlose in der Wicklung oder einen Fehler im Lagenaufbau, bedingt durch die unkontrollierte Eigenspannung des Drahtes, bemerkbar. Analog gilt dies für einen möglichen Spalt zwischen Wicklung und Spulenkörper. Ein höherer elektrischer Widerstand durch Ausbeulung der Wicklung, verbunden mit falschen Außenabmaßen der Wicklung sowie schlechtere Wärmeableitung von der Wicklung zum Spulenträger sind ebenso definitive Anzeichen einer fehlenden Drahtspannung. Die Schwierigkeiten der Drahtzugregelung ergeben sich aus der Anzahl der zu beeinflussenden Prozessparameter. So haben beispielsweise aus dem Prozess, die Wickelgeschwindigkeit und die dazugehörige Drahtgeschwindigkeit einen Einfluss auf den Drahtzug. Ebenso ergibt sich durch den Spulenkörper eine geometrieabhängige periodische Störung. Diese skaliert mit dem Aspekt-Verhältnis des Spulenkörpers (vgl. Abbildung 3.25).

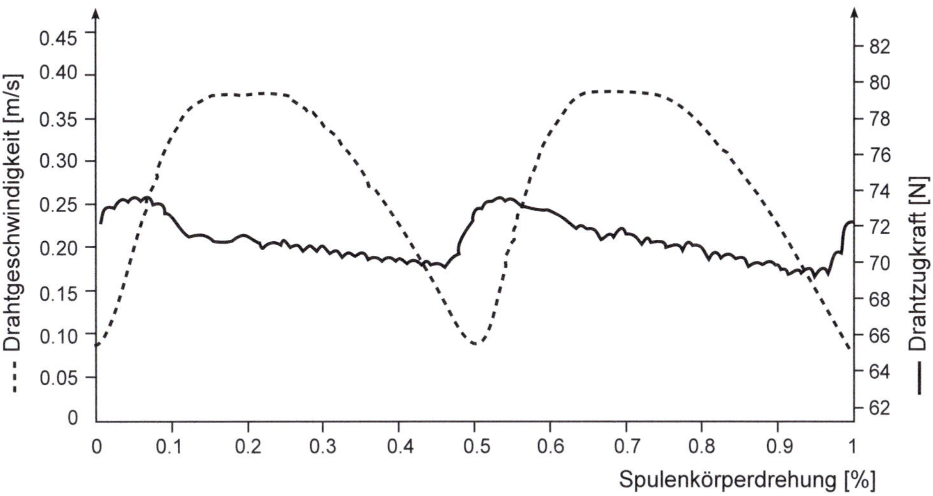

Abb. 3.25 Periodische Drahtzugstörungen durch unrunde Spulenkörper (Aspekt Verhältnis 1:5): resultierende Drahtgeschwindigkeit und Drahtzug bei 60 U/min

Der Draht hat einen Einfluss auf den entstehenden Drahtzug durch seinen Drahtdurchmesser und seine Härte, die die Drahtsteifigkeit definieren. Über den Gleitmittelauftrag wird die Reibung im Prozess beeinflusst, die sich direkt zum vorhandenen Drahtzug addiert. Der Maschinenaufbau selbst beeinflusst den Drahtzug über die Wahl der Drahtführerform, beispielsweise den Düsendurchmesser und Düsenaustrittsradius, sowie durch die Anzahl und den Abstand der Führungsrollen in der Maschine.

Zur Beeinflussung des Drahtzugs durch Maschinenkomponente stehen generell zwei Möglichkeiten der Krafteinleitung zur Verfügung. Die erste ist die häufig genutzte Variante der Seilreibung bzw. generellen Reibkraft. Diese wird über ein Bremsrad oder Bremsrollen, wie beim Richtrollensatz, aufgeprägt. Die zweite Variante besteht in der Klemmung des Drahtes zwischen zwei Reibpartnern. Diese Variante führt allerdings bei zu hoher Anpresskraft zu einer direkten Beschädigung der Drahtisolation, weswegen sie nicht häufig zum Einsatz kommt.

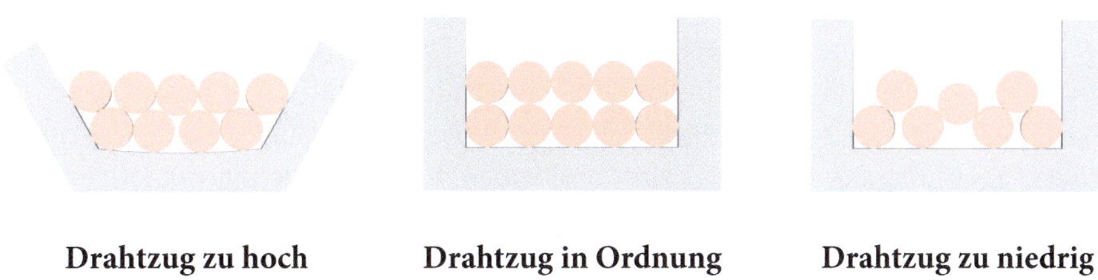

Abb. 3.26 Folgen von Fehlern der Drahtzugregelung

Die möglichen Aktoren für Drahtbremssysteme sind nach Aktoren in Tabelle 3.2. geordnet.

Tab. 3.2 Klassifizierung möglicher Aktorsysteme für Drahtbremsen

Mechanische Systeme	**Elektromechanische Systeme**	**Pneumatische/ Hydraulische Systeme**
- Federsysteme - Gleitsteinsysteme (Keramikscheiben)	- Magnetpulverbremse - Hysterese Bremse/ Wirbelstrombremse - Servomotoren - Linearmotoren	- Pneumatikzylinder - Hydraulikzylinder

Die mechanischen Systeme kommen häufig bei kleineren Drahtdurchmessern zum Einsatz, beispielsweise sind die Gleitsteinsysteme nur für Dünnstdrähte (bis ca. 0,1 mm) geeignet. Federsysteme kommen hingegen bei fast allen Drahtdurchmessern zum Einsatz. Die guten Regeleigenschaften haben zu der weiten Verbreitung der elektromechanischen Systeme geführt.

Gemessen wird der Drahtzug typischerweise mit DMS-Dehnungsmessstreifen, kapazitiven Sensoren oder optischen Sensoren, durch die Nutzung von Federwegen oder Drehgebern. Der typische Aufbau einer Drahtbremse besteht aus einem Richtrollensatz, welcher die Vorverformung des Drahtes aus der Vorratsspule richten soll und bereits eine Vorspannung für die kommenden Komponenten erzeugt. Die Vorspannung ist notwendig, um den Draht auf dem nachfolgenden Bremsrad zu halten und eine Seilreibung zu erzeugen. Die Vorspannung kann bei dünneren Drähten auch durch einen Filz erzeugt werden. Nach dem genannten Bremsrad kommt in der Regel eine Messrolle zur Drahtzugerfassung. Die Schnittstelle zum folgenden Wickelprozess ist ein Ausgleichssystem, welches freie Drahtlängen regulieren soll. Dazu passende Systeme werden im folgenden Abschnitt vorgestellt. Der typische Aufbau kann anhand von Abbildung 3.27 nachvollzogen werden. Dargestellt sind zwei Bremstypen, die Electronic Brake (EB) und die Electronic Balancing Brake (EBB).

Der Drahtzug ist eine zentrale Prozessgröße zur Erzeugung von Spulen mit definiertem Wickelbild und den einhergehenden positiven elektrischen Eigenschaften. Da höhere Wickelgeschwindigkeiten beispielsweise bei unrunden Bauteilen eine direkte Erhöhung des Drahtzugs zur Folge haben, limitieren die Eigenschaften der Drahtbremse die technisch machbare maximale Wickelgeschwindigkeit für diese Wickelaufgaben.

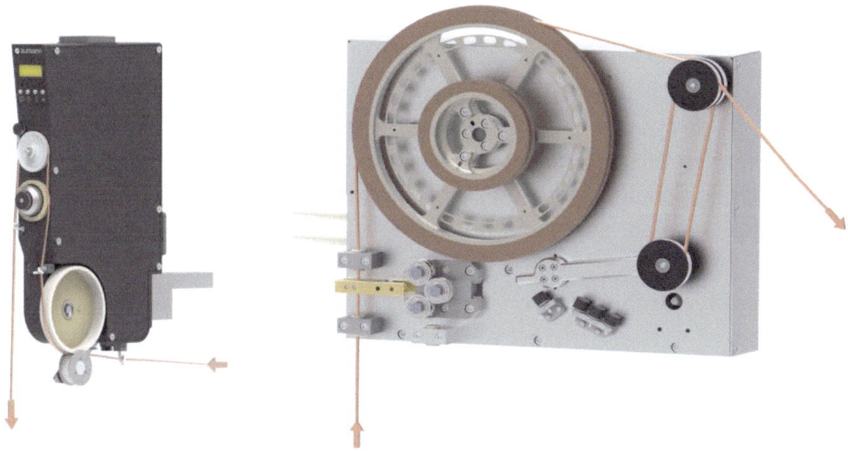

Electronic Brake (EB) Electronic Balancing Brake (EBB)

Abb. 3.27 Aufbau einer Drahtbremse mit zwei Varianten der Fa. Aumann EB und EBB

3.2.2 Ausgleich freier Drahtlänge

Neben dem Aufbringen einer Grundspannung für den Wickelprozess kann es bedingt durch vor- und nachgelagerte Prozess, wie z. B. einer rückläufigen Drahtführerbewegung, zu zusätzlichen freien Drahtlängen kommen, die durch einen Drahtspeicher aufgenommen werden müssen. Wäre diese Funktion nicht gegeben, würde die Drahtbremse ihre Seilreibung verlieren und keinen Drahtzug mehr aufbringen können. Eine definierte Drahtablage am Spulenkörper wäre dann nicht mehr möglich.

Prozessbedingt kann es allerdings zur Entstehung freier Drahtlängen kommen. So führen unrunde Spulenkörper im Wickelprozess nach Drahtablage an der kurzen Seite zu einer deutlich größeren freien Drahtlänge zwischen Drahtführer und Spulenkörper. Nach dem Terminieren des Drahtes am Spulenkörper entsteht, wie bereits in Abschnitt 1.1.3 eingeführt, ein Anfangs- und Enddraht, welcher für die folgenden Handhabungsschritte zurückgeholt werden muss. Typische vor- und nachgelagerte Prozesse, die eine freie Drahtlänge verursachen, sind die Drahtführung am Parkierstift oder am Schwenkdrahtführer.

Die Notwendigkeit zum Ausgleich der Drahtlängen kann wie folgt zusammengefasst werden: Für die Nebenprozesse ist eine definierte Position des Drahtendes für die Handhabung notwendig und ermöglicht auch eine Reduktion des Drahtausschusses durch Anfangs- und Enddraht. Der dafür benötigte Drahtspeicher wird im Folgenden primärer Drahtspeicher genannt, aufgrund der größeren freien Längen. Der sekundäre Drahtspeicher wird für den Ausgleich im Wickelprozess benötigt und sorgt für eine konstante Drahtspannung (vgl. Abbildung 3.28).

Ein Ausgleich der freien Drahtlänge kann über einen Seilzug, einen Tänzerhebel, durch einen Medienstrom (Luftstrom) oder beispielsweise eine servomotorische Drahtbremse realisiert werden. Letztere ist die einzige, die auch aktiv rückfördern kann und daher die besten Regeleigenschaften aufweist. Für den primären Drahtspeicher wird oft ein Ausgleichsarm, Tänzersystem oder Flaschenzug verwendet. Für den sekundären Drahtspeicher muss im Vergleich eine höhere Dynamik und eine damit verbundene geringe Masse gewährleistet werden. Entsprechend werden hier Servomotoren zur aktiven Drahtrückholung oder pneumatische Systeme zum Ausgleich verwendet.

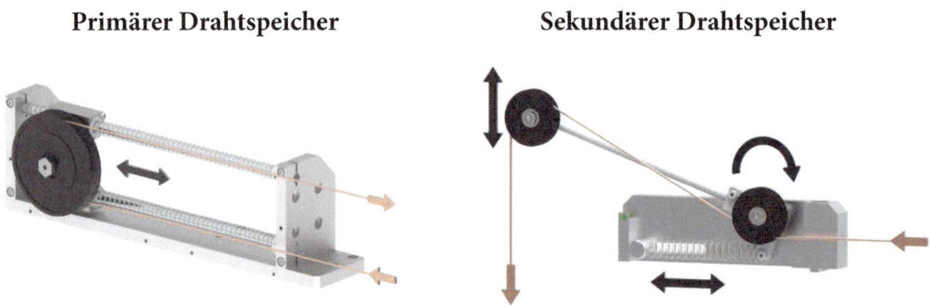

Abb. 3.28 Klassifizierung der Drahtspeichersysteme

Die Verwendung eines direkten Luftstroms ist allerdings nur für Drahtdurchmesser bis 0,1 mm möglich. Für größere Drahtdurchmesser müssen pneumatische Zylinder verwendet werden. Eine Alternative zu den aktiven sekundären Drahtspeichern sind Ausgleichskörper. Diese können aus elastischen Elementen wie Lamellen oder Formfedern bestehen, oder starre Körper sein, wie Kurvenscheiben. Diese sind vergleichend in Abbildung 3.29 dargestellt.

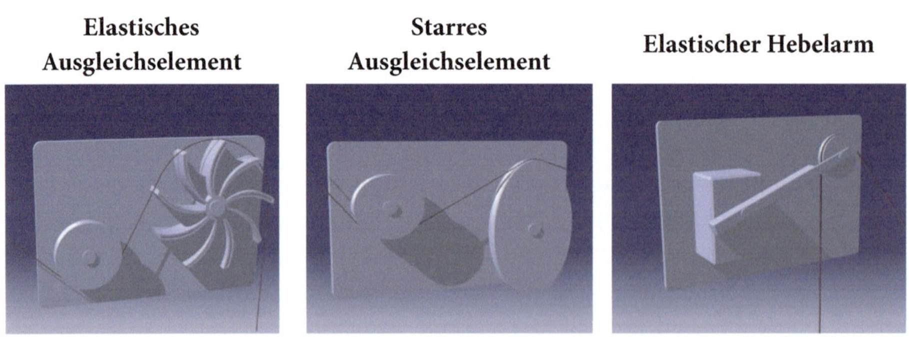

Abb. 3.29 Aufbau verschiedener Ausgleichssysteme nach [Sel-15]

Der Vorteil von starren Ausgleichskörpern ist der sehr effektive Ausgleich mit der Nutzung einer einfachen Maschinentechnik und eine vom Spulenkörper abgeleitete Geometrie. Der Nachteil dieser Systeme liegt im produktspezifischen Design und der festen Form, welche bei einem Spulenaufbau mit mehreren Lagen nicht mitwächst. Die elastischen Ausgleichskörper sind analog zu den Federn in der Regel zu träge oder zu steif, um eine ähnliche hohe Güte des Drahtzugausgleichs zu erreichen.

Wie in Abbildung 3.27 dargestellt, gibt es verschiedene Möglichkeiten der Kombination von Ausgleichs- und Drahtbremssystem. Auf der linken Seite ist eine Bremse vom Typ EB dargestellt. Diese besitzt ein Bremsrad, Messstelle und ein Ausgleichssystem. Das Ausgleichssystem besteht in diesem Fall aus einem Pneumatikzylinder mit konstantem Betriebsdruck und Federelementen. Die Regeleigenschaften dieses Systems sind sehr robust. Der Grunddrahtzug kann sehr genau durch die Regelung des Bremsrades eingestellt werden. Allerdings kann das Bremsrad aufgrund der Verwendung einer Hysteresebremse nur bremsen, den Draht aber nicht bei Bedarf fördern. Auf der rechten Seite (vgl. Abbildung 3.27) ist ein anderer Ansatz dargestellt. Der Typ EBB besteht ebenfalls aus einem Bremsrad und einem Pneumatikzylinder. Im Unterschied zur EB bringt das Bremsrad ein konstantes Bremsmoment auf, während der Pneumatikzylinder über ein Proportionalventil geregelt werden kann. Durch dieses regelbare Ausgleichselement können Prozessschwankungen viel genauer ausgeglichen werden. Jedoch muss der einzustellende Grunddrahtzug durch das Bremsrad manuell nachjustiert werden. Die Regeldynamik ist zum einen besser, weil der Zylinder über einen Hebel nicht nur bremsen, sondern auch eine Drahtlänge freigeben kann. Zum anderen ist die Masse dieses Hebels im Vergleich geringer als die des Bremsrades. Dennoch hat jede Drahtbremse ihre Berechtigung in Abhängigkeit des gewählten Prozessfensters und der Bauteileigenschaften. So haben Systeme mit einer geringeren Dynamik in der Regel höhere Kräfte und können dadurch für höhere Drahtdurchmesser eingesetzt werden.

Beim Wickeln unrunder Spulen ist das Ausgleichssystem genauso wichtig für die Regelung des Drahtzuges wie das Bremsrad, da das Ausgleichssystem die entstehenden Drahtzugschwankungen im Wickelprozess kompensiert. In Folge dessen ist das Ausgleichssystem häufig in das Drahtzugregelsystem integriert. Für den Ausgleich der freien Drahtlänge im Rahmen von primären Drahtführerbewegungen sind große Drahtlängen zu kompensieren, da die Verlegbewegung nicht auf den Wickelraum begrenzt ist. Es sind aber keine dynamischen Anforderungen zu verzeichnen.

3.3 Wickelverfahren

Abb. 3.30 Nadelwickelverfahren für konzentrierte Wicklungen

Dieser Abschnitt behandelt die zentralen Eigenschaften und Maschinenelemente verschiedener Wickelprozesse. Dafür wird nach einer Einführung in die Kinematik eine Vorstellung allgemeiner Maschinentechnik inkl. der Steuerungstechnik vorgenommen. Den Abschluss bildet die Vorstellung eines Vorgehens zur Auswahl des passenden Wickelverfahrens für ein vorhandenes Produkt und mögliche Ansätze zur Fehlerbehebung.

Dieser Abschnitt ist für den Leserkreis aus der Fertigung und Fertigungsplanung relevant.

3.3.1 Einführung in die Wickelverfahren

Ziel dieses Abschnittes ist es, die grundlegenden Kinematiken der Wickeltechnik und ihre dazugehörige maschinelle Umsetzung vorzustellen. Generell gilt, dass für die Implementierung von Bewegungen in einer Maschine zwischen Linearachsen und Rotationsachsen unterschieden wird. Die Bewegungsrichtungen ergeben sich aus dem Namen. Beide Achstypen basieren auf einer numerischen Bewegungsregelung (engl. Numerical

Control), weshalb sie auch NC-Achsen genannt werden. Die Wickelverfahren können in rotationsbasierte Wickelverfahren, parallelkinematische Wickelverfahren, mehrstufige Wickelverfahren und händische Verfahren unterschieden werden. Zu den rotationsbasierten Verfahren gehören das Flyerwickeln, mit einer Rotationsachse und einer optionalen linearen NC-Achse, das Linearwickeln, mit einer Rotationsachse und mindestens einer Linearachse, und das Ringkernwickeln, mit zwei Rotationsachsen. Beim den Flyerwickeln wird über einen rotierenden Drahtführer der Draht auf das ruhende Bauteil aufgebracht. Das Linearwickeln bringt den Draht durch die Rotationsbewegung des Bauteils auf. Das Ringkernwickeln wiederum erzeugt durch die Rotation eines Drahtspeichers bei gleichzeitiger Rotation des Ringkerns die gewünschte Wicklung. Zu den parallelkinematischen Verfahren gehört das Nadelwickeln, welches durch die zyklische Zu- und Gegenrotation des Bauteils und die Verlegung des Drahtes durch eine lineare NC-Achse die Wicklung erzeugt. Die grundlegenden Kinematiken der direktbewickelnden Verfahren können in der folgenden Abbildung 3.31 verglichen werden. Alternativ kann die Wicklung auch in mehreren Prozessstufen erzeugt werden.

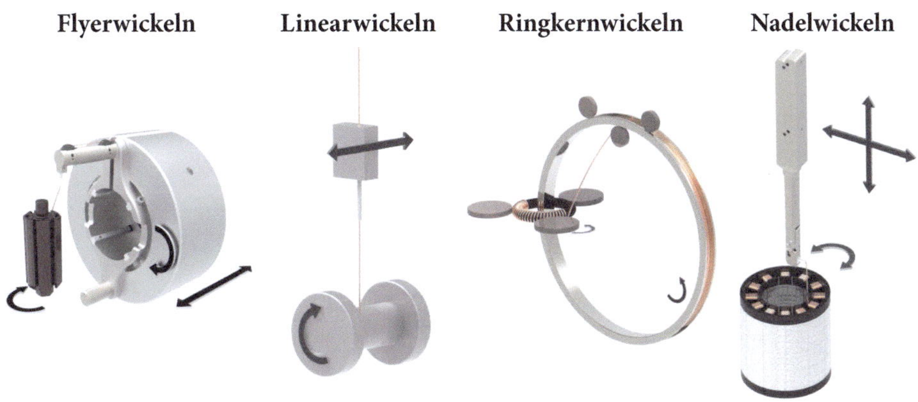

Abb. 3.31 Kinematik der Wickelverfahren

Die mehrstufigen Verfahren basieren auf einer Herstellung der Wicklung außerhalb des Spulenkörpers mit einer anschließenden Montage. Das klassische Verfahren dafür ist die Einziehtechnik. Die Spulen werden Strangweise für verteilte Motorwicklungen (vgl. Abschnitt 1.3.6) auf einer Flyerwickelmaschine oder einem Linearwickelautomat mit mehrstufigem Werkzeug, Schablonenwickler genannt, gefertigt. Anschließend werden sie durch eine Einziehmaschine in die Statornuten montiert. Dieser Prozess wird ausführlicher in Abschnitt 3.3.8 vorgestellt.

Die händischen Montageverfahren zur Herstellung von Motorwicklungen werden als Träufelwickeln bezeichnet. Der Begriff des Träufelns bezeichnet einen Prozess, bei dem die Drähte einzeln in die Nut geführt werden. Beim Träufelwickeln wird zunächst ein Wicklungsstrang durch das Wickeln auf einer Schablone vorbereitet. Anschließend träufelt der Werker den Draht in die Nut und es findet eine Bearbeitung der Drahtposition in der Nut durch Hilfswerkzeuge statt. Nach dem Platzieren des Drahtes folgt die Fortführung des Spulenstranges in die nächste Nut. Zuletzt findet eine separate Bearbeitung des Wickelkopfs, dem Spulenteil außerhalb der Nut, statt. Ein systematischer Vergleich der verschiedenen Fertigungsverfahren und deren Eigenschaften ist der folgenden Tabelle 3.3 zu entnehmen.

Tab. 3.3 Vergleich der Wickelverfahren anhand typischer Prozesseigenschaften

	Linear-wickeln	**Nadel-wickeln**	**Flyer-wickeln**	**Ringkern-wickeln**	**Einzieh-technik**	**Träufel-wickeln**
Max. Geschwin-digkeit in Windungen/min	30.000	2.500	12.000	2.500	-	-
Max. Draht-durchmesser	5 mm	2,5 mm	2,5 mm	2,5 mm	2 mm	5 mm
Verarbeitung Profildraht	Ja	Nein	Nein	Ja	Nein	Ja
Erzeugbares Wickel-schema	Ortho-zyklisch	Ortho-zyklisch	Ortho-zyklisch	Lagen-wicklung	Wilde Wicklung	Ortho-zyklisch
Erzeugbarer mech. Füllfaktor	90,1	90,1	90,1	70	60	90,1
Wicklungs-typen	Konz. W.	Konz. W. Vert. W.	Konz. W.; Nut außen: Vert. W.	Konz. W.	Vert. W.	Vert. W.
Drahtbean-spruchung	Gering: Spk.	Groß: Spk + Düse	Mittel: Spk + Flyerarm	Mittel: Spk + Düse	Groß: Montage	Gering
Max. Spulen-körpergröße	250 mm	500 mm	200 mm	500 mm	1000 mm	5000 mm
Investitions-kosten	Gering	Mittel	Mittel	Gering	Hoch	Gering
Automati-sierungsgrad	Hoch	Hoch	Hoch	Gering	Mittel	Manuell
Typische Bauteile	Masse ↓ Rot. Sym.	Vollblech-schnitte	Masse ↑ Rot. Asym.	Ringkern-spulen	Vollblech-schnitte	Vollblech-schnitte

In der Tabelle steht in der Spalte Wicklungstypen die Abkürzung Konz.W. für konzentrierte Wicklungen und Vert. W. für verteilte Wicklung. In Abhängigkeit der Bauteilnutung (innen/außen) können für manche Verfahren auch beide Typen verwendet werden. In der Drahtbeanspruchung steht Spk für Spulenkörper. Diese Kategorie beschreibt die durch das Verfahren verursachten Drahtlasten.

Für die unterschiedlichen Verfahren lassen sich trotz der verschiedenen Prozesse gemeinsame charakteristische Prozessparameter definieren. Zunächst ist der Drahtzug, wie bereits diskutiert, für alle Wickelverfahren entscheidend. Je nach Art der Drahtmontage ergeben sich verschiedene Drahtabzugsgeschwindigkeiten aus dem Drahtvorrat bzw. -speicher. Diese sind durch die Wickelgeschwindigkeit, bzw. die Anzahl an Hüben für die Nadelwickeltechnik, und die dazugehörigen Drehzahlrampen für die Rotationsachse gekennzeichnet. Der Winkel zwischen Drahtführer und Spulenkörper wird in Verlegerichtung der Lage je nach Position als Vorlauf- oder Nachlaufwinkel (vgl. Abbildung 3.13) definiert. Die Verlegung kann dabei in digitalen, also inkrementellen, Schritten oder durch eine analoge, also kontinuierliche Bewegung erfolgen. Der Austrittswinkel aus der Düse in senkrechter Richtung zum Vorlauf-/Nachlaufwinkel beschreibt ebenso eine allgemeine Prozessabhängigkeit, insbesondere für den entstehenden Drahtzug. Zuletzt geben die Abstände zwischen Drahtführer und Spulenkörper, bzw. Drahtführer und Drahtzugregelsystem eine Information über den benötigten Bauraum der Maschinen. Die Ausgleichsstrecken besitzen eine dämpfende Wirkung auf Prozessstörungen und müssen daher eine Mindestlänge besitzen. Entsprechend kann der Bauraum der Maschine nicht beliebig verkleinert werden.

Anhand der geforderten Eigenschaften für Produktparameter muss das Wickelverfahren für jede Wickelaufgabe von Neuem bestimmt und angepasst werden. Dabei sind die Rahmenbedingungen aus der Produktion, wie beispielsweise Ausbringung bzw. Taktzeiten, für die Maschinen zu beachten. Nahezu jede Wickelaufgabe kann von mehreren Verfahren erfüllt werden. Aus den Produktparametern und den Produktionskosten ergibt sich schließlich das geeignete Verfahren.

3.3.2 Maschinenelemente der Wickeltechnik

Ziel dieses Abschnittes ist es, typische Maschinenelemente der Wickeltechnik vorzustellen, bevor eine detaillierte Diskussion der Wickelverfahren vollzogen wird. Ein Beispiel für typische Maschinenkomponenten ist in Abbildung 3.32, 3.33 und 3.34 dargestellt.

Die typischen Baugruppen einer Wickelmaschine werden in Bezug auf ihre wickelspezifischen Funktionen unterschieden. Für diejenigen Funktionen, die in allen Maschinen gleich umgesetzt sind, werden dieselben oder ähnliche Baugruppen verwendet. So erfolgt für die Drahtzuführung von Drahtfass die Zuführung über Kopf aus dem Fass über einen Abspuler. Das Maschinengestell, die Schutzumhausung und die Steuerung sind für alle Maschinen ähnlich, die Drahtzuführung unterscheidet sich kaum. Für das Drahtzugregelsystem können verschiedene Typen und Kombinationen von Drahtbremse und Ausgleichssystem, je nach Wickelaufgabe, gewählt werden. Für die Verwendung einer Wickelspindel bzw. Spindel ergibt sich eine typische Aufteilung in Wickelkopf mit Umhausung, Spindellagerung und der Welle.

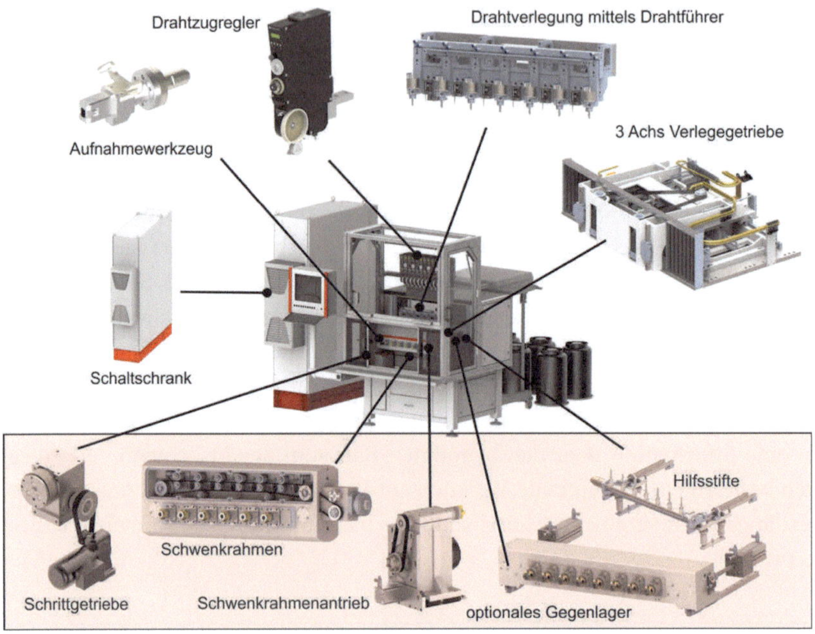

Abb. 3.32 Typische Maschinenkomponenten einer Linearwickelmaschine

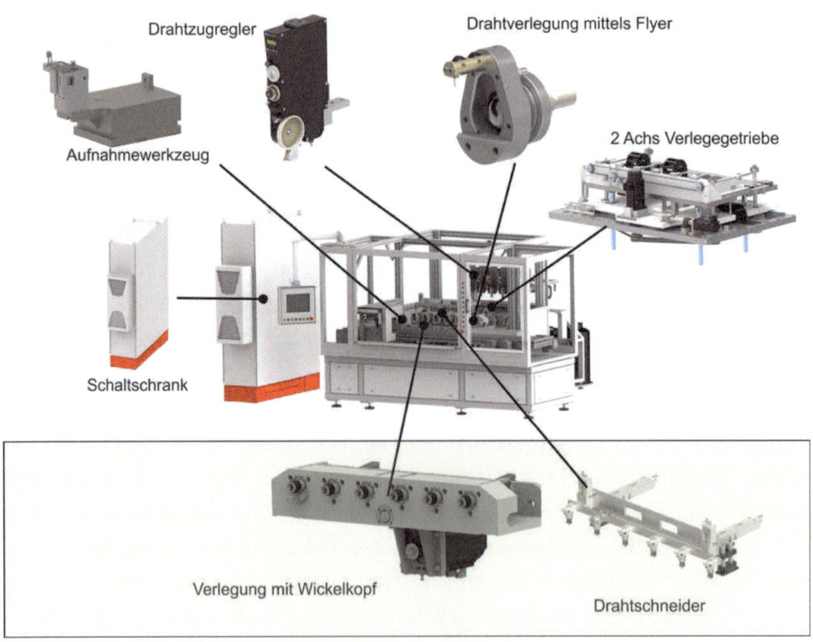

Abb. 3.33 Typische Maschinenkomponenten einer Flyerwickelmaschine

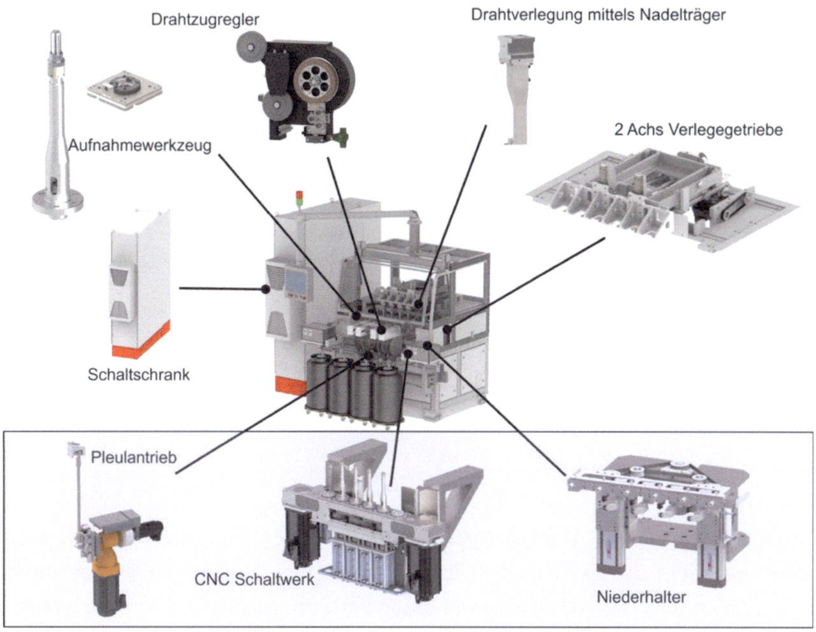

Abb. 3.34 Typische Maschinenkomponenten einer Nadelwickelmaschine

Alternativ sind die Linearachsen als Servoachsen ausgeführt. Zuletzt sind noch die Wickelaufnahme, auch Wickelwerkzeug genannt, und mögliche Drahtführungselemente, wie beispielsweise Parkierstifte oder Umlenkrollen in der Drahtführung zu nennen.

Als Drahtführer haben sich drei typische Formen etabliert: der Rollendrahtführer, der Düsendrahtführer und der Taschendrahtführer. Der Düsendrahtführer erlaubt durch seine Form eine exakte Positionierung des Drahtes. Der Rollendrahtführer wird üblicherweise für Drahtdurchmesser ab 0,4 mm genutzt und ermöglicht eine schonendere Verarbeitung des Drahtes, ist jedoch in der Positionierung etwas ungenauer. Beim Gleitdrahtführer werden die festen Rollen in der Regel durch Führungsbleche ergänzt, welche genau auf den Drahtdurchmesser abgestimmt werden können und so eine exakte Drahtführung in Verlegerichtung ermöglichen. Er hat daher ähnliche Eigenschaften wie der Rollendrahtführer. Eine Übersicht der verschiedenen Drahtführer ist in Abbildung 3.35 dargestellt.

In den häufigsten Anwendungsfällen muss der Draht mehrfach umgelenkt oder gestützt werden, hierfür können verschiedene Bauelemente verwendet werden. Um eine hohe Verschleißfestigkeit an den Berührungspunkten des Drahtes mit der Fertigungsanlage zu gewährleisten, werden häufig für die Umlenkungen und Stützung des Drahtes standardisierte oxidkeramische Buchsen und Führungen eingesetzt. Diese müssen dem Drahtdurchmesser entsprechend mit einem großzügigen Innendurchmesser ausgelegt werden. Eine besondere Bedeutung sollte auch den Umlenkrollen und ihren Eigenschaften zugesprochen werden, da ein zu klein gewählter Rollendurchmesser auf die Drahtqualität durch Stauchung eine negative Auswirkung zeigt. Hier gilt, dass der Rollenradius dem 15-fachen des Drahtdurchmessers entsprechen sollte (siehe 3.3). Die Umlenkrollen sollten auf Wälzlagern aufgenommen sein.

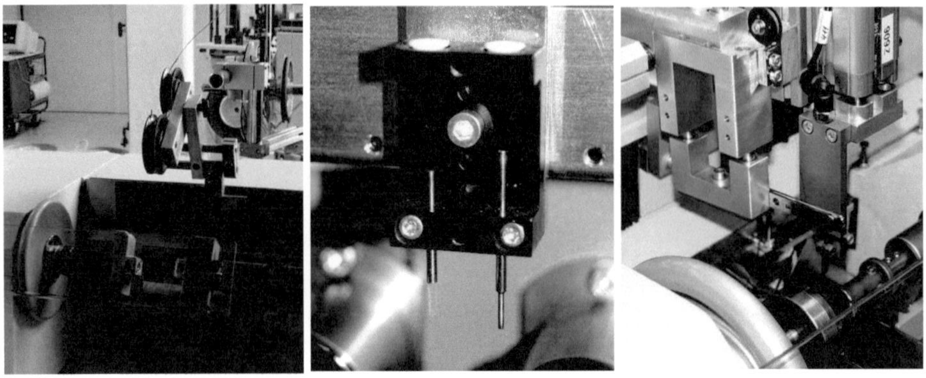

Rollendrahtführer **Düsendrahtführer** **Taschendrahtführer**

Abb. 3.35 Vergleich von Drahtführern

Für die Auslegung von Wickelprozessen inklusive der vor- und nachgelagerten Prozesse sind vor allem die Zykluszeiten der Komponenten für eine Bewegung interessant, da dies die Grundlage für die Auslegung einer Fertigungslinie ist. Typischerweise ist der Wickelprozess im Vergleich zu den anderen Prozessen derjenige mit der höchsten Zykluszeit, weswegen den bewegenden Komponenten von Wickelmaschinen eine besondere Bedeutung zukommt.

Auf die detaillierte Funktionsweise von NC-Achsen und deren Auslegung für definierte Wickelaufgaben soll an dieser Stelle verzichtet werden, da die Grundlagen in einschlägigen Fachbüchern ausführlicher beschrieben sind und die Wickelaufgaben stark produktspezifisch sind.

> Die Spulenwickeltechnik als Sparte im Sondermaschinenbau wird durch eine auf die Anwendung angepasste Maschinentechnik geprägt. Neben den Komponenten der klassischen Produktionstechnik werden daher auch wickelspezifische Elemente ausgelegt und auf die Wickelaufgabe angepasst.

3.3.3 Steuerungstechnik für Wickelaufgaben

NC-Achsen lassen sich auf verschiedene Weise steuern. Sie können entweder durch die Vorgabe von Bewegungspunkten, Bahnen oder Kurven gesteuert werden. Die Art der Programmierung ist abhängig vom Wickelverfahren, wobei eine reibungslose Kommunikation der einzelnen NC-Achsen notwendig ist, um die komplexen Bewegungsprofile zu generieren. Das Hardwarekonzept für die Steuerungstechnik ist allerdings immer ähnlich und beispielhaft in Abbildung 3.36 dargestellt.

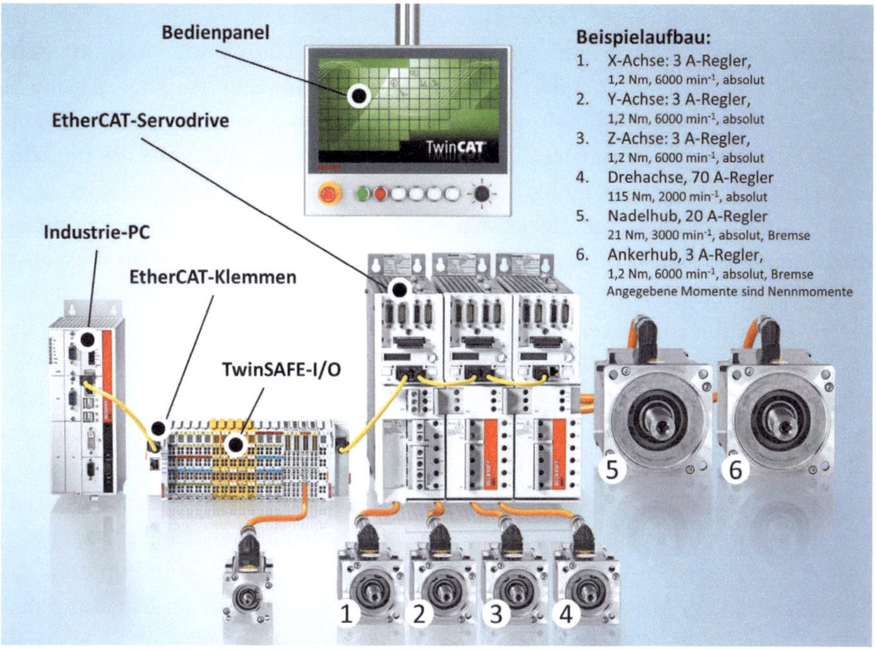

Abb. 3.36 Hardwarekonzept für die Steuerungstechnik von Wickelmaschinen

Kommunikation der Achsen

Die Kommunikation der einzelnen Achsen erfolgt über eine Steuerung, in der die Parameter erfasst, ausgewertet und verarbeitet werden. Da das Aufbringen des Drahtes in den Wickelraum möglichst gleichmäßig erfolgen soll, stehen die Rotationsachse und der Verlegekopf während des Wickelprozesses im ständigen Austausch ihrer Parameter. Um die Positionen der Drahtführerdüse zu dem bewickelnden Bauteil universell halten zu können, werden in der Regel an den Fertigungsmaschinen servomotorische Achsen verwendet. Die Stellparameter des Programms werden fortlaufend im Soll-Istwertvergleich mit den Achsen geregelt. Die Drahtführerbewegung kann dabei zwischen analoger und digitaler Arbeitsweise umgeschaltet werden. Infolge der Trennung zwischen Drahtführung und Rotation des zu bewickelnden Bauteils kann bei der Linearwickeltechnik die Anordnung von Produkt und Drahtführung vervielfältigt werden. So ist es möglich, auf mehreren Spindeln gleichzeitig zu wickeln.

Das Wickelprogramm ist in Abhängigkeit des Automatisierungsgrades und der Produktvielfalt, vor allem aber in Abhängigkeit von der Bedienerqualifikation in verschiedene Programmumgebungen für Wickelaufgaben eingeteilt. Diese können verschiedene Ebenen mit definierten Freiheitsgraden für die Einstellung der Maschine enthalten. Jede Programmoberfläche ist spezifisch für ein Wickelverfahren, da die Wickelroutine, der Satz an Prozessparametern zur Erzeugung des gewünschten Wickelschemas, typische Verfahrensparameter besitzt. In der Regel wird eine Wickelroutine für jedes Produkt, manchmal auch auf Basis der einzelnen Lagen angelegt. Ein Umrüsten der Maschine mit neuen Wickelwerkzeugen für neue Produkte muss in der Regel händisch durchgeführt werden, da häufige Produktwechsel eher die Ausnahme darstellen und eine Automatisierung nicht wirtschaftlich wäre. In der Wickelroutine werden Achsbewegungen und deren Parameter aufgezeichnet. Typische Parameter für eine Lage sind: Position und Breite des Wickelfensters, Anzahl Windungen, Steigung bzw. Drahtdurchmesser mit analoger oder digitaler Verlegung und Wickelgeschwindigkeit inkl. einer Start-/Stopp-Rampe. Eine Parameteränderung kann von Lage zu Lage vorgenommen werden, beispielsweise über die Verschiebung des Wickelfensters, eine Anpassung der Wickelgeschwindigkeit oder eine Anpassung des Drahtzuges. Bei komplexen Wickelschemata, beispielsweise dem Pilgerschrittwickeln, werden diese Parameter pro Segment angepasst (vgl. Abschnitt 3.1.2). Die Kopplung der Verlegebewegung zur Geschwindigkeit wird für das Linearwickeln über die Steigung eingestellt. Für das Nadelwickeln kann z. B. der Hub der Nadel durch einen Pleuel betätigt werden, weswegen eine Wartezeit für die Spulenkörperdrehung vorgesehen werden muss. Anschließend kann sich die Düse in den Nutschlitz des Spulenkörpers senken. Der Winkel der Drehung sollte daher für einen möglichst dynamischen Prozess möglichst klein sein.

Allen Steuerungsoberflächen ähnlich ist die Eingabemaske der Grundfunktionen, wie Ein-/Ausschalten der Maschine, Start-/Stopp der Operationen oder der Not-Aus-Schalter.

Die Steuerungstechnik hat die Aufgabe, die komplexen Bewegungsabläufe durch die Koordination verschiedener NC-Achsen zu implementieren. Die Zykluszeit bzw. erreichbare Produktivität wird durch die Steuerung maßgeblich beeinflusst. Für hochdynamische Wickelprozesse kann eine Programmierung auf NC-Ebene ohne Subroutinen durchgeführt werden.

Linearwickeln

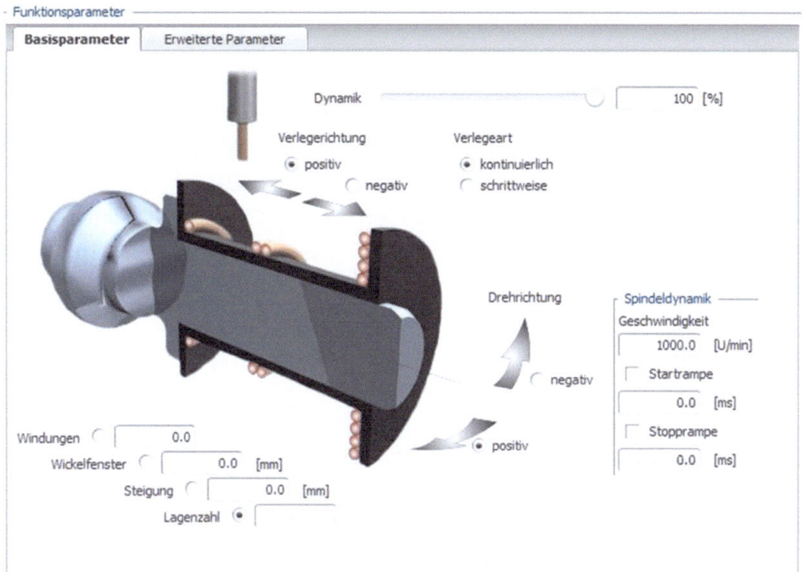

Nadelwickeln

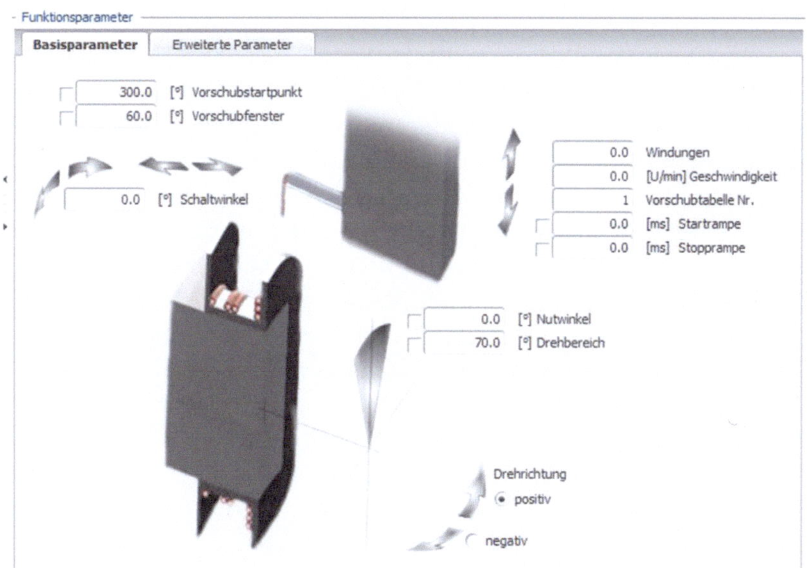

Abb. 3.37 Oberflächen zur Programmierung von Wickelmaschinen

3.3.4 Linearwickeltechnik

Einleitung

Einen großen Anwendungsbereich in der Fertigung elektrotechnischer Wickelgüter mit komplexen Wicklungsaufgaben stellt die Linearwickeltechnik dar. Der Name leitet sich aus der Charakteristik der Drahtverlegung ab. Der Draht wird parallel zum Spulenkörper linear von einem Spulenflansch zum anderen geführt, während der Spulenkörper rotiert. Das Grundprinzip dieser Fertigungstechnik ist es dementsprechend, einen rotierenden Spulenkörper bzw. ein Wickelwerkzeug mit einem isolierten Kupferlackdraht linear zu bewickeln.

Drahtzuführung

Je nach Spulendesign bzw. Wickelaufgabe wird eine unterschiedliche Menge an Kupferlackdraht benötigt. Die entsprechende Menge wird durch ein definierte Anzahl von Vorratsspulen bei der Maschine vorgehalten. Das Wickelmedium wird entweder aus einer Vorratstonne über Kopf abgezogen oder von einer sich drehbaren Rolle abgewickelt. Der Drahtvorrat kann bei dieser Art der Bevorratung bis 400 kg betragen. Zur besseren Zuführung des Drahtes können die Vorratstonnen auf Vorrichtungen aufgenommen werden. Dies ermöglicht insbesondere bei mehrspindligen Maschinen eine geordnete Zuführung des Drahtes zum Wickelobjekt. Unmittelbar nach dem Abspulen aus der Bevorratung kann eine Reinigung des Drahtes vorgenommen werden.

Aufgrund der Herstellung des Drahtes mit einem spezifischen Durchmesser und der sich angeschlossenen Drahtlackierung ist der Kupferlackdraht verunreinigt (vgl. Kapitel 2). Die anderen Materialien können beispielsweise Rückstände aus der Lagerung des Drahtes sein. Um eine Verschmutzung der Fertigungsanlage zu vermeiden, wird daher eine Reinigung des Drahtes mit einem Filzkörper vorgenommen. Der für den Wickelprozess benötigte Gleitmittelfauftrag muss jedoch erhalten bleiben. Im Anschluss an die Reinigung folgt die Führung des Drahtes durch das Drahtzugregelsystem mit beispielsweise Richtrollensatz, Bremsrad und Ausgleichssystem. Anschließend wird der Draht über den Drahtführer und seine lineare Kinematik auf den Wickelkörper geleitet. Die lineare Kinematik wird meist durch einen Motor und ein Getriebe zur Wandlung in eine lineare Bewegung ausgeführt. Dieser Ablauf ist in Abbildung 3.38 dargestellt.

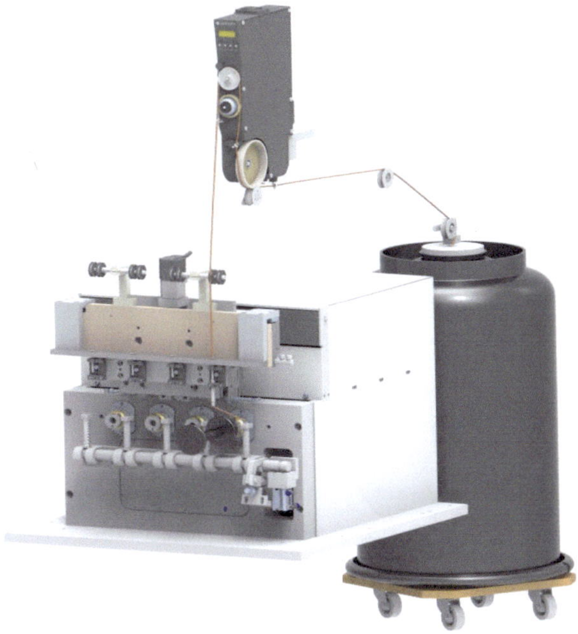

Abb. 3.38 Drahtverlauf in der Linearwickelmaschine

Bewegungsverteilung

Der Drahtführer inklusive Draht wird über das Verlegegetriebe zum Spulenkörper positioniert und führt in der Lineartechnik auch die Verlegebewegung aus. Im Gegensatz zu den anderen Wickelverfahren, wie dem Flyer- oder Nadelwickelnn ist der Drahtführer in seinen Freiheitsgraden damit eingeschränkt. Eine alternative Bewegungsaufteilung, wie die Integration der Verlegebewegung in die Rotationsachse des Spulenkörper, ist aufgrund der komplexen Kinematik nach heutigen Erkenntnissen nicht wirtschaftlich. Zusätzlich beeiflusst eine Bewegung an der Spulenseite das Ablageverhalten des Drahtes in den meisten Fällen negativ, bedingt durch die Entfernung des Drahtes vom Drahtführer (vgl. Abbildung 3.39).

Prozessvideo
Linearwickeln

Abb. 3.39 Darstellung des Linearwickelprozesses mit QR-Link-Prozessvideo

Wickelmaschinentypen

Für verschiedene Anwendungen sind am Markt unterschiedliche Maschinentypen verfügbar. Für die Linearwickeltechnik gibt es je nach Baugröße der Spule, Spuleneigenschaft und Produktionsstückzahlen verschiedene Wickelmaschinentypen, die nach ihrer Wirtschaftlichkeit zum Einsatz kommen. Es gibt von einfachen konventionellen Tischwickelmaschinen (vgl. Abbildung 3.40) bis zu komplexen Mehrspindelvollautomaten die verschiedensten Variationen von Fertigungsmaschinen. Die hohe Variantenvielfalt von Maschinentypen, die am Markt existiert, ist darin begründet, dass die Anlagen immer für einen spezifischen Fertigungsumfang ausgelegt werden müssen. Für eine hochflexible Fertigung von unterschiedlichen Wickelgütern wurde der Wickelprozess bereits mit einem Knickarmroboter [Küh-15] oder einer Parallelkinematik [Dob-11] implementiert. Die Vielzahl freiprogrammierbarer Achsen ermöglicht eine sehr flexible Prozessauslegung, ist aber aufgrund der hohen Prozesszeiten nur für den Prototypenbau geeignet. Dem gegenüber stehen Mehrspindelautomaten mit entsprechender hoher Auslastung an gleichen Bauteilen. Die wichtigsten Vorteile bei Mehrspindelmaschinen liegen in der Reduktion von Achsantrieben, einem geringen Bauraum bei guter Zugänglichkeit, welche nicht zuletzt durch eine sortierte und geringe Umlenkung des Drahtes erreicht wird.

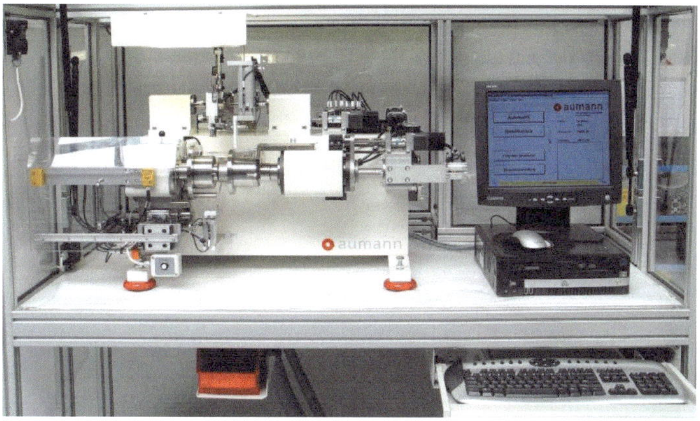

Abb. 3.40 Aufbau einer Tischwickelmaschine

Fertigungseigenschaften

Die Wickeltechnik von Kupferlackdraht hat zwischen den herkömmlichen Fertigungsverfahren einen besonderen Platz, da sie sich durch zwei grundsätzliche Merkmale charakterisiert. Zum einen besteht eine starke Abhängigkeit der Werkstück- und Prozesseigenschaften. Zum anderen ist der Kern der Wickeltechnik ein Umformprozess von einer auf der Vorratsrolle angelieferten Kontur des Drahtes in die gewünschte Wicklungsform. Für die klassischen Fertigungsprozesse, wie beispielsweise das Fräsen, sind die Einflüsse der Eigenschaften der Halbzeuge bzw. der Werkstücke nicht so gravierend auf das Prozessergebnis. Im Vergleich zu den herkömmlichen Umformungsprozessen, wie dem Schmieden, Biegen, Ziehen etc. werden in der Wickeltechnik zusätzlich spezielle bzw. produktspezifische Werkzeuge benötigt. Diese besonderen Eigenschaften der Wickeltechnik machen es unmöglich, eine Fertigungsmaschine am Markt zu platzieren, die sämtliche Wickelaufgaben bedienen kann. Vielmehr müssen zwangsläufig viele produktspezifische und wirtschaftliche Aspekte im Vorfeld untersucht werden, um einen geeigneten Fertigungsprozess auszulegen. Für einfache Wickelaufgaben und geringe Stückzahlen gibt es manuell zu bedienende Tischwickelmaschinen. Die eher einfachen Tischwickelmaschinen sind meistens mit zwei motorischen Achsen bestückt, bei der die eine die Rotationsbewegung, den Antrieb des Spulenkörpers oder der Wickelvorrichtung und die andere die Verlegebewegung ausübt. Bei diesem konventionellen Grundgerät ist der Einfluss des Bedieners auf den Wickelprozess sehr groß. Daher besteht auch eine höhere Fehleranfälligkeit für diese Spulenwickelprozesse. Da die Kostenverteilung zwischen Mensch und Maschine auf dem Weltmarkt unterschiedlich ist, sind Großserien über diese Technologie auf dem asiatischen Markt wesentlich häufiger vertreten. In Europa finden auch Tischwickelmaschinen ihren Absatz, wie z. B. in der Kleinserie oder in Testlabors. Hier werden die Geräte oft mit Sonderbaugruppen kombiniert, wie z. B. automatischem Drahtschneider oder zusätzlichen motorischen Achsen. So werden die einfachen Geräte zu sehr flexiblen Wickelmaschinen mit einer relativ geringen Investition.

Der Drahtführer

Die Hauptaufgabe der Drahtführerplattform ist die Aufnahme von Funktionselementen, wie dem Drahtführer, die unmittelbar für die Wickelaufgabe benötigt werden. Beispiele dafür sind Drahtklemmen, Drahtschneider oder Abisolierer. Der Drahtführer ist das letzte drahtberührende Bauteil vor der Verlegung des Drahtes. Im Fall eines Düsendrahtführers besteht er aus einem im Durchmesser dimensionierten Rohr, das dem Querschnitt des Drahtes angepasst ist. Dieses besteht entweder aus einer hochfesten Werkzeugstahllegierung oder aus Wolframcarbit und hat damit entsprechende Festigkeitseigenschaften, die den hohen Anforderungen gerecht werden. Die Drahtführerdüse ist an ihrer Drahteingangs- und Ausgangsseite mit Radien versehen und wird in seiner kompletten Innenkontur hochglanzpoliert, um die Reibung so gering wie möglich zu halten. Ebenso ist bei allen anderen Bauteilen, die in direkter Berührung mit dem Draht stehen und für den Transport im Prozess eine wichtige Rolle übernehmen, höchste Oberflächeneigenschaften ein Garant für lange reibungsarme Abläufe.

Spulenkörperaufnahmen/Wickelwerkzeuge

Ein wichtiger Bestandteil der Wickeltechnik sind Aufnahmen, die form- bzw. kraftschlüssig den Spulenkörper aufnehmen bzw. spannen. Typischerweise besitzen die Spulenkörper geometrische Eigenschaften, die eine Drehmitnahme über Formschluss gewährleisten. Die Aufnahme kann zusätzlich zur Spulenkörpermitnahme auch zur mechanischen Stabilisierung des Spulenkerns verwendet werden. Dafür wird ein kollabierender Kerns vorgesehen, der die Einschürung des Spulenkörpers vermindert (vgl. Abbildung 3.41). Weiterhin ist eine zentrische Lage zur Wickelachse, mit minimaler Unwucht, ein wichtiges Kriterium. Da sich die formschlüssige Verbindung oft als kostengünstigere Lösung herausstellt, sollte man im Vorfeld schon auf die Konstruktion vom Spulenkörper so einwirken, dass sich die Spulenkörpermerkmale zur Aufnahme in einer Wickelmaschine eignen.

Abb. 3.41 Typischer Aufbau eines Wickelwerkzeugs für die Linearwickeltechnik

Beginn des Wickelprozesses

Der eigentliche Wickelprozess beginnt damit, dass der Draht an einem Punkt fixiert bzw. terminiert wird. Erst so kann ein Drahtzug aufgebracht werden. Auch hier bieten sich verschiedene Möglichkeiten, die je nach Spulenkörper, Wickelaufgabe oder Prozessroutine ihre Anwendung finden. Dieser Punkt kann in Form eines Anwickelstiftes, der sich direkt an der Spule befindet, angebracht werden oder es muss an der Maschine bzw. am Werkzeug ein Hilfstift bzw. Parkierstift hierfür geschaffen werden. Dieser Startpunkt des

Drahtes muss viele wichtige Eigenschaften erfüllen. Er kann z. B. einen großen Einfluss auf die Verlegung der ersten Windung der Spule haben, da er die Position des Drahtes in der Prozessruhestellung definiert und durch seine Entfernung zum Wickelraum die entstehenden Drahtverluste bestimmt. Bei einer Tischwickelmaschine wird in den häufigsten Fällen der Draht per Hand an einer am Wickelwerkzeug befindlichen Drahtklemme befestigt. Der Befestigungspunkt kann ein einfacher runder Dorn sein, aber auch eine gefederte Klemme ist technisch möglich. Die Auswahl für die richtige konstruktive Lösung ergibt sich meistens aus dem Drahtdurchmesser und den geometrischen Bedingungen. Es gibt allerdings auch Spulenkörper mit sogenannten „Kontaktpfosten" oder „Spulenpfosten", die aus dem selben Material wie der Spulenkörper bestehen. Diese können die Form einer Rippe besitzen, an der der Draht befestigt wird. Somit wird der Draht eindeutig zur entstehenden Spule positioniert. Diese Spulenpfosten können vertikal oder axial zur Rotationsachse der Spule angeordnet sein. Dies ist ein wichtiger Punkt bei der Vorbetrachtung der Maschinenauslegung, da die Position der Kontaktpfosten bzw. Spulenpfosten zur Wickelrichtung mit dem Bewegungsablauf des Drahtführers genau abgestimmt werden muss. Aus diesem Grund werden die Fertigungsmaschinen auf das Produkt angepasst, weil separate Achsen integriert werden müssen, um die Bewegungsabläufe zu realisieren. Ein Vorteil der vollautomatischen Spulenfertigung ist das automatische Umwickeln der Spulenpfosten, allerdings müssen hier die baulichen Geometrien und die Umstände im Wickelraum eine besondere Betrachtung finden, da es sonst in dieser komplexen Kinematik zu Kollisionen kommen kann. Durch die flexible Gestaltung der Verfahrbewegungen innerhalb einer Fertigungsmaschine ist das Befestigen, bzw. das Terminieren, von Spulenpfosten oder Draht-Klemmvorrichtungen wesentlich einfacher zu gestalten. Eine schraubenförmige Bewegung der Drahtführerdüse um den Anwickelpfosten ergibt einen festen und präzisen Halt des Drahtes. Die Möglichkeit dieses vollautomatischen Arbeitsschrittes liegt in dem mehrachsigen Maschinenaufbau der Wickelmaschine, die wie bei herkömmlichen CNC-Bearbeitungsmaschinen frei programmierbar sind. Das ermöglicht je nach Ausstattung der Anlage eine flexible Gestaltung der Kontaktpfosten an dem Spulenkörper, allerdings sind immer die räumlichen Grenzen zu berücksichtigen. Je nach Art der elektrischen Kontaktierung der Spule und der Schnittstelle zum weiterführenden elektrischen Anschluss sind die Spulenpfosten oder Kontaktpfosten in Form von Schweißhaken, Gabelkontakten, Schneidklemmkontakttaschen, Stiften für das Lichtbogenschweißen oder Lötstiften ausgeführt. In einigen Fällen kann die Funktion der Drahtklemmung auch werkzeugtechnisch umgesetzt werden, sodass unter Verwendung einer Drahtsperre oberhalb der Drahtführerdüse am Drahtführer des Verlegesystems die Funktion der Parkierstifte überflüssig ist. In diesem Fall ist die Drahtlänge genau auf die Funktion der Kontaktierung abgestimmt, sodass es unter Umständen zu keinem Drahtrest kommt. Diese Arbeitsweise wird drahtverlustfreie Arbeitsweise genannt. Die drahtverlustfreie Arbeitsweise wird aus Kostengründen, aus Gründen der Verschleppung von Drahtresten in einer Fertigungsanlage für Spulen und aus Gründen der Kontaktierungsart verwendet. Speziell bei dem Lichtbogenschweißverfahren oder bei der Verwendung von Schweißhülsen ist eine überseilungsfreie Anwicklung des Kontaktstiftes manchmal notwendig. Die Überseilung des Drahtes am

Spulenstift ist immer bei der Verwendung von maschinenseitigen Parkierstiften vorhanden, da der Verbindungsdraht zwischen Spulenstift und Parkierstift die Drahtführung in den Wickelraum immer kreuzt. Bei dem Verfahren der überseilungsfreien Anwicklung wird der Startdraht der Spule erst nach dem eigentlichen Wickelprozess mit einer speziellen Vorichtung, die sich meist am Drahtführersystem befindet, angewickelt. In diesem Fall existiert kein Verbindungsdraht zu einem Parkierstift, sodass eine überseilungsfreie Anwicklung des Spulenstiftes möglich ist.

Parkierstifte

Ein maschinenseitig zusätzlich angebrachtes Bauelement, das den Draht hält, ist der Drahtparkierstift. Bei fortlaufenden Fertigungsprozessen, die entweder unter Berücksichtigung des Produktwechsels ausgeführt werden müssen, oder bei Spulenkörpern ohne Kontaktpfosten, die direkt auf Wickelwerkzeuge gewickelt werden, ist es notwendig, an den Werkzeugen separate Drahtklemmen oder noch zusätzlich Bauelemente zum Terminieren zu schaffen. Diese Stifte können entweder eine gefederte Klemme sein oder das Abbild eines Pfostens, der wie bei einem Terminiervorgang an der Spule umwickelt oder den Draht klemmt. Auch hier muss in der konstruktiven Auslegung darauf geachtet werden, dass der Wickelraum nicht verbaut wird, da die Drahtparkierstifte wie alle anderen Elemente den eigentlichen Wickelprozess nicht stören dürfen, aber für den Drahtführer erreichbar sein müssen, wie in Abbildung 3.42 dargestellt.

Abb. 3.42 Verwendung von Drahtparkierstiften

Vollautomatischer Wickelprozess inkl. Terminieren

Der Draht wird bei der vollautomatischen Fertigung an dem Drahtparkierstift befestigt und ist somit der Startpunkt des Wickelprozesses. Als nächster Schritt muss die Verbindung zum Spulenkörper oder dem Wickelwerkzeug geschaffen werden. Wie schon eingangs erwähnt, befinden sich am Spulenkörper entsprechende Kontaktpfosten oder eben am Werkzeug konstruktiv berücksichtigte Stifte oder Klemmen. Nach dem Terminieren an den vorgesehenen Terminiervorrichtungen (beispielsweise Stifte oder Klemmen) muss der Draht zwischen den beiden Kontaktpunkten getrennt werden. Vor dem eigentlichen Wickelprozess müssen die Drahtparkierstifte aus dem Fertigungsbereich herausgefahren oder geschwenkt werden, der entstandene Drahtrest kann zugleich entsorgt werden und ist somit ein Materialverlust. Die Vorrichtung muss für ein erneutes Terminieren drahtrestefrei sein. Im nächsten Schritt wird der Draht überseilt am Kontakt- oder Spulenpfosten und zum Wickelraum hin angewickelt. Nun kann auch bei der vollautomatischen Fertigung mit dem Wickelprozess begonnen werden. Durch die Kontaktierung des Drahtes und die genaue Positionierung der Drahtführerdüse zum Spulenkörper ist die Verlegung der ersten Windung definiert. Die weitere Verlegung kann durch die Linearachse des Drahtführers beeinflusst werden. Nach dem Wickelprozess wird in umgekehrter Reihenfolge der Draht an einem Kontaktpfosten der Spule oder an einer Drahtklemme am Werkzeug und später am Drahtparkierstift befestigt. Zwischen Spule und Drahtparkierstift wird der Draht wieder getrennt und der zyklische Prozess befindet sich wieder in seiner Startposition. Die entstandene Spule kann durch eine Automation oder per Hand entnommen werden, ein neuer Spulenkörper oder ein leeres Wickelwerkzeug muss der Maschine wieder zugeführt werden.

Manuelle Fertigung

Eine gewisse Problematik ergibt sich für den Bediener an einer Tischwickelmaschine, da er zwei lose Drähte bewältigen muss. Der Enddraht hat nach dem Trennen die Tendenz, sich von der Spule abzuwickeln, während der Anfangsdraht an der Spule durch die entstandene Wicklung fixiert ist. Neben der Drahthandhabung muss das gefertigte Produkt der Maschine entnommen werden. Meist müssen zusätzliche Arbeitsgänge vollzogen werden, um die Möglichkeit zu erzeugen, die Spule ohne einen Qualitätsverlust der Maschine zu entnehmen. Häufig wird der Enddraht manuell mit Tape gesichert.

Drahtklemmen bzw. Drahtsperren am Drahtführersystem

Beim direkten Anwickeln oder Klemmen des Drahtes am Spulenkörper oder an der Wickelvorrichtung ist eine Drahtklemme bzw. -sperre notwendig. Aufgrund der Trennung des Drahtes nach dem Wickelprozess und der Notwendigkeit einer möglichst konstanten Drahtlänge zum Terminieren des Drahtes, kann dieser nicht lose in den Führungselementen liegen, sondern muss auch zwischen den Wickelvorgängen fixiert bleiben. Diese Klemmung sollte so dicht wie möglich an die Drahtführerdüse konstruktiv positioniert werden und muss einen festen Halt des Drahtes gewährleisten. In den häufigsten Fällen wird die Klemmung während des Wickelprozesses pneumatisch gelöst und hält den Draht in nicht aktiver Phase mittels Federkraft, wie in Abbildung 3.43 dargestellt.

Drahttrennverfahren

Die verschiedenen Fertigungsanforderungen verlangen auch den Einsatz von unterschiedlichen Drahttrennverfahren. Die Drahttrennverfahren werden in Drahtreißen und aktives Drahtschneiden unterschieden. Die aktiven Drahtschneider können pneumatisch oder elektrisch betätigte Schneidklingen haben, die es für viele Anwendungen standardisiert gibt. Kupferlackdrähte können in der Regel bis zu einem Durchmesser von ca. 0.3 mm gerissen werden. Das Reißen erfolgt, indem man dicht am Pfosten der Spule mit einem Reißstift, oder dem Drahtführer selbst, entlangfährt und den Draht trennt (vgl. Abbildung 3.44).

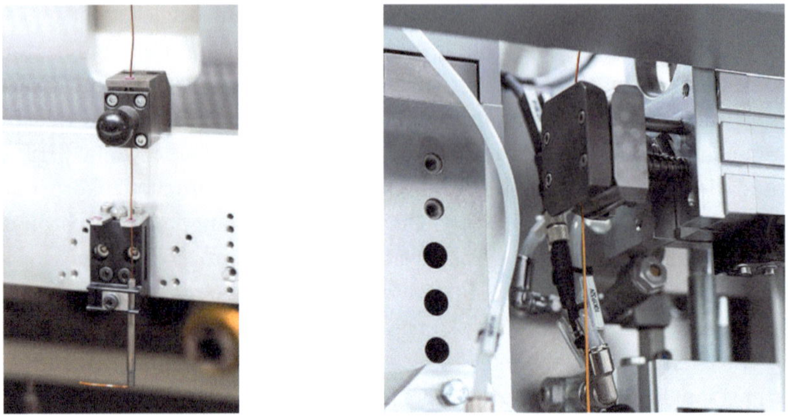

Abb. 3.43 Verwendung von Drahtklemmen bzw. Drahtsperren am Drahtführungssytem

Der Trennpunkt sollte dann dicht am Pfosten der Spule liegen, um ein nachfolgendes Kontaktierverfahren (Löten, Schweißen usw.) zu vereinfachen. Drahtüberstände sind grundsätzlich so gering wie möglich zu halten, da sie später zu Störungen im Betrieb des Produktes führen können. Es sind viele Sonderlösungen möglich, allerdings muss man grundsätzlich beachten, dass Hilfswerkzeuge wie Crimpzangen oder Drahtschneider dem Spulenkörper zugeführt werden müssen und zugleich ein ausreichender Abstand zum eigentlichen Wickelprozess gewährleistet werden muss. Die Bauteile, die die zusätzlichen Prozesse ausführen, dürfen die Bewegungsabläufe im Wickelprozess nicht stören. Häufig werden deswegen diese Zusatzelemente am Drahtführungssystem beweglich angeordnet, um sie aus dem Arbeitsbereich des Wickelprozesses fernzuhalten.

Abb. 3.44 Verwendung von Drahtschneidern, Drahtreißern

Anfangs- und Enddraht

In vielen Anwendungsfällen ist es sinnvoll, beidseitig Drahtparkierstifte und Drahtschneider zur Verfügung zu haben. Für die fortlaufende Verarbeitung von Drähten ist es wichtig, die Position von Anfangs- und Enddraht räumlich nahe beieinander zu haben, da die Endposition beim Wickeln einer Spule häufig die gleiche wie ihre Anfangsposition ist. Entsprechend sind detaillierte Vorüberlegungen zur Positionierung und Gestaltung der Drahtparkierstifte und -schneider sinnvoll. Es gibt auch Anwendungen, bei denen diese Bauelemente beidseitig der Spule angeordnet werden müssen, da sich sonst ein Folgeprozess nicht realisieren lässt. Des Weiteren werden die wickeltechnischen Produkte nach dem Wickelprozess an den terminierten Kontaktstellen oder am Anfangs- und Enddraht weiter bearbeitet, sodass auch diese wichtigen Fertigungsschritte mit berücksichtigt werden müssen, da gerade ein Drahtüberstand bei nachträglichen Schweißverfahren vermieden werden muss, aber bei einem nach dem Wickeln angeordnetem Abisolierverfahren Grundvoraussetzung ist. Ein Abisolieren des Drahtes beschreibt das Entfernen des Kupferlackes vom Draht.

Herstellung körperloser Spulen mit dem Linearwickelverfahren

Bei körperlosen Spulen wird der Draht direkt auf das Wickelwerkzeug gewickelt, wobei ein Adapterstück, Wickeldorn oder Wickelwerkzeug zur Realisierung verschiedener Spulengeometrien, auf die Antriebsspindel adaptiert wird. Es ist bei allen Aufnahmen und Wechseladaptern immer darauf zu achten, dass eine Drehmitnahme der Bauteile gewährleistet ist und der zu bewickelnde Körper zentrisch aufgenommen wird. Es können formschlüssige wie auch kraftschlüssige Mitnahmen eingesetzt werden. Körperlose Spulen können während des Wickelprozess mittels Heißluft belüftet werden, sodass sie direkt beim Wickeln verbacken werden und anschließend eine ausreichende mechanische Festigkeit zur Handhabung besitzen. Alternativ existieren weitere Verfahren, wie das elektrische Verbacken oder das Verbacken im Ofen. Der Begriff „Verbackspule" hat seinen Namen jedoch aus diesem ursprünglich verwendeten Verfahren. Das Aushärten des Lackes kann auch nach dem Wickeln durchgeführt werden. Wird während des Wickelvorganges verbacken, so ist die Kraftwirkung eines Luftstromes auf dünne Drähten für die Wicklung nicht unproblematisch. Daher ist auf eine passende Anordnung der Luftdüsen zum Wickelprozess zu achten, um eine gleichmäßig hohe Wickelqualität zu gewährleisten. Dieses und weitere Verfahren werden im Abschnitt 3.4.3 eingehend diskutiert.

Gegenlager

Zur Stabilisierung des Spulenkörpers und zur Aufnahme von Verlegekräften des Drahtes sind häufig Gegenlager notwendig. Da der Draht mit einem definierten Drahtzug verlegt wird, wirken auf den Spulenkörper oder den Wickeldorn seitliche Zugkräfte. Daher ist es für eine gleichbleibende Qualität auf der gesamten Verlegelänge von Vorteil, ein Gegenlager vorzusehen. Im Fall von einer weiten Ausladung des Spulenkörpers auf der Antriebsspindelseite, erzeugt ein Gegenlager die benötigte hohe Laufruhe und dadurch Stabilität für den Wickelprozess. Der Aufbau ist in Abbildung 3.45 dargestellt. Für die Herstellung von körperlosen Spulen sind Gegenlager eine notwendige Baugruppe. Da die Spulen in einer vordefinierten Breite aufgebaut werden und der Wickeldorn mit einer Seitenwand zum Anlegen des Drahtes gestaltet ist, muss eine zweite Seitenwand zugeführt werden, die sich am Gegenlager befindet. Nach der Wicklung der Spule wird das Gegenlager wieder zurückgefahren und die fertige Spule kann vom Wickelwerkzeug entnommen werden. Das Gegenlager kann auch Teil der Wickelvorrichtung sein, speziell bei manuell bedienten Maschinen. In vielen Anwendungsfällen ist der Innendurchmesser der Spulen so klein, dass eine Mitnahme des Gegenlagers nicht gewährleistet ist, sodass es zur Folge hat, dass beide Seiten synchron angetrieben werden müssen. Bei dem Bewickeln von Spulenkörpern greift das Gegenlager häufig auch in formschlüssige Konturen des Spulenkörpers ein. Aber nicht nur bei körperlosen Spulen, auch bei anderen Spulenkörpern, finden Gegenlager ihre Anwendung. Wie bei einer Drehmaschine fungiert das Gegenlager als Reitstock.

Werkstückträger als Gegenlager

Gegenlager im Schwenkrahmen integriert

Abb. 3.45 Aufbau mit Gegenlager

Schwenkrahmen

Für eine hohe Auslastung von mehrspindligen Linearwickelmaschinen können Schwenkrahmen mit beidseitigen Werkzeugaufnahmen, wie in Abbildung 3.46 dargstellt, eingesetzt werden.

Vollautomatische Linearwickelmaschine mit 20 Spindeln und Schwenkrahmen

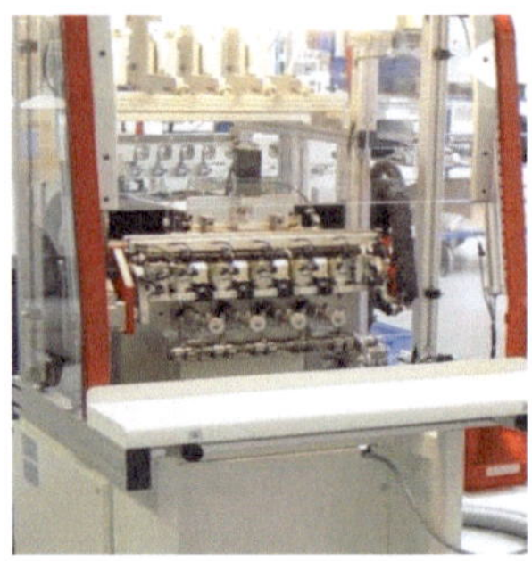

Linearwickelmaschine mit 4 Spindeln ohne Schwenkrahmen

Abb. 3.46 Aufbau mit und ohne Schwenkrahmen

Durch den Einsatz von Schwenkrahmen kann ein Entladen der fertigen Spulen und anschließendes Bestücken mit Spulenkörpern während eines Wickelprozesses für die nicht im Eingriff befindlichen Spulenaufnahmen durchgeführt werden. Als charkateristische Größe bestimmt die Wiederholgenauigkeit die Qualität des Wickelergebnisses. Diese wird vor allem durch das Schwenkgetriebe des Rahmens bestimmt.

Einflüsse auf die Fertigungsqualität der Spulen

Eine hohe Fertigungsqualität der Werkzeuge ist die Voraussetzung für entsprechende Qualität der Wickelgüter. Da alle Bewegungen während des automatischen Wickelprozesses über CNC-Achsen eingeleitet werden, ist es möglich, neben der viel verbreiteten wilden Wicklung auch orthozyklische Wicklungen herzustellen. Auch für besondere Wickelgeometrien sind diese Maschinen von ihrer motorischen Achsauslegung flexibel konzipiert. Präzise Wickelaufnahmen für Spulenkörper und eine gleichbleibende hohe Wiederholgenauigkeit für Adapter und Wechselaufnahmen sind Voraussetzungen für eine konstant hohe Qualität der gefertigten Wickelgüter.

Drahtverlegung bei unterschiedlichen Spulen

Mit der Linearwickeltechnik können sowohl runde, als auch eckige Spulen gewickelt werden. Die Drahtverlegung auf einer zylinderförmigen runden Spule ist durch den gleichmäßig ansteigenden Durchmesser, der sich durch die Befüllung des Spulenraumes ergibt, sehr konstant. Daher kann diese durch ein sensibles Verlegegetriebe und einem strukturierten Programmaufbau gut geordnet und mit einem konstanten Drahtzug verlegt werden. Im Gegensatz dazu spielt für die Herstellung von quadratischen oder rechteckigen Spulen die Drahtzugregelung eine besondere Rolle. Da es keine gleichmäßige Drahtgeschwindigkeit an der rotierenden Spule gibt, die sich aus sehr langen Wegen an den Flächenseiten der Spule und sehr kurzen Wegen an den Ecken ergeben, muss durch ein Drahtzugregelungsystem mit einem geeigneten Tänzersystem ein Ausgleich geschaffen werden (vgl. Abschnitt 3.2.2). Die Auslegungen der jeweiligen Systeme ist spezifisch auf die Anwendung angepasst, da die maximalen Drahtbelastungen je nach Durchmesser unterschiedlich ausfallen. Die geforderte Qualität ist für die Auslegung des Prozesses und des Drahtzugregelsystems das zentrale Kriterium. Letztendlich ist die Wechselbelastung, je nach geometrischem Aufbau des Spulenkörpers, dabei sehr verschieden. Typischerweise wird bei zu hohen Drahtlasten die Wickelgeschwindigkeit reduziert, um den Prozess stabil zu halten.

Drehzahl und Geschwindigkeit

Die Hauptbewegung beim Linearwickeln und somit die rotatorische Wickelbewegung geht von der Spule selbst aus. Eine lineare Verlegebewegung des Drahtführerröhrchens erzeugt die Verteilung in den Wickelraum. Bezogen auf eine Umdrehung der Rotationsachse wird in Abhängigkeit des Drahtdurchmessers entsprechend die Verlegeachse der Drahtführerdüse verfahren, so ergibt sich eine Verlegesteigung. Dabei werden Drehzahlen, speziell bei der Verarbeitung von dünnen Drähten, von bis zu 30.000 1/min erreicht. Es werden daher unter anderem an die Trägerelemente (z. B. Wickelkopf) der Antriebsspindel besondere Anforderungen gestellt, da durch den Werkstoff und durch die Konstruktion auftretende Schwingungen stark gedämpft werden müssen. Aus diesem Grund kommen Werkstoffe wie Gusseisen mit Lamellengraphit und zur Gewichtsreduzierung Aluminium-Gusslegierung zum Einsatz. Insbesondere die hohe Dynamik verlangt eine Anpassung der Maschinenkonstruktion an den produktspezifischen Prozess. In Abhängigkeit des Wicklungsdurchmessers werden während des Wickelprozesses an den Fertigungsmaschinen Drahtgeschwindigkeiten von bis zu 30 m/sec. erreicht. Die Wickelvorrichtung und Drahtführerkomponenten können als Wechselteil so gearbeitet sein, dass eine Linearwickelmaschine mehrere Spulenkörper, unter Berücksichtigung von Rüstzeiten, verarbeiten kann. Hierbei müssen allerdings einige Parameter der Gesamtanlage beachtet werden. Ein wichtiges Kriterium von Mehrspindelmaschinen ist der Achsabstand zwischen den einzelnen Wickelspindeln und deren Anzahl. Die Kenngrößen sind Spulengröße, Wicklungsqualität (orthozyklische Wicklung) und Drahtdurchmesser, die insbesondere im Zusammenhang mit der Windungszahl stehen.

Besondere Technologien in der Linearwickeltechnik

Eine Besonderheit ist die mehrfache gleichzeitige Verlegung von Drähten. Dabei wird zwischen dem Paralleldraht, Bifilarwickeln und der Zweidraht- bzw. Mehrdrahttechnik unterschieden. Das Paralleldrahtwickeln beschreibt das Wickeln von zwei Drähten auf zwei Spulen ohne ein zwischenzeitliches Parken des Drahtes. Das Biflilarwickeln beschreibt das zeitgleiche Wickeln von zwei Drähten auf einer Spule bzw. auf einen Wickelraum ohne Parken des Drahtes, aber mit einem separaten Terminieren. Das Wickeln von zwei oder drei Drähten nacheinander, mit Parken der anderen Drähte, während ein Draht gewickelt wird, wird als Zwei- bzw. Mehrdrahttechnik bezeichnet. Bei diesen Fertigungsverfahren ist insbesondere auf die Führungselemente und Umlenkungen eine gesonderte Aufmerksamkeit zu legen. Diese Wickeltechnik für zwei oder mehrere Drähten besitzt entsprechend für jeden Draht eine Drahtführerdüse (vgl. Abbildung 3.47). Die Kupferlackdrähte können den gleichen oder unterschiedlichen Durchmesser haben. Ein häufiger Anwendungsfall ist das Bewickeln von Transformatoren.

Ein weiterer Anwendungsbereich ist die Verarbeitung von Spulen mit verdrillten Drähten für den Drahtbereich des Terminierens am Anfang und am Ende einer Wicklung. Diese werden zwischen dem Ablaufsystem und dem Drahtführer durch eine bestimmte Verdralltechnik in die gewünschte Form gebracht und durch eine geeignete Drahtführerdüse auf die Spule geleitet.

Prozessvideo

Prozessvideo

Bifilarwicklung **Zwei-/Dreiddrahttechnik**

Abb. 3.47 Verarbeitung von mehreren Drähten mit QR-Links zu Prozessvideos

Bandagieren, Zwischen- und Deckisolation

Die Anforderungen an die Spulenherstellung bedingen in vielen Fällen auch das Isolieren von Spulen. Das Bandagieren der Spule kann in einem Zwischenschritt des Wickelprozesses aber auch an dessen Ende erfolgen. Um diesen Fertigungsschritt zu realisieren, werden häufig geeignete Baugruppen am Drahtführer integriert. Eine separate Anbringung der Baugruppe muss allerdings die Freiheitsgrade des Drahtführers berücksichtigen. Ist das nicht der Fall, werden Bandagiereinrichtungen in der Wickelmaschine als separate Baugruppe installiert.

Einstelllehren

Für Verschleißteile, aber auch für Achspositionen, sind Einstelllehren gut geeignet, um schnell und sicher Bauteile auszurichten. Der Drahtführer als verschleißbehaftetes Bauteil muss in der Linearwickeltechnik am häufigsten ausgetauscht werden. Um keine neuen programmtechnischen Anpassungen durchführen zu müssen, werden Düsenanschläge vorgesehen. Sind diese aus konstruktiven Gründen oder Kostengründen nicht möglich, werden Einstelllehren zur Düseneinstellung eingesetzt.

Wartung und Reinigung

Da vollautomatische Wickelmaschinen verschiedene Kinematiken implementieren, sind in den häufigsten Fällen auch viele Führungseinheiten verbaut. Die Hubbewegung der einzelnen Achsen wird in der Regel durch Kugelumlaufspindeln erzeugt. Diese müssen ebenso wie bei herkömmlichen Bearbeitungsmaschinen geschmiert und gepflegt werden. Durch den Einsatz von Faltenbalgen sind bei Serienmaschinen die Führungseinheiten oft vor äußerer Verschmutzung geschützt. Alle Bauteile, die mit dem Draht in Berührung kommen, sind verschleißbehaftet. Der Draht sollte, bevor er das Ablaufsystem erreicht, von überflüssigen Paraffinen und Fremdkörpern wie Staub gereinigt werden, sodass die Anlage nicht unnötig verschmutzt wird. Auch die zugeführten Spulenkörper sollten schon aus technischen Gründen in einem gereinigten Zustand der Anlage zugeführt werden. Da die Wickeltechnik eine spanlose Fertigung ist und es keine großen Abreibungen des Drahtes gibt, ist die Wickeltechnik eine sehr saubere Technologie und kann prinzipiell auch im Grau- bzw. Reinraum verwendet werden.

> Das Linearwickelverfahren ist ein sehr rationelles Verfahren aufgrund der Rotation des Bauteils und der einfachen Drahthandhabung. Die Taktzeit zur Herstellung eines Bauteils ergibt sich aus dem Quotienten von Zykluszeit eines Wickelvorganges und der Anzahl verwendeter Spindeln. Die vollautomatische Linearwickeltechnik auf mehreren Spindeln findet häufig da eine rationelle Anwendung, wo massearme Spulenkörper bewickelt werden, die rotationsfest sind, und eine hohe Auslastung von mehreren Wickelspindeln gefordert ist.

3.3.5 Flyerwickeltechnik

Einleitung

Die Namensgebung dieser Technologie ergibt sich ebenfalls aus ihrem Bewegungsablauf, bzw. durch das Verhalten des Drahtes beim Wickeln. Aus dem Englischen für eilen oder fliegen übernimmt die Wickelmaschine ähnlich wie bei den ersten Spinnmaschinen eine schnelle rotierende Bewegung für die Bewicklung des Bauteils. Der Spulenkörper ist fixiert aufgenommen und der Draht führt die Rotationsbewegung, in der Art einer kreisförmigen Bewegung, geführt durch einen Auslegerarm bzw. Flyer, um diesen herum aus. Dieses Hauptmerkmal unterscheidet im Wesentlichen dieses Verfahren von der Linearwickeltechnik. Üblicherweise wird auch hier die Verlegebewegung vom Flyerwickelkopf von einer motorischen Achse übernommen.

Beispielvideo Flyerwickeln

Flyerwickeln verteilter Wicklungen

Abb. 3.48 Darstellung des Flyerwickelverfahrens mit QR-Link zu Prozessvideos

Aus der Geschichte

Der Ursprung dieser Verfahrenstechnologie liegt in einem Verfahren mit direkt aufeinanderfolgenden Verfahrensschritten, auch Folgewickelverfahren genannt. Dieses wird als ein Rundtisch-Wickelverfahren mit Flyerwickelkopf seit Jahrzehnten praktiziert. Dafür wird ein Drehteller, eine Scheibe, die durch einen Motor definierte Rotationsbewegungen durchführen kann, verwendet. Am Umfang des Drehtellers, der auf einem Rundschalttisch zentrisch befestigt ist, werden Wickelwerkzeuge aufgenommen. Zwischen den Wickelwerkzeugen können sich Drahtklemmen befinden, die ebenfalls am Drehteller positioniert sind. Der Draht muss vor dem ersten Wickelvorgang an der davor liegenden Drahtklemme befestigt werden, bei der die Betrachtung immer im Sinne der Drehrichtung des

Tisches ist. Eine Bewegung des Flyerkopfes auf Fertigungsposition, die unmittelbar am Spulenanfang des Fertigungsteiles liegt, stellt den eigentlichen Prozessbeginn dar. Mit der Rotationsbewegung des Flyers beginnt die Bewicklung des Spulenkörpers. Ein Verlegehub zur Realisierung der Drahtsteigung muss ebenfalls vom Wickelkopf ausgeführt werden, da sich die Wickelaufnahmen samt Spulenkörper starr am Rundtakttisch befinden. Eine selbsständige Verlegebewegung der Spule ist bei dieser Technik aus den gleichen Gründen ungeschickt wie bei der Linearwickeltechnik. Zusätzlich ist die Energieversorgung auf einem taktenden Rundschaltisch komplex, wartungsanfällig und kostenintensiv. Nach dem Fertigungsprozess wird durch Weitertakten des Rundschalttisches der Enddraht der Wicklung mitgezogen und kann durch eine Drahtklemme, die durch einen externen Zylinder betätigt wird, geklemmt werden. Der Drehteller steht mit dem nächsten Wickelwerkzeug vor dem Flyerkopf bereit, eine einfache axiale Bewegung zum Werkzeug reicht aus, um den nächsten Wickelvorgang zu starten. Eine Drahttrennung vor der Entnahmestation ist zur Ausschleusung der fertigen Spule nötig, da die Spulen durch den Draht in direkter Verbindung sind. Bei dieser Technologie entsteht in den meisten Fällen ein Drahtrest, der größer ist als bei der Linearwickeltechnik. Dieser kann z. B. mit einer Zange und einem Hub aus der Anlage ausgeschleust werden.

Der Vorteil liegt in den geringen und kurzen Bewegungen der Fertigung und der damit verbundenen kurzen Taktzeit, denn einerseits liegt die Drahtklemme auf der gleichen Achse wie das Wickelwerkzeug und anderseits sind die Schaltzeiten und Wege des Rundschalttisches sehr kurz. Ein Terminieren an Kontaktpfosten ist für diese Technik nicht sinnvoll, da das Terminieren am Spulenkörper zusätzlicher Achsen bedarf.

Anwendung der Flyerwickeltechnik

In der heutigen Zeit haben sich mehrspindlige Vollautomaten mit Flyertechnologie für viele Fertigungsaufgaben durchsetzen können. Vor allen in der Bewicklung außengenuteter Statoren und Rotoren, in Kombination mit hohen Stückzahlen, werden die Vorteile dieses Wickelprozesses deutlich. Die Vorzüge für dieses Verfahren hängen im Wesentlichen vom Aufbau der zu bewickelnden Spulen und den damit verbundenen Anforderungen an das Wickelbild ab. Da ein Stator eine besondere Geometrie aufweist, nämlich eine außerzentrische Anbringung der Spule, gesehen von der Rotationsachse des Stators, kommen in Kombination mit der Vielzahl von Spulen auf diesem einen Körper die Besonderheiten des Flyerwickelns zum Tragen. Betrachtet man einen gleichmäßigen zylindrischen Stab, der mit einem Draht bewickelt werden soll, kann der Stab ohne Schwieirigkeiten in eine rotierende Bewegung versetzt werden, ohne dass dieser größere Schwingung aufnimmt. Das beruht auf der Eigenschaft des gleichmäßig gestalteten Volumenkörpers. Diese Laufruhe des rotierenden Körpers, auf den der Draht abgelegt wird, ist Voraussetzung für ein qualitativ hochwertiges Wickelbild. Können Spulenkörper aufgrund ihrer äußeren Geometrie nicht auf eine Spindel gespannt werden oder ist die auftretende Unwucht unzulässig hoch, so kommt die Flyerwickeltechnik zum Einsatz. Durch den umfliegenden Draht, der in einem relativen Abstand um den Spulenkörper kreist, ergibt sich zusätzlich die Möglichkeit, über Leitbacken auch sehr schmal gehaltene Zugänge zum Wickelraum eines außengenuteten Bauteils zu erreichen. Auch bei Spulenkörpern mit hohem Eigengewicht ist das Flyerwickelverfahren geeignet. Dies wird umso deutlicher, wenn der Massezuwachs des Wickelgutes durch den Wickelprozess in Betracht gezogen wird. Denn durch die Wicklung selbst können bei rotierenden Bauteilen ebenso Unwuchten erzeugt werden. Daraus ergibt sich allerdings eine weitere Bedingung für diese Technologie, denn es ist sinnvoll, nur Drähte mit $\varnothing \leq 0.6$ mm zu verarbeiten. Begründet liegt dies in der auf engstem Raum nötigen Umlenkung des Drahtes, bei sehr hohen Verlegegeschwindigkeiten. Einhergehend mit einer deutlichen Beschränkung der Prozessdynamik können auch Drahtdurchmesser bis 1,5 mm verarbeitet werden. Der Vorteil des Flyerwickelns liegt jedoch bei hohen Windungszahlen und geringeren Durchmessern, die mit hohen Wickelgeschwindigkeiten gefertigt werden können.

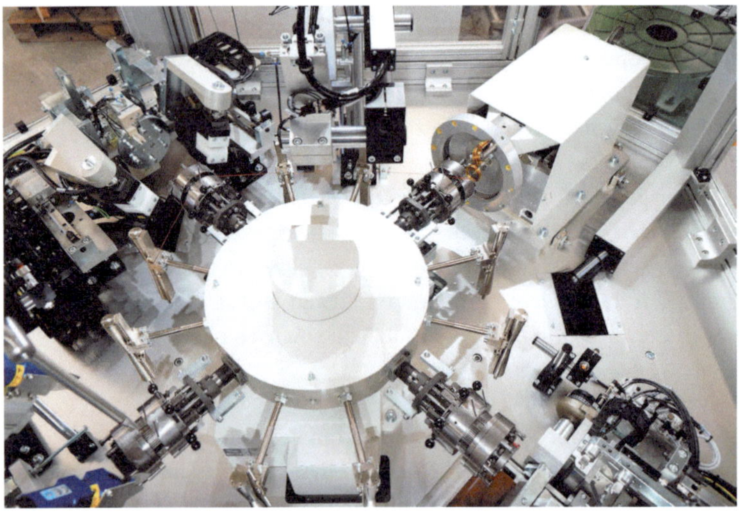

Prozessvideo

Abb. 3.49 Darstellung des Folgewickelverfahrens mit QR-Link zum Prozessvideo

Flyerarten

Durch die verschiedensten Anwendungsaufgaben, die sich in den letzten Jahren gestellt haben, sind neben vielen speziellen Flyertypen zwei besondere Arten entstanden, die sich durch ihren unterschiedlichen Aufbau charakterisieren lassen. Zum einen handelt es sich um den Scheibenflyer und zum anderen um den Glockenflyer (vgl. Abbildung 3.50). Beim Scheibenflyer gleicht die Außenkontur nur annährend einer Scheibe. Für die Drahtführung bzw. -lenkung lassen sich Umlenkrollen einsetzen, die den Draht schonender fördern. Der Grundkörper eines Glockenflyers ähnelt von der geometrischen Erscheinung einer Glocke. Zur Umlenkung des Kupferlackdrahtes werden in der Regel verschleißfeste Führungsbuchsen verwendet, die aus hochlegierten oder oxidkeramischen Werkstoffen bestehen. Der wesentliche Unterschied für die Auswahl des Flyers liegt in der Geometrie der Spule und damit der Anzahl der Windungen, der Steigung, in Lagenhöhe und

Spulenlänge. Durch die zum Teil weit ausgelagerte Drahtführerdüse kann beim Glockenflyer ein größerer Verlegeweg mit höheren Drahtzugkräften realisiert werden. Nachteilig ist allerdings die Masse am Flyer, die wiederum ein schlechteres Masseträgheitsverhalten und damit eine geringere Dynamik für den Fertigungsprozess darstellen kann. Der Glockenflyer ist in der Regel mit Düsen ausgestattet, die für kleinere Drahtdurchmesser hohe Drehzahlen bis 12.000 U/min erlauben. Der Scheibenflyer kann mit einem Düsendrahtführer oder Rollendrahtführer ausgestattet werden und eignet sich damit auch für höhere Drahtdurchmesser bis 1,2 mm mit Wickelgeschwindigkeiten von bis zu 3.000 U/min. Die beiden wichtigsten Kenngrößen des Glockenflyers und des Scheibenflyers sind sein Durchmesser und die Tiefe der Glocke.

Abb. 3.50 Vergleich von Glocken-, Scheiben- und Schablonenflyer (v.l.n.r.; Bildquelle (r.): Otto Rist GmbH & Co. KG)

Eine weitere Flyervariante, als Abwandlung vom Scheibenflyer, gibt es für die Statorenfertigung. Diese besitzen in der Rotationsmitte des Flyers Führungsleitbacken in Form einer Schablone und werden daher Schablonenflyer genannt. Ein inneres Segment des Werkzeuges, das an den Stator gefahren wird, komplettiert diese wichtigen Werkzeugsätze. Die Leitbacken werden als produktspezifische Werkzeuge für das jeweilige Produkt oder die Produktgruppe angepasst und sollten an den Berührungsflächen, die sich mit dem Draht ergeben, aus hochglanzpoliertem, korrosionsbeständigem Material bestehen, um dauerhaft Reibungsverluste zu kompensieren. Durch die einseitige Anbringung des Drahtführerarms, inklusive der Drahtführerdüse und der Umlenkungen, ist eine Unwucht gegeben, die mit höheren Drehzahlen eine größere Lagerbelastung erzeugt. Um diesem Einfluss entgegenzutreten muss der Flyer mit seinen kompletten Anbauteilen ausgewuchtet werden. Das Auswuchten der Flyerkopfscheiben, Glockenflyer- oder Flyerscheiben erfordert eine besondere Sorgfalt, da sie auch sicherheitstechnische Aspekte beinhalten.

Leistungsspektrum

Durch einen modularen Maschinenaufbau ist es möglich, einerseits flexible Folgewickelverfahren zu konzipieren, als auch andererseits linear angeordnete mehrspindlige Anlagen nach dem jeweiligen Bedarfsfall einzusetzen. Im typischen Fall des Folgewickelverfahrens wird dazu das benötigte Modul am Rundtakttisch integriert. In der Flyerwickeltechnik können Fertigungsgeschwindigkeiten bis zu 12.000 Umdrehungen/min auf der Flyerachse gefahren werden, wobei die Durchmessergröße des Flyers die machbaren Drehzahlen begrenzt. Der Scheibenflyer hat zur Umlenkung des Drahtes dem Drahtdurchmesser angepasste Führungsrollen, die mit Gleit- oder Wälzlagern auf Achsen gelagert sind und daher auch nur bis zu 6.000 Umdrehungen/min zulassen. Grundsätzlich wird mit einer der Wickelaufgabe angepassten Drehzahlkurve auf die Endwickelgeschwindigkeit mittels einer Beschleunigungs- und Bremsrampe hoch- bzw. runtergefahren. Dafür ist einerseits auf die Trägheitsmomente der Bauteile Rücksicht zu nehmen und andererseits auf einen gleichmäßigen Drahtzug zu achten. Bei der Gestaltung des Flyers ist die Anordnung der Umlenkpunkte und der Radienpunkt, an dem der Draht austritt, der letztlich die Umlaufbahn des Drahtes beschreibt, auf die Wickelaufgabe anzupassen. Die Auslegung der Umlenkpunkte stellen die kritischen Belastungspunkte des Drahtes dar. Sie grenzen die Möglichkeiten der Flyerdrehzahl ein und geben folglich die Fertigungsgeschwindigkeit des Gesamtprozesses vor. Es ist möglich, auch mit dem Flyerwickelverfahren orthozyklische Wicklungen herzustellen, hierbei ist ein Eigenführungsverhalten des Drahtes auf der Spulenoberfläche von Vorteil. Dieses beschreibt eine Ablage des Drahtes, welche durch die Eigenspannungen des Drahtes und eine Orientierung am Wicklungsgrund positiv beeinflusst wird. Durch mitgeführte Leitbacken kann dieser Prozess zusätzlich unterstützt werden. Ist eine Flyermaschine mit einem CNC gesteuerten Verlegegetriebe ausgestattet, das zumeist aus drei voneinander unabhängigen servomotorischen Achsen besteht, sind ausreichend räumliche Freiheitsgrade vorhanden. Auch bei dieser Anordnung ist es möglich, den Wickelkopf mit einer mehrfachen Anzahl von Wickelachsen zu bestücken und eine Vervielfältigung der Produktion zu ermöglichen. Bei Mehfrachanordnung ist ein Folgewickelverfahren jedoch nur sehr stark eingeschränkt möglich. Diese rationale Anordnung findet häufig in der Produktion von hohen Stückzahlen ihre Anwendung. Die servomotorischen Antriebe für die Achsen des Verlegegetriebes müssen den entsprechenden Gegebenheiten angepasst werden und immer dynamisch ausgelegt werden. Grund dafür ist, dass der Wickelkopf von seinen geometrischen Abmaßen zwar sehr kompakt ist, aber verschiedene Gewichte auf das Verlegegetriebe wirken, welche aufgrund des motorischen Achsantriebes inklusive unterschiedlicher Anzahl Wickelspindel und Flyerköpfe entstehen. Ein stabiler und schwingungsdämpfender Maschinenbau ist unbedingt notwendig, da nahezu alle Bewegungen in einer Richtung stattfinden. Diese Anwednung findet in der Regel unter Verwendung eines Düsenflyers statt, da hier auch ein Terminieren von Spulen- oder Kontaktstiften möglich ist.

Vollautomatischer Wickelprozess

Die Terminierung an Drahtparkierstiften oder an Kontaktpfosten kann wie bei der Linearwickeltechnik gestaltet sein. Eine mehrfache Anordnung von Flyerachsen, die je nach wirtschaftlichen und technischen Gesichtspunkten abgewägt werden sollte, ist ebenfalls möglich. Es können auch gleiche Baugruppen (Verlegegetriebe) wie in anderen Wickeltechniken verwendet werden. Die bauliche Anordnung von Zusatzbaugruppen wie Drahtparkierstift, aktiven Drahtschneidern oder Crimpzangen, ist von den zu verarbeitenden Produkten abhängig und kann wegen deren unterschiedlichen Geometrien nur selten standardisiert erfolgen. Da sich der Wickelraum durch den rotierenden Flyer komplett um die Spule befindet, ist auch hier ein Zustellhub der zugeführten Baugruppen notwendig. Zum Befestigen des Drahtes, gleich ob an einem Drahtparkierstift oder an einem Kontaktpfosten, muss der Flyerkopf in Verlegerichtung aber auch in seiner Winkelstellung eine bestimmte Position anfahren. Es sollte auch berücksichtigt werden, dass bei einer Statorfertigung neben der eigentlichen Bewicklung oft auch eine umfangreiche Verschaltung der einzelnen Spulen realisiert werden muss, was zu einer aufwendigen Terminierung um und an Kontaktpfosten führt. Diese speziellen Anforderungen haben einen großen Einfluss auf die Länge und Winkelstellung der Drahtführerdüse eines Düsenflyers. Für zusätzliche Schlaufenverlegungen können auch Dorne oder Hebel in den Wickelraum eingefahren werden. Die Flyertechnologie kann wie die Linearwickeltechnik als ein drahtverlustfreies Verfahren gestaltet werden, es müssen allerdings die entsprechenden Voraussetzungen, wie Klemmkontakte an den Produkten, geschaffen sein. Auch die Drahttrennung kann wie bei anderen Wickelverfahren aktiv, durch angebrachte Drahtschneider oder durch Reißen realisiert werden. Da in den häufigsten Fällen ein dünner Draht verwendet wird, was für dieses Verfahren charakteristisch ist, wird meistens auf das kostengünstige Reißen zurückgegriffen.

Aufnahme, Gegenlager, Werkzeuge

Bei einem Folgewickelverfahren an einem Rundtisch sind die Aufnahmen der Spulenkörper ähnlich oder gleich gestaltet und aufgebaut wie bei der Linearwickeltechnik. Zum Bewickeln des Spulenkörpers muss dieser verdrehsicher gespannt werden. Diese Aufnahme und der Flyer werden spezifisch für die Wickelaufgabe ausgelegt. Bei der Bewicklung von Statoren muss der Spulenkörper zentrisch zum Flyer positioniert sein. Alternativ kann er bei einer vollautomatischen Fertigung durch eine Aushubstation in den Wickelraum transportiert und positioniert werden.

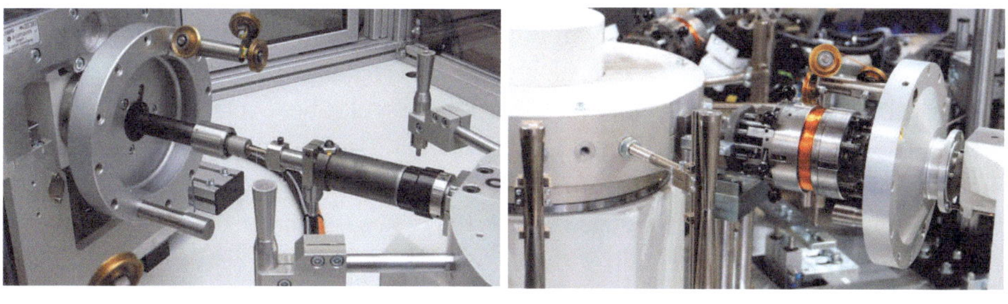

Abb. 3.51 Aufbau eines Flyerwicklers mit und ohne Gegenlager

Da die aus stanzpaketierten Blechen bestehenden Statoren teilweise über ein großes Eigengewicht verfügen, sind entsprechende Dimensionierungen der Aufnahmen notwendig. Der Stator wird in seine Achsrichtung vertikal aufgenommen und über seinen Durchmesser fixiert. Ein Gegenlager ist bei dieser Fertigung unabdingbar, da durch die rotatorische Bewicklung des Körpers Zugkräfte am Stator vor allem in Richtung beider Stirnseiten des Körpers wirken. Ein weit ausgelagerter Spulenkörper erreicht nur mit einem geeigneten

Gegenlager entsprechende Laufruhe. Des Weiteren ist für eine vollautomatisierte Fertigung eine rotatorische Mitnahme und damit ein Schaltmechanismus notwendig, um den Stator innerhalb einer Fertigungsroutine von Zahn zu Zahn zu takten. Weitere wichtige Bauelemente zur Fertigung von Statoren sind die Leitbacken, die letztendlich für das Hineingleiten des Drahtes in den Wickelraum verantwortlich sind und somit auch produkt- oder produktreihenspezifisch angefertigt werden müssen. Für die Qualität der Aufnahmen und Gegenlager gilt der gleiche Grundsatz wie bei der Lineartechnik, für eine gute Wicklungsqualität sind präzise Werkzeuge und hohe Positioniergenauigkeiten allerdings ohne ein Wuchten notwendig.

Abb. 3.52 Varianten von Führungsbacken/-blechen

Drahtverlauf

Die Umlenkung des Drahtes und somit die Führungselemente haben einen großen Einfluss auf die wickeltechnischen Möglichkeiten einer Fertigungsmaschine. Der Kupferlackdraht wird wie bei der Lineartechnik von einer Vorratsspule über ein Drahtzugregelsystem geleitet, das die entsprechende Drahtspannung erzeugt. Dann wird der Draht direkt durch die Antriebsspindel des Flyers, über Umlenkungen zur Drahtführerdüse transportiert. Die Herausforderung liegt darin, den angetriebenen Flyer so zu gestalten, dass der Draht durch die Verbindung Antriebswelle – Flyer zu einem äußeren Durchmesser des Flyers gelangt, wo sich die Drahtführerdüse, eine Drahtführerbuchse oder eine Umlenkrolle befindet. Dabei muss unter Umständen zusätzlich eine nicht rotierende Aufnahme im Zentrum des Flyers vorgesehen werden, welche z. B. die Fixieurung des Gegenlagers oder von Leitbackenelementen zur Bewicklung von außengenuteten Bauteilen ermöglicht. Da die Spitzendrehzahlen des Flyers sehr hoch sind, muss gerade bei den Umlenkungen des Drahtes eine besondere Sorgfalt bei der Auswahl der Führungselemente und Lagerstellen beachtet werden. Ist ein zusätzlicher Verlegehub des Flyerarmes verbaut, wird die Konstruktion noch komplexer.

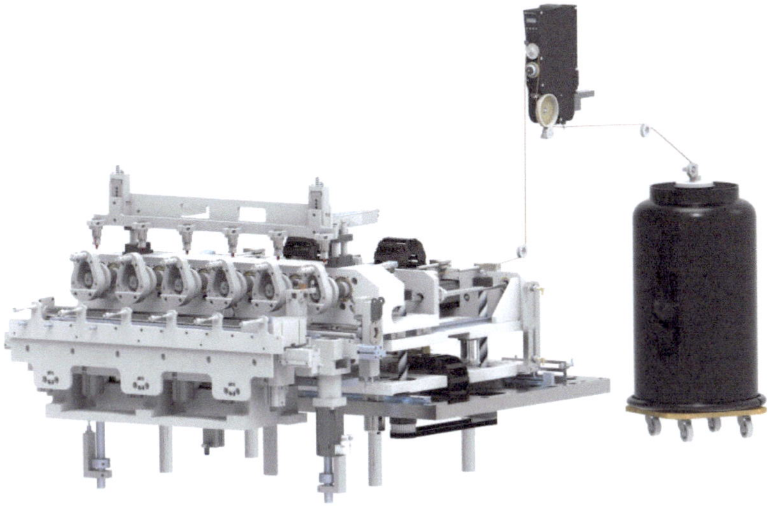

Abb. 3.53 Darstellung des Drahtverlaufs im Flyerarm

Besonderheiten Drahtverlegung

Ausgleichselemente zur Drahtzugkompensation wie auch Leitelemente zur Drahtführung sind oft notwendige Bestandteile der Flyerwickeltechnik. Auch bei der Flyerwickeltechnik herrschen ähnliche Problematiken wie bei der Linearwickeltechnik. Die Drahtverlegung auf einer runden Zylinderspule ist relativ gleichmäßig und mit einer konstanten Drahtzugspannung gut zu verlegen. Da das Flyerwickelverfahren auch zur Statorenbewicklung eingesetzt wird und ein Statorzahn oft lang und schmal gestaltet ist, kommen auch bei dieser Technologie aufgrund des unterschiedlichen Eckenverhältnisses unterschiedliche Verlegelängen auf einer Umdrehung des Flyers zustande. Allerdings stellen sie sich nicht so gravierend dar wie bei anderen Techniken, denn der Umlaufdurchmesser der Drahtführerdüse muss ohnehin so weit ausgelegt werden, dass ein vernünftiges Abgleiten des Drahtes über die Leitbacken in den Statorraum gewährleistet ist. Kann kein geeigneter Drahtzug erreicht werden, sollte zum Ausgleich der Verhältnismäßigkeiten nach dem Drahtzugregelsystem ein Ausgleichssystem (Tänzersystem) vorgesehen werden. Für bestimmte Drahtdurchmesserbereiche gibt es auch kombinierte Geräte, die schon im Vorfeld den Prozess abgesicherter gestalten lassen, aber auch bei der Flyerwickeltechnik ist die Auslegung der Drahtzugregelsysteme in der jeweiligen Anwendung zu sehen und ein entscheidender Punkt zur Erreichbarkeit von hohen Wickelqualitäten.

Körperlose Spulen

Die Herstellung von körperlosen Spulen hat in der Flyerwickeltechnik eine besondere Rolle. Zur Herstellung von Statoren mittels Einziehtechnik (vgl. 3.3.8.) werden die benötigten Spulen in einem ersten Arbeitsschritt über das Flyerwickelverfahren vorgefertigt. Aufgrund des drehbar gelagerten Werkzeuges werden dafür verschiedene Spulen mit unterschiedlichen Windungszahlen auf einzelne Lamellen abgelegt. Durch dieses besondere Art der Ablage können verteilte Wicklungen auf dem Werkzeug erzeugt werden (vgl. 1.3.4.).

Abb. 3.54 Flyerwickler mit 3-Achs-Verlegesystem

Wartung und Reinigung

Auch bei den vollautomatischen Flyerwickelmaschinen sind durch die komplexe Kinematik viele Führungselemente verbaut, die entsprechende Wartungs- und Pflegearbeiten in bestimmten Intervallen benötigen. Ein Wartungsplan gibt Aufschluss über die Häufigkeit und die Art und Weise, wie die Wartungsarbeiten ausgeführt werden müssen. Die Verschleißteile, besonders die Teile, die in ständiger Berührung mit dem Draht stehen, müssen regelmäßig erneuert werden. Ein gereinigter Draht ist Voraussetzung für hohe Wickelqualitäten und gute Führungseigenschaften des Kupferlackdrahtes. Aufnahmen für Spulenkörper oder Statoren und Leitbacken sollten in gehärteter und hoch polierter Qualität gefertigt und erhalten werden. Eine besondere Aufmerksamkeit ist den Flyerscheiben oder -köpfen zu schenken, da sie mit ihren filigranen Drahtführungsverläufen eine wichtige Baugruppe in dieser Technik sind. Scheibenflyler mit Rollendrahtführer stehen wegen ihrer Wälzlagerung im Fokus. Diese wird wegen der auftretenden Satellitenbewegung besonders beansprucht.

Das Flyerwickelverfahren ist ein sehr kostengünstiges Verfahren, da die Anzahl an NC-Achsen im klassischen Fall im Vergleich zu den anderen Verfahren geringer ist. Typische Anwendungen sind Spulen mit hoher Windungszahl mit einem wilden Wickelschema und das Ankerwickeln. Die Flyerwickeltechnik ist aufgrund der typischweise fehlenden Terminierung ein Wickelverfahren mit vergleichsweise kurzen Taktzeiten.

3.3.6 Nadelwickeltechnik

Einleitung

Der Begriff Nadelwickeltechnik leitet sich nicht wie bei den vorhergehenden Wickelverfahren aus der Art der Verlegung ab, sondern vielmehr aus dem Geometrieaufbau des Drahtführers bzw. dem der Düse. Der Drahtführer, der wie eine Nadel wirkt, fährt den kompletten Verlegeweg direkt am Spulenkörper ab und weist damit den hauptsächlichen Unterschied zu den vorangegangenen Wickelverfahren auf. Im Vergleich zu den anderen Wickelverfahren besitzt die Nadelwickeltechnik längere, dem zu bewickelnden Bauteil angepasste, Düsen (vgl. Abbildung 3.55).

Der Spulenkörper ist typischweise, wie bei der Flyerwickeltechnik, fest eingespannt. Eine Ausnahme bilden Nadelwickelsysteme, die eine feste Einspannung des Spulenkörpers zulassen und eine Rotationsbewegung ausführen. Für die Drahtverlegung ist aber immer eine rotative Bewegung des Bauteils notwendig. Beim Wickeln kann es daher schwenkbare Nadelträger geben. Der Draht wird allerdings nicht über eine Kreisbewegung abgelegt, sondern in einem direkten Bewegungsablauf, der nahezu mit der Geometrie der Wicklung identisch ist. Die Terminierungen der einzelnen Wicklungen, die produktspezifisch und sehr unterschiedlich sind, werden in den meisten Fällen vollautomatisch gefertigt. Dadurch ist dieses Wickelverfahren auch bei hohen Polzahlen sehr kostengünstig und zuverlässig. Die Nadelwickeltechnik wird hauptsächlich bei Produkten mit dickeren Drähten und geringeren Windungszahlen eingesetzt und steht im direkten Gegensatz zur Flyertechnik, die dünne Drähte mit einer hohen Windungszahl wirtschaftlich verarbeiten kann.

Demonstrationsvideo 1 **Demonstrationsvideo 2** **Demonstrationsvideo 3**

Abb. 3.55 Darstellung des Nadelwickelprozesses mit QR-Links zu Prozessvideos

Die Anwendungen

Um die Nadelwickeltechnik genauer zu betrachten, werden drei Anwendungsfälle unterschieden. Diese Anwendungsfälle charakterisieren die Produktgruppen der außengenuteten Statoren, der innengenuteten Statoren und der Polketten-Bewicklung. Für das Bewickeln von herkömmlichen runden, quadratischen oder rechteckigen zylindrischen Spulen ist die Nadelwickeltechnik eher ungeeignet, denn andere Verfahren können für diese Spulen wesentlich wirtschaftlicher arbeiten.

Von daher steht gerade die Bewicklung von Statoren im Vordergrund dieser Technologie. Analog zur Flyerwickeltechnik werden auch bei diesem Verfahren alle Verlegebewegungen vom Drahtführer ausgeführt. Allerdings erfolgt die Rotation nicht über eine Kreisbewegung. Stattdessen wird direkt am Polschuh des Stators bzw. am Umfang des Zahnes entlang verfahren. Die daraus resultierenden dynamischen Herausforderungen stellen eine besondere Herausforderung für die Fertigungsmaschinen dar und beschränken die produzierbaren Windungszahlen pro Minute im Vergleich zu den anderen Verfahren.

Bei den Polketten handelt es sich um mehrere linear aufgereihte und aneinanderhängende Einzelpole, die nach der Bewicklung zu einem Stator zusammenmontiert werden. Durch die vorhandene Verbindung müssen die Einzelpole lediglich zu ihrer runden Statorform zusammengeführt werden. Eine Übersicht der Bauteile ist in Abbildung 3.56 dargestellt.

Polketten **Innengenutete Bauteile** **Außengenutete Bauteile**

Abb. 3.56 Anwendungsfelder von Nadelwickelmaschinen

In den häufigsten Anwendungsfällen werden in der Nadelwickeltechnik dickere Drahtdurchmesser verarbeitet. Aus aus diesem Grund werden an Drahtführer und Drahtführerdüse besondere Anforderungen gestellt. Gerade bei der Nadelwickeltechnik wird deutlich, dass die Wickeltechnik den Umformprozessen zugeordnet ist.

Maschinentypen

Durch die verschiedenen Produktgruppen gibt es gerade in der Nadelwickeltechnik sehr verschiedene, spezielle Fertigungsmaschinen. Da eine hohe Nachfrage an verschiedensten Motoren mit relativ dicken Drähten und hohen Füllfaktoren vorhanden ist, haben sich in der Nadelwickeltechnik spezielle Arten herausgebildet. Für die Geometrien eines Stators kann es schon von entscheidender Bedeutung sein, ob der Statorrohling, vertikal oder horizontal aufgenommen wird und welche dynamischen Ziele erreicht werden können (vgl. Abbildung 3.57).

Abb. 3.57 Aufbauarten – Links: Vertikaler Aufbau, Rechts: Horizontaler Aufbau

Der vertikalen Anordnung von Statoren sind oft Grenzen darin gesetzt, dass sich sehr lange Nuten aus dynamischer Sicht horizontal gleichmäßiger verlegen lassen. Bei sehr kurzen Nuten und damit auch kurzen Verlegehüben kommen auch mechanische Kurvensteuerungen oder synchronisierte Servoantriebe für eine hohe Wickelgeschwindigkeit zum Einsatz. Auch für die Kettenwicklung werden in der Regel spezielle Nadelwickelmaschinen konzipiert, die durch einen systematischen Aufbau an die entsprechenden Wickelaufgaben mehr oder weniger angepasst werden (vgl. Abbildung 3.58).

Abb. 3.58 Polkettenwickler

Der Grundaufbau von Nadelwickelsystemen einschließlich des Verlegegetriebes kann in den häufigsten Fällen standardisiert werden und hat gewisse Abstufungen, die sich von der Anzahl der gleichzeitig zu fertigenden Statoren und deren Größe unterscheiden. Das zeigt, dass auch bei der Nadelwickeltechnik aus wirtschaftlichen Gründen eine sinnvolle Duplizierung oder Vervielfältigung der Drahtführer möglich ist. Der zu verarbeitende Drahtdurchmesser muss dabei auch immer berücksichtigt werden, denn umso größer dieser ist, desto höhere Kräfte müssen beim Verlegen aufgebracht werden und eine stabilere Auslegung der Anlage muss betrachtet werden. Aufgrund maximaler Auslastung der Fertigungsanlagen werden in vielen Fällen die Anlagen mit Wechselteilen oder Wechselbaugruppen ausgestaltet, um mehrere Produkte auf jenen zu bewickeln. Die Abgrenzung der machbaren Fertigung verschiedener Statoren ist dabei z. B. in der Nutschlitzbreite zwischen den Polschuhen und dem damit definierten Abstand der Statorzähne oder der Statorlängen gegeben.

Drahtförderung und Drahtverlauf zum Drahtführer

Der Draht wird, wie bei den vorangegangenen Verfahren, aus einer Vorratstonne über Kopf abgezogen und über ein Drahtzugregelsystem zum Drahtführer geleitet (vgl. Abbildung 3.59). Bei außengenuteten Statoren, die vertikal bewickelt werden, und bei Kettenwicklern wird oftmals die Drahtbevorratung vor die Fertigungsanlage verlegt, dadurch lassen sich unnötige Umlenkungen vermeiden, die sich negativ auf die Drahtqualität auswirken. Die Regelsysteme sind üblicherweise für bestimmte Drahtdurchmesser abgestuft und müssen entsprechend der Wickelaufgabe ausgelegt werden.

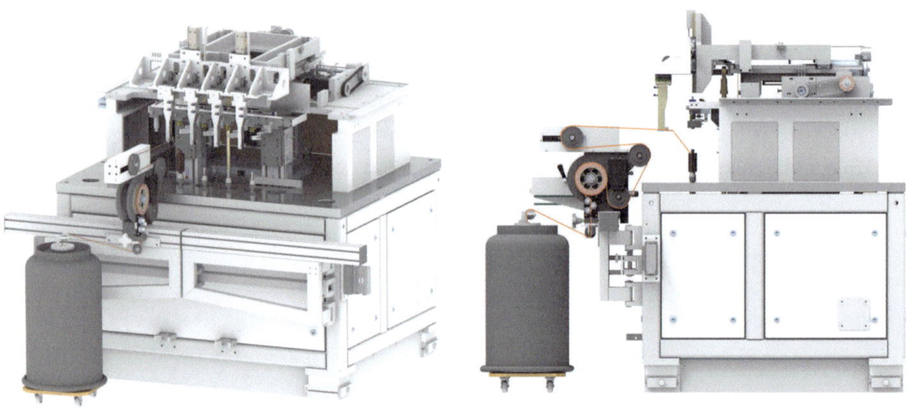

Abb. 3.59 Drahtführung in der Maschine

Das am Kupferlackdraht behaftete Gleitmittel hat bei der Nadelwickeltechnik eine sehr wichtige Aufgabe und sollte möglichst bis zur eigentlichen Verlegung mitgeführt werden. Die auf den Draht wirkenden Reibungskäfte in den Drahtführungselementen werden durch das Gleitmittel reduziert. Dies wirkt sich schonend auf Werkzeuge und die Maschine aus.

Der Drahtführer bzw. Nadelträger

Auch bei der Nadelwickeltechnologie werden besondere Anforderungen an den Drahtführer gestellt. Durch das tiefe Eingreifen in den Polschuh ist die Nadel oft länger gestaltet als bei den vorangegangenen Wickelverfahren. Die Drahtführerdüse wird in dieser Technologie auch als Nadel bezeichnet. Ein dem Drahtdurchmesser angepasster Innenradius, der von seiner Oberflächenstruktur hoch poliert ist, hat einen sehr großen Einfluss auf die Wickelqualität. Der Draht tritt häufig in einem spitzen Winkel aus der Nadel und wird an dieser Stelle, wie auch die Nadel selbst, sehr hoch beansprucht. Für das Terminieren und Verlegen des Drahtes an der Stirnseite von Statoren muss die Nadel um einen Winkel geschwenkt werden. Diese Problematik gestaltet sich vor allen bei innengenuteten Spulenkörpern schwierig, da der Stator selbst den Bauraum für den Drahtführer vorgibt. Eine Besonderheit an der Bewicklung von Zahnketten, bei denen die Polschuhe linear angeordnet sind, besteht in der Möglichkeit, 3 Phasen gleichzeitig zu wickeln. Eine Verschaltungsterminierung nach dem Wickelprozess ist bei Polketten nicht üblich, diese wird durch andere Technologien nach dem Runden des Stators praktiziert. Auch bei der Nadelwickeltechnik kann eine Vervielfältigung der Drahtführer vorgenommen werden und können somit mehrere Statoren mehrere Phasen gleichzeitig gewickelt werden. Eine entsprechende Anpassung der anderen maschinellen Baugruppen muss allerdings berücksichtigt werden. Da bei allen Nadelwickelverfahren immer das kritische Maß zwischen den Polschuhen zu beachten ist, wirkt sich dies auch auf die Dimensionierung der Drahtführerdüse aus. Der Aufbau des Nadelträgers ist in Abbildung 3.60 zusammemgefasst.

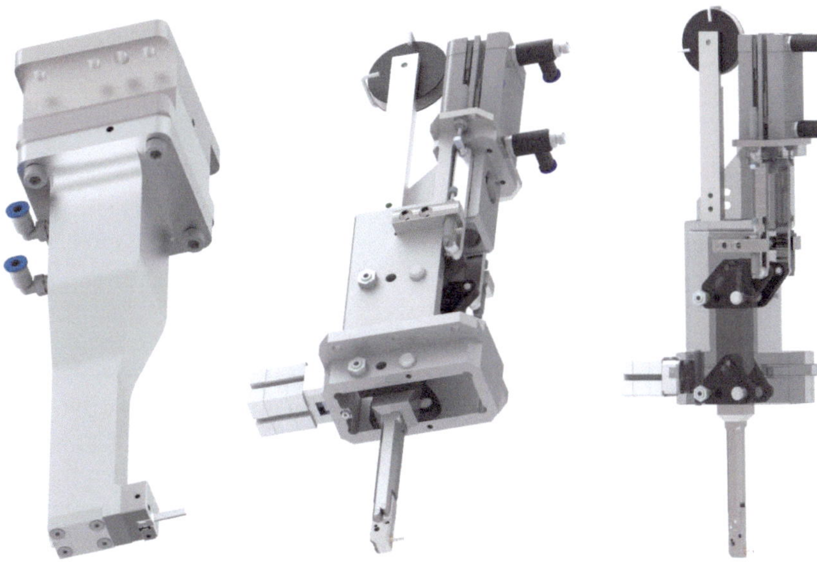

Abb. 3.60 Aufbau des Nadelträgers

Aufnahmen

Auch bei der Betrachtung der Statoraufnahmen können verschiedene Produktgruppen unterschieden werden. Die Aufnahmen der außengenuteten Statoren greifen in die Mitte des Fertigungsteiles und besitzen aufgrund der Bauteilunwuchten vergleichbare Eigenschaften wie ein Drehteil bei einer Drehmaschine, was jedoch aufgrund der geringeren

Drehzahlen unkritisch ist. Innengenutete Statoren sind dementsprechend auf dem äußeren Durchmesser zu fassen und sind in den meisten Fällen entsprechend aufwendig konstruiert.

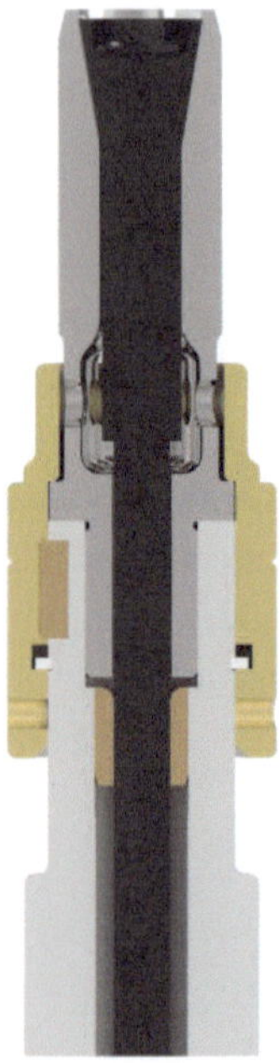

Spannaufnahme für außengenutete Bauteile

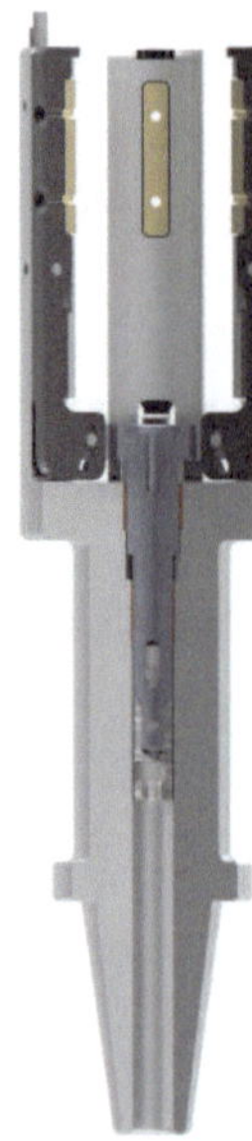

Spannaufnahme für innengenutete Bauteile

Abb. 3.61 Aufnahmen der Wickelmaschine

Die Statoren werden von Polschuh zu Polschuh nach jeder Bewicklung durch ein Schaltwerk oder eine CNC-Drehachse getaktet. Eine kraftschlüssige oder formschlüssig gestaltetete Drehmitnahme des Stators muss grundsätzlich mit berücksichtigt werden. Für die Einzelzahnfertigung, bzw. Fertigung konzentrierter Wicklungen oder Statorkettenbewicklung sind in der Regel produktspezifische Aufnahmen vorgesehen. Die zunächst linear angeordneten innengenuteten Statoren, die später gerundet werden und im Wickelvorgang wie auf einer Kette aufgereiht sind, werden mit der Umfangsfläche ihres Außendurchmessers formschlüssig aufgenommen, sodass der Polschuh von den Freiheitsgraden, die für die Wicklung notwendig sind, frei zugänglich ist. Hierbei ist zu berücksichtigen, dass die zu bewickelnden Artikel gut fixiert sind, sodass die Kraft, die bei der Verlegung aufgebracht werden muss, gut in allen Richtungen vom Zahn aufgenommen werden kann. Für manuelle, wie auch einen vollautomatischen Prozess muss eine praktikable Klemmung eingebunden sein, um ein praktikables Be- und Entladen zu ermöglichen. Auch bei diesen speziellen Werkzeugen ist auf eine hohe Fertigungsqualität zu achten.

Vollautomatischer Wickelprozess

Bei der Fertigung von Produkten mit der Nadelwickeltechnik wird der Draht ebenfalls an einem Startpunkt fixiert. Dieser kann ein externer Drahtparkierstift sein oder ein Kontaktpfosten am Werkzeug bzw. Stator. Der Unterschied zu anderen Wickelverfahren liegt in der Verarbeitung von dickeren Drähten. In diesem Verfahren hat der Draht im getrennten Zustand eine relativ stabile Form, bedingt durch seine hohe Steifigkeit, was nicht zwangsläufig eine Klemmung zwischen den Wickelprozessen erfordert. Durch den Bewegungsablauf innerhalb des Verlegeprozesses kann die Schaltwerkachse, sofern sie von einem Servomotor gesteuert wird, im direkten Arbeitsablauf mitwirken und den Rotationsweg übernehmen. Damit die Nadel nicht den Nutschlitz berührt, ist eine genaue Synchronisierung der Rotationsbewegung zur Hubbewegung notwendig. Einflussgrößen für die maximale Wickelgeschwindigkeit sind unter anderem der Hub der Nadel, der Rotationswinkel des Stators (Anzahl der Pole), der Drahtdurchmesser sowie die Nutschlitzbreite. Eine besondere Rolle ist dem Schrägungswinkel bei schräggenuteten Statoren zuzuordnen. Bei dieser Wickeltechnik ist eine servomotorische Rotationsachse unabdingbar und eine ständige Kommunikation zwischen zwei Achsen notwendig, um eine entsprechendes Bewegungsprofil zu gewährleisten. Auch diese Einflussgröße wirkt sich auf die Fertigungszeiten aus. Da die Verteilung der Hublänge zur Rotationsbewegung des Stators sehr gravierend ist und die Servoantriebe ständig reversieren müssen, um eine Umkehr der Nadelbewegung zu erzeugen, gibt es die Möglichkeit der Verwendung einer Kurbelscheibe. Die Einleitung der Hubbewegung wird durch eine Drehbewegung auf eine Kurbelscheibe übertragen, diese sollte eine Hubverstellung besitzen, um so die Vorteile eines sinoiden/halbkreisförmiger Bewegungsablaufes zu erreichen. Es können je nach Auslegung bis zu 2500 Hübe pro Minute erreicht werden. Da die Drahtführerdüse frei im Raum verfahrbar ist, kann mit einer zusätzlichen Schwenkeinrichtung für die Düse ein Terminieren des Drahtes an den Kontaktstellen durchgeführt werden. So wird wie bei der herkömmlichen Linearwickeltechnik ein Kontaktstift oder eine Hakenfahne zur elektrischen Verbindung und zum Verschalten der einzelnen Pole zur Stern- oder Dreiecksschaltung terminiert. Die Masse des Drahtführers und des Nadelträgers erfährt auch bei diesem Verfahren eine hohe Beschleunigung, was zu unerwünschten Schwingungen führen kann. Diese können sich wiederum negativ auf die Qualität der Wicklung auswirken. Entsprechend muss auch hier auf die verwendeten Materialen Acht gegeben werden. Mit der Nadelwickeltechnik ist es möglich, eine fertige Baugruppe, z. B. Statorspulen, Verschaltung und Kontaktierung auf einer Maschine herzustellen. Abgesehen vom nicht voll genutzten Raum zwischen den Polen ist es im Gegensatz zur konventionellen Einziehtechnik möglich, auch auf geringe Statorblechstapelhöhen Motorspulen mit geringen Wickelkopfhöhen zu wickeln, die einen guten Füllfaktor besitzen.

Drahtverlegung

Durch die meist rechteckigen oder quadratischen Spulen, die sich an einem Polschuh ergeben, sind bei dieser Wickeltechnik nahezu ständige Wechselgeschwindigkeiten vorhanden, die der Drahtzugregelung eine ständige effektive Nachregulierung der Geschwindigkeit abverlangen. Ein ständiges Beschleunigen und Abbremsen des Drahtführers und damit auch eine unterschiedliche Kraftansetzung am Stator verlangen nach stabilen Werkzeugaufnahmen und entsprechenden Maschinenstabilitäten in den einzelnen Achsen. Nur so sind hochqualitative Wicklungen zu fertigen. Die Verarbeitung des Drahtes am Stator wird in der Regel mit konzentrierten Wicklungen um die einzelnen Polschuhe gefertigt und unterscheidet sich somit im Wesentlichen von der Verarbeitung der Wicklungen in der Einziehtechnik, bei der diese auch über mehrere Zähne hinaus gezogen werden kann. Die Verlegung muss nicht zwangsläufig von Statorzahn zu Statorzahn erfolgen, auch eine andere Reihenfolge ist möglich. Da die Drahtführerdüse bei dieser Technologie seitlich an dem Verlegeweg vorbeifährt, also mit der Umfangsfläche der Düse und nicht wie bei den anderen Verfahren mit der Stirnfläche, wird der Draht nach dem Austritt aus der Drahtführerdüse abgewinkelt. Diese, bis zu 90°-Umlenkung des Drahtes, beansprucht einerseits den Draht selbst sehr stark, aber auch die Düse. Es ist häufig schwierig, Kupferlackdrähte mit großem Durchmesser in hoher orthozyklischer Qualität für kleine Bauteile zu wickeln. Durch die extreme Umformung kurz vor der Verlegung ergibt sich eine nicht definierte Umformung aufgrund der Eigenspannung des Drahtes beim Biegen. Durch die relativ großen Drahtdurchmesser, die mit diesem Wickelverfahren verarbeitet werden, kann mit einer präzise arbeitenden Fertigungsmaschine und dem guten Eigenverhalten zylindrischer Körper auch bei dieser Technik ein geordneter Lagenaufbau realisiert werden. Zur besseren Drahtführung können auch Hilfswerkzeuge verwendet werden, wie in Abbildung 3.62 dargestellt. Diese können neben der Führung auch dazu verwendet werden, eine Vorverformung des Drahtes zu realisieren. Aufgrund des Bauschingereffektes (vgl. Abschnitt 3.1.1) kann der Draht anschließend in die Gegenrichtung einfacher gebogen werden.

Abb. 3.62 Hilfswerkzeuge in der Nadelwickeltechnik

Nachteilig ist, dass zwischen zwei benachbarten Polen ein Freiraum bleiben muss, dessen Größe mindestens dem Düsendurchmesser oder der Düsenbreite entspricht. Der Düsendurchmesser bzw. die Düsenbreite beträgt etwa das Dreifache des Durchmessers des Wickeldrahtes. Durch die Verwendung von ovalen Düsen oder Düsen mit einer trompetenförmigen Drahtaustrittsöffnung kann das Verhältnis von Nutbreite zu Drahtdurchmesser jedoch verkleinert werden. Der Raum zwischen zwei benachbarten Polen kann somit nicht vollständig gefüllt werden. Eine Ausnahme bildet das Führen des Drahtes außerhalb der Nut, um den verbleibenden Wickelraum zu nutzen. Die Genauigkeit der Drahtführung hängt bei dieser Methode von den Eigenführungseigenschaften des Drahtes ab. Als Sonderform entwickeln sich aktuelle neue Ansätze in der Nadelwickeltechnik für das direkte Bewickeln von verteilten Wicklungen auch für größere Statoren. Eine neue Kinematik zur komplexen Verlegeung der Verschaltdrähte ist in Abbildung 3.63 dargestellt.

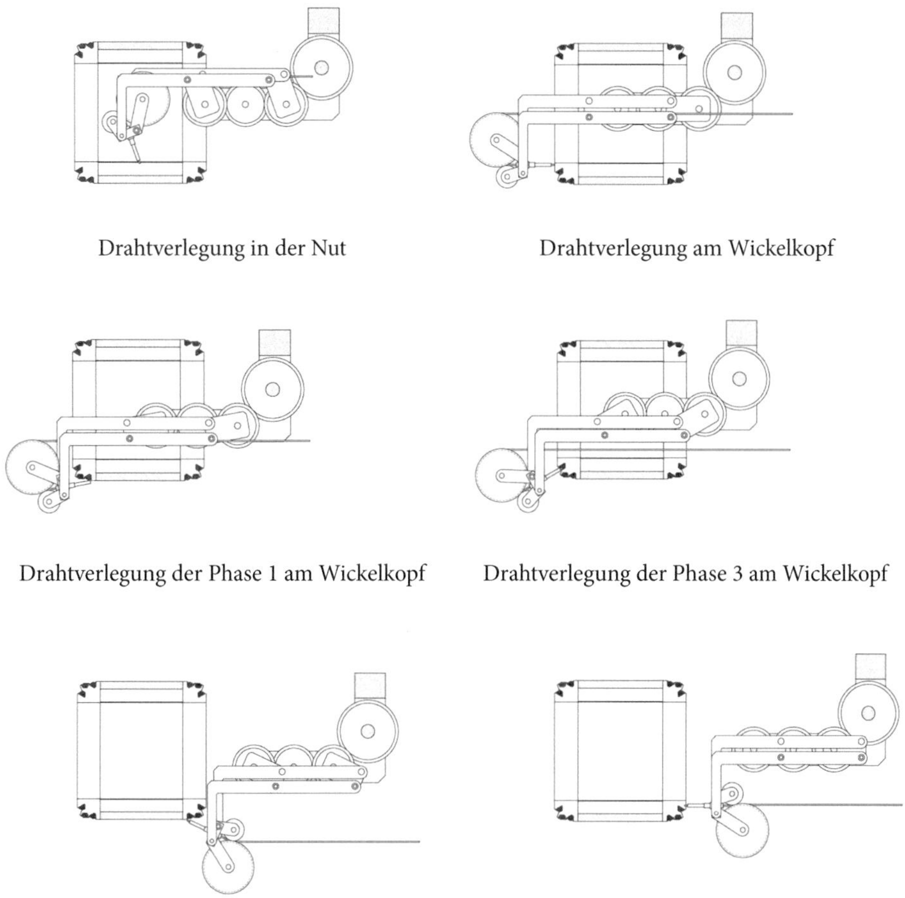

Drahtverlegung in der Nut — Drahtverlegung am Wickelkopf

Drahtverlegung der Phase 1 am Wickelkopf — Drahtverlegung der Phase 3 am Wickelkopf

Drahtverlegung der Phase 1 am Wickelkopf — Drahtverlegung der Phase 3 am Wickelkopf

Abb. 3.63 Neue Entwicklungen der Nadelwickeltechnik

Wartung und Reinigung

Da sich auch an den vollautomatischen Nadelwickelmaschinen zur Drahtführerbewegung viele Achsen befinden, sind in regelmäßigen Abständen an Führungselementen und Kugelumlaufspindeln Schmierintervalle zu beachten, die sich durch Wartungspläne ergeben. Verschleißteile sind auch hier die mit dem Draht in Berührung kommenden Teile, die regelmäßig auf erreichte Verschleißgrenzen geprüft werden müssen. Ein besonders in Anspruch genommenes Bauteil ist die Drahtführerdüse.

Das Nadelwickelverfahren besitzt eine hohe Flexibilität aufgrund der vielen Freiheitsgrade des Drahtführers. Es ist daher das einzige direktbewickelnde Verfahren, welches sich im Bereich der Motorenherstellung für eine Bewicklung von innengenuteten Vollblechschnitten und mehrphasigen Polketten eignet und damit den Verschaltungsaufwand deutlich reduzieren kann. Außengenutete Vollblechschnitte eignen sich ebenfalls bei Schrägung oder großen Drahtstärken für die Nadelwickeltechnik.

3.3.7 Ringkernwickeltechnik

Wie bereits bei den Spulenkörpern eingeführt, wird die Ringkernwickeltechnik nur für runde Ringkerne verwendet, die in der Regel geschlossen sind. Diese Ringkerne werden auch Toroidspulen genannt. Für dieses Verfahren bestehen drei Ausprägungen. Es kann manuell durchgeführt werden, mit einem Haken gewickelt werden, was als Hakenwickeln bezeichnet wird, oder die Wicklung wird durch einen rotierenden Drahtspeicher erzeugt. Der typische Drahtverlauf der Ringkernwickeltechnik mit rotierendem Drahtspeicher ist in Abbildung 3.64 dargestellt.

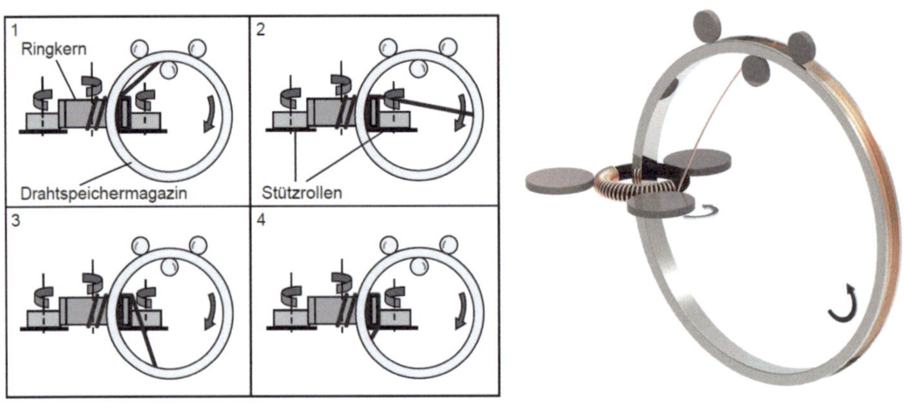

Abb. 3.64 Drahtverlauf des Ringkernwickelns (Darstellung links nach [Fel-13])

Das manuelle Wickeln ist durch die Führung des Drahtes per Hand oder Werkzeug gekennzeichnet. Für die Ringkernwickeltechnik werden häufig Ösen oder ein Magazin zur Drahtführung verwendet. Durch die Führung des Drahtes kann der Ringkern soweit bewickelt werden, wie das Werkzeug durch seinen Innendurchmesser passt. Die gezielte manuelle Drahtführung erlaubt ebenso das Bewickeln von kleinen Ringkernen mit dünnen Drähten. Doch der geringe Automatisierungsgrad und der hohe Handhabungsaufwand resultieren in hohen Prozesszeiten, weswegen diese Verfahrensvariante in der Regel nur in Niedriglohnländern umgesetzt wird.

Das Hakenwickeln ist ein teilautomatisierter Prozess. Dabei führt ein oszillierender Haken den Draht durch die Mitte des Ringkernes. Die Drahtführung außerhalb des Ringkernes erfolgt manuell durch einen Maschinenbediener. Der Ringkern selbst ist auf einer Dreipunkt-Rollenauflage drehbar gespannt. Nach dem Terminieren des Drahtes am Spulenkörper wird das Drahtende an den oszillierenden Haken übergeben. Durch einen Zylinder, in der Regel ein Pneumatikzylinder, wird dieser anschließend durch die Bohrung des Ringkerns gezogen. Nach der manuellen Vervollständigung der Windungsmontage wird die Ausgangsposition des Zylinders angefahren und der Draht wieder neu in den Haken gespannt. Dieses Verfahren ist besonders geeignet für große Drahtdurchmesser. Aufgrund der vielen Umspannvorgänge des Drahtes ergeben sich geringe Prozessgeschwindigkeiten, entsprechend ist das Verfahren nur für geringe Windungszahlen geeignet.

Die häufigste Verfahrensvariante ist der automatisierte Prozess mit Hilfe eines rotierenden Drahtspeichers. Der Drahtspeicher muss vor dem eigentlichen Wickelprozess befüllt werden. Das Spannen des Ringkerns erfolgt in der bereits bekannten Dreipunkt-Rollenauflage, während der Drahtspeicher geöffnet ist. Anschließend wird der Drahtspeicher geschlossen und der Kern bewickelt. Der Wickelprozess beginnt am unteren Ende des U-förmigen Drahtspeicherprofils und erfolgt über die Rotation einer Vorratsspule um den Speicher. Dabei wird nur so viel Draht aufgenommen, wie für einen Ringkern benötigt wird. Anschließend erfolgen eine Trennung des Drahtes von der Vorratsspule und die Terminierung an dem Ringkern. Durch die folgende Rotation des Magazins um den Ringkern wird die Wicklung erzeugt. Die Steigung der Wicklung kann dabei über das Verhältnis von Drahtspeicherrotation und Drehung des Ringkerns gesteuert werden. Der Ablauf ist in Abbildung 3.65 samt eines Maschinenbildes dargestellt. Dieser automatisierte Prozess erreicht hohe Prozessgeschwindigkeiten und erzeugt kompakte Wicklungen. Durch das einmalige Rüsten des Drahtspeichers ist es für Anwendungen mit hohen Windungszahlen geeignet. Nachteilig ist die Notwendigkeit der Einführung des Magazins in die Ringkernbohrung. Dadurch wird der minimale Innendurchmesser des Ringkerns eingeschränkt. Die Handhabung des Start- und Enddrahtes sind manuelle Tätigkeiten, da diese häufig nicht am Ringkern fixiert werden können. Entsprechend ist eine Vollautomatisierung von Ringkernwickelmaschinen nur bedingt möglich.

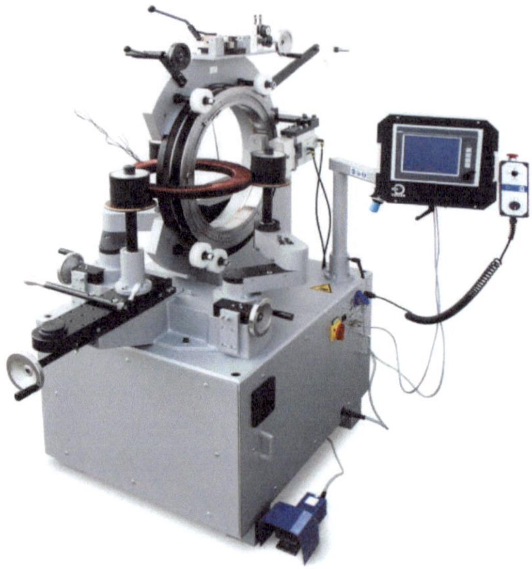

Prozessvideo

Abb. 3.65 Ablauf des Ringkernwickelns mit QR-Link zu Prozessvideo (Quellen: Ruff)

Für das Bewickeln von toroiden Spulenformen gibt es neben dem Ringkernwickeln keine Alternative. Insbesondere gilt dies aufgrund der geschlossenen Spulenkörperform, die eine Rotation um den Ringkern notwendig macht. Ringkerne werden, trotz des hohen Fertigungsaufwands durch manuelle Tätigkeiten, aufgrund ihres geringen magnetischen Streuflusses, der geringen Eisenverluste und der guten Leistungsdichte verwendet. In Abhängigkeit des Produktionsstandortes und der dortigen Lohnkosten ist ein unterschiedlich starker Automatisierungsgrad vorhanden.

3.3.8 Einziehtechnik

Für das Einziehverfahren muss die zu montierende Wicklung zunächst in Form einer Luftspule gefertigt werden. Dies geschieht in der Regel über eine vorgelagerte Flyerwickelstation oder eine Linearwickelmaschine mit Schablone, die anhand des gewünschten Wickelschemas die korrekte Anzahl an Windungen pro Nut in ein Übertragungs- oder Einziehwerkzeug wickelt. Eine schematische Übersicht für das Bewickeln des Einziehwerkzeuges ist in Abbildung 3.66 dargestellt. Das Wickeln und Einziehen kann entweder pro Phase erfolgen, wobei jede Phase separat eingezogen werden kann, oder alle Phasen werden nacheinander auf das Übertragungs- oder Einziehwerkzeug abgewickelt und gemeinsam eingezogen. Die Herstellung der Spule muss kreuzungsfrei als Lage erfolgen.

Für den automatisierten Prozess werden die Windungen direkt auf das Einziehwerkzeug gewickelt oder zunächst für eine bessere Orientierung der Drähte auf ein Übertragungswerkzeug aufgebracht.

Abb. 3.66 Vorbereitung der Wicklung Bild (l.) nach [Tzs-90]; (Bildquelle (r.): Otto Rist GmbH)

Die Übertragung der einzelnen Spulen erfolgt vorschublos durch eine entsprechende Neigung der Schablone. Die letzten Windungen jeder Spule müssen über einen Ausstoßer in das Wickelwerkzeug übergeben werden. Das Einziehwerkzeug kann durch seinen mehrstufigen Aufbau eine Gruppe von Spulen aufnehmen. Durch eine Rotation des Revolvers mit dem Übertragungs- bzw. Einziehwerkzeug können anschließend die nächsten Phasen, bzw. Spulengruppen der Wicklung gewickelt werden. Dieser mehrstufige Aufbau erlaubt auch die Fertigung von komplizierten Wicklungstopologien verteilter Wicklungen. Damit ist es das einzige Verfahren, welches eine direkte automatisierte Montage dieser Wicklungstopologien für größere geschlossene Vollblechschnitte ab ca. 20 cm Höhe erlaubt. Im Einziehprozess wird das Werkzeug zunächst unterhalb des Stators positioniert und anschließend eingezogen. Das Werkzeug besteht aus drei Komponenten, der Außennadel, der Innennadel und dem Einziehpilz. Die Nadeln dienen zur Führung des Drahtes in den Statornuten. Im Einziehprozess schiebt der Einziehpilz die aufgewickelten Spulen innerhalb des Werkzeugs nach oben. Durch diese innere Bewegung werden die Spulen außerhalb des Werkzeuges in die Statornut gezogen. Das Zusammenspiel der Komponenten ist in Abbildung 3.67 dargestellt.

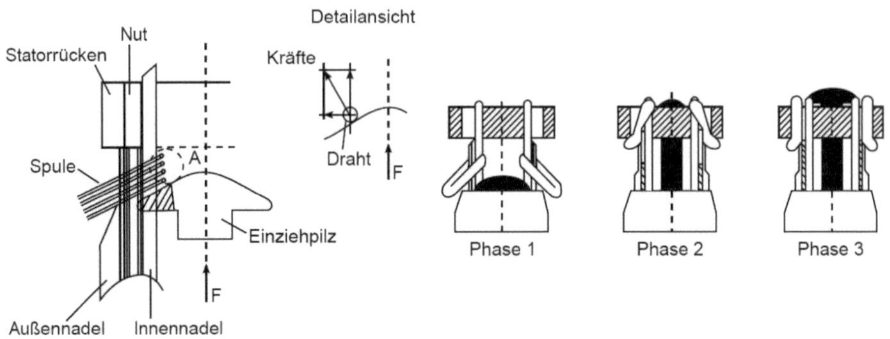

Abb. 3.67 Vorbereitung der Wicklung für das Einziehen [Tzs-90]

Dieser Einziehprozess erfolgt in drei Phasen. Zunächst erfolgt das Eindringen des Werkzeugs in den Stator. Anschließend erfolgt das Ausfahren des Einziehpilzes zur beginnenden Einbringung der Spule in die Nut. Nach erfolgtem Eintritt der Drähte in die Nut wird ein Deckschieber nachgeschoben, der ein Herausdrängen der Drähte aus der Nut nach Herausfahren des Einziehwerkzeuges verhindern soll. Schließlich wird die Spule fertig eingezogen. Der Begriff des Einziehens resultiert aus dem Arbeitsort des Einziehpilzes. Da dieser im Inneren des Stators liegt, werden die Drähte im Stator durch den aus dem Inneren aufgebrachten Drahtzug in die Nuten gezogen. Neben dem Schieben des Wickelkopfes fährt der Einziehpilz soweit in die Nut hinein, dass die Wicklung gegen den Nutgrund drückt. Dies ist notwendig, um ausreichend Platz für die Montage des Deckschiebers zu gewährleisten. Eine Strukturierung der berührenden Maschinenkomponenten ermöglicht die bessere Führung des Deckschiebers in der Montage. Kritisch ist der Prozess an der Stelle, wo die Drähte vom Einziehwerkzeug in die Nut gezogen werden. Entsteht durch ein unsauberes Wickeln der Drähte auf das Werkzeug oder durch ein Biegen des Drahtes eine ungünstige Anordnung der Drähte, so kann es zu einer Verklemmung kommen. Die Drähte der Spule werden dann durch den Vorschub des Einziehpilzes weiter gezogen bis es zu einem Materialversagen kommt und der Draht reißt. Die Spulen und ggf. der Stator sind dann Ausschuss. Zur Berücksichtigung dieses Problems wurde der Klemmfaktor eingeführt. Dieser beschreibt kritische Prozessfenster, basierend auf dem Verhältnis von Nutschlitzbreite zum Drahtdurchmesser, und ist in Abbildung 3.68 dargestellt. In Abbildung 3.68 ist die Klemmzone durch die Ziffer 2 gekennzeichnet. Besitzt die Nutschlitzbreite mehr als die doppelte Ausdehnung des Drahtdurchmessers, so können zwei Drähte parallel in die Nut gleiten. Diese Konfiguration ist unkritisch und mit der Ziffer 1 gekennzeichnet. Ist der Nutschlitz so ausgelegt, dass er nur etwas dicker als ein Drahtdurchmesser ist, so gleiten die Drähte einzeln im Einziehprozess in die Nut. Eine Klemmung ist ebenfalls unwahrscheinlich. Dieser Bereich ist mit der Ziffer 3 gekennzeichnet und liegt unter der schraffierten Linie im Diagramm. Nur im Zwischenbereich bei Ziffer 2 kann es durch das gegenseitige Blockieren zweier Drähte zu einer Klemmung kommen.

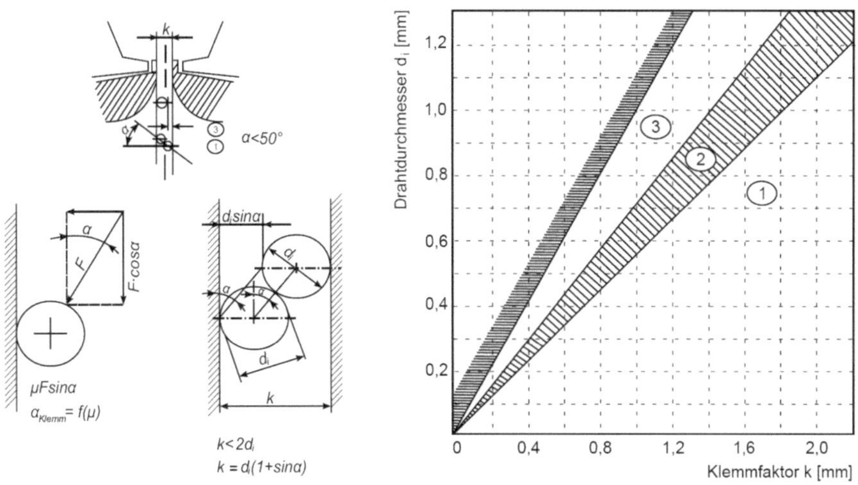

Abb. 3.68 Einführung des Klemmfaktors für den Einziehprozesses nach [Tzs-90]

Ist der Nutschlitz kleiner als der Drahtdurchmesser, so ist ein Einziehen gar nicht möglich. Eine Gegenmaßnahme zur Behebung einer möglichen Klemmgefahr ist die Einführung von mitfahrenden Einziehlamellen, die am Einziehpilz befestigt werden. Dabei ist es ausreichend, wenn eine von zwei flankierenden Lamellen am Einziehschlitz mitfährt, um durch die zusätzliche Kraftwirkung in Einziehrichtung eine mögliche Klemmung bzw. Blockierstellung des Drahtes aufzulösen. Im Vergleich zu den Prozessalternativen ist das axiale Einziehen der vorgefertigten Wicklung das produktivste Verfahren zu Herstellung von Statorwicklungen, wie Abbildung 3.69 verdeutlicht. Als Verfahrensvergleich wurden beispielhaft für die verschiedenen Fertigungsschritte die Prozesszeiten pro Verfahren addiert.

In Abhängigkeit von den verwendeten Hydraulikzylindern und der Blechpaketlänge kann die Prozesszeit für das reine Einbringen einer Spulengruppe bzw. einer gesamten Wicklung etwa 6 bis 12 s dauern. Anschließend werden die Deckschieber in Einziehrichtung zwischen Wicklung und Nutschlitz mittels einer Hubbewegung montiert. Aufgrund der vorher bereits montierten Wicklung ist das Einbringen des Deckschiebers in der Regel der kritischste Prozessschritt, da nur noch wenig Platz in der Nut besteht und die Steifigkeit des Materials gering ist. Entsprechend kann es beim Einziehen zum Prozessversagen kommen, wenn der Deckschieber eine Knickung erfährt oder komplett deformiert wird. Diese wird meist durch die Hertzsche Pressung erzeugt, die der Deckschieber zwischen Blechpaket und Wicklung erfährt. Sobald eine plastische Deformation vorliegt, ist eine Montage nicht mehr möglich.

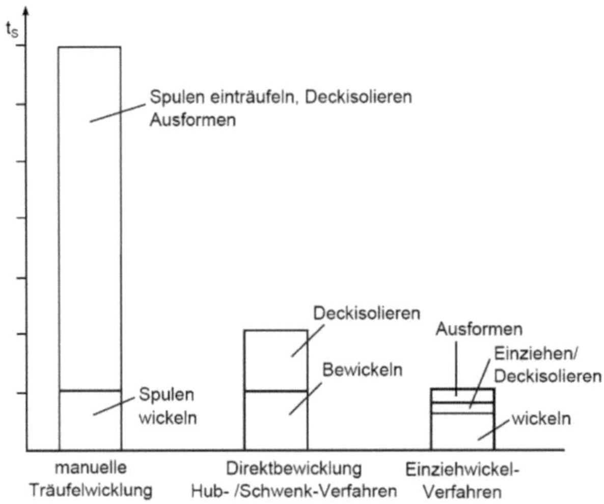

Prozessvideo

Abb. 3.69 Prozesszeiten für die Herstellung von Statorwicklungen mit QR-Link zu Prozessvideo nach [Tzs-90]

Die Kreuzungsfreiheit der Drähte im Einziehwerkzeug wird, neben der kreuzungsfreien Lagenwicklung, durch die Einziehnadeln erreicht. Diese setzen sich vor den Statorzahn und leiten die Drähte in die Nut. Die Einziehnadeln müssen in der Länge an das zu bewickelnde Statorblechpaket angepasst sein. Ebenso muss für die Nadeln die Stapelhöhe der gewickelten Lage berücksichtigt werden.

Diese Stapelhöhe ist ebenso ein Kriterium, um die Prozessfähigkeit für das Produkt einschätzen zu können. Die Wickelaufgabe bestimmt die Auslegung der Nadeln. Die Nadelparameter sind deren Abstand zueinander und die Profilform, bzw. Steifigkeit. Der obere Spulenkopf kommt bei der Überführung auf das Werkzeug hinter die Nadeln und nimmt eine Schräglage ein. Er formt später den Wickelkopf der Statorwicklung. In Abbildung 3.70 wird der Aufbau der Einziehnadeln genauer dargestellt. Einige typische Kennwerte für Einziehmaschinen, Wickelzentren und Einziehgeräte sind in der Tabelle 3.4 zusammenfasst. Für moderne Einziehzentren sind mitfahrende Lamellen, also eine bewegliche Führung durch die Nadeln, inzwischen Standard. Charakteristisch ist daher die Lage der Wicklung in S-Form nach dem Einziehen. Die Spulen liegen daher auch nicht mittig im Stator. Für das Einziehen von verteilten Wicklungen ist das Einziehen von Einschichtwicklungen, Zweichschichtwicklungen in einem bzw. zwei Operationen möglich.

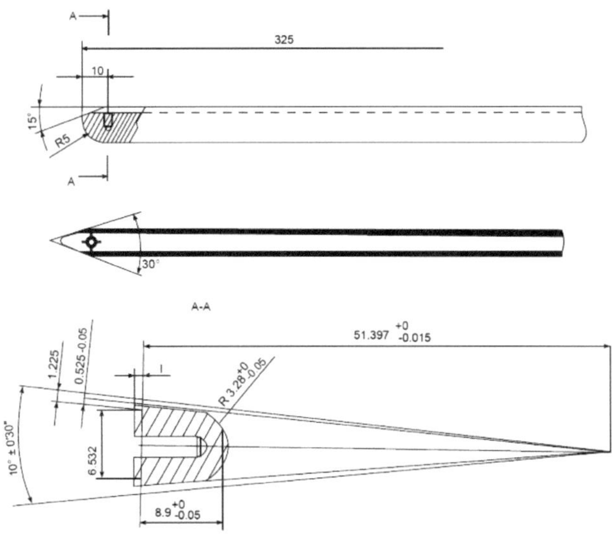

Abb. 3.70 Darstellung der Nadelgeometrie des Einziehwerkzeuges nach [Tzs-90]

Tab. 3.4 Kenndaten von Einziehausrüstungen nach [Tzs-90]

	Einzieh-maschinen	Einzieh-zentren	Einzieh-gerät
Ständerinnendurchmesser in mm	12 … 400	55 ...250	
Ständeraußendurchmesser in mm			360 … 1000
Ständerpaketlänge in mm	20 … 1600	15 … 250	240 … 1000
Nutenanzahl	12 … 72	12 … 72	24 … 48
Drahtdurchmesser in mm	0,1 … 2,0	0,12 … 1,4	0,12 … 1,6
Anzahl Parallelleiter Schablonenwickler	2 … 20	2 … 20	12 … 30
Anzahl Parallelleiter Flyerwickler	12	12	-
Drehzahl in 1/min: Schablonenwickler	300 … 1400	-	100 … 300
Drehzahl in 1/min: Flyerwickler	2100 … 4000	3000	-
Spulen/Gruppen	3… 8	3…8	3…4
Spulengröße in mm: Windungslänge	1000		
Spulengröße in mm: Spulenhüllkreis	120 … 330	800	198 … 3300
Einziehzeit/Operation	8 s … 90 s	6 s … 60 s	5 … 12 min
Einziehkraft in kN	25	5	3… 15

Das Einziehverfahren ist mit einer Marktdurchdringung von ca. 80 % das am häufigsten genutzte Verfahren zur Herstellung von verteilten Wicklungen in geschlossenen Statoren. Grund dafür sind die kurzen Taktzeiten und die Anwendungsbreite in Bezug auf Stator und Wicklungsgeometrie. Durch die Verwendung eines zweistufigen Verfahrens mit Wickeln auf ein Einziehwerkzeug und dem eigentlichen Einziehen der Wicklung können nur wilde Wicklungsschemata erzeugt werden. Ebenso ergeben sich im Vergleich zu den anderen Wickelverfahren größere Wickelköpfe. Aus diesem Grund werden für bestimmte Spezialanwendungen mit hohen Anforderungen manuelle Träufelwickelverfahren oder durch ein angepasstes Design direktbewickelnde Verfahren verwendet.

3.3.9 Träufelwickeltechnik

Das Träufelwickeln ist das älteste Wickelverfahren und wird heutzutage hauptsächlich zur Reparatur elektrischer Maschinen sowie in der Fertigung von Hochleistungsmaschinen verwendet. Das Träufelwickeln zeichnet sich durch die qualitativ hochwertigste Wicklung für Elektromotoren aus, da die Position der einzelnen Drähte in der Nut manuell angepasst und optimiert wird.

Der Prozess beginnt mit der Isolation des Statorblechpaketes, welches in Abhängigkeit der Wicklungsausprägung in Form einer Einschicht- oder Zweischichtwicklung (vgl. Abschnitt 1.3.6) eine verschiedene Anzahl an Isolationspapieren benötigt. Die Isolationspapiere werden zunächst abgelegt und gefalzt. Anschließend werden sie axial in die Nuten geschoben. Der Prozess kann sowohl händisch als auch automatisch ausgeführt werden. Ein Falzen des Papiers in den Ecken und an den Kanten der Nut verhindert eine mögliche Beschädigung des zu wickelnden Drahtes. Der entsprechende Statoraufbau sowie ein möglicher Nutquerschnitt für eine Zweischichtwicklung sind in Abbildung 3.71 dargestellt.

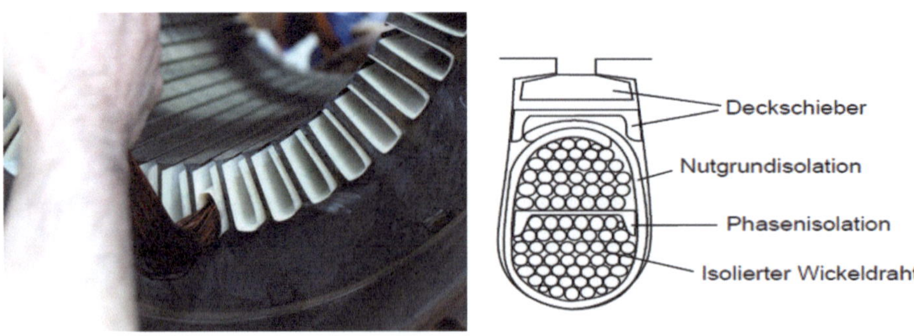

Abb. 3.71 Isolierter Stator und Isolationskonzept für eine Nut nach [To-04]

Das Isolationspapier ragt ca. 1 bis 1,5 cm aus dem Stator heraus, um seine Isolationsfunktion zu gewährleisten. Die Isolationsstärke variiert zwischen 0,1 mm und 0,65 mm und ist abhängig vom verwendeten Isolationsmaterial, welches sich aus der definierten Spannungsfestigkeit des Motors ergibt. Eine geringe Stärke ist gewünscht, um den elektrischen Füllfaktor zu erhöhen. Typische Isolationsmaterialien sind Polyester, Polypropylen oder Polyamid. Typische Produkte sind Nomex, Mica und Dacron-Mylaer-Dacron (DMD).

Analog zur Einziehtechnik wird die Spule außerhalb des Stators gewickelt. Große Spulen werden typischerweise halbautomatisch gewickelt. Mittelere und kleine Spulen werden auf einer vollautomatischen Wickelmaschine gewickelt. Das in Abbildung 3.72 dargestellte Beispiel zeigt die halbautomatische Fertigung einer Wicklung von zwölf parallelen Drähten, welche per Hand auf die Schablone geführt werden. Die benötigte Spulengröße wird durch den Schablonenabstand eingestellt. Das Anwickeln wird durch eine Verknotung des Stranges an der Schablone durchgeführt. Durch ein maschinelles Aufwickeln mit händischer Führung wird die Wicklung erstellt. Für den Transport werden die gewickelten Stränge mit einem Polymerband oder Kabelbinder fixiert.

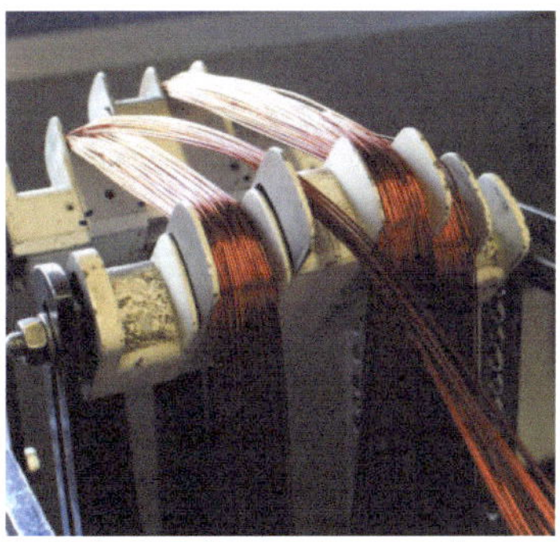

Abb. 3.72 Herstellung des Spulenstranges

Die Spulen werden vorsichtig von der Wickelschablone abgenommen und für das Einlegen in den Stator bereitgestellt. Der Stator wurde vorher bereits isoliert. Nun folgt der eigentlich namensgebende Prozessschritt, das Einträufeln der Wicklung. In dem dargestellten bildlichen Prozess wird das Einträufeln aufgrund der großen Paketlänge duch zwei Personen durchgeführt. Typischerweise reicht für kleinere Geometrien eine Person aus. Die Prozessschwierigkeit kann analog zum Einziehprozess durch die Nutschlitzbreite und Statorlänge beschrieben werden. Ziel des Träufelns ist ein Platzieren des gewickelten Spulenstranges in der Nut. Um eine mögliche Beschädigung des Drahts durch die Nutkanten zu vermeiden, wird die nicht einzuträufelnde Spulenseite im Statorinnenraum mit Isolationspapier abgedeckt. Das Träufeln selbst beschreibt eine zwirbelnde Fingerbewegung eines Spulenstranges, der in der Hand gehalten wird. Dafür werden einzelne Drahtbündel zwischen Daumen, Zeige- und Mittelfinger genommen und durch eine gegenläufige Reibebewegung die Drähte der Spule vereinzelt. Im Fall von stärkeren Drahtbündeln kann der

Spulenstrang auch in mehrere kleine Drahtbündel geteilt werden. Eine veringerte Anzahl an Leitern, bzw. ein verringertes Montagevolumen ermöglichen dem Werker eine einfachere Montage. Dafür wird der untere Spulenstrang auf der Vorderseite des Stators über einen gewissen Abschnitt eingeführt. Ein Nachführen der weiteren Drähte ist durch die vorherige Vereinzelung mittels Träufeln nun einfacher und diese folgen auch aufgrund der Drahteigenspannung dem bereits verlegten Spulenteil. Die restlichen noch nicht montierten Drähte außerhalb der Nut werden zur besseren Führung zunächst unter Zug gestrafft und anschließend durch die Träufelbewegung auf der anderen Spulenseite soweit vereinzelt, was zur Einführung weiterer Drähte in die Nut führt. Diese Prozessfolge zum manuellen Einbringen ohne Werkzeug ist in Abbildung 3.73 veranschaulicht.

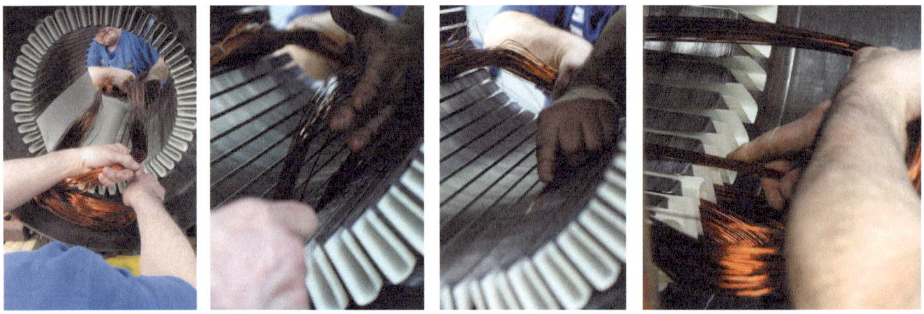

Abb. 3.73 Prozesskette zur Einbringung: Anlegen der Wicklung, positionieren, straffen, zunächst händisch hinunterziehen und neuen Draht nachführen

Dieser Vorgang wird wiederholt, bis sich die komplette Wicklung in der Statornut befindet. Alternativ können auch Hilfswerkzeuge zur Einbringung genutzt werden. Als Beispiel kann dafür ein Holzkeil dienen, der, angefangen am Ende der bereits montierten Spule, den restlichen Spulenstrang in die Nut drückt. Der Holzkeil sichert die Wicklung zusätzlich gegen ein Herausfallen aus der Nut und kompaktiert diese gleichzeitig. Es ist wichtig, beim Einbringen die Kreuzungsfreiheit der Drähte zu gewährleisten. Bei der Entstehung von Kreuzungen muss der Strang aus der Nut enfernt und erneut montiert werden. Die Prozessfolge für das Einbringen mit Werkzeug ist in Abbildung 3.74 dargestellt.

Abb. 3.74 Verwendung von Hilfswerkzeugen zur Wicklungseinbringung: Holzkeil

Der für verschiedenste Handhabungsschritte verwendete Holzkeil ist ein schmaler, flacher und zugleich langer Holzstab. Er wird in die Nutöffnung am Statoranfang stückweit eingelegt und auf die Drähte geschoben. Das Durchschieben durch die Nut erfolgt bis zum Statorende. Dabei werden die noch nicht eingelegten Drahtpartien unter dieses Werkzeug in die Nut eingezogen. Dieser Prozess ermöglicht auch das Kompaktieren der Wicklung, wie Abbildung 3.75 zeigt.

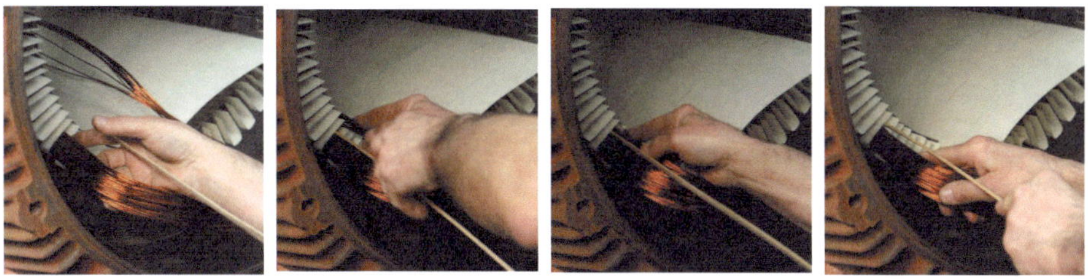

Abb. 3.75 Nachführen der äußeren Stränge

Nach dem Einbringen der Drähte in die Nut erfolgt die Formung des Wickelkopfes durch die Verwendung eines Keils. Für die Kompaktierung ist es wichtig, eine Kombination von Zugkraft auf die Drähte und Druck in Richtung des Außenradius des Stranges, möglichst nahe am Nutgrund, aufzubringen. Dies ist notwendig, um Platz für weitere Spulen zu schaffen. Der Wickelkopf muss eine definierte Form aufweisen, um für den Kopf der gesamten Wicklung Platz zu schaffen. Ein nachträgliches Bearbeiten des Wicklungskopfes bei bereits mehreren montieren Spulen ist recht schwierig und kann unter Umständen zur Drahtbeschädigung führen. Das Formen ist in Abbildung 3.76 dargestellt.

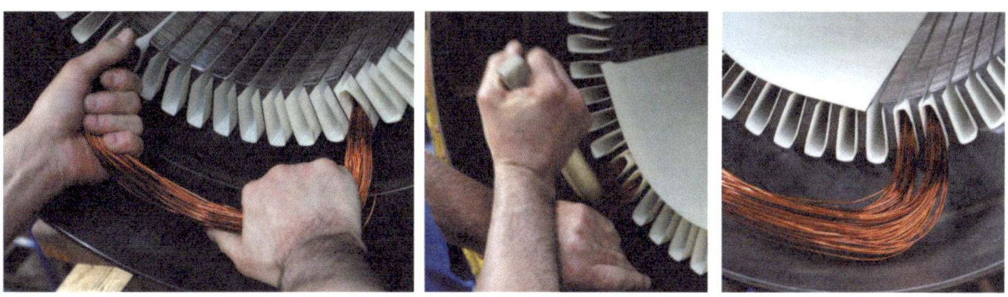

Abb. 3.76 Formen des Wickelkopfes

Durch die lange Tradition der Träufelwickeltechnik, auch als Ausbildungselement des Elektromaschinenbauers, sind eine ganze Reihe von Hilfswerkzeugen enstanden. Dazu gehören das Falzbein oder die Träufelnadel. Das Falzbein ist ein flaches, am Ende abgerundetes und keilförmiges Werkzeug, welches durch die Statoroberseite in die Nut geführt wird und durch seinen Druck auf die Wicklung diese kompaktiert. Die Träufelnadel ist ein Feininstrument zur Verlegung bzw. Bewegung einzelner Drähte in der Nut. Sie wird verwendet wenn eine Kreuzung der Drähte auftritt oder die Drähte keine passende Anordnung annehmen.

Nach der Montage der restlichen Wicklung und dem Formen des Wickelkopfes wird der Deckschieber axial händisch oder mit einer Zange eingeführt. Optional kann eine Phasenisolation im Wickelkopf montiert werden. Das Verschalten der verschiedenen Spulen zur gewünschten Wicklungstopologie erfolgt händisch. Durch die sekundäre Isolation der Wicklung, wie ein Verguss mit Harzen (vgl. Abschnitt 3.4.6) ist diese auch mechanisch fixiert.

Die Träufelwicklung besitzt aufgrund ihres handwerklichen Charakters eine sehr hohe Prozesszeit und ist daher nur für Kleinserien und Motoren mit hohen Anforderungen an die Wicklung geeignet. Typische Zeiten zur Herstellung einer verteilten Statorwicklung betragen zwischen 5 und 12 Stunden. Es ermöglicht jedoch durch die manuelle Montage jedes einzelnen Wickeldrahtes die besten elektrischen und mechanischen Eigenschaften. Insbesondere schwierige Wicklungstopologien werden mit dem Träufelwickeln hergestellt, um den nötigen Freiraum in der Verschaltung der Spulen bei gleichzeitig kleinen Wickelköpfen zu gewährleisten.

3.3.10 Auswahlmethodik für Wickelprozesse

Zunächst unabhängig von den Folgeprozessen, wie eine mögliche Montage des Spulekörpers oder ähnlichen Folgeschritten, muss der korrekte Wickelprozess für das vorliegende Bauteil gewählt werden. Das dafür benötigte Vorgehen soll in diesem Abschnitt beschrieben werden. Die Wickelverfahren wurden in den vorangegangen Abschnitten detailliert erläutert und sollen daher nur noch einmal kurz in Bezug auf ihre typischen Anwendungen diskutiert werden.

Die Linearwickeltechnik eignet sich für drei Bauteiltypen:

- Kleine rotationssymmetrische Bauteile mit hoher Windungszahl und geringeren Drahtdurchmessern (0,5 mm), aufgrund ihrer benötigten hohen Produktivität.
- Rotationssymmetrische Bauteile mit hohen Drahtdurchmesser (>2 mm), durch die Limitierung der aus dem Drahtdurchmesser resultierenden Belastungen der Maschinenelemente.
- Bauteile mit Profildrähten, da deren Verlegung eine möglichst einfache Drahtzuführung benötigt um eine Beschädigung der Drahtisolation zu vermeiden.

Die Flyerwickeltechnik eignet sich ebenfalls für drei Bauteiltypen:

- Nicht rotationssymmetrische Bauteile mit hoher Windungszahl und geringeren Drahtdurchmessern (<0,5 mm), da sich diese aufgrund ihrer Geometrie nicht für das Linearwickeln eignen.

- Bauteile mit hoher Masse und mit hoher Windungszahl und geringeren Drahtdurchmessern (<0,5 mm), weil die bewegten Massen für die Linearwickeltechnik nicht geeignet sind und die hohe Windungszahl für das Nadelwickeln zu hohe Prozesszeiten zur Folge hat.
- Klassische Ankerwickeltechnik, da der Aufwand zur Erzeugung einer verteilten Wicklung durch die Drehung des Ankers in der Aufspannung reduziert werden kann. Durch den Einsatz eines Doppelflyers können zwei Drähte parallel am Bauteil gewickelt werden, was für einen symmetrischen Wicklungsaufbau möglich ist. Dabei werden 2 Spulen zur selben Zeit auf 2 Spulenkörper bzw. 4 Nuten gewickelt.

Für das Wickeln von mehreren Drähten gibt es zum einen in der Flyerwickeltechnik die Möglichkeit, einen Doppelflyer für ein Bauteil einzusetzen. Analog zu den anderen Wickelverfahren kann zum anderen auch das Bifilarwickeln der Zweidrahttechnik zum Einsatz kommen. Für die erste Technik werden im Gegensatz zur zweiten Technik jedoch zwei separate Drahtführer verwendet.

Die Nadelwickeltechnik eignet sich für vier Bauteilgruppen:

- Innengenutete Bauteile, wie Vollblechstatoren mit einer verteilten oder konzentrierten Wicklung, da die Zugänglichkeit für die anderen Wickelverfahren nicht gegeben ist.
- Außengenutete Bauteile, wie Vollblechrotoren mit einem kleinem Nutschlitz und hohem Drahtdurchmesser, da die Drahtführung nur außerhalb der Nut noch möglich ist.
- Bauteile mit hoher Masse und schlechter Zugänglichkeit der Nut bzw. des Wickelraumes.
- Bauteile mit Verlegung von Verschaltungsdrähten, was dieses Verfahren zum einen für Polketten mit mehreren Phasen und zum anderen für Bauteile mit erhöhter Anzahl an Verbindungsdrähte interessant macht.

Die Einziehtechnik kommt für innengenutete Bauteile, wie beispielsweise Vollblechstatoren mit einer verteilten Wicklung, beispielsweise einer Wellenwicklung, zum Einsatz, wenn für die Fertigung vor allem kurze Prozesszeiten notwendig sind und die Produktkosten gering gehalten werden sollen, aber auch keine hohen Anforderungen an das Produkt gestellt werden. Eine Fertigung von konzentrierten Wicklungen ist möglich, wird aber nur selten angewandt.

Die Einziehtechnik eignet sich für zwei Bauteilgruppen:

- Innengenutete Bauteile, wie Vollblechstatoren mit einer verteilten Wicklung
- Außengenutete Bauteile, wie Vollblechstatoren mit einer verteilten Wicklung

Die Ringkernwickeltechnik fokussiert sich verständlicherweise auf die Ringkernspule, also runde, in sich geschlossene Bauteile.

Die Ringkernwickeltechnik eignet sich daher für eine Bauteilgruppe:

- Geschlossene Bauteile, wie Ringkerne mit einer konzentrierten oder verteilten Wicklung

Die Träufelwickeltechnik wird für Vollblechstatoren verwendet, die einen hohen Füllfaktor oder eine komplexe Wickeltopologie besitzen. Häufigste Verbreitung findet sie in der Produktion von Motoren mit höchsten Anforderungen an die Leistungsdichte, aber auch in der Reparatur oder im Großmaschinenbau.

Die Träufelwickeltechnik eignet sich für vier Bauteilgruppen:

- Innengenutete Bauteile, wie Vollblechstatoren mit einer verteilten oder konzentrierten Wicklung
- Außengenutete Bauteile, wie Vollblechstatoren mit einer verteilten oder konzentrierten Wicklung
- Bauteile mit großen Abmessungen, beispielsweise Durchmesser oder Paketlänge
- Bauteile mit hohem Gewicht, wie beispielsweise Großmotoren

Zur Auswahl des korrekten Wickelverfahrens für das entsprechende Bauteil werden die Bauteilanforderungen mit den Eigenschaften der Verfahren wie in Abbildung 3.77 verglichen und bewertet.

Wertskala nach Richtlinie VDI 2225 0 = unbefriedigend 1 = gerade noch tragbar 2 = ungünstig 3 = gut 4 = sehr gut (ideal)		Paarweiser Vergleich nach Pahl-Beitz Priorität	Gewichtung	Nadelwickeln Polkette alle Phasen	Nadelwickeln Stator innengenutet	Nadelwickeln Stator außengenutet	Flyerwickeln Stator Einzelpole	Flyerwickeln Stator Außengenutet	Flyerwickeln Polkette einer Phase	Linearwickeln Stator außengenutet	Linearwickeln Stator Einzelpole	Linearwickeln Stator Polkette einer Phase	Nadelwickeln Stator innengenutet (Hook-winding)
1	Drahtqualität nach dem Wickeln	3.00	0.03	2	2	2	3	3	3	4	4	4	1
2	Füllfaktor, elektrisch	1.00	0.10	4	2	4	3	2	3	2	4	2	3
3	Wärmeabfuhr der Wicklung	2.00	0.07	3	2	3	2	3	3	2	4	2	2
4	Automatisierbarkeit, technisch	2.00	0.06	4	4	4	4	4	4	4	4	4	4
5	Stator Vor - und Nachbereitung	3.00	0.01	3	4	3	2	3	3	3	2	3	4
6	Phasenisolation	3.00	0.02	4	3	4	3	2	3	2	4	3	0
7	Symmetrie der Wicklung	1.00	0.08	4	2	4	3	1	2	1	4	3	2
8	Symmetrie, Statorschnitt	1.00	0.08	3	4	4	3	4	3	4	3	3	4
9	Ausbringung Wickelmaschine	3.00	0.02	2	1	1	3	3	3	3	3	3	1
10	Invest Statorherstellung	3.00	0.03	2	4	4	1	3	2	3	2	2	3
11	Anzahl Kontaktstellen	1.00	0.08	3	4	4	2	3	3	3	2	3	4
12	Elektrische Verschaltung	3.00	0.01	2	4	3	2	3	2	3	3	2	4
13	Flexibilität der Verschaltungsart	2.00	0.06	4	3	3	4	3	4	3	4	4	3
14	Vibrationsfestigkeit	2.00	0.06	3	2	4	3	1	3	3	3	3	2
15	Einsatz bei Typenvielfalt, Rüstaufwand	1.00	0.11	4	4	4	3	3	3	3	4	3	3
16	Anzahl Statoreinzelteile	2.00	0.06	3	4	2	1	2	3	2	1	3	4
17	Wickelbarkeit große Drahtdurchmesser	2.00	0.07	2	2	2	1	1	1	4	4	4	2
18	Geordnete Drahtrückführung bei orthozyklischer Wicklung	2.00	0.07	4	3	3	4	2	2	2	4	3	2
Summe		37	1	56	54	58	47	46	50	51	59	54	48
Wertigkeit W_t =				0.83	0.75	0.85	0.68	0.62	0.70	0.69	0.86	0.75	0.70

Abb. 3.77 Auswahltabelle für einen direktbewickelnden Prozess

Als methodische Grundlage wird der paarweise Vergleich nach Pahl-Beitz verwendet. Er beschreibt die Bewertung einer Lösungsvariante gegenüber einer anderen. Die Bewertung kann mit mehreren Stufen erfolgen und ist anhand der Bauteilkriterien durchzuführen. Diese sind vorher aus Produktsicht zu gewichten, um die Relevanz der Kriterien auszuarbeiten. Die Lösungsvarianten sind immer produktspezifisch und können aus einer Kombination von einem bestimmten Produktdesign und dem dazugehörigen Wickelverfahren bestehen. So ist beispielsweise die Herstellung einer Statorwicklung mit den folgenden Kombinationen möglich:

- Nadelwickeln einer Polkette mit anschließender Montage
- Nadelwickeln eines innengenuteten Stators
- Nadelwickeln eines außengenuteten Stators
- Flyerwickeln von Einzelzähnen
- Flyerwickeln eines außengenuteten Stators
- Linearwickeln von Einzelzähnen
- Einziehtechnik für einen innengenuteten Stator oder andere Geometrien
- Träufelwickeltechnik für einen innengenuteten Stator oder andere Geometrien

Die dargestellten Varianten bedingen verschiedene nachfolgende Prozesse und haben in Abhängigkeit von Spulenkörperdesign und Wickelverfahren unterschiedliche elektrische und mechanische Eigenschaften. Entsprechend ist eine Bewertung des passenden Verfahrens wichtig im Sinn des Simultaneous Engineering, also der parallelen Entwicklung von Produkt und Produktionstechnik.

Die Auswahl des korrekten Wickelverfahrens für ein bestimmtes Produkt wird durch die gegebenen technischen und wirtschaftlichen Randbedingungen bestimmt. So werden in der Praxis neben den vorgestellten technischen Randbedingungen auch länderspezifisch verschiedene Lösungsvarianten sinnvoll sein, auch in Abhängigkeit des lokalen Lohnniveaus.

3.3.11 Analyse von Wickelfehlern

Die Analyse von Wickelfehlern, sei es in der Inbetriebnahme oder im Serienprozess, erfordert viel Erfahrung des Prozessentwicklers. Das Problem der Analyse liegt in der Vielzahl der möglichen Fehlerquellen, wobei jedes wickeltechnische Produkt aufgrund des spezifischen Designs seine Eigenheiten und mögliche Fehlerquellen hat. Das Ziel dieses Abschnittes ist daher eine Sensibilisierung für mögliche Fehlerquellen und die Vorgabe einer Systematik bei der Fehleranalyse. Zunächst sollen dafür typische Wickelfehler charakterisiert werden.

Optisch ersichtliche Fehler sind Fehler im Lagenaufbau der Spule. Für die Erzeugung einer wilden Wicklung anstelle einer Lagenwicklung können eine Lücke, eine Kreuzung der Drähte, eine Doppelwindung durch Verrutschen der Lage oder eine fehlerhafte/fehlende Flanschwindung sowie ein fehlerhafter Lagensprung verantwortlich sein, wie in Abbildung 3.78 dargestellt. Ein Öffnen der Wickelvorrichtung, aufgrund des Wicklungsdruckes, kann beispielsweise durch die Änderung der Richtung des Lagensprungs für eine orthozyklische Wicklungen detektiert werden. Die Folge wäre ein höherer elektrischer Widerstand trotz korrektem Lagenaufbau.

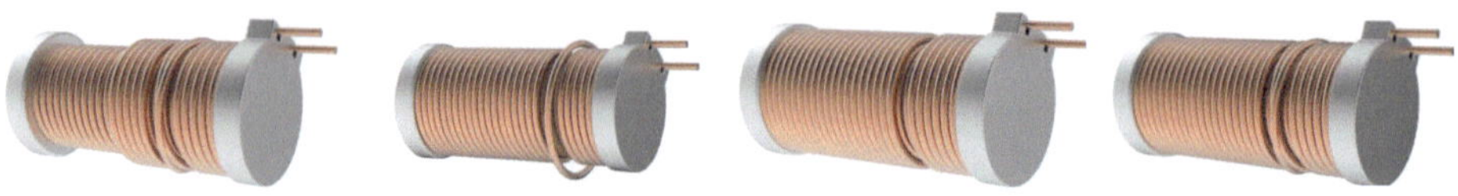

Doppelwindung **Drahtlose** **Lücke** **Kreuzung**

Abb. 3.78 Auswahl typischer Fehler im Lagenaufbau

Ein ebenfalls einfach zu detektierender Fehler ist eine Abweichung der Wicklungsgeometrie. Diese kann beispielsweise konisch bzw. konkav oder bauchig ausfallen. Als typische Fehlerquelle ist ein zu langsames Reversieren am Spulenflansch zu nennen. Ebenso können Abweichungen in den Dimensionen des Spulenkörpers, wie ein zu kleiner Innendurchmesser oder Verformungen, sowie falsche Wicklungsmaße auftreten. Einige typische Konturfehler sind in Abbildung 3.79 dargestellt. Beanspruchungen im Wickelprozess machen sich in der Regel durch eine Drahtbeschädigung oder einen Drahtriss bemerkbar und sind somit leicht zu identifizieren. Neben den mechanischen Fehlern sind ebenso falsche Spulenwiderstände, -Induktivitäten, Windungsschlüsse oder eine fehlende Hochspannungsfestigkeit möglich. Eine fehlerhafte Terminierung oder ein fehlerhaftes Verbacken der Spule sind weitere Fehlerbilder.

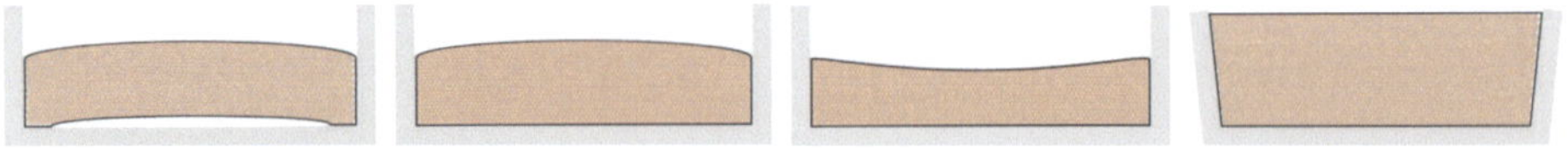

Bauchige Wicklung **Konvexe Wicklung** **Konkave Wicklung** **Aufgebogene Flansche**

Abb. 3.79 Auswahl typischer Geometriefehler

Für die Analyse des vorhandenen Fehlers müssen die verschiedenen Aspekte des Wickelprozesses betrachtet werden, welche beispielhaft für einige Faktoren in Abbildung 3.80 zusammengefasst sind. Dabei wird in die Kategorien Mensch, Maschine, Methode (Verfahren), Material, Mitwelt und Messung unterteilt.

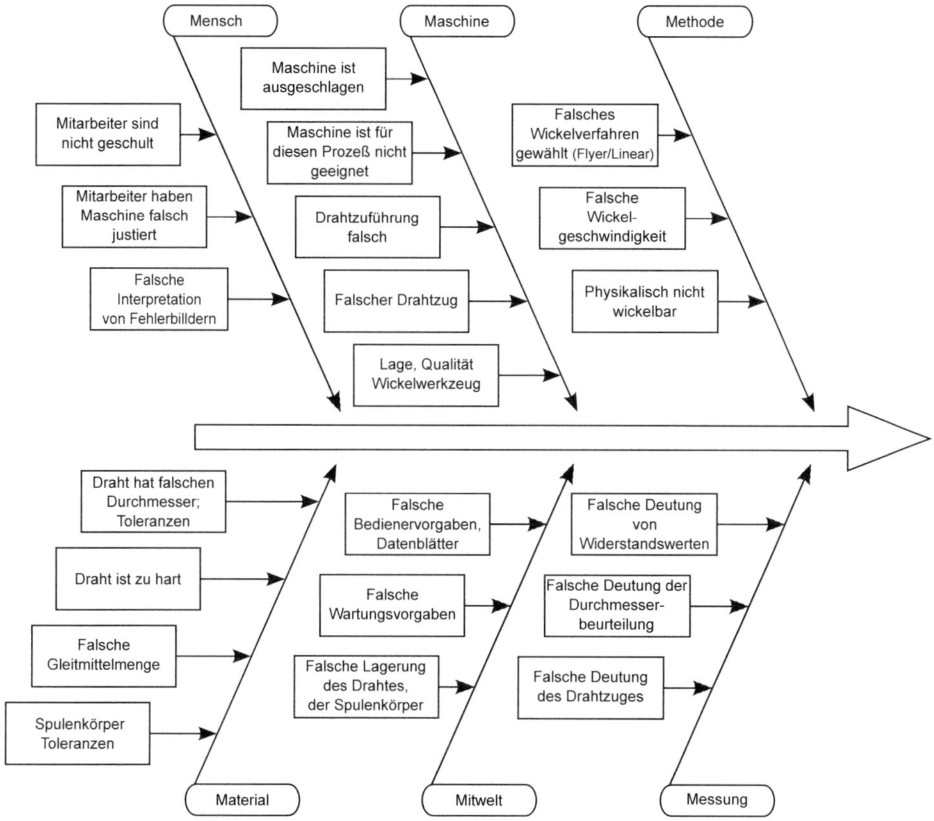

Abb. 3.80 Einflussfaktoren der Wickeltechnik

Tritt in einem eingefahrenen Serienprozess ein Fehler auf, so ist es ratsam, aktuelle Änderungen am Prozess, den gelieferten Halbzeugen, Produktionsumgebungsbedingungen zu analysieren. Liegt keine offensichtliche Fehlerquelle bzw. Änderung der Produktionsbedingungen vor, so muss eine Analyse der beeinflussenden Faktoren durchgeführt werden. Diese können aufgrund der Eigenschaften der Prozesskette schnell umfangreich werden. Um einen Anhaltspunkt für mögliche Fehlerquellen zu liefern, wurde eine Einflusstabelle von Parametern des Drahtes, Spulenkörpers und Prozesses aufgestellt, die deren Wechselwirkung mit typischen Fehlern in Abbildung 3.81 charakterisiert.

Sollte diese erste Analyse nicht ausreichen, so muss eine Detailanalyse der einzelnen physikalischen Zusammenhänge durchgeführt werden. Als Beispiel dafür wurde eine Fehlerbaumanalyse (englisch: Fault Tree Analysis) für einen fehlerhaften elektrischen Widerstand der Spule durchgeführt, welche in Abbildung 3.81 dargestellt ist. Dabei wird der Parameter anhand einer zentralen physikalischen Abhängigkeit schrittweise analysiert. Im Sinne einer logischen Verknüpfung können einzelne Parameter (ODER Verknüpfung) oder mehrere abhängige Parameter (UND Verknüpfung) für den Fehler verantwortlich sein.

Einflusstabelle für Wickelfehler 0 = Kein Einfluss 1 = Schwacher Einfluss 2 = Deutlicher Einfluss 3 = Starker Einfluss		Typische Schwankungsbreite (0-5)	Widerstand falsch	Windungs- bzw. Körperschluss	Nicht Hoch-Spannungsfest	Draht-beschädigung	Drahtriss	Fehler im Lagenaufbau (Wilde Wicklung)	Lose Windung	Bauchige Wicklung	Konische Wicklung
Prozess	Drehzahlrampe/ Anlaufverhalten	0	1	1	1	1	1	2	3	0	2
	Wickelgeschwindigkeit	1	3	3	3	3	3	3	3	3	3
	Maschinendämpfung / -steifigkeit	4	1	1	1	1	1	2	2	0	1
	Vorlauf-/ Nachlaufwinkel (DF)	2	1	1	1	1	1	3	3	1	1
	Vorschub (DF)	2	1	2	2	1	1	3	1	1	3
	Wendepunkt	3	1	2	2	1	1	3	3	1	1
	Austrittswinkel (DF)	0	3	3	3	3	3	3	3	3	2
	Drahtzug	5	3	3	3	3	3	3	3	3	2
	Drahtschwingung (Zwischen DF-Spk)	3	1	2	2	2	2	2	2	3	2
	Freie Drahtlänge (Zwischen DF-Spk)	1	2	3	3	3	3	3	3	3	1
Draht	Gleitmittelauftrag	2	3	3	3	3	3	3	1	1	1
	Drahtdurchmesser	2	3	1	1	1	1	3	3	1	1
	Isolationsgrad	1	1	3	3	3	3	1	1	0	0
	Drahthärte	1	3	3	3	3	3	3	3	3	3
	Bruchdehnung	1	3	3	3	3	3	3	3	3	3
	Zugfestigkeit	1	3	3	3	3	3	3	3	3	3
	Rückfederungseigenschaften	2	3	3	3	3	3	3	3	3	3
Spulenkörper	Beschaffenheit Wickelgrund	3	0	3	3	3	3	3	1	0	0
	Aspektverhältnis bei unrunden Spk	3	3	3	3	3	3	3	1	2	2
	Breite des Wickelfensters	3	0	1	1	3	3	3	3	1	1
	Biegeradien	3	3	3	3	3	3	3	2	3	3
	Steifigkeit	4	1	2	2	1	1	3	1	2	2
	Reibungseigenschaften	1	0	1	1	1	1	1	3	2	2

DF - Drahtführer Spk - Spulenkörper

Abb. 3.81 Einordnung von typischen Fehlern und beeinflussenden Parametern

So kann in Stufen die Abhängigkeit von zunächst auch unscheinbaren Größen nachgewiesen werden. Als Beispiel dafür sei der Zweig der fehlerhaften Drahtlänge genannt, wo resultierend aus einem fehlerhaften Verbackprozess ein Windungsschluss entstehen könnte, der den Spulenwiderstand verringert.

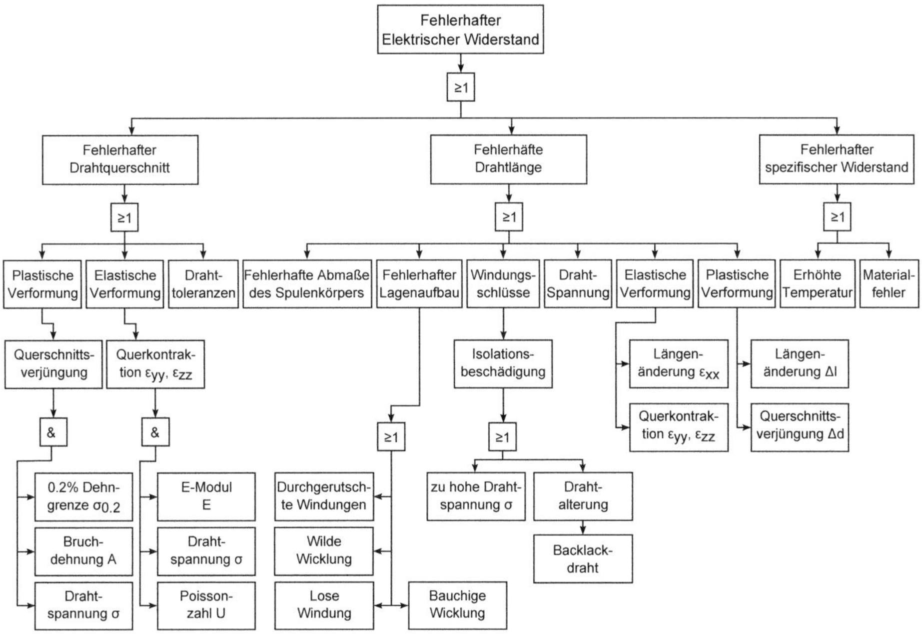

Abb. 3.82 Aufstellen eines Fehlerbaumes für die Fehleranalyse (engl. FTA)

Auf Basis der FTA können anschließend produktspezifische Tabellen für die mögliche Ursache von Wickelfehlern erstellt werden. Eine Erarbeitung der kritischen Produkteigenschaften durch den Hersteller ist in Form einer Fehlermöglichkeits-Einflussanalyse (englisch: Failure Mode and Effects Analysis), kurz FMEA, durchaus üblich und für die grundlegende Beseitigung von Prozessfehlern sinnvoll.

Die Interpretation von Wickelfehlern ist bezogen auf ihre Ursachen komplex und diese können in der Regel nicht direkt zugeordnet werden. Bei einem bestehenden Prozess sind häufig Schwankungen der Halbzeuge (Spulenkörper, Draht) dafür verantwortlich. In der Entwicklung einer Routine für neue Wickelaufgaben müssen zunächst schrittweise verschiedene Fehlerquellen ausgeschlossen werden, um die Herkunft des Wickelfehlers eingrenzen zu können. Dies benötigt in der Regel viel Erfahrung vom Bediener der Wickelmaschine bzw. dem Prozessentwickler.

3.4 Peripherieprozesse

Abb. 3.83 Beispiel für ein Schweißverfahren

Je nach Anwendungsgebiet und Spulendesign kommen verschiedene vorgelagerte und nachfolgende Prozesse zum Einsatz. Oft gehört dazu die Vormontage bis zur Wickelbereitschaft, der Kontaktierprozess für den Anfangs- und Enddraht, sowie diverse elektrische, mechanische und optische Prüfprozesse. Verbackprozesse kommen häufig nur bei Luftspulen zum Einsatz. Der Spulentest wird je nach Automatisierungsgrad manuell oder automatisiert durchgeführt. Die Montage von weiteren Elementen ist je nach Funktionsort auch häufiger anzutreffen. Die Sekundärisolation findet am häufigsten bei Motorwicklungen, aber auch bei thermisch bzw. elektrisch beanspruchten Spulen statt. Diese Prozesse werden im Folgenden eingehender diskutiert.

Entsprechend richtet sich dieser Abschnitt an Leser aus der Fertigung oder dem Design wickeltechnischer Güter.

3.4.1 Vorbereitende Montageprozesse

Wie bereits in Abschnitt 1.2.4 diskutiert, benötigen viele Spulenkörper Hilfselemente zur Drahtführung, wie Stifte, oder eine separate Isolation, bevor sie bewickelt werden können. Die spulenkörperspezifischen Elemente können in diesem Abschnitt nachgelesen werden.

Entsprechend ergeben sich für Anlagen zur Herstellung von Wickelgütern vorgelagerte Montageketten für diese Elemente. Typische Prozesse zur Montage umfassen das Einpressen von Elementen oder das Kleben. Ein Beispiel für eine Spule ist in Abbildung 3.84 dargestellt. Für die Spule müssen zwei Stifte und eine Ankerplatte montiert werden.

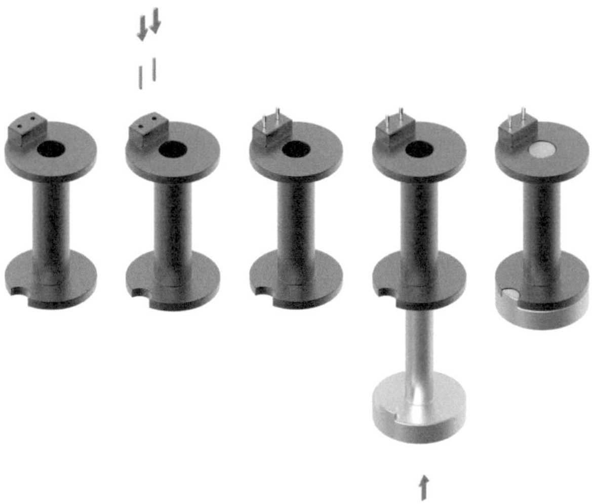

Abb. 3.84 Darstellung einer Montagereihenfolge für eine Spule

Die Abbildung 3.85 beschreibt die Montagereihenfolge für einen Vollblechschnittstator. Dieser benötigt vor seiner Bewicklung eine Isolation der Nuten und eine Endscheibe zur Führung der Verschaltdrähte außerhalb der Nut.

Abb. 3.85 Darstellung einer Montagereihenfolge für einen Stator

In der Automatisierungspraxis erfolgt nach der Montage der verschiedenen Elemente eine Prüfung auf Wickelbereitschaft. Diese, meist optisch durchgeführte Prüfung, misst die für den Wickelprozess kritischen geometrischen Merkmale und stellt sicher, dass nur geeignete Teile dem Wickelprozess zugeführt werden.

3.4.2 Kontaktierprozesse

Die Auswahl eines passenden Kontaktierprozesses wird primär durch die Eigenschaften des Drahtes bestimmt. So muss für eine themische Kontaktierung die von der Isolation vorgegebene Betriebstemperatur deutlich überschritten werden. Diese wurde für verschiedene Systeme bereits in Abschnitt 2.3.2 in Tabelle 2.10 eingeführt. Wenn der Draht für Hochtemperaturanwendungen ausgelegt wurde, so ist ein Abisolieren ebenfalls möglich, um den Draht beispielsweise mittels Löten oder Bonden kontaktieren zu können. Aufgrund der Vielzahl an vorhandenen Kontaktierprozessen soll an dieser Stelle auf eine grundlegende Vorstellung der Funktionsweise und des maschinellen Aufbaus für die einzelnen Verfahren verzichtet werden. Vielmehr werden in der folgenden Tabelle 3.5 Verfahrensbeschränkungen in Bezug auf die Wickeltechnik aufgezeigt. Die aufgeführten Prozessgrenzen stellen Erfahrungswerte dar. Es ist daher durchaus möglich, in bestimmten Prozesskonfigurationen manche Prozessgrenze zu überwinden.

Tab. 3.5 Charakterisierung der Prozessgrenzen für einzelne Kontaktierverfahren

	Prozessgrenze
Löten	– Temperaturfestigkeit der Isolation (temperaturfeste Drähte) über 300 °C/350 °C müssen abisoliert werden – Bleifrei ist limitierend
Lichtbogenschweißen	– Temperaturfestigkeit der Isolation (temperaturfeste Drähte) muss abisoliert werden
Schneid-Klemm-Kontakt	– Strombegrenzung bis 40 A
Lichtbogenschweißen/ Plasmaschweißen	– Begrenzte Materialpaarung: CuSn1,5 & Cu nicht möglich
Widerstandsschweißen	– Begrenzte Materialpaarung: Aluminium nicht möglich
Ultraschallschweißen	– Begrenzte Materialpaarung
Laserschweißen	– Begrenzte Materialpaarung – Problem durch Fremdkörper aus der Isolation
Thermo-/ Kompressionsschweißen	– Maximaler Drahtdurchmesser bis 0,8 mm
Drahtbonden	– Temperaturfestigkeit der Isolation (Temperaturfeste Drähte) – Maximaler Drahtdurchmesser bis 0,3 mm
Crimpen	– Minimaler Drahtdurchmesser mindestens 0,1 mm

Generell gilt, dass Aluminiumdraht schwierig zu kontaktieren ist, da, außer dem Laserschweißen, kein anderes Schweißverfahren verwendet werden kann. Typischerweise kommen dann mechanische Verfahren, wie Schneid-Klemmkontakte, das Crimpen oder das Bonden zum Einsatz. Das Laserschweißen von Kupferdraht selbst funktioniert auch oft nur nach einem Abisolieren des Drahtes. Eine Alternative bieten in diesem Fall Schneid-Klemm-Kontakte, eine Wickelverbindung oder das Crimpen (vgl. Abbildung 3.86).

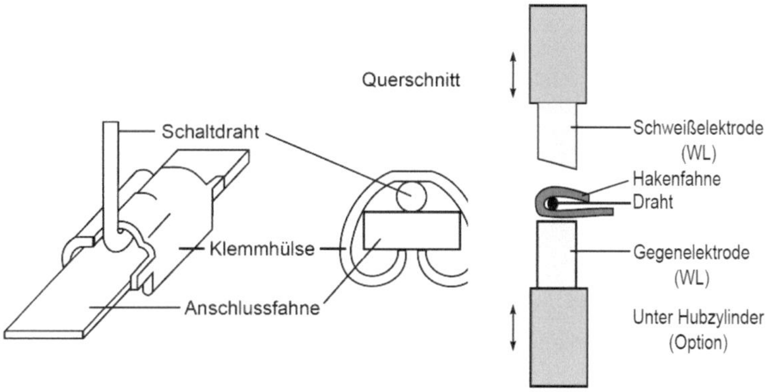

Prozessvideo

Abb. 3.86 Klemmverbindung nach [DKI-00] und Schweißverbindung (Quelle:Myachi) mit QR-Link zu Prozessvideo

Abgesehen von Aluminiumdraht ist das Widerstandsschweißen universell einsetzbar und wird daher häufig in der Fertigung wickeltechnischer Produkte genutzt. Im Folgenden soll genauer auf die Crimpkontakte eingegangen werden, da diese als Variante für Kontaktstifte verwendet werden können. Der Draht wird in einem Haken eingelegt und mittels einer Crimpzange mit dem Kontakt verklemmt. Dies ist ein drahtverlustfreies Verfahren, das von seiner Prozessdynamik und damit von der Wirtschaftlichkeit sehr interessant ist. Drahtparkierstifte sind hier nicht notwendig, da direkt am Kontakt des Spulenkörpers angeklemmt wird. Der aus der Drahtführerdüse ca. 8 bis 12 mm freihängende Draht muss in den Haken mehr oder weniger eingefädelt oder eingelegt werden, von daher ist es eine wesentliche Bedingung für diese Anwendung, dass nur stabile Drähte verwendet werden können. Ab einem Drahtdurchmesser größer 0.3 mm weisen Kupferlackdrähte eine ausreichende Stabilität auf.

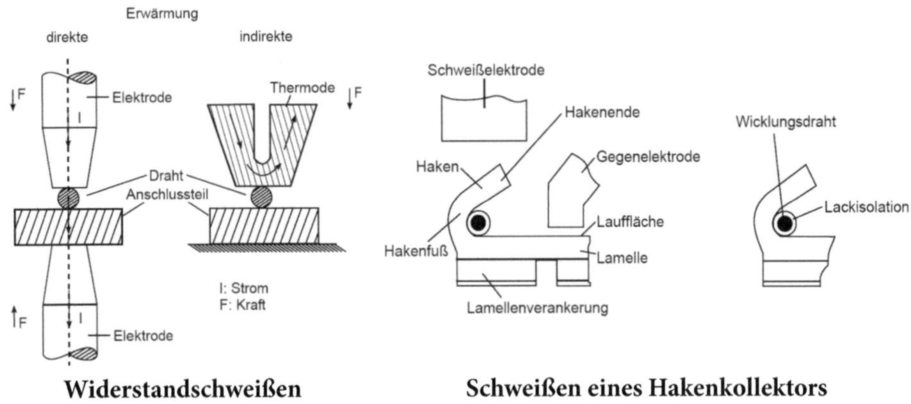

Abb. 3.87 Sinnbilder zur Verbindungstechnik

Bei noch wesentlich dickeren Drähten, die so viel Stabilität bieten, dass sie durch eine Fixierung an einem Kontaktpfosten bzw. dem Bewegungsablauf um diesen herum fixiert werden können, kann ebenfalls auf Drahtparkierstifte verzichtet werden. Auch können am Werkzeug Pfosten angebracht werden, die diese Aufgabe übernehmen, allerdings müssen diese terminierten Drähte später gelöst und entfernt werden und damit ist diese Verfahrensweise kein drahtverlustfreies Wickeln.

Das Kontaktieren muss gute mechanische und elektrische Verbindungseigenschaften gewährleisten. In der Regel sind für die Kontaktierprozesse im Serienprozess Prozesszeiten bis zu 1,5 s keine Seltenheit. Daher ist neben der Beachtung der vorhandenen Materialpaarung auch der Prozessablauf exakt auszulegen.

3.4.3 Verbackprozess

Das Verbacken bezeichnet den Prozess des Aushärtens eines Verbacklacks. Der Verbacklack wurde als Overcoat auf den Wickeldraht aufgetragen. Dieser wird für bis zu 80 % für Luftspulen verwendet, um die notwendige mechanische Stabilität zu gewährleisten. Diese wird benötigt für die Montage auf einen Spulenträger, die Montage eines Spulenkerns, die Fixierung für den Transport oder für die Verwendung einer mechanisch stabilen Luftspule. Unterschieden werden für das Verbacken Prozesse auf Basis thermischer und chemischer Reaktionen. Die thermischen Prozesse können durch Zuführung von Heißluft, die Bauteillagerung in einem Ofen oder durch ein elektrisches Aufheizen realisiert werden. Dabei ist der Ofen aufgrund seiner Charakteristik als Batch-Prozess mit hoher Prozesszeit eher die Ausnahme. Die Prozesse mit einer chemischen Reaktion basieren auf einem Nasswickelverfahren: Der Draht wird nass gewickelt und ein entweichendes Lösemittel lässt den Lack härten. Ein quantitativer Vergleich der verschiedenen Prozesse wurde in Tabelle 3.6 vorgenommen. Ein Plus steht dabei für eine positive Prozesseigenschaft in Bezug auf das Kriterium Voraussetzung für homogen verbackene Spulen ist eine saubere, möglichst orthozyklische Wicklung, bei der die Drähte aneinanderliegen. Bei sogenannten wilden Wicklungen, bei denen sich die Drähte durch die Vielzahl der Kreuzungen nur punktuell berühren, ist nur eine geringe Festigkeit zu erreichen.

Tab. 3.6 Vergleich der verschiedenen Backprozesse

Kriterium	Heißluft	Ofen	Elektrisches Aufheizen	Nasswickeln
Prozesszeit	0	--	++	--
Verbackqualität	0	++	++	+
Investitionskosten	+	-	0	++
Einsatzbereich (d_{Draht})	bis 0,4 mm	+	+	+
Automatisierungsgrad	+	--	++	++
Fehleranfälligkeit im Gesamtprozess	++	++	++	--

Das Verfahren mit Heißluft ist nur für dünne Drähte anwendbar und generell schwierig zu überwachen, da der Wärmeaustausch durch die Strömung erfolgt. Durch entstehende Turbulenzen in der Strömung kann ein gezielter Luftstrom auf den Draht nicht immer garantiert werden. Entsprechend ist keine Inline-Prozesskontrolle möglich. Für die dünnen Drähte (bis ca. 0,2 mm Durchmesser) muss eine relativ langsame Wickelgeschwindigkeit verwendet werden, um ein sinnvolles Erwärmen des Drahtes zu ermöglichen. Typische Drehzahlen von Wickelspindeln liegen dann bei ca. 500 U/min für mittlere Spulenabmessungen (20 – 30 mm Innendurchmesser).

Das chemische Verfahren birgt den Nachteil des Lösemittels, welches für Verschmutzungen in der Umgebung sorgt und ebenfalls den Wickelprozess in seiner Dynamik beschränkt. Die Verwendung des elektrischen Verbackens hat zunächst den Vorteil von kurzen Prozesszeiten (ca. 2-5 Sek.), da der Kupferdraht durch seinen ohmschen Widerstand mit Stromdichten zwischen 100 A/mm^2 und 150 A/mm^2 von innen erwärmt wird. Durch die Konstanz des elektrischen Widerstandes sind eine Inline-Prozesskontrolle und eine hohe Wiederholgenauigkeit sowie das Einstellen von definierten Temperaturprofilen möglich. Durch die Erwärmung aus dem Drahtinneren kann die Spule auch nachträglich nach dem Wickeln noch verbacken werden. In der Prozessauslegung ist zu beachten, dass eine Erwärmung des Drahtes auch zu einem höheren Widerstand führt. Dies führt im Betrieb wiederum zu einer höheren elektrischen Verlustleistung, was zu einer Bauteilerwärmung führt. Dieser Zusammenhang im Verbackprozess ist exemplarisch in Abbildung 3.88 dargestellt.

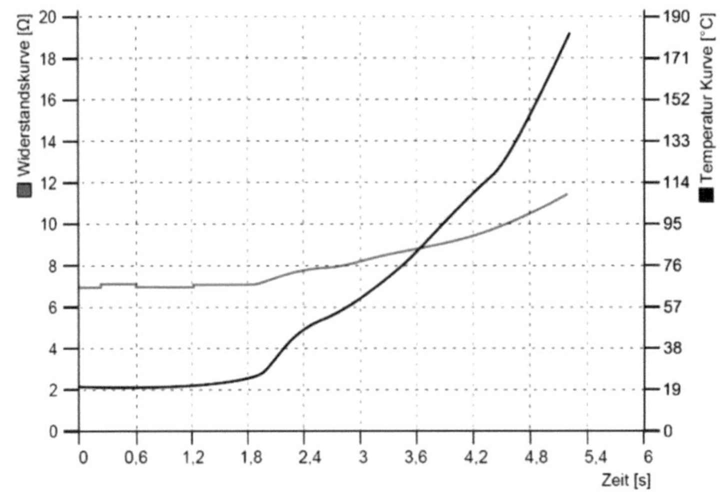

Prozessvideo

Abb. 3.88 Zusammenhang von Drahttemperatur und Widerstand mit QR-Link zu Prozessvideo

Dieses Verfahren wird nun zunehmend auch bei dünneren Drähten verwendet, resultierend aus den gestiegenen Qualitätsanforderungen. Für die Regelung des Prozesses können verschiedene Regelgrößen verwendet werden. Nach Bedarf kann die Spannung, der Strom oder die Temperatur geregelt werden.

Für den Verbackprozess wird ein zusätzlicher Backlack auf den Drähten benötigt. Die Aushärtung kann thermisch oder chemisch erfolgen. Die große Vielfalt an Spulenarten erfordert flexible Wickelprozesse, die auf die einzelnen geometrischen Gegebenheiten angepasst werden können. Idealerweise können Luftspulen gefertigt werden, bei denen das Wickelwerkzeug optimal auf die Herstellung der Spulengeometrie angepasst werden kann. Der Nachteil körperloser Spulen besteht in den nachgelagerten Prozessen, wo durch das Verbacken zusätzliche Steifigkeit in die Wicklung eingebracht werden muss. Durch die fehlende Terminierung ist das automatisierte Kontaktieren nur stark eingeschränkt möglich.

3.4.4 Spulentests

Ziel dieses Abschnittes ist es, die Testverfahren für die serienmäßige Spulenfertigung vorzustellen.

Tab. 3.7 Übersicht ausgewählter Prüfverfahren je Wickelprodukt (Quelle: Schleich GmbH)

Produkt	Prüfverfahren
Einzelspule	– Stoßspannungstest – Teilentladungstest – Prüfung des Isolationswiderstandes – Hochspannungsprüfung: AC/DC – Widerstandsmessung – Induktivitätsmessung
Anker/Rotoren	– Stoßspannungstest – Teilentladungstest – Prüfung des Isolationswiderstandes – Hochspannungsprüfung: AC/DC – Windungsschlussprüfung/Search Test – Widerstandsmessung – Induktivitätsmessung
Lackdraht	– Stoßspannungstest – Teilentladungstest – Prüfung des Isolationswiderstandes – Hochspannungsprüfung: AC/DC
Ständer/Statoren	– Stoßspannungstest – Teilentladungstest – Prüfung des Isolationswiderstandes – Hochspannungsprüfung: AC/DC – Widerstandsmessung – Induktivitätsmessung

Für die Bauteilprüfung existieren, je nach Anwendungshintergrund, die verschiedensten Verfahren. Diese sind in Tabelle 3.7 beispielhaft zusammengefasst. Die Prüfverfahren für den Wickeldraht können in Abschnitt 2.3.1 nachgelesen werden. Im Folgenden werden die einzelnen Prüfverfahren kurz vorgestellt. Die Prüfung ist ein wichtiger Bestandteil der Prozesskette, um fehlerhafte Spulen auszusortieren und die Wertschöpfung auf die Gutteile zu beschränken.

Für den Stoßspannnungstest wird ein Stoßimpuls durch die Parallelschaltung eines geladenen Kondensators auf die zu prüfende Wicklung gegeben. Dies erzeugt einen elektrischen Schwingkreis, in dem die Leistung zwischen Spule und Kondensator wechselt. Aufgrund der elektrischen Verluste ist die Schwingung gedämpft. Für die Wicklung ergibt sich aus der Messung ein für die Induktivität charakteristischer Amplitudenverlauf. Dieser sieht für fehlerfreie Spulen immer gleich aus und kann verglichen werden.

Die Teilentladungsprüfung erfolgt über eine definierte Prüfsequenz, in der eine Prüfspannung an die Wicklung angelegt wird. Diese wird schrittweise erhöht, bis die ersten Teilentladungen auftreten. Die zugehörige Spannung wird als Einsetzspannung bezeichnet.

Anschließend wird die Spannung wieder verringert, bis keine Teilentladungen mehr vorhanden sind. Diese Spannung wird als Aussetzspannung bezeichnet. Durch die beiden Spannungswerte ist eine Aussage über Ausschuss innerhalb einer kurzen Prüfzeit von wenigen Millisekunden möglich.

Der Isolationswiderstand einer Wicklung wird durch das Aufschalten einer Spannung von bis zu 500V DC durchgeführt. Gemessen wird der Stromfluss durch die Isolation des Kupferlackdrahtes. Durch die Verwendung einer Gleichspannung können störende elektrodynamische Effkte vernachlässigt werden. Aufgrund der Kapazität der Wicklung und der Begrenzung auf einen kleinen Prüfstrom von beispielsweise 3 mA dauert dieser elektrische Test etwas länger, da die Wicklungskapazität erst geladen werden muss. Der gemessene Isolationswiderstand gibt das Maß für die DC-Festigkeit der Isolation an.

Die Hochspannungsprüfung mit Wechselstrom und Gleichstrom dient zur Überprüfung der elektrischen Isolationsfähigkeit und Spannungsfestigkeit von Luft- und Kriechstrecken an elektrischen Bauteilen bzw. Baugruppen und ist durch unterschiedlichste nationale und internationale Bestimmungen bzw. Normen definiert. Die Höhe der Prüfspannung, die Dauer und Art der Prüfung sowie der maximal zulässige Ableitstrom sind darin festgelegt. Prinzipiell wird die Hochspannungsprüfung mit demselben Vorgehen für die Isolationswiderstandsprüfung durchgeführt.

Prozessvideo

Abb. 3.89 Prozesschaubild HV-Test (Bildquelle: Eviro GmbH) und optische Prüfung inkl. QR-Link zu Prozessvideo

Der Arc-Detection, auch als Teilentladungstest bezeichnet, beschreibt eine Erkennung von Mikro-Entladungen in einem partiellen Teil der Isolierstrecke. Diese wachsen als Teil des Isoliersystems zu einer immer größeren Schadensstelle heran. Je nach Belastung und Ausprägung der Fehlstelle kann es nach Stunden, Tagen, Wochen, Monaten oder Jahren zu einem Volldurchschlag kommen. Grund dafür ist die fortlaufende Schwächung des Isoliersystem durch die dauernden Mikro-Entladungen. Die Prüfung erfolgt durch eine intelligente Hochspannungsprüfung der Isolation mit verschiedenen Wechselstromvarianten.

Die Induktivität und der elektrische Widerstand werden durch Vollbrückenschaltungen mit hochgenauen Bauelementen bestimmt. Der Aufbau dieser Messschaltungen kann in Standardliteraturwerken der elektrischen Messtechnik unter dem Stichwort Wheatstonesche Brückenschaltung nachgelesen werden.

Die Ausführung von Spulentests wird in der Regel durch die Anforderungen des Produktes vorgegeben. Abhängig vom Anwendungsgebiet besteht z. B. in der Medizintechnik eine ausführliche Dokumentationspflicht der Bauteileigenschaften. In der Regel werden Spulen in Bezug auf ihren Widerstand und ihre Isolationsfähigkeit überprüft.

3.4.5 Nachgelagerte Montageprozesse

Aufgrund der Verwendung von Spulen in elektromechanischen Baugruppen sind neben den benötigten Schritten in der Vormontage der Spulenkörper zahlreiche Montageschritte nach dem Wickeln, wie beispielsweise für die Verwendung in Elektromotoren, notwendig. Vor dem Bewickeln wird der Spulenkörper in der Regel als Einzelteil oder in Form von Schüttgut zugeführt. Für die Herstellung von Motoren sind vorgelagerte Schritte, wie das Fügen der Endkappen auf das Blechpaket, notwendig, um die Isolation zwischen Wicklung und Blechpaket zu gewährleisten. Das Einsetzen von Kontakten bzw. Kontaktstiften sowie von einer Papierisolation an den Seiten des Segmentes sind ebenso möglich. Nach dem Wickeln sind verschiedene Konfigurationen der Segmente denkbar, von denen eine Auswahl in Abbildung 3.90 dargestellt ist. Für Polketten ist beispielsweise die Montage zum Vollblechstator vorgesehen. Je nach Nutung können Einzelpole innen oder außen an Statoren aufgesteckt oder als Poltopf montiert werden. Je nach Produktausführung sind dafür schon Verbindungselemente im Spulenkörper vorgesehen. Für Heizungspumpen werden beispielsweise T-Segmente in einen Schlussring durch eine Schwalbenschwanzverbindung gepresst. Das Einsetzen von zusätzlichen Schneid-Klemm-Kontakten sowie die Montage in ein Gehäuse, beispielsweise für Ventilspulen, sind weitere Beispiele für nachfolgende Montageprozesse.

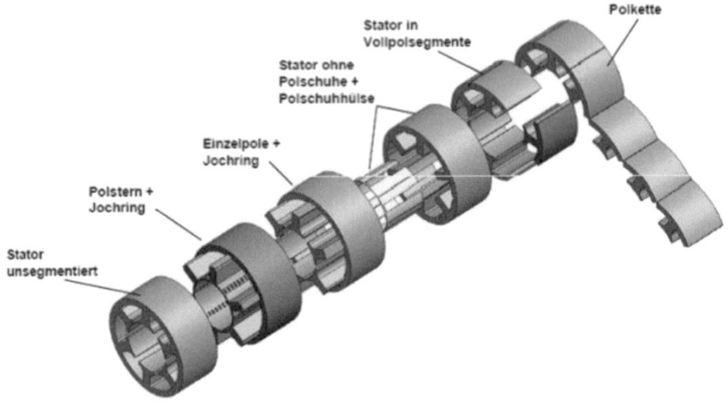

Prozessvideo

Abb. 3.90 Typische Montageformen für Einzelsegmente am Beispiel von EC-Motoren inkl. QR-Link zu Prozessvideo (Bildquelle: Technoexpert Dresden)

Die Prozessketten zur Montage von Einzelsegmenten sind so vielfältig wie die eigentliche Produktqualität. Vorrangig ist die Formtreue der Spulen nach dem Wickelprozess für eine erfolgreiche Montage. Dazugehörige Fehler in der Spulenform wurden im vorherigen Abschnitt 3.3.11 diskutiert.

3.4.6 Sekundärisolation

Die Sekundärisolation beschreibt Maßnahmen zur Einbringung weiterer Stoffe um die Wicklung, mit dem Zweck, die thermischen, mechanischen und elektrischen Eigenschaften zu verbessern. Für Statoren beinhaltet dies das Bandagieren des Wickelkopfes mit einem Isolationsband und das Einbringen eines Isolationsharzes in die Zwischenräume zwischen den Windungen und der Nutwand. Für die Applikation der Flüssigisolation stehen verschiedene Verfahren, wie der Verguss, das Tränken, Träufeln oder Umspritzen zur Verfügung. Diese können durch positive Randbedingungen, wie einen Wärmeeintrag durch einen Ofen bzw. Bestromen der Wicklung oder UV-Bestrahlung, beschleunigt werden. Alternativ kann die Applikation auch durch ein Vakuum unterstützt werden. Die Feststoffisolation bezieht sich auf die Montage von Phasentrennern in verteilten Wicklungen, dem Tapen bzw. Bandagieren des Wickelkopfes oder der Montage weiterer Isolationskörper.

Auf eine detaillierte Vorstellung der verschiedenen Materialeigenschaften vorhandener Isolationssysteme soll an dieser Stelle verzichtet werden. Vielmehr stehen die Prozesseigenschaften für die Fertigung wickeltechnischer Produkte im Fokus. Für die Auswahl des Materials stehen Produkteigenschaften wie die Hochspannungsfestigkeit, die Teilentladungsfestigkeit sowie die mechanische Festigkeit und die thermischen Eigenschaften im Vordergrund.

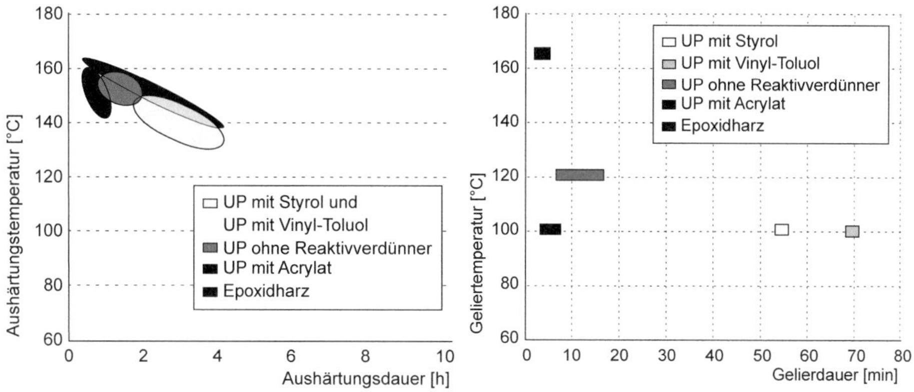

Abb. 3.91 Typische Aushärtebedingungen für Sekundärisolationen

Entscheidend für die Auswahl des Herstellverfahrens der Sekundärisolation ist die Taktzeit. Diese hängt sowohl von den gewählten Materialeigenschaften, wie Aushärte- und Gelierdauer, als auch vom gewählten Applikationsverfahren ab. Die materialabhängigen Prozesszeiten und Temperaturen sind in Abbildung 3.91 dargestellt. Die Prozesszeiten einiger Applikationsverfahren inkl. deren Teilschritte sind in Abbildung 3.92 zusammengefasst.

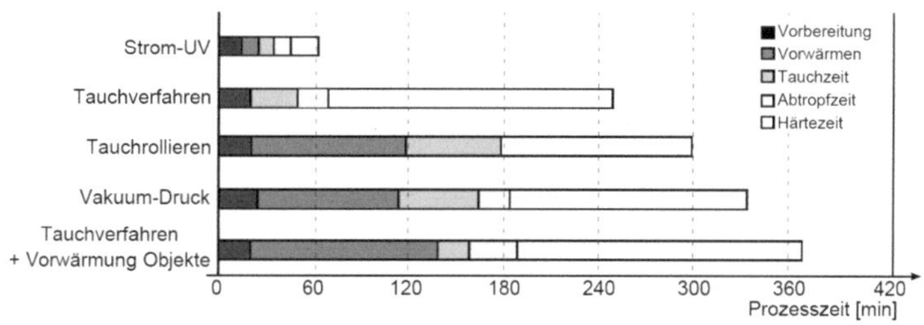

Prozessvideo Träufeln

Abb. 3.92 Typische Prozesszeiten für verschiedene Applikationsverfahren inkl. QR-Link

Häufige Anwendung findet die Applikation von flüssigen Isolationsharzen im Elektromaschinenbau. Der Einfluss von verschiedenen Harzsystemen auf die Teilentladungsfestigkeit (Abb. 3.93) sowie ein Vergleich von verschiedenen Prozessvarianten für die Applikation des Harzes (Abb. 3.94) soll den Spielraum der Prozessentwicklung demonstrieren, in dem zwischen Taktzeiten, Kosten der Fertigungsprozesse und den gewünschten Produkteigenschaften abgewogen werden muss.

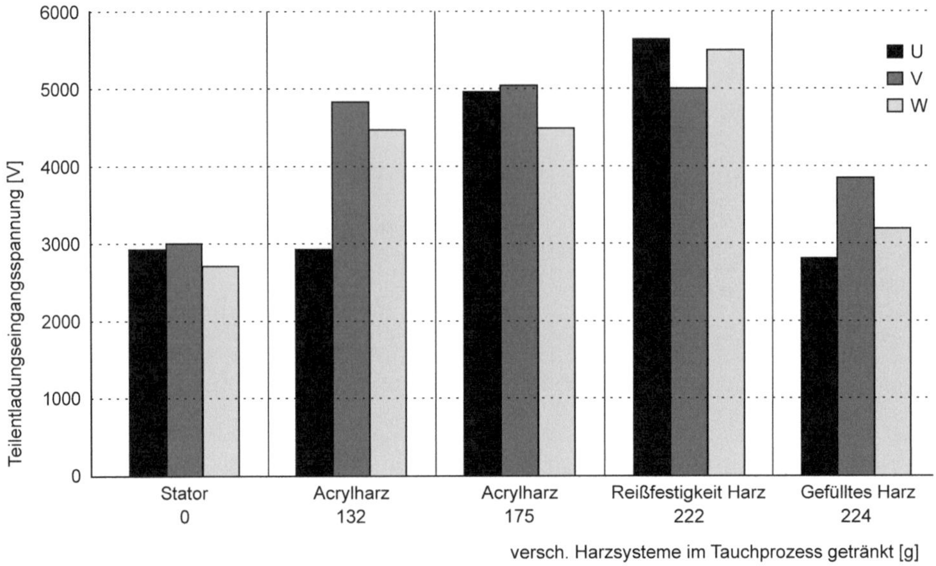

Abb. 3.93 Einfluss des Harzsystems auf die TE-Beständigkeit nach [Kus-15]

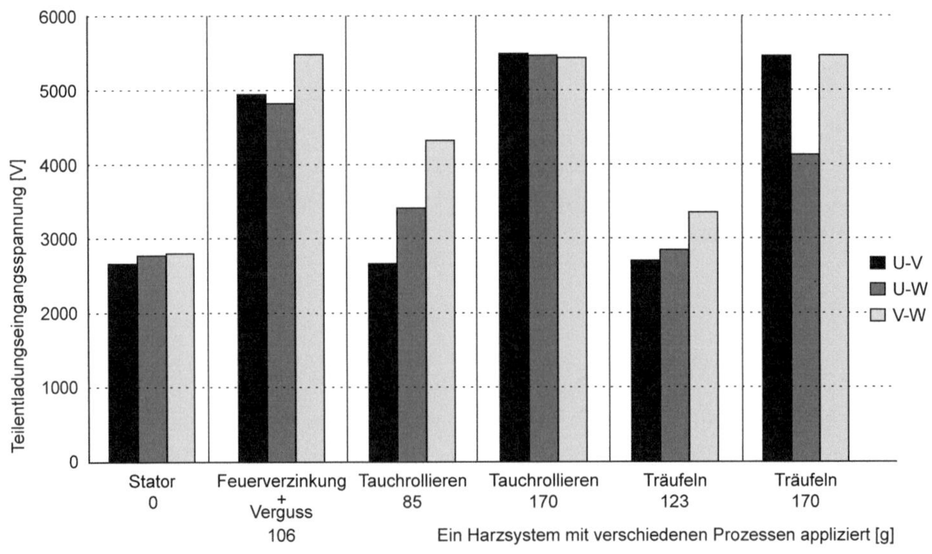

Abb. 3.94 Einfluss des Applikationsverfahrens auf die TE-Beständigkeit nach [Kus-15]

Diese Beispiele sind in den Abbildungen 3.93 und 3.94 zusammengefasst. Schwankungen zwischen ca. 3 kV und 5.5 kV Teilentladungsspannung sind möglich. In Bezug auf die Applizierbarkeit der Sekundärisolation besteht eine Wechselwirkung mit dem Wickelprozess. Für das Fließen des Harzes müssen entsprechende Fließwege vorhanden sein, diese können durch das Einbringen von gezielten Kanälen erreicht werden. Entsprechend hängt die Qualität der Sekundärisolation auch vom Drahtdurchmesser und dem Wickelschema ab. Es ist das Ziel der Applikation, mögliche Hohlräume in der Nut zu füllen. Probleme können auftreten, wenn aufgrund eines speziellen Gleitmittels oder eines erhöhten Auftrages die Anhaftung der Sekundärisolation am Draht nicht mehr gewährleistet werden kann. Daher führen gleitmitteloptimierte Drähte in der Regel zu einer schlechteren Isolation. Verfahrensbedingt kann es durch die Einbringung von Wärme in die Wicklung ebenso zu einer Ausdehnung und möglichen Beschädigung der Drahtisolation kommen, dies ist in der Prozessauslegung zu berücksichtigen.

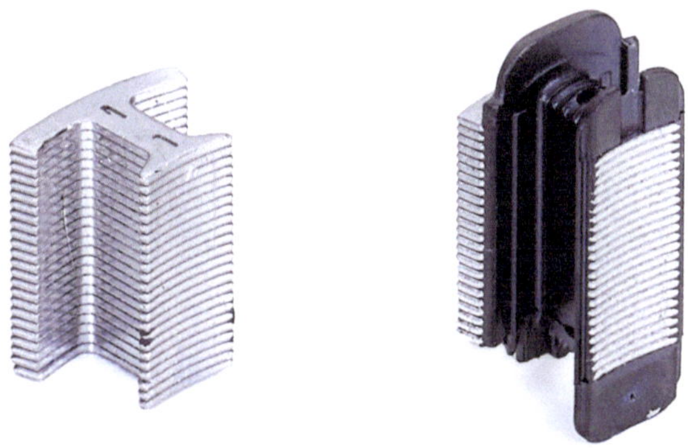

Abb. 3.95 Sekundärisolation mittels Umspritzen mit Kunststoff

Die Verwendung von Sekundärisolationen erhöht die Qualität der Wicklung und macht diese unempfindlicher gegenüber höheren Spannungen oder möglichen Teilentladungen und erzeugt einen mechanischen Schutz. Die Wahl des Isolationssystems wird durch die gewünschten Produkteigenschaften bestimmt. Das Verfahren zur Herstellung dieses Systems ist eher geprägt durch die benötigten Taktzeiten und Prozesskosten.

Quellen

[Dob-11] Dobroschke, A.: „Flexible Automatisierungslösungen für die Fertigung wickeltechnischer Produkte“, Dissertation, FAU Erlangen, ISBN 978-3-87525-317-7

[Fel-13] Feldmann, K.; Spur, G.; Schöppner, V.: „Handbuch Fügen, Handhaben, Montieren“, 2. Auflage im Hanser Verlag, ISBN: 978-3446428270

[Kus-15] Kuschnerus, M., et. al.: „Elektroisolationssysteme für moderne Antriebskonzepte“, Präsentation, Elantas Beck, 06.2015

[Küh-15] Kühl, A.: „Flexible Automatisierung der Statorenmontage mit Hilfe einer universellen ambidexteren Kinematik“, Dissertation, FAU Erlangen, ISBN 978-3-87525-367-2

[Sel-15] Sell-Le Blanc, F. et. al.: „Analysis of Wire Tension Control Principles for highly dynamic Applications in Coil Winding“, 5th International Electric Drive Production Conference, Erlangen, Proceedings ISBN 978-1-4673-7511-5

[To-04] Toliyat, H. A.; Kliman, G.B.: „Handbook of electric motors“, 2.Auflage, ISBN 978-082474-105-1

[Tzs-90] Tzscheutschler, Rolf; Olbrisch, Helmut; Jordan, Wolfgang: „Technologie des Elektromaschinenbaus“, Verlag Technik (1990), ISBN-10: 3341008519

[Wo-97] Wolf, K.-U.: „Verbesserte Prozesführung und Prozessplanung zur Leistungs- und Qualitätssteigerung beim Spulenwickeln“, Dissertation, FAU Erlangen, ISBN 978-387525-092-3

Automatisierung 4

Ziel dieses Kapitels ist es, dem Leser Wissen über die Grundlagen der Automatisierung von Prozessen, sowie deren Maschinen und Anlagen zu vermitteln. Es werden verschiedene Möglichkeiten der Verkettung und die Wahl des geeigneten Automatisierungsgrades vorgestellt. Zuletzt werden Aspekte des wirtschaftlichen Betriebes automatisierter Wickelanlagen eingeführt.

Abb. 4.1 Automatisierungstechnik in der Produktion

4.1 Einführung

In der Einführung soll zunächst ein Grundwissen über typische Kennwerte, Randbedingungen und das allgemeine Vorgehen zur Automatisierung gegeben werden. Die Kostenbetrachtung für verschiedene Automatisierungsgrade ist der Kern dieses Unterkapitels.

Der angesprochene Leserkreis befindet sich in der Projektierungs- und Fertigungsplanung.

4.1.1 Definition Automatisierung

In einer automatisierten Fertigung werden sämtliche Operationen wie Bearbeitung, Steuerung, Handhabung von Werkzeugen und Werkstücken, Überwachung der Qualität maschinell bzw. elektronisch umgesetzt. Die Herkunft des Wortes leitet sich von dem griechischen Wort αὐτο ab und bedeutet selbstständig bzw. selbsttätig. Nach DIN72: „*Unter Automatisierung versteht man das Ausrüsten einer Einrichtung, sodass sie ganz oder teilweise ohne Mitwirkung des Menschen bestimmungsgemäß arbeitet*". Um die Automatisierungstechnik genauer zu erläutern, wird zunächst eine Strukturierung der Ausprägungsstufen vorgenommen.

Als Handprozess werden manuelle Arbeiten ohne Hilfe von Werkzeugen oder Maschinen bezeichnet. Ein mechanisierter Handprozess beschreibt die Arbeiten mit Hilfswerkzeugen. Die maschinellen Bearbeitungsprozesse können in teil- und vollautomatisierte Prozesse gegliedert werden. Für teilautomatisierte Prozesse gibt es meist manuelle Nebentätigkeiten, wie das Rüsten oder das Be- und Entladen von beispielsweise Spulenkörpern mit einer automatisierten Haupttätigkeit, dem Wickeln. Der vollautomatisierte Prozess hingegen beinhaltet die automatisierte Nebentätigkeit. Entsprechend diesem Gedanken lassen sich die folgenden Automatisierungsstufen für die Produktionstechnik ableiten: mechanische Fertigung, teilautomatisierte Fertigung, vollautomatisierte Fertigung.

Merkmal der Automatisierung ist, dass über die Mechanisierung hinaus auch eine Steuerung und Regelung des Prozesses durch ein technisches System erfolgt. Der Vorteil gegenüber der Mechanisierung liegt in der Flexibilität, die durch die Möglichkeit der Programmierung der Produktionsmaschinen gegeben ist. Die Steuerung ist jedoch mit hohen Investitionskosten verbunden. Entsprechend ist eine Automatisierung nur sinnvoll, wenn die folgenden Randbedingungen gegeben sind:

- Hohe Stückzahlen
- Automatisierungsgerechter Produktaufbau mit eingeschränkten Toleranzen (Spulenkörper, Stifte zum Terminieren, Markierungen zur Betriebsdatenerfassung (BDE/Barcodes)
- Handhabungsgerechte Einzelteile
- Hohe bzw. konstante Qualitätsanforderungen des Produkts
- Automatisierungsgerechte Fertigungsqualität der Einzelteile (Spulenkörper)

Eine Kategorisierung von Beispielfunktionen aus einer Fertigungslinie für wickeltechnische Produkte mit dem dazugehörigen Automatisierungsgrad ist in Abbildung 4.2 dargestellt.

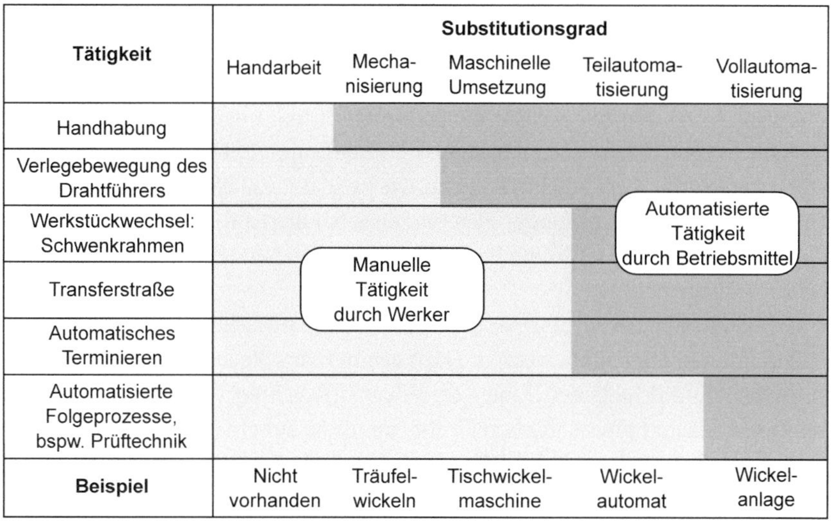

Abb. 4.2 Automatisierungsgrade der Wickeltechnik

Die Automatisierungsstufen können anhand des Anwendungsszenarios ausgewählt werden. In der mechanischen Fertigung haben mechanisierte Systeme die Aufgabe, menschliche Tätigkeiten durch technische Hilfsmittel zu unterstützen, ohne eine technisch realisierte Steuerung oder Regelung des Prozesses. Diese ist gut geeignet für kleine bis mittlere Stückzahlen und ermöglicht durch ihre Prozesssicherheit die Anwendung für Produkte mit gleich bleibender Qualität. Insbesondere bei einfachen Bewegungsabläufen in der Montage ist die Mechanisierung geeignet.

In der teilautomatisierten Fertigung besitzen die Produktionsmaschinen eine elektronische Steuerung. Die Kontrolle bzw. Korrektur des Einzelprozesses ist nach dem Regelkreisprinzip implementiert. Die Transportvorgänge zwischen den Maschinen, sowie das Be- und Entladen, werden zumindest teilweise noch manuell durchgeführt. In der vollautomatisierten Fertigung sind auch die Transportvorgänge sowie die Prozesse des Be- und Entladens durch die Automatisierung gelöst. Die Steuerungen der Maschinen übernehmen eine Kontrolle bzw. Korrektur des Prozesses nach dem Regelkreisprinzip. Durch die durchgängige Automatisierungskette ist auch eine prozessübergreifende Regelung möglich. Die menschlichen Tätigkeiten beschränken sich auf:

- Instandhaltung
- Rohstoffzufuhr
- Abtransport der fertigen Produkte
- Überwachung der Anlage

Eine Ausnahme für die Prozessautomatisierung bilden diejenigen Prozesse, die aufgrund ihrer Anforderungen nicht wirtschaftlich zu automatisieren sind. Stattdessen wird auf eine manuelle bzw. mechanisierte Arbeitsweise zurückgegriffen, die an einem integrierten Handarbeitsplatz durchgeführt wird. Die Entscheidung über den Automatisierungsgrad jedes Prozessschrittes wird anhand von Amortisationsrechnungen getroffen (vgl. Abschnitt 4.1.5). Ein Beispiel für die Automatisierung ungeeigneter Prozesse ist die Montage schwierig handhabbarerer Bauteile und Baugruppen. Dazu gehören lose Drahtenden einer Spule oder biegeschlaffe Bauteile, wie sie in der Kabelmontage häufig vorkommen. Für optische Prüfprozesse oder Fügeprozesse, bei denen durch das Fehlen von Orientierungsmerkmalen eine schlechte Bauteildetektion gegeben ist, wird auch auf manuelle Prozesse zurückgegriffen.

Um die beschriebenen Grundmerkmale der Automatisierung zu erreichen, müssen spezielle Funktionen ausgeführt werden. Dazu gehören das Steuern, Regeln, Überwachen, Melden, Anzeigen und Bedienen. Unter dem Begriff Regelung versteht man die selbsttätige Beeinflussung einer physikalischen Größe, um diese auf einen definierten Sollwert zu bringen. Ein Beispielprozess aus der Wickeltechnik ist die Regelung des Grunddrahtzuges im Wickelprozess. Der Begriff der Steuerung umfasst das Einstellen von maschinellen Stellgrößen mit dem Ziel, einen definierten Zustand bzw. eine Zustandsfolge eines technischen Prozesses zu erreichen. Im Gegensatz zur Regelung werden die Eigenschaften der Zustandsfolge bzw. des Prozesses jedoch nicht gemessen. Als Beispiel dient die Wickelroutine mit den Stellgrößen Vorschub, Wickelfenster, Anzahl der Lagen und Windungen pro Lage. Diese Stellgrößen werden den Achsen der Maschine vorgegeben, jedoch nicht im Prozess gemessen. Unter dem Überwachen und Melden werden die Bestimmung von Abweichungen physikalischer Größen von einer Referenzgröße und die automatische Meldung/Alarmierung des Anlagenbedieners zusammengefasst. Ein Beispiel dafür ist die Drahtrisskontrolle im Wickelprozess oder die Prüfung auf Wickelbereitschaft vor dem Wickeln. Das Anzeigen und Bedienen beschreibt die Visualisierung einer Zustandsgröße des Prozesses für einen Anlagenbediener, häufig verbunden mit der Möglichkeit, Änderungen durch ein Bedienpanel vorzugeben. Ein Beispiel für die Anzeige sind typische Prüfmerkmale im Prozess, die nach einer Ampellogik visualisiert werden. Beispielprozesse können das Fügen von Stiften oder die Visualisierung von Kameraaufnahmen für das Wickelbild sein.

Das Automatisierungssystem muss mit den beschriebenen Funktionen spezifikationsgemäße Anforderungen auch bei schwankenden Umgebungsbedingungen erfüllen. Ein Beispiel aus der Wickeltechnik ist die Erreichung des Zielwiderstandes einer Spule bei verschiedenen Abweichungen vom Normdrahtdurchmesser. Diese sind, wie in Abschnitt 2.1. beschrieben, genormt. Der automatisierte Wickelprozess muss robust genug sein, um die Abweichung durch eine Regelung oder vorher getroffene Gegenmaßnahmen, wie eine Strukturierung der Spulenkörperoberfläche, auszugleichen. Bei variierenden Parametern innerhalb des Prozessfensters muss eine Systemreaktion rechtzeitig erfolgen, sodass die Funktionalität gewahrt bleibt. Größere Abweichungen außerhalb des Prozessfensters nennt man Prozessstörungen. Diese können nur bedingt durch das Automatisierungssystem ausgeglichen werden. Zur Störungsbehebung muss der Anlagenbediener informiert werden, der daraufhin Gegenmaßnahmen einleiten kann. In der Auslegung von automatisierten Prozessen ist, für einen wirtschaftlichen Betrieb der Anlage, eine hohe

Widerstandsfähigkeit des Systems gegen Störungen und Umwelteinflüsse das primäre Ziel. Neben der Prozesszuverlässigkeit müssen jedoch auch Sicherheitsmerkmale gegenüber dem Menschen, der Umwelt, aber auch der Anlage selbst sichergestellt werden. Dies wird durch Sicherheitseinrichtungen, wie eine räumliche Trennung zum Bediener über einen Schwenkarm, Schiebetüren oder Lichtgitter, erreicht.

Das Themenfeld der Automatisierung umfasst neben den technischen Eigenschaften der Prozesse und den technischen Anforderungen der Produkte auch wirtschaftliche und sicherheitstechnische Aspekte, die im Automatisierungskonzept berücksichtigt werden müssen. Die Automatisierung bietet auch eine Möglichkeit, schwere oder monotone Arbeiten zu übernehmen, um so den Menschen zu entlasten.

4.1.2 Auswahlkriterien für den Automatisierungsgrad

Die Auswahl des passenden Automatisierungsgrades einer Anlage hängt vorrangig von den Randbedingungen des Produktes und der entsprechenden Industrie des Produktes ab. Die größten Abnehmer wickeltechnischer Produkte kommen aus den Bereichen der Telekommunikation, Industrieelektronik, Unterhaltungselektronik, Medizintechnik sowie der Automobilindustrie (vgl. Abschnitt 1.2.3, 1.3.3). Während der Bedarf wickeltechnischer Produkte generell eine leicht steigende Tendenz aufweist, ist durch die zunehmende Elektrifizierung von Hilfsantrieben im Automobil, als auch dem automobilen Antriebsstrang, ein deutlich höherer Bedarf an wickeltechnischen Produkten in der Automobilindustrie zu verzeichnen. Eine für die Automobilindustrie typische Randbedingung ist der hohe Kostendruck, da sich die Kosten mit den Stückzahlen skalieren. Die Produktentwicklungszyklen sind in den letzten Jahrzehnten im Vergleich, auch zu anderen Industrien, dabei deutlich kürzer geworden. Aufgrund der benötigten Effizienzsteigerung jeder Produktreihe müssen die angekoppelten Innovationszyklen in der Entwicklung beschleunigt werden. Die Produktentwicklung fokussiert sich dabei zunächst auf eine Optimierung der Produkte für ihre Anwendung. Dies führt zu einem steigenden Produktspektrum mit geringeren Losgrößen je Produkt. Als Lösungsansatz für die steigende Produktvielfalt bei kleineren Stückzahlen wurde in der Produktionstechnik die agile Fertigung eingeführt, die sich flexibel an variierende Stückzahlen anpassen kann. Neben der Spezialisierung der Produkte steht auch die Erhöhung der Leistungsdichte, beispielsweise durch höhere Füllfaktoren, oder eine Miniaturisierung der Spulen im Vordergrund. Um technisch immer anspruchsvollere Produkte mit verschiedenen Stückzahlen zu produzieren, wird die Produktion zunehmend vollautomatisiert, jedoch durch ein intelligentes Layout der Anlage flexibel bzgl. des Produktes und der Stückzahl gehalten (vgl. Abschnitt 4.2.2). Die zunehmende Integration von Handarbeitsplätzen erhöht zusätzlich die Flexibilität der Fertigung (vgl. Abschnitt 4.3.2).

Die Herausforderung für die deutsche und europäische Produktionstechnik liegt in einer effizienten Automatisierung, um eine Alternative zur manuellen Fertigung in Niedriglohnländern darzustellen. Ebenso ist eine ständige Weiterentwicklung der Produktionstechnik notwendig, um einen bestehenden Wettbewerbsvorteil im Vergleich zur Produktionstechnik aus beispielsweise Asien zu gewährleisten. Wie bereits dargestellt, kann daher eine Automatisierung der Fertigung aus den verschiedensten Gründen sinnvoll sein. Die häufigsten Gründe sind in Abbildung 4.3 noch einmal zusammengefasst.

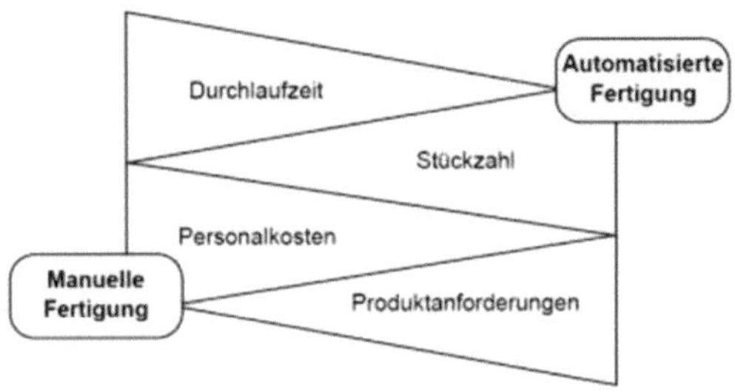

Abb. 4.3 Gründe für die Automatisierung

Ziel jeder Fertigung ist der wirtschaftliche Betrieb einer Produktionsanlage bzw. Betrieb eines Produktes. Als Kennzahl wird dafür häufig die Gesamtproduktivität bzw. Wirtschaftlichkeit genutzt, die wie folg definiert ist:

$$Wirtschaftlichkeit = \frac{Wertschöpfung}{\sum Aufwände} \tag{4.1}$$

Als Aufwände werden alle Materialien und Maßnahmen zur Herstellung des Produktes aufgefasst. Die Wertschöpfung beschreibt das Transformieren eines vorhandenen Gutes in ein Gut mit höherem Geldwert. Aufgrund der hohen initialen Aufwände für eine Automatisierung lohnt sich diese erst bei hohen Stückzahlen. Dann ermöglicht sie jedoch die Einsparung von Personalkosten, die Senkung des Materialverbrauchs durch effizientere Prozesse oder eine Erhöhung der Energieeffizienz. Dies ermöglicht einen wirtschaftlicheren und ökologischeren Betrieb der Anlage. Die Auslegung einer Fertigungslinie geschieht in verschiedenen Automatisierungsstufen, welche über Module konfigurierbar sind. Diese Ausbaustufen werden spezifisch für die Wickeltechnik im Abschnitt 4.2.2 und 4.2.4 vorgestellt.

Neben einer Effizienzsteigerung bietet die Automatisierung die Chance für bessere allgemeine und ergonomische Arbeitsbedingungen. So werden einfache, immer wiederkehrende Aufgaben von Maschinen übernommen. Die Arbeiten unter gesundheitlich gefährdeten Bedingungen, wie das Heben von schweren Teilen oder das Arbeiten in gefährlichen bzw. gesundheitsschädlichen Bereichen (z. B. Drahtlackieranlagen), entfallen. Für bestimmte Aufgaben besteht sogar ein Automatisierungszwang, etwa bedingt durch

Sauberkeitsanforderungen (Reinraum), hohe Genauigkeit der Handhabung wie bei der Montage von Mikrobauteilen oder durch gefährliche Bauteile. Aufgrund von Temperatur, beispielsweise von 130 °C nach dem Aufheizen von Backlackspulen, oder dem Einsatz giftiger Materialien kann eine Gefährdung für das Personal bestehen. Gewünschte Produkteigenschaften, wie eine benötigte Oberflächenbeschaffenheit, können eine manuelle Handhabung ebenfalls ausschließen. Die Beherrschung komplexer, technologischer Prozesse, zu der ein Arbeiter nicht mehr in der Lage ist, stellt ebenfalls ein Ausschlusskriterium für manuelle Tätigkeiten dar. Ein Beispiel hierzu ist das Drahtführen beim Spulenwickeln mit Wickelgeschwindigkeiten von 30.000 U/min.

Allgemein gilt dies für einen gleichmäßigen Betrieb von Anlagen mit einer hohen maschinellen Auslastung, wo hohe Anforderungen an Termintreue oder die Aufrechterhaltung einer gleich bleibenden Qualität, wie beispielsweise das Erreichen eines möglichst hohen Füllfaktors, gestellt werden. Der zuverlässige Betrieb von Anlagen geht einher mit der Vermeidung von Produktionsausfällen, verursacht durch menschliche Fehler. Dies wird über eine durchgehende Überwachung der Prozessparameter und die maschinelle Regelung gewährleistet und resultiert in einer hohen Anlagenverfügbarkeit.

Die eingangs genannte Verkürzung der Produktzyklen hat zur Folge, dass die Produktionstechnik eine schnelle und kostengünstige Anpassung an sich ändernde Marktanforderungen ermöglichen muss. Dies ist in einem manuellen Prozess deutlich leichter umzusetzen. Geht es bei den Änderungen jedoch vorrangig um geometrische Merkmale, so können diese in der vollautomatisierten Steuerung durch Programmierung angepasst werden. Weitergehende Änderungen sind immer abhängig vom gewählten Ansatz in der Maschinenauslegung. In Abhängigkeit von den Kundenwünschen kann, beispielsweise durch die Berücksichtigung verschiedener Typen bzw. Varianten des Produktes, eine Flexibilität in der Auslegung der Produktionstechnik berücksichtigt werden. Diese hat jedoch eine höhere Grundinvestition für das Produktionssystem zur Folge.

Hohe Qualitätsanforderungen der Produktion und des Produkts, sowie eine zunehmend gesteigerte Leistungsdichte in der Automobilindustrie, führen zu einer zunehmenden Automatisierung in der Wickeltechnik für die Fertigung in den westlichen Hochlohnländern. Eine wirtschaftliche Fertigung wird dabei nur mit einer hohen Anlagenverfügbarkeit erreicht.

4.1.3 Kennwerte für die Prozessautomatisierung

Für die Charakterisierung von automatisierten Prozessen und deren maschineller Umsetzung wurden verschiedene Kennzahlen definiert, die in diesem Abschnitt vorgestellt werden.

Zur Auslegung von verketteten Produktionsanlagen spielt die Taktzeit einer Maschine oder eines Prozesses eine zentrale Rolle. Sie beschreibt die mengenmäßige Sollausbringung eines Systems pro Zeiteinheit. Als planerische Größen zur Auslegung wird zwischen theoretischer Taktzeit für die Grobplanung der Kette (Formel 4.3) und der Taktzeit (Formel 4.2) bzw. Ausbringung zur Abschätzung des erreichbaren Produktionsvolumens pro Station unterschieden. Diese sind wie folgt definiert:

$$Taktzeit = \frac{Arbeitszeit}{Stückzahl} \tag{4.2}$$

$$Taktzeit_{Theoretisch} = \frac{(Arbeitszeit - Rüstzeit) \cdot Belegungsgrad}{Stückzahl \cdot Verteilzeitfaktor}. \tag{4.3}$$

Die Arbeitszeit und Rüstzeit besitzt für die theoretische Taktzeit die Einheit: Minuten pro Schicht. Die Stückzahl wird in Stück pro Schicht angegeben. Durch die Einbeziehung des Belegungsgrades der Maschine und den Verteilzeitfaktor der Mitarbeiter, also die Zuordnung der Mitarbeiter an weiteren Maschinen, gibt die theoretische Taktzeit einen genaueren Planungswert.

Als zentrale Größe für die Zuverlässigkeit einer Anlage dient die technische Verfügbarkeit, welche auch als Nutzungsgrad bezeichnet wird. „Die Verfügbarkeit eines Objektes bezeichnet die Wahrscheinlichkeit dieses Objekt zu einem bestimmten Zeitpunkt als in Ordnung befindlich anzutreffen" [Lan-10]. Diese ist in der VDI Norm 3423 beschrieben. „Eine Verfügbarkeit von 99,8 % sagt aus, dass die Maschine statistisch betrachtet während 99,8 % ihrer Einsatzzeit funktioniert" [Lan-10]. Für die Bestimmung der technischen Verfügbarkeit werden die mittlere Nutzungsdauer zwischen zwei Ausfällen (englisch mean time between failure – MTBF) und die technische Ausfallzeit bzw. Reparaturzeit (englisch mean time to repair – MTTR) verwendet. Die mittlere Nutzungsdauer bezeichnet die mittlere Zeitspanne zwischen zwei Ausfällen der Anlage. Eine alternative Angabe ist die mittlere Ausfallrate, welche der Kehrwert der Nutzungsdauer ist. Die Reparaturzeit bezeichnet den im Mittel benötigten Zeitaufwand zur Behebung eines Problems. Die technische Verfügbarkeit V_T ergibt sich aus diesen beschriebenen Zeiten nach Formel 4.4.

$$V_T = 100\% \cdot \frac{MTBF}{MTBF + MTTR} \tag{4.4}$$

Die Gesamtverfügbarkeit einer kompletten Anlage V_{Ges} ergibt sich aus der Verfügbarkeit ihrer Komponenten V_n. Dabei ist zu beachten, ob die Anzahl *k* der Komponenten seriell oder parallel angeordnet ist. Der Zusammenhang für eine serielle Anordnung $V_{Ges,Ser}$ und eine parallele Anordnung $V_{Ges,Par}$ kann nach Formel 4.5 bzw. 4.6 beschrieben werden.

$$V_{Ges,Ser} = V_1 \cdot V_2 \cdot V_3 \cdot ... = \sum_{n=1}^{k} V_n \tag{4.5}$$

$$V_{Ges,Par} = \frac{1}{V_1} \cdot \frac{1}{V_2} \cdot \frac{1}{V_3} \cdot ... = \sum_{n=1}^{k} \frac{1}{V_n} \tag{4.6}$$

Eine Betrachtung der Gesamtanlagenverfügbarkeit aus den einzelnen Maschinenverfügbarkeiten ist nach demselben Schema möglich. Aus der Elektrotechnik sind diese Formeln für die Reihenschaltung und Parallelschaltung von Bauelementen bereits bekannt. Entsprechend gilt für die Verfügbarkeit einer seriellen Anordnung, dass diese durch ihr schwächstes Glied bestimmt wird. Mit einer hohen Anzahl an Komponenten pro Maschine sinkt dadurch die Verfügbarkeit einer Maschine. Daher ist die Verfügbarkeit von Mehrspindelautomaten immer geringer als die von denen mit einer Spindel. Bei dem Ausfall von nur einer Spindel muss die Maschine in der Regel angehalten und repariert werden. Die alternative Abschaltung einzelner Maschinenkomponenten ist aufgrund der hohen Verkettung in der Maschine meist nicht möglich. Die Verfügbarkeit kann durch eine robustere Auslegung der Maschinenkomponenten beeinflusst werden. So haben Maschinen für Starkdrahtanwendungen typischerweise eine besser Verfügbarkeit. Neben einer höheren Anzahl der Maschinenkomponenten kann auch ein erhöhter Überwachungsgrad eine geringere Verfügbarkeit nach sich ziehen. Zum einen durch die zusätzliche Prüftechnik und zum anderen durch die geringere Prozesssicherheit. Auf Basis einer empirischen Analyse der Komponentenverfügbarkeiten für eine Linearwickelmaschine konnte eine beispielhafte Verfügbarkeit der Maschinenmodule bestimmt werden. Dabei wurde eine serielle Anordnung zugrunde gelegt. Das Ergebnis für die Gesamtverfügbarkeit der Maschine ist in Tabelle 4.1 dargestellt. Es wird ersichtlich, dass durch eine Reduktion der Nebenprozesse und Maschinenkomponenten immer eine verbesserte Verfügbarkeit der Maschine erreicht wird.

Tab. 4.1 Herleitung einer Maschinenverfügbarkeit auf Modulebene

Maschinenmodul	Teilverfügbarkeit	Gesamtverfügbarkeit der Maschine
Wickelspindel	99,53 %	**97,12 %**
Drahtzugregelsystem	99,36 %	
Linearachse/Vorschub	99,18 %	
Steuerung	99,41 %	
Sicherheitseinrichtung	99,98 %	
Drahtschneideeinrichtung	99,63 %	

Zur statistischen Beschreibung der Qualität des Fertigungsprozesses wurden für Prozess und Maschine verschiedene Kenngrößen verwendet. Diese dienen der statischen Prozessregelung, die es erlaubt, Parameter in einem laufenden Prozess so anzupassen, dass die vorgegebenen Produktparameter trotz schwankender Einflüsse erreicht werden. Unterschieden wird dafür in zufällige Einflüsse, wie Temperaturschwankungen oder die Positioniergenauigkeit einer Maschine, und systematischen Einflüssen, wie dem Werkzeugverschleiß oder dem Anfahren eines Prozesses. Dafür werden in der Produktion Stichproben genommen und diese in Bezug auf die erlaubten Fertigungsabweichungen verglichen. Aus dieser Untersuchung ergibt sich die Maschinenfähigkeit c_{mk} und die Prozessfähigkeit c_{pk}.

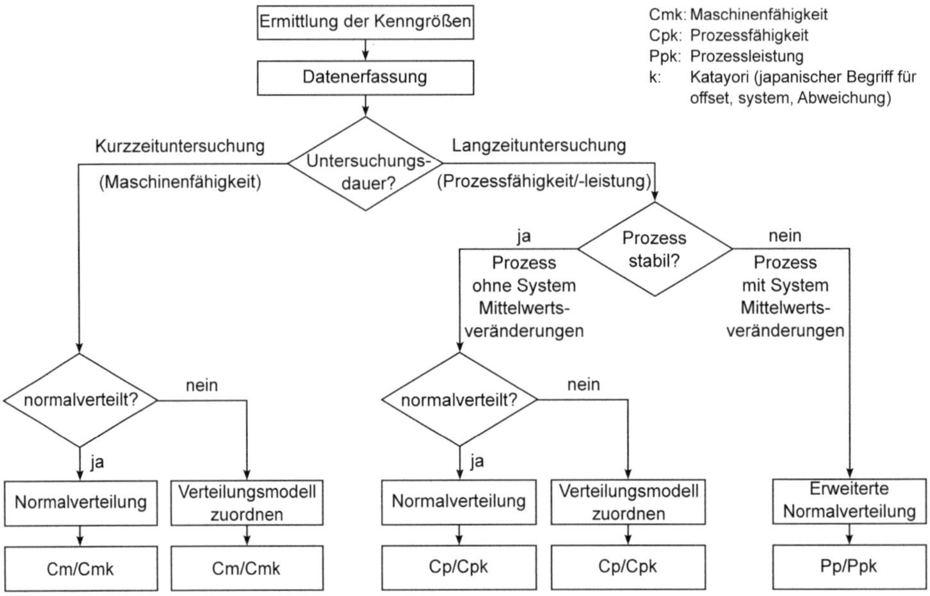

Abb. 4.4 Vorgehen zur Ermittlung statistischer Kennwerte nach [Bos-04]

Die Maschinenfähigkeit beschreibt die Qualitätsfähigkeit einer Maschine unter Idealbedingungen und ist ein Maß für die Kurzzeitfähigkeit. Die Einflüsse aus Material, menschlichem Verhalten, der Methode oder der Umwelt werden für die Charakterisierung konstant gehalten (vgl. Ishikawa-Diagramm – Wickelfehler, Abschnitt 3.3.11). Ein passender Beobachtungszeitraum sind ca. 10 Stichproben aus 50 hintereinander gefertigten Teilen. Die Prozessfähigkeit beschreibt die Fähigkeit eines Prozesses, die an ihn gestellten Anforderungen in der laufenden Produktion zu erfüllen, und ist somit strenger reglementiert als die Maschinenfähigkeit. Die Prozessfähigkeit wird im Vergleich zur Maschinenfähigkeit unter realen Prozessbedingungen ermittelt. Der Beobachtungszeitraum für diese beträgt mindestens 20 Tage mit Teilstichproben in Umfängen von 1 bis 30 Stück. Das Vorgehen zur Ermittlung dieser Werte kann in Abbildung 4.4 nachvollzogen werden. Aufgrund der Fokussierung auf die Spulenwickeltechnik werden im Folgenden nur die c_{pk}- und c_{mk}-Werte mit Normalverteilung diskutiert, da diese für technisch beherrschte bzw. stabile Prozesse gelten. Ein Prozess mit schwankender Mittelwertverteilung, wie es für den p_{pk}-Wert der Fall ist, wird in keiner verketteten, hochautomatisierten Anlage Anwendung finden, da dieser zu einem nicht vertretbaren Maß an Ausschuss führen würde. Typische Merkmale zur Prüfung der Maschinen- bzw. Prozessfähigkeit sind stark produktabhängig. Für den Wickelprozess sind es typische Größen, wie die Windungszahl, der elektrische Widerstand der Spule, der Drahtdurchmesser oder die geometrischen Abmessungen der Spule. Für Kontaktierprozesse ergeben sich die Parameter verfahrensbedingt. Für das Widerstandsschweißen können z. B. die Einsinktiefe, die Schweißzeit und der Schweißstrom überwacht und bewertet werden. Typische Überwachungsgrößen für Montageprozesse sind Kraft-Weg-Aufzeichnungen oder eine Überwachung von Drehmomenten. In der Prüftechnik eignen sich für die elektrische Prüfung der bereits genannte Widerstand, für optische Kontrollen von Abständen und Positionen kritische Merkmale. Für die taktile Messung wird die Wiederholgenauigkeit als Fähigkeitsmerkmal geprüft. Für die Berechnung der jeweiligen Fähigkeiten können die folgenden Gleichungen verwendet werden. Die Fähigkeit ergibt sich entsprechend dem Minimum aus der Differenz von oberer Spezifikationsgrenze *OGW* und dem Mittelwert $\overline{X}$, geteilt durch die dreifache Standardabweichung σ und der Differenz von unterer Spezifikationsgrenze *UGW* und dem Mittelwert, geteilt durch die dreifache Standardabweichung σ (vgl. Formeln 4.7/4.8).

$$c_{mk} = Min \left| \frac{OGW - \overline{X}}{3\sigma}, \frac{\overline{X} - UGW}{3\sigma} \right| \tag{4.7}$$

$$c_{pk} = Min \left| \frac{OGW - \overline{X}}{3\sigma}, \frac{\overline{X} - UGW}{3\sigma} \right| \tag{4.8}$$

Typische Werte sind 1,33; 1,67; 2,0 oder 2,33, bedingt durch die Normierung auf die dreifache Standardabweichung. Ein Vergleich zwischen c_{pk}-Werten und Ausschuss- bzw. Fehlerrate in ppm (parts per million) ist in Tabelle 4.2 dargestellt. Typische technisch realisierbare Grenzwerte für die Fähigkeit von Wickelprozessen c_{pk} liegen zwischen 1,33 und 1,67.

Tab. 4.2 Zusammenhang von Prozessfähigkeit und Ausschuss [Bru-11]

Prozessfähigkeit	0,33	0,67	1,00	1,33	1,67	2,00
Standardabweichung	1σ	2σ	3σ	4σ	5σ	6σ
Gutteile in %	68,26	95,46	99,73	99,9937	99,9999943	99,99999998
Ausschuss in %	31,74	4,54	0,27	0,0063	0,000057	0,00000002

Insbesondere in der Automobilindustrie werden steigende Anforderungen an die Prozessfähigkeit mit Werten von bis zu 2,0 gestellt. Dies macht die Auslegung des Prozesses und die technologisch/maschinelle Umsetzung in einer Anlage deutlich schwieriger, ist aber für wickeltechnische Produkte prinzipiell noch möglich. Ein Nachteil dieser Vorgabe ist der deutlich höhere Automatisierungsaufwand mit höheren Anlagenkosten. Motivation für den Kunden mit der Erhöhung auf einen c_{pk}-Wert von 2,0 ist die Sensibilisierung für eine höhere technische Verfügbarkeit der Anlage in der Entwicklung.

Für die Beurteilung der Verteilungsfunktion, die sich aus den Stichproben der Fähigkeitsanalyse ergeben, werden die Begriffe fähig und beherrscht verwendet. Wenn die Verteilung der Werte von verschiedenen Stichproben eine stabile Mittellage aufweist, so gilt der Prozess als beherrscht. Ist ein Prozess beherrscht, kann das statistisch beschriebene Prozessbild mit den angegebenen Toleranzen verglichen werden. Liegen die gewünschten Merkmale innerhalb des Toleranzbandes, so ist die Prozessfähigkeit gegeben. Dies ist beispielhaft in Abbildung 4.5 dargestellt.

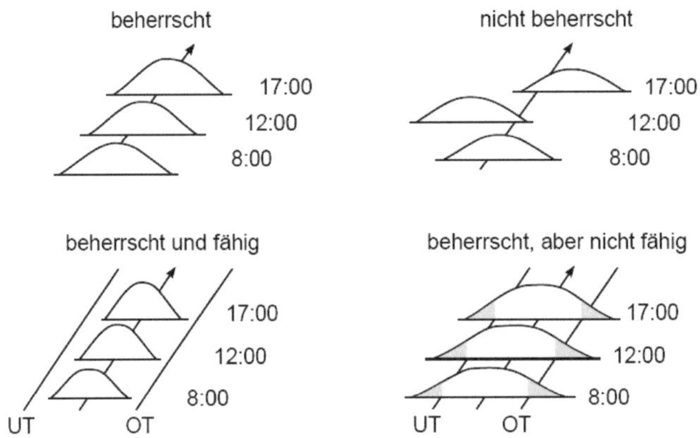

Abb. 4.5 Prozessbeherrschung und -fähigkeit

Aus der Fähigkeit kann eine weitere Kenngröße, der Ausschuss, abgeleitet werden. Dieser bezeichnet den Teil der Ausbringungsmenge, der aufgrund von Qualitätsmängeln nicht mehr oder erst nach Nacharbeit verwertet werden kann (vgl. Tabelle 4.2). Zusätzlich wird noch die interne Ausschussrate definiert. Diese bezeichnet die Teile, welche von der Anlage als Ausschuss produziert wurden, obwohl die Halbzeuge eine ausreichende Qualität aufwiesen. Die Fehlerquelle liegt folglich im Prozess oder der Maschine. Typische interne Ausschussraten liegen zwischen 0,5 % und 1 %.

Eine zentrale Kenngröße zur Beschreibung eines Produktionssystems ist die Gesamtanlageneffektivität (englisch Overall Equipment Effectiveness – OEE).

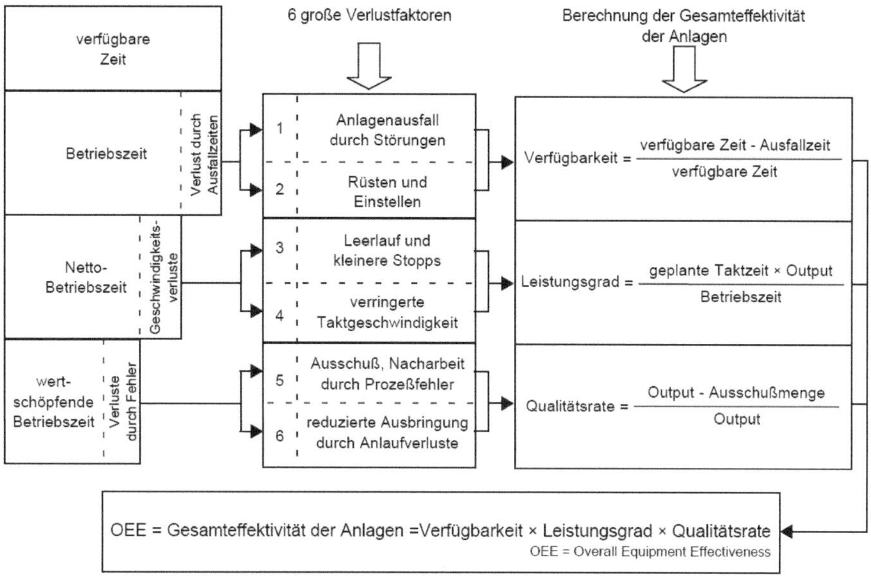

Abb. 4.6 Berechnung der OEE

Sie ist ein Maß für die Wertschöpfung eines Produktionssystems bezüglich Produktivität und Verlusten. Dabei wird über drei zentrale Faktoren, die Verfügbarkeit, die Leistungsrate und die Qualitätsrate, eine Aussage getroffen. Diese wiederum hängen von sechs zentralen Verlustfaktoren ab. Ein Schema zur Bestimmung der OEE ist in Abbildung 4.6 dargestellt. Grundlage einer OEE-Bestimmung ist entsprechend eine Erfassung der wichtigsten Zeiten nach Betriebsart und Ausschussmenge mit dem zugehörigen Output. Ein Ansatz zur Optimierung der Gesamtanlageneffektivität ist das Total Productive Management (TPM). Das Ziel ist es, Verluste und Verschwendung zu vermeiden, um eine Produktion mit null Defekten, null Ausfällen und keinem Qualitätsverlust unter kompletter Vermeidung von Unfällen zu erhalten. Ein Ansatz zur Steigerung der Produktivität ist die Steigerung der Wertschöpfung durch die Ergänzung weiterer Fertigungsschritte oder die Reduktion von Anlagenstörungen durch den Verbau robusterer Komponenten. Die Qualität kann über eine Reduktion der Prozessfehler beispielsweise durch eine bessere Regelung bzw. eine Verringerung der Qualitätsmängel erreicht werden. Die Kosten können durch eine Reduzierung der Unterhaltskosten, beispielsweise durch den Verbau energieeffizienter Komponenten, oder durch eine Reduktion des Bedienpersonals bzw. einen höheren Automatisierungsgrad erreicht werden. Ähnliche Maßnahmen sind für die Bereiche Lieferung, Sicherheit und Arbeitsmoral möglich und führen zu einer Steigerung der OEE.

In der praktischen Auslegung von Automatisierungslösungen sind Qualität und Taktzeit die wichtigsten Kenngrößen. Für die Bewertbarkeit einer Automatisierungslösung ist die saubere Definition der betrachteten Qualitätsmerkmale für die c_{pk}- und c_{mk}-Werte in einem frühen Stadium erforderlich. Dies gilt insbesondere für die korrekte Auswahl des Fertigungsprozesses für die gewünschte Aufgabe.

4.1.4 Einteilung der Automatisierungsphasen

Um eine effiziente Automatisierung zu ermöglichen, sind verschiedene Schritte in der Produktfertigung zu beachten. In einer ersten Phase sind dazu zunächst die notwendigen Fertigungsschritte für das Produkt zu definieren. Anschließend kann in der zweiten Phase eine detaillierte Planung für die Automatisierung stattfinden. Dabei kann jeder Fertigungsprozess selbst in drei Schritte unterteilt werden: die vorbereitenden Arbeiten, den Fertigungsschritt und die nachfolgende Kontrolle bzw. Nacharbeit. Für den Wickelprozess bestehen diese drei Schritte aus Prüfen auf Wickelbereitschaft, Wickeln und Prüfung der Wicklung. Die Prüfung kann beispielsweise durch eine optische Prüfung mit dem Schattenwurfprinzip realisiert werden. Für die Magnetmontage kann diese Kette definiert werden aus den Schritten: Auftragen des Klebers (vorbereitende Maßnahme), Magnetmontage und die Prüfung der Montageposition mittels Kamera. Für die einzelnen Hauptfunktionen stehen verschiedene Prozesse zur Verfügung. Aber nicht nur die Hauptprozesse, sondern auch die Nebenprozesse, wie die Handhabung (engl. Handling) oder die Bauteilzuführung können auf verschiedenen Wegen erfolgen. Für wickeltechnische Produkte gilt die aus Kapitel 3 bekannte Prozesskette in der automatisierten Fertigung.

- Bauteilzuführung: Palettierter, Schwingförderer, Stufenförderer, …
- Bauteilhandhabung: Knickarmrobotik, Scararobotik, Portalrobotik, …
- Montage: Fügen, Rasten, Federmontage, …
- Wickeln: Linearwickeln, Flyerwickeln, Nadelwickeln, …
- Kontaktieren: Gabelschweißen, Hülsenschweißen, Laschenschweißen, …
- Verbinden: Verschrauben, Taumelnieten, Einpressen, …
- Prüfen: Dichtheitsprüfung, Funktionsprüfung, DMC Scan, …
- Kennzeichnen: Nadelprägen, Tintenstrahldruck, Tampondruck, …

Abb. 4.7 Typische Prozesse wickeltechnischer Produkte

Für jeden Prozessschritt gibt es nun verschiedene Prozesse und Maschinen, um die Aufgabe des Prozessschritts zu erfüllen. Einige typische Lösungen sind in Form von Piktogrammen für die oben beschriebene Prozesskette in Abbildung 4.7 bzw. 4.8 dargestellt.

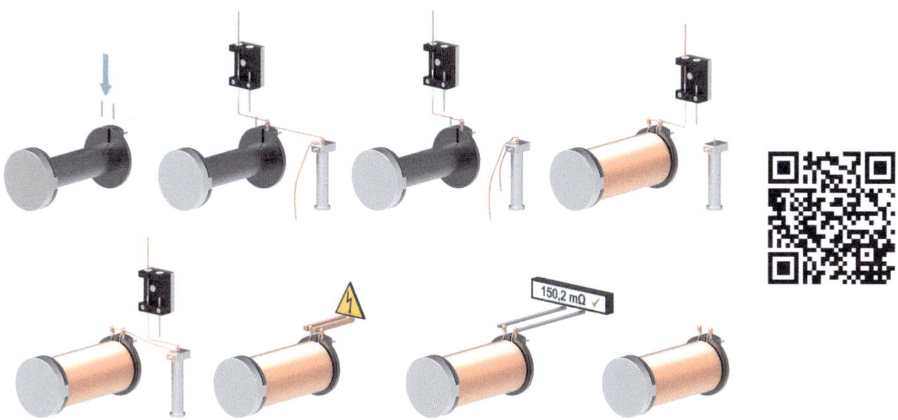

Abb. 4.8 Typische Prozessfolgen wickeltechnischer Produkte inkl. QR-Link zur Demonstration

Der Trend im Sondermaschinenbau, bzw. in der Wickeltechnik, geht zur Lieferung von Komplettlösungen für verschiedene Produkte. Daher kommen die vor- und nachgelagerten Prozesse vom selben Lieferanten. Insbesondere aus dem Produktdesign ergeben sich Anforderungen, die eine Integration mehrerer Aufgaben in eine Fertigungskette bzw. Maschine benötigen. Durch die ganzheitliche Betrachtung der Prozesskette ergeben sich auch mehrere Freiheitsgrade durch die Konzeptionsfreiheit über verschiedene Stationen hinweg.

4.1.5 Amortisationsszenarien

Das Ziel bei der Auswahl des Automatisierungsgrades besteht darin, die Lösung auszuwählen, die unter Berücksichtigung aller Kosten die geringsten Stückkosten verursacht. Um die Stückkosten bestimmen zu können, müssen zumindest die folgenden Kostenaspekte berücksichtigt werden:

- Anschaffungskosten inkl. Zinsen
- Energie- und Druckluftkosten
- Geplante und ungeplante Instandhaltungskosten
- Raumkosten
- Rüstkosten
- Personalkosten
- Materialkosten für Draht und Spulenkörper
- Kosten durch Ausschuss

Tab. 4.3 Vergleich verschiedener typischer Automatisierungsgrade (Maschinenkonzepte mit Parallelzeiten = 2-fach Schwenkrahmen/Rundtakttisch)

Wickelprozess/ Wickelobjekt	AT-Grad	Prozesse	Prozesszeit in s	Taktzeit in s	Anlagenkosten in T€
Linearwickeln/ Zylinderspule	Maschinell	– Wickeln mit 1 Spindel	120	120	40
	Teil-automatisch	– Wickeln mit 4 Spindeln – Manuelles Be-/ Entladen	15 30	30	200
	Voll-automatisch	– Wickeln mit 4 Spindeln – Auto. Be-/ Entladen	7,5 7,5	7,5	250

Wickelprozess/ Wickelobjekt	AT-Grad	Prozesse	Prozesszeit in s	Taktzeit in s	Anlagenkosten in T€
Nadelwickeln/ Vollblechschnitt	Teil-automatisch	- Wickeln mit 4 Spindeln - Manuelles Be-/ Entladen	60 60	60	350
	Voll-automatisch	- Wickeln mit 4 Spindeln - Auto. Be-/ Entladen	47,5 10	47,5	450
Flyerwickeln/ Zylinderspule	Maschinell	- Manuelles Terminieren - Wickeln mit 1 Spindel - Manuelles Tapen - Manuelles Draht trennen - Manuelles Be-/ Entladen	10 10 10 5 7,5	32,5	100
	Teil-automatisch	- Wickeln mit 1 Spindeln - Manuelles Be-/ Entladen	10 7,5	10	200
	Voll-automatisch	- Wickeln mit 2 Spindeln - Manuelles Be-/ Entladen	5 5	5	350

Um ein Verständnis für die Kostenverhältnisse und möglichen Stückzahlen, bzw. Taktzeiten bei verschiedenen Automatisierungsgraden zu ermöglichen, wurden die folgenden Produktionsszenarien erstellt. Diese sind je nach Wickelverfahren für ihre typische Anwendung aufgestellt und für verschiedene Automatisierungsgrade, kurz AT-Grade, (vgl. Abbildung 4.2) in Tabelle 4.3 zusammengefasst. Der Automatisierungsgrad gibt, wie bereits eingeführt, das Verhältnis von manuellen zu maschinell selbsttätigen Aufgabe und Prozessen an.

Für die Personalkosten pro Person wurde angenommen, dass diese mit steigendem Automatisierungsgrad wachsen, da die Qualifikation des Mitarbeiters zur Anlagenbedienung höher sein muss. Als Referenzbauteile wurden für das Linearwickeln Zylinderspulen, wie sie im Kapitel 1 dieses Buches vorgestellt wurden, ausgewählt. Für eine bessere Vergleichbarkeit wurde für das Flyerwickeln dasselbe Referenzbauteil verwendet. Das Nadelwickeln wird dagegen klassischerweise für geschlossene Blechschnitte für Statoren verwendet. Aus dem Aufwand zum Wickeln mehrerer Spulen und Phasen resultiert auch die deutlich höhere Prozess- bzw. Taktzeit.

Das Flyerwickeln wird aufgrund der schlechten Zugänglichkeit durch die Flyerarme in der Wickelmaschine, typischerweise durch einen Rundtakttisch, mit den anderen Stationen bzw. Prozessen verkettet (vgl. Abschnitt 4.2.2), während die Linearwickelmaschine die genannten Funktionen in ihren Maschinenaufbau integrieren kann. Basierend auf diesen Annahmen und bekannten Werten für die oben beschriebenen Kosten kann eine Amortisationsrechnung, wie in Abbildung 4.9 für das Flyerwickeln dargestellt, aufgestellt werden. Dafür gibt es verschiedene Verfahren und Ansätze. Die Gesamtkosten pro Automatisierungsgrad wurden in Abbildung 4.9 für eine Flyerwickelmaschine über die Stückzahl aufgetragen. Pro Lösung ergeben sich dabei mehrere Stufen, die aus der Hinzunahme einer neuen Schicht oder durch die Anschaffung einer neuen Produktionsmaschine für die Erreichung der Stückzahl notwendig sind. Kosten für die Verkettung wurden hierbei nicht berücksichtigt. Für den dargestellten Vergleich wurde die kritische Stückzahl der vollautomatischen Anlage nicht erreicht, weswegen diese auf einem konstanten Niveau verharrt.

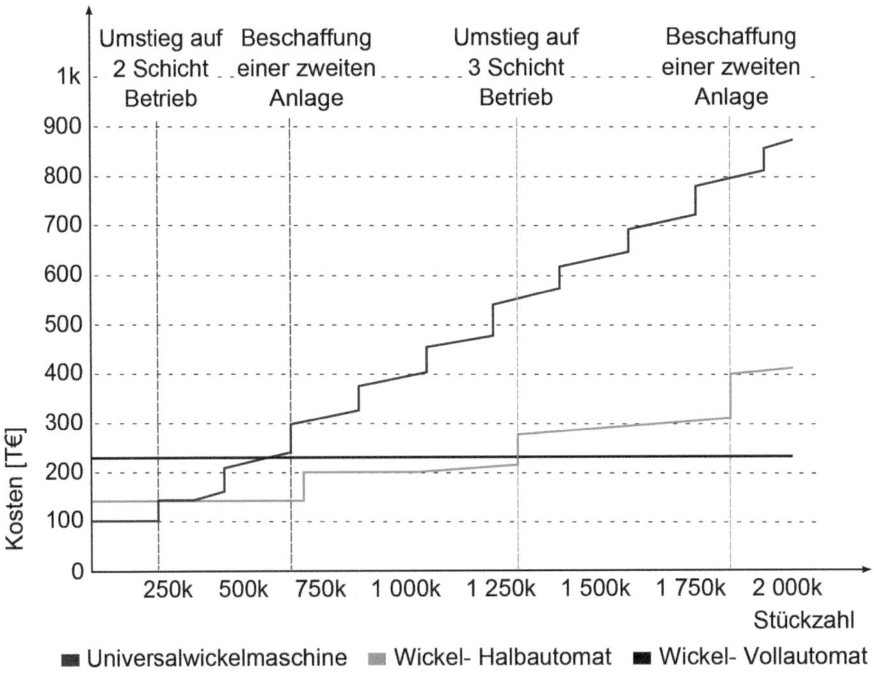

Abb. 4.9 Amortisationsrechnung: Gesamtkosten über Stückzahl

Allgemein ist die Amortisationsrechnung ein Verfahren zur Beurteilung von Investitionsobjekten, die die Dauer bis zum vollständigen Rückfluss des investierten Kapitals betrachtet (engl. Return of Investment (ROI)). Eine typische Amortisationsdauer liegt zwischen 1 und 5 Jahren. Generell wird zwischen der statischen und dynamischen Berechnung unterschieden.

Die statische Berechnung ermittelt den Zeitpunkt, in dem die Summe der zukünftig erwarteten Rückflüsse C_t gleich den Investitionsausgaben I_0 ist

$$I_0 = \sum_{t=1}^{n} C_t \tag{4.9}$$

Die dynamische Berechnung ermittelt den Zeitpunkt, in dem die Summe der mit dem relevanten Kalkulationszins i diskontierte Rückfluss gleich den Investitionsausgaben ist. Dieses entspricht auch dem in der Wirtschaft verwendeten Verfahren.

$$I_0 = \sum_{t=1}^{n} C_t \cdot (1+i)^{-t} \tag{4.10}$$

Die summierten Kosten, dividiert durch den Erlös pro Jahr, ergeben entsprechend den Amortisationszeitraum. Für die Planung der laufenden Kosten und ein Verständnis der Kostenverteilung pro Maschine wird häufig der Maschinenstundensatz verwendet. Dieser ist beispielhaft für die verschiedenen Automatisierungsgrade der Flyerwickeltechnik, in Abbildung 4.10 dargestellt. Wie zu erwarten war, steigen die Anlageninvestitionen in die Maschinentechnik und die Folgekosten mit steigendem Automatisierungsgrad. Das Verhältnis von Anschaffungskosten und Instandhaltungskosten zu den laufenden Personalkosten dreht sich mit höherem Automatisierungsgrad beinahe um. Ein Vollautomat besitzt dabei eine Taktzeit von unter 6 s. Ein Halbautomat ermöglicht Taktzeiten von 15 s bis 30 s. Der maschinelle Prozess benötigt in der Regel eine Taktzeit größer einer Minute.

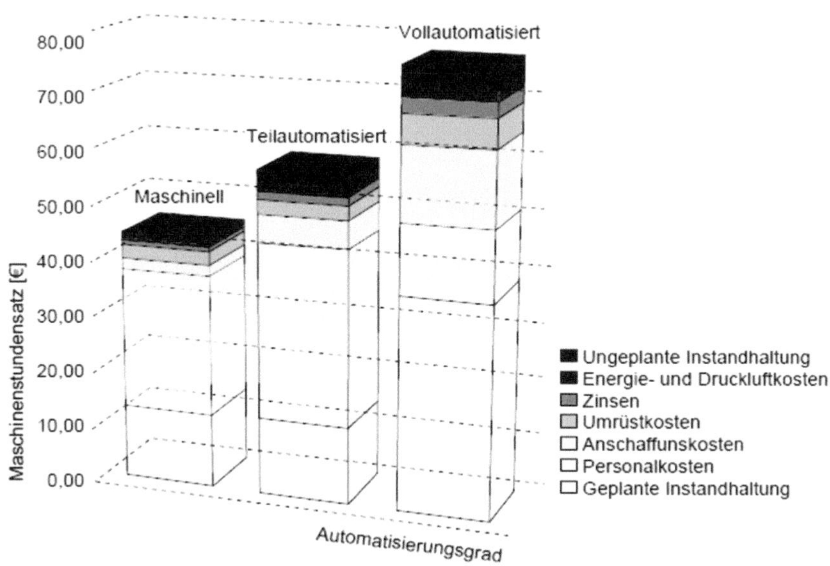

Abb. 4.10 Maschinenstundensatz am Beispiel von Flyerwickelmaschinen

Für die Amortisationsrechnung ist nicht immer nur allein die Ausbringung der einzelnen Station mit ihren Kosten entscheidend, sondern die gesamte Prozesskette. In einer automatisierten Fertigung ist der Wickelprozess in der Regel derjenige mit der längsten Taktzeit. Am Beispiel eines Stators mit niedrigem Füllfaktor und 12 Polen lässt sich dies sehr gut verdeutlichen. Ein Nadelwickler kann diesen Stator mit nur je einer Phase bewickeln und hat eine Investition von ca. 350 T€ bei einer Taktzeit von ca. 60 s. Ein vergleichbarer Kettenwickler mit mehreren Nadeln kann den kompletten Stator mit allen Phasen in 80 s bewickeln, hat jedoch Anlagenkosten von ca. 525 T€. Im Vergleich der Taktzeiten für drei Phasen erreicht der Nadelwickler 180 s, im Gegensatz um Kettenwickler, der mit 80 s mehr als doppelt so schnell ist. Mit der Verwendung eines 4-Spindelaufbaus für den Kettenwickler könnte dieser eine Taktzeit von 20 s erreichen, was den Taktzeitvorsprung noch ausbaut. Doch die nachfolgenden Prozesse des Kettenwicklers sehen ein Konfektionieren der Drähte (Kosten ca. 40 T€), ein Runden und Zuführen der Kontakte (60 T€) sowie ein Kontaktieren (80 T€) und Einsetzen in den Schlussring und in das Gehäuse (50 T€) vor. Der einzig vergleichbare Folgeprozess für den Nadelwickler ist das Kontaktieren der Drähte (80 T€). Entsprechend ergeben sich für den Kettenwickler deutlich höhere Anlagenkosten von ca. 750 T€ im Vergleich zu den 330 T€ des Nadelwicklers. Allerdings hat der Kettenwickler eine sehr günstige Taktzeit und ermöglicht höhere Füllfaktoren. Der Vorteil des Nadelwicklers, mit einem geschlossenen Blechschnitt anstelle des Einzelzahndesigns für den Kettenwickler, sind der deutlich geringere Kontaktieraufwand und die damit verbundenen geringeren Kosten. Eine reine Abwägung der Wickelstation hätte in diesem Fall die Folgekosten durch die Folgeprozesse nicht korrekt bewertet und wäre zu einem falschen Ergebnis gekommen.

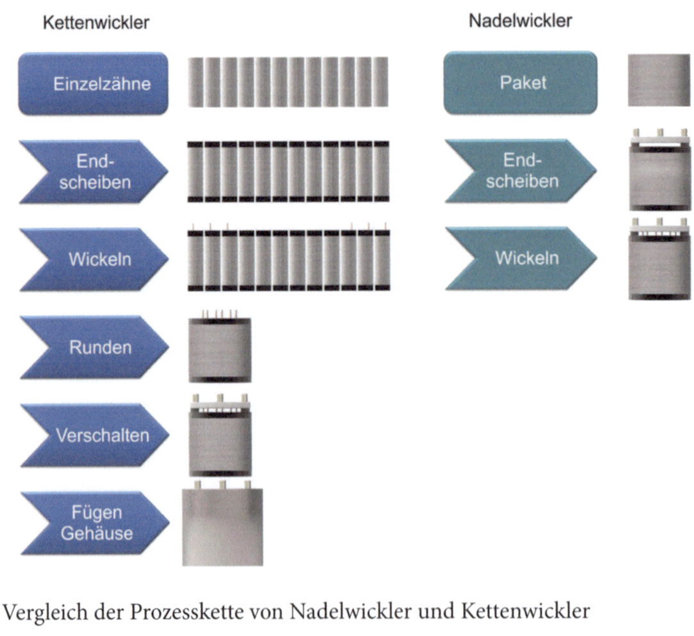

Abb. 4.11 Vergleich der Prozesskette von Nadelwickler und Kettenwickler

Für die Automatisierung von Handhabungsaufgaben gilt die Faustregel, dass die Anlageninvestition nicht mehr als ein Jahr der entsprechenden Personalkosten betragen darf, ansonsten wird die Aufgabe in der Regel nicht automatisiert.

Die Betrachtung von Kosten-Nutzen-Analysen und Amortisationsszenarien liegt in der Regel beim Betreiber der Anlagen. Entsprechend des industriellen Hintergrunds kommen dabei verschiedene Werkzeuge zur Betrachtung zum Einsatz, von Betrachtungen der Gesamtbetriebskosten (engl. Total Costs of Ownership (TCO)) in der Automobilindustrie bis zur dynamischen Amortisationsrechnung bei Industrieausrüstern.

4.2 Automatisierungskonzepte

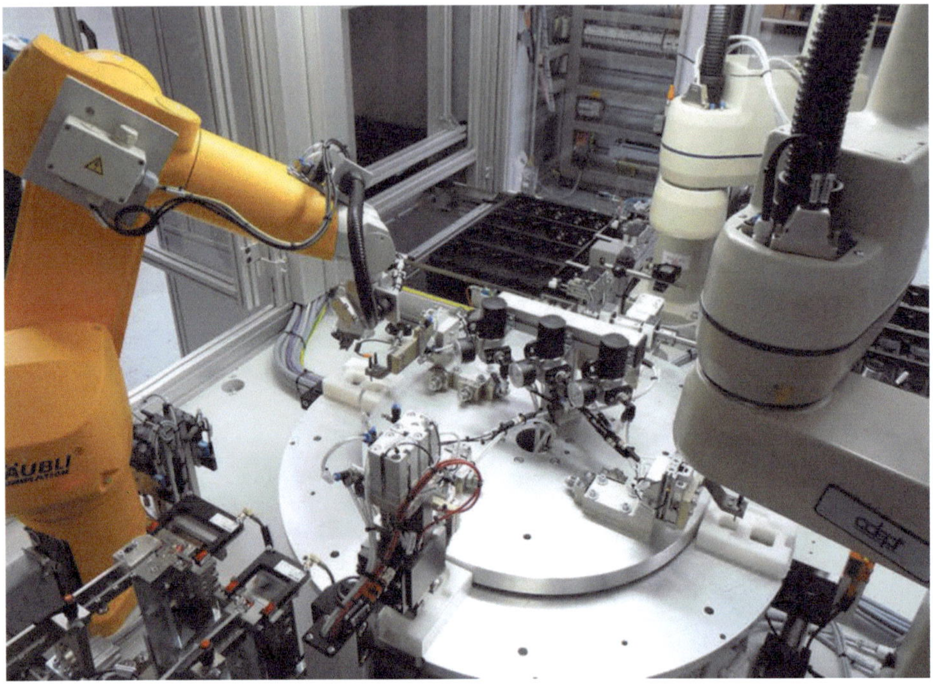

Abb. 4.12 Rundtakttisch mit Roboter und Palettierstation

Im kommenden Abschnitt sollen verschiedene technische Aspekte der Automatisierungstechnik im Design der Maschinen und Anlagen sowie im Produktionslayout vorgestellt werden. Von den möglichen Ausbaustufen von Montagemaschinen geht es über verschiedene Fördersysteme und Verkettungskonzepte, schließlich über die verfügbaren Automatisierungsgrade für Wickelmaschinen zu den automatisierungsrelevanten Bauteileigenschaften. Dieser Abschnitt zielt daher auf die Planer von Prozessen und Layouts für Produktionsanlagen.

4.2.1 Industrielle Montagekonzepte

Die kleinste Einheit in einem Automatisierungskonzept ist die Bearbeitungsstation. Für die Wickeltechnik, bzw. allgemeiner die Montagetechnik, ist eine Unterscheidung der Montagemaschinen nach deren Funktionen möglich. Eine beispielhafte Unterscheidung zwischen Montagestationen, Montagezellen, -zentren und Montagesystemen ist in Abbildung 4.13 dargestellt.

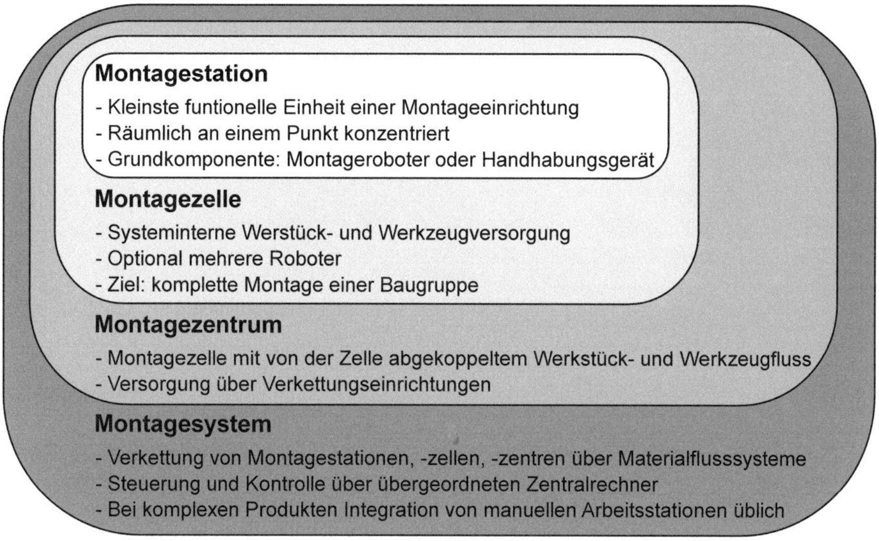

Abb. 4.13 Ausbaustufen von Montagemaschinen nach [Hes-93],[Hes-00]

Da der Fokus dieses Kapitels auf die Automatisierung ausgerichtet ist, wird hier die Montagestation nicht weiter behandelt. Stattdessen wird sich auf die Ausbaustufen ab der Montagezelle bezogen. Ist eine Montagezelle mit einem externen Lager für Montageaufträge, Montagevorrichtungen und Montagewerkzeuge gekoppelt, wird diese Einheit als Montagezentrum bezeichnet. Das Lager liegt jedoch außerhalb der Reichweite des oder der Montageroboter. Der gesamte Material- und Informationsfluss zum Lager wird gesteuert und überwacht. Ein Beispielaufbau für die Komponenten eines Montagezentrums ist in Abbildung 4.14 dargestellt.

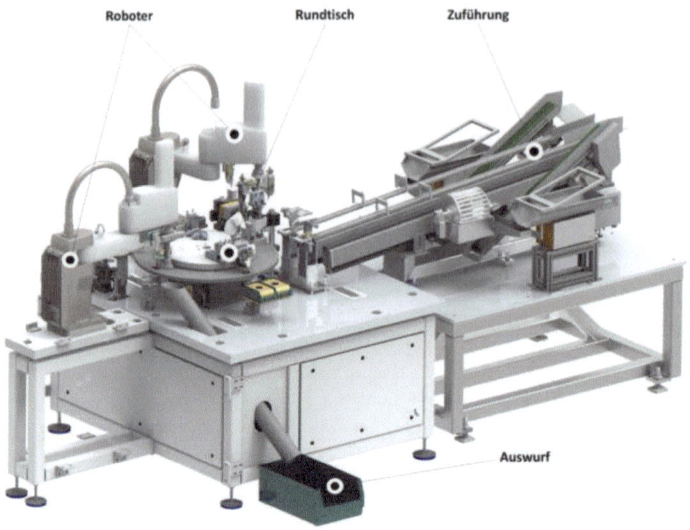

Prozessvideo

Abb. 4.14 Komponenten eines Montagezentrums inkl. QR-Link zu Prozessvideos

Montagesysteme sind Zusammenschaltungen von verschiedenen Montageanlagen wie Montagestationen, Montagezellen und Montagezentren. Analog zu den Fertigungssystemen erfolgt auch bei den Montagesystemen der Materialfluss automatisiert. Der Einsatz von Montagerobotern ist typisch, allerdings können auch Handmontageplätze enthalten sein, da bei komplexen Produkten die Montageprozesse oft nicht oder nur zu sehr hohen Kosten automatisiert werden können. Ein Beispiel aus der Montage von Elektromotoren ist in Abbildung 4.15 dargestellt.

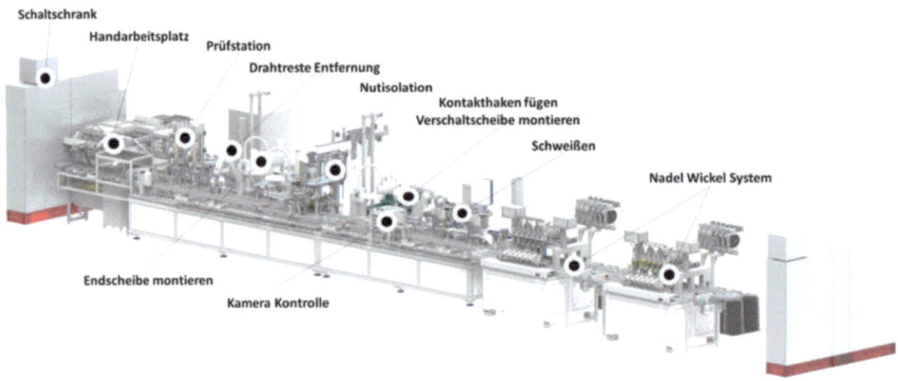

Abb. 4.15 Beispielhaftes Montagezentrum für Elektromotoren

Analog zu den Fertigungssystemen führt ein hoher Automatisierungsgrad eines Montagesystems meist ebenfalls zu einer geringen Flexibilität. Das bedeutet, dass eine Maschine beispielsweise ein bestimmtes Produkt sehr gut und schnell montieren kann, andererseits aber auf dieses Produkt beschränkt ist. Begrifflich wird bei Produktionssystemen zwischen der Flexibilität und der Wandlungsfähigkeit unterschieden. Flexibilität ist die Reaktion auf ein vorgedachtes bzw. geplantes Ereignis, beispielsweise wie eine variierte Statorlänge bei gleichem Design. Wandlungsfähigkeit ist die Anpassung auf unvorhergesehene Ereignisse, wie ein komplett neues Statordesign. Die Flexibilität in flexiblen Montagesystemen wird dadurch erreicht, dass die Hersteller komplette Baukästen von Grundelementen und Basiseinheiten anbieten. Dies gilt nicht nur für die Mechanik, sondern in viel stärkerem Maße auch für die Logistik und die Steuerungstechnik. Nur so lassen sich individuelle Lösungen aus einem standardisierten Baukasten zusammenstellen. Als Grundelemente für Gestelle, Vorrichtungen, Transportstrecken und Aufbauten haben sich stranggepresste, eloxierte Aluminium-Profile bestens bewährt. Sie bieten die notwendige mechanische Stabilität, sind rostfrei und einfach zu bearbeiten. Meistens stehen sie auch in mehreren Größen und Profilquerschnitten zur Verfügung und erlauben somit eine optimale Anpassung an die gestellten Forderungen bei minimalem Materialeinsatz. Mit den dazu passenden lösbaren Verbindungen lassen sich insbesondere die Transfersysteme individuell anpassen, sowie bei Bedarf beliebig verändern und erweitern. Auch die spätere Wiederverwendbarkeit der Bauelemente bei Änderungen oder Modifikationen des Systems spielt aus Kostengründen eine wichtige Rolle. Wie aus Abbildung 4.16 hervorgeht, stehen flexible Montagesysteme hauptsächlich in Konkurrenz zu herkömmlichen manuellen und hybriden Systemen, sind also am besten für die Montage kleiner und mittlerer Stückzahlen geeignet. Bei sehr hohen Stückzahlen sind weiterhin NC-gesteuerte oder kurvengetriebene Montageautomaten vorzuziehen, da bei diesen, aufgrund des hohen Durchsatzes, der Vorteil der höheren Geschwindigkeit stärker ins Gewicht fällt als der Nachteil der fehlenden Flexibilität.

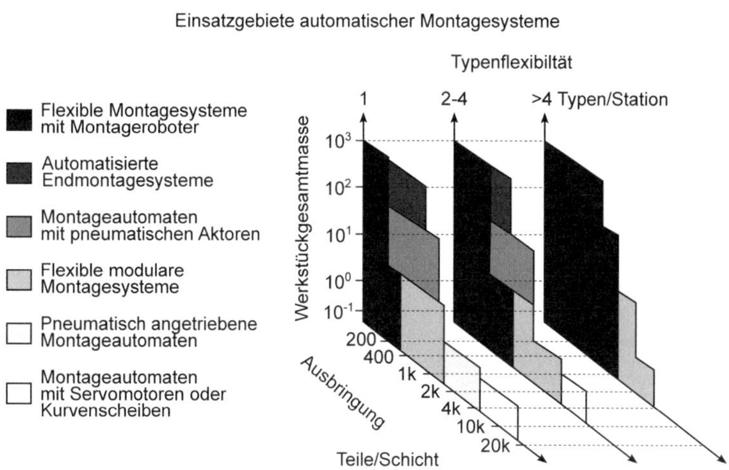

Abb. 4.16 Anwendungsszenarien von Montagesystemen in Anlehnung an [Hes-93],[Hes-00]

4.2.2 Fördersysteme und Layouts für Fertigungslinien

Bei der Konzeptionierung von Fertigungslinien geht es primär um die Anordnung von Materialflüssen und Fertigungsstationen für eine optimale An- und Ablieferung des Produktionsmaterials, bei bester Zugänglichkeit für den Werker oder um einen möglichst platzsparenden Entwurf für vollautomatisierte Systeme. Heutzutage allen Konzepten gemein ist die Modulbauweise einer Linie. Entsprechend können im Layout einzelne Maschinen versetzt, ausgetauscht oder vervielfacht werden, wenn es das Produktionsszenario verlangt. Grundmotivation für die Modulbauweise sind zunehmend individuelle Kundenwünsche im Anlagenbau, resultierend aus steigender Variantenzahl, wobei die Verkaufszahlen der einzelnen Varianten sinken. Daraus ergibt sich ein Spannungsfeld zwischen Umsetzungsaufwand der Standardisierung der einzelnen Module und einer eingeschränkten Flexibilität. Prinzipiell wird das System durch Modularisierung in kleinere Einheiten unterteilt. Diese Module sind funktional und physisch unabhängige Einheiten und erfüllen dabei genau eine Funktion. Steigt der Funktionsumfang eines Systems, erhöht sich die Anzahl der Module, was die Komplexität des Systems steigert. Diese hohe Komplexität führt zu erhöhtem Entwicklungsaufwand, welcher entsprechenden Vorlauf benötigt, bevor von den Vorteilen der Modularisierung profitiert werden kann. Vorteile der Modulbauweise sind eine Parallelisierung der Entwicklungstätigkeiten, eine einfache Ableitung und Konfiguration von Systemvarianten und das Potenzial, die Komplexität eines Systems und den Aufwand für Systemänderungen zu reduzieren. Dies resultiert in einer hohen Variantenvielfalt, bei gleichzeitiger Senkung der Entwicklungszeit der einzelnen Varianten. Die Nachteile dieser Bauweise sind eine geringe Differenzierung zwischen den unterschiedlichen Produkten und dass die entwickelten Module unter Umständen nicht den Kundenanforderungen entsprechen. [Rot-14]

Ein typischer Aufbau für ein Automatisierungskonzept ist in Abbildung 4.17 dargestellt. Das Layout entspricht einem Linienlayout. Wobei die einzelnen Stationen seriell geschaltet sind, mit manuellen Arbeitsplätzen in den Zwischenräumen. Diese bieten den Vorteil von möglichen Stationen zur Nacharbeit, was während des Einfahrens oder Störungen des Prozesses notwendig wird. Ebenso kann bei Ausfall einer Station die Funktion manuell übernommen werden, wodurch nicht gleich ein kompletter Produktionsausfall entsteht.

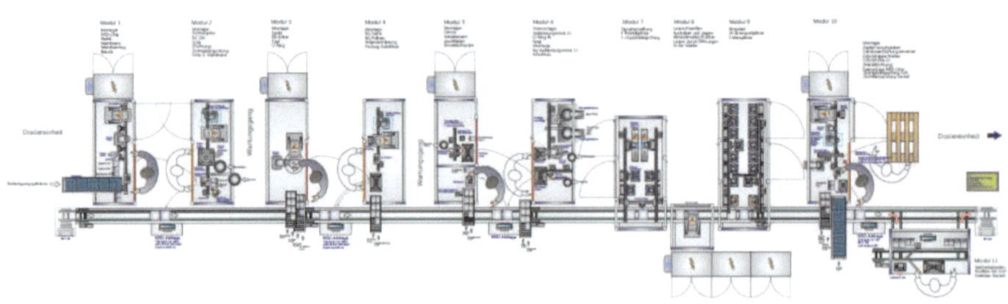

Abb. 4.17 Typisches Anlagenlayout

Prinzipiell stehen für das Layout einer Fertigungslinie drei Möglichkeiten des Aufbaus bzw. der Verkettung zur Verfügung, welche in Abbildung 4.18 bzw. Abbildung 4.19 dargestellt sind.

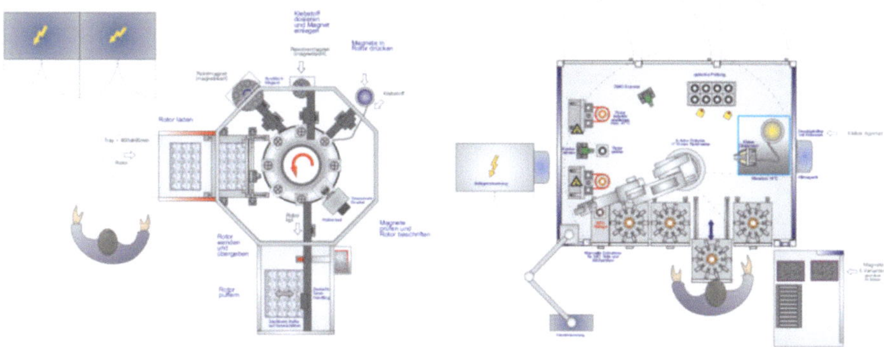

Rundtakttisch **Fertigungs-/Roboterzelle**

Abb. 4.18 Layoutkonzepte für Fördersysteme – Rotative Systeme

Das erste System, der Rundtakttisch, ist sehr schnell aufgrund seiner Rotationsbewegung, jedoch in der Anzahl seiner Stationen beschränkt und gewährleistet nur eine verminderte Zugänglichkeit zur Wartung und zum Bauteil, wenn dieses nicht separat zwischen jeder Station und dem Rundtisch gehandhabt werden soll. Für die Realisierung von parallelen Prozessen ist diese Verkettungstechnik gut geeignet. Das zweite System, die Fertigungszelle, ist ein Aufbau aus mehreren Bearbeitungsstationen, welche durch einen Roboter be- und entladen werden. Dieser Aufbau bietet sich bei Linien mit geringeren Taktzeiten oder verschiedenen Ladepositionen bzw. Ladeorientierungen der Stationen an. Sie wird eher für größere Bauteile verwendet. Eine Parallelisierung der Prozesse ist durch den Bauteilwechsel der Stationen mit dem Roboter möglich. In der Regel sind jedoch die Prozesse seriell verknüpft. Das dritte System besteht aus einer starren Verkettung mittels Shuttle-System. Diese wird meist nur zwischen zwei Stationen verwendet und ist durch den Transport auf einem Werkstückträger mit mehreren Aufnahmen charakterisiert. Dieses Fördersystem ist für mittlere Taktzeiten zwischen 5 s und 30 s geeignet, bei mittleren Bauteilgrößen und Bauteilgewichten bis 5 kg. Die Zugänglichkeit ist vergleichbar mit einer klassischen Linie, die im Folgenden vorgestellt wird. Das vierte System ist die klassische Linie, oder auch Transferstraße genannt, die auf Basis von mobilen Werkstückträgern ausgeführt ist. Sie ist in der Fördergeschwindigkeit nicht so schnell wie der Rundtakttisch, ermöglicht jedoch die Förderung von vielen Bauteilen durch die Stationen und ist daher für vollautomatisierte Fertigungsanlagen der Standard. Die Auswahl und Gestaltung von Werkstückträgern ist ein wichtiger Faktor für die Effizienz der Fertigungsanlage.

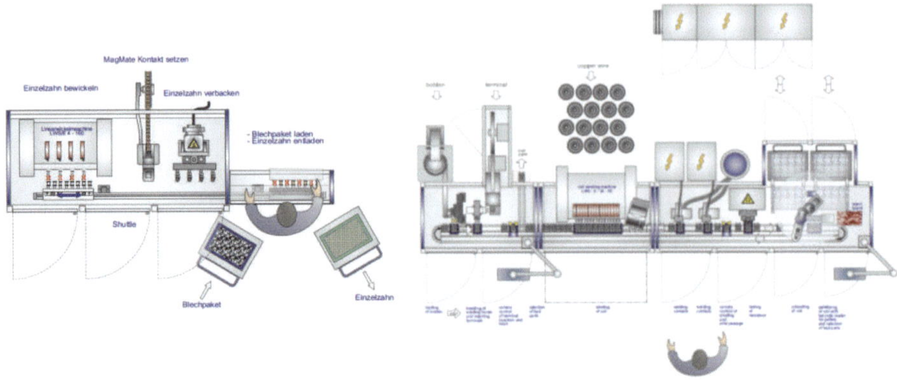

Shuttle-System **Transferstraße**

Abb. 4.19 Layoutkonzepte für Fördersysteme – Lineare Systeme

Das System wird bestimmt durch das Produkt (Größe, Gewicht, Oberfläche), die gewünschte Bearbeitungslage (Anzahl und Art der Montagevorgänge), die erforderliche Positioniergenauigkeit für die Montage und die Krafteinwirkung während der Montage. Der Werkstückträger bestimmt durch sein Aufnahmenest die Positioniergenauigkeit des Bauteils für eine direkte Handhabung. Er wird zusätzlich mit einem Codierspeicher, meist in Form eines Transponders (englisch radio-frequency identification (RFID)) ausgerüstet, um die spezifischen Informationen jedes Produktes zu dokumentieren. Diese müssen beispielsweise in der Medizintechnik über mehrere Jahrzehnte aufbewahrt werden. Im Aufbau wird zwischen der konventionellen und flexiblen Transferstraße unterschieden.

Die konventionelle Transferstraße ist ein starr verkettetes Fertigungssystem für die Großserienproduktion, bestehend aus sich ergänzenden Maschinen. Sie stellt ein bestimmtes Werkstück taktgesteuert in einer festen Reihenfolge her. Die Fertigungsmaschinen sind seriell angeordnet, wobei an allen Maschinen gleichzeitig ein Prozessschritt stattfindet. Die Taktzeit wird durch die längste Operation, in der Regel dem Wickelprozess, bestimmt. Aufgrund des starren Aufbaus bietet sich eine Optimierung auf das spezifische Produkt an, wodurch prinzipiell kürzere Taktzeiten erreicht werden können. Der große Nachteil in diesem Layout ist das Verhalten bei einer Maschinenstörung, denn dann pausiert die gesamte Transferstraße. Die Gesamtverfügbarkeit ergibt sich aus dem Produkt der Einzelverfügbarkeiten der Einzelstationen. Durch die geringe Flexibilität ist bei einer notwendigen Umrüstung auf ein anderes Produkt ein hoher Rüstaufwand erforderlich. Der Vorteil liegt dafür im Sondermaschinenbau. Jede Maschine ist speziell an die Arbeitsaufgabe angepasst und arbeitet dadurch sehr effizient. Transferstraßen besitzen daher eine enorm hohe Produktivität.

Wegen ihrer geringen Flexibilität und ihrer hohen Investitionskosten sind die klassischen, starren Transferstraßen nur wirtschaftlich in der Großserienfertigung für Produkte mit einer Lebensdauer von mehreren Jahren hinweg einsetzbar. Aufgrund der steigenden

Variantenvielfalt und den immer kürzeren Produktlebenszyklen werden die klassischen Transferstraßen zunehmend durch flexible Mehrmaschinensysteme bzw. flexible Transferstraßen verdrängt.

Auf flexiblen Transferstraßen erfolgt eine taktgebundene Fertigung unterschiedlicher, aber geometrisch ähnlicher Werkstücke in einem Zwangsdurchlauf. Die Flexibilität wird durch Maschinen mit NC-Achsen erreicht. Flexible Transferstraßen dienen in der Massenfertigung der wirtschaftlichen Herstellung von Teilespektren, an deren Produktion jeweils gleiche Maschinenstationen in derselben Reihenfolge beteiligt sind. Wegen der hohen Flexibilität und schnellen Umrüstbarkeit eignen sie sich für die Bearbeitung von Teilefamilien in der Großserienproduktion. Typische Bearbeitungsbeispiele sind Spulen mit gleichen Geometrien, aber einer skalierbaren Länge, je nach gewünschtem Leistungsbereich der Anwendung. Als Stationen werden bei flexiblen Transferstraßen nicht Einzweckmaschinen mit fest vorgegebenen Werkzeugen, sondern numerisch gesteuerte Bearbeitungsmaschinen in Modulbauweise verwendet. Der Materialfluss ist wie bei den konventionellen Transferstraßen ebenfalls getaktet. Ein Vergleich der verschiedenen Vor- und Nachteile von starren und flexiblen Transferstraßen kann in Tabelle 4.4 nachgelesen werden.

Tab. 4.4 Vergleich verschiedener Transferstraßen

Konzept	Vorteil	Nachteil
Konventionelle Transferstraße	- Hohe Produktivität - Einfacherer Maschinenaufbau	- Verringerte Anlagenverfügbarkeit
	- Geringer Platzbedarf - Einfache Logistik - Konstante Fertigungsqualität - Schlanke Fertigung (Bestände)	- Taktzeit definiert durch langsamsten Prozess - Hoher Rüstaufwand/geringe Flexibilität der Produkte
Flexible Transferstraße	- Größere Flexibilität der Produkte	- Selten Parallelfertigung → Gesamtnutzungsgrad < 85 %
	- Höhere Anlagenverfügbarkeit	- Ausbringung < 70 % auf Basis der Taktzeitberechnung

Die einzelnen Bearbeitungsmaschinen sind wie bei einer konventionellen Transferstraße in einer Reihe nacheinander aufgestellt, können aber auch durch Teilstraßen für produktspezifische Prozessschritte und Puffer für eine elastische Verkettung (vgl. Abschnitt 4.2.3) ergänzt werden. In der Auslegung von Produktionsanlagen ist die Taktzeitanalyse das übliche Mittel, um einen ersten Überblick über die Eigenschaften der einzelnen Stationen zu gewinnen. Wie bereits eingeführt, ist der Wickelprozess häufig länger im Vergleich zu den nachfolgenden Systemen. Als zahlenmäßiger Vergleich kann das Wickeln eines Stators mit 180 s angegeben werden, wobei die Nachbearbeitung, in Form von Kontaktieren und Prüfen, innerhalb von 4 s durchgeführt wird. Aufgrund dieser Diskrepanz haben sich maschinelle Aufbauten zur Trennung der Fertigung und des Be- und Entladens entwickelt, wie beispielsweise der Schwenkrahmen für Linear- und Nadelwickelmaschinen. Die

Taktzeit- bzw. Bearbeitungsengpässe, können in der Wickeltechnik durch die Erhöhung der Spindelzahl in den Wickelmaschinen oder durch mehrere Wickelmaschinen in der Linie beseitigt werden. Diese Möglichkeit bietet sich bedingt auch bei anderen Prozessen. So kann ein Handhabungsprozess des Pick & Place durch einen schnelleren Motor beschleunigt werden, aber ein Schweißprozess lässt sich zeitlich kaum optimieren.

Ebenfalls berücksichtigt werden sollte neben dem Konzept zur Anordnung der Produktionsmaschinen und ihrer Verkettung der Materialfluss für die Versorgung der Maschinen mit Produktionsmitteln, in Form von Halbzeugen wie Kontaktstiften, oder Hilfsstoffen, wie Kleber. Das gerade Linienkonzept bietet hier den Vorteil einer guten Zugänglichkeit von den Seiten, wodurch für jede Station eine Materialzuführung aus einer Richtung zur Versorgung eingerichtet werden kann.

Für eine vom Kunden geforderte Stückzahlflexibilität wird in der Planung der Anlage ein stufenweiser Aufbau für eine Hochskalierung der Stückzahl (engl. Upscaling), durch die genannte Modulbauweise, eingeplant. So werden für die geringste Ausbaustufe ausgewählte Prozessschritte mit einem Handarbeitsplatz geplant oder andere Prozesse nur teilweise verkettet, um diese in der nächsten Ausbaustufe zu ersetzen bzw. komplett zu verketten. Ist ein Modul in seiner Taktzeit ausgelastet und es wird ein Upgrade vorgesehen, so kommen häufig Bypass-Systeme zum Einsatz, um diese Station mit weiteren Stationen zu ergänzen (vgl. Abschnitt 4.2.3).

Es kann für den Planer hilfreich sein, die Ausbaustufen rückwärts aufzubauen. Beginnend mit einer möglichen, letzten Endausbaustufe wird durch Weglassen von Zuführungen oder Stationen, bzw. durch Ersetzen von Automation durch Handarbeitsplätze eine vorherige Ausbaustufe erzeugt.

In der Planung sollten die Handarbeitsplätze nach Möglichkeit räumlich zusammengefasst werden, was durch ein Falten, Kreuzen oder Spiegeln von Transferstrecken unter Beachtung der Montagereihenfolge möglich wird. Bei mehrfachem Wechsel zwischen manuellen und automatischen Prozessen kann eine geschickte, vom Linearen abweichende Streckenführung oder eine Integration von Ausschleusungen die Wege zwischen einzelnen Handarbeitsplätzen erheblich verkürzen.

Um die Kosten einer Anlagenskalierung mit ihrer Stückzahl ins Verhältnis zu setzen, kann gesagt werden, dass eine erneute Investition von 50 % des ursprünglichen Anlagenpreises zu einer Verdopplung der Produktionskapazität führen kann. Alternativ ist auch der Nachbau der ursprünglichen Linie als Duplikat möglich. Dies hat den Vorteil einer höheren Gesamtanlagenverfügbarkeit, da die beiden Linien getrennt funktionieren. Die Reinvestition beträgt in diesem Fall 80 % bis 90 % der ursprünglichen Investition. Ein Beispiel für die Anlagenplanung einer Linie mit Option zum Upscaling ist in Abbildung 4.20 dargestellt.

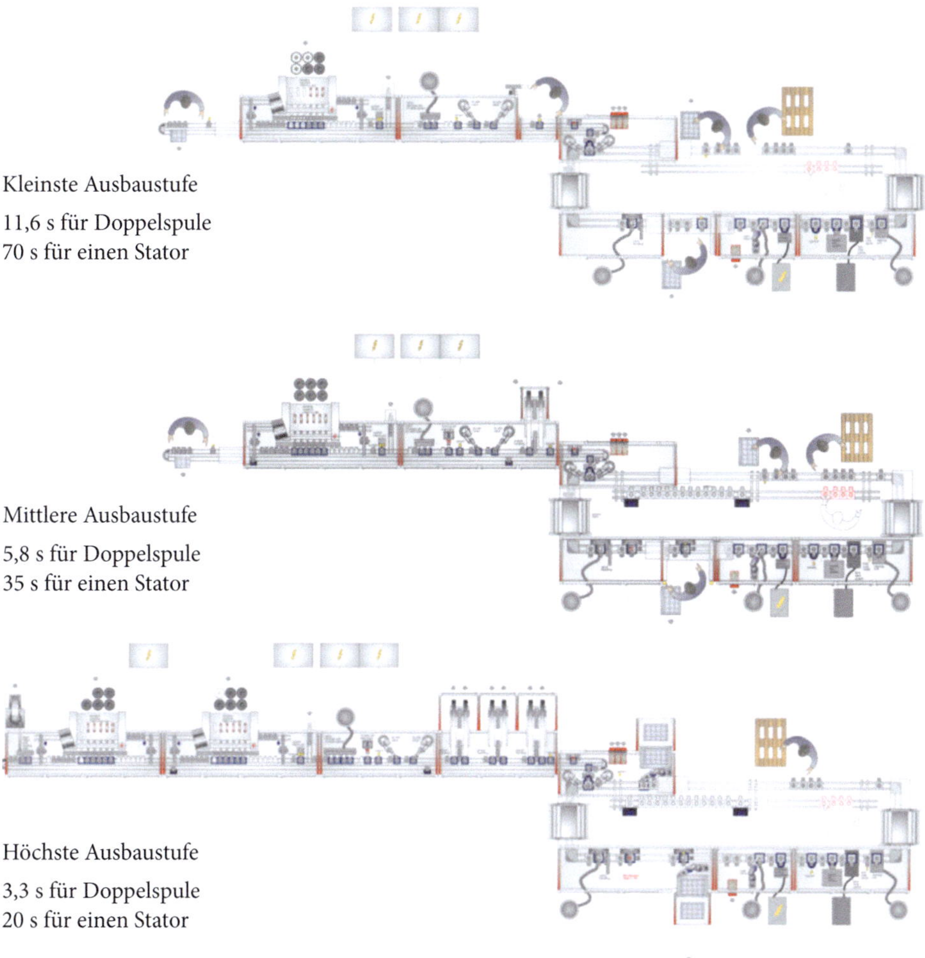

Abb. 4.20 Möglichkeiten der Kapazitätserweiterung

Ziel einer Fertigungslinie ist eine möglichst hohe Anlageneffektivität im Sinn der OEE (vgl. Abschnitt 4.1.3). Zur Erreichung dieser gibt es verschiedene Philosophien, die eine effektive Organisation und einen optimalen Betrieb gewährleisten sollen. Als Stichwort sei an diese Stelle das Thema Lean Production (deutsch: Schlanke Fertigung) genannt. Dieses bezeichnet ein System von Maßnahmen, welches die Verschwendung in einem Produktionssystem, in Form von Überproduktion, Beständen im System, langen Transport- oder Wartezeiten, ineffektiven Produktionsprozessen und Ausschuss, vermeiden soll. Eine konkrete Maßnahme ist beispielsweise der mitarbeitergebundene Arbeitsfluss (engl. One piece flow). Dieser Ansatz in der Organisation hat den Vorteil einer hohen Flexibilität von Arbeitskräften, verringerte Lieferzeiten und Bestände. Bedingt durch die bessere Qualifikation des Werkers und die Kenntnis über die gesamte Prozesskette ergibt sich eine bessere

Produktqualität. Der Ansatz ist unter dem Stichwort „Toyota Prinzip" ebenfalls bekannt. Solche Ansätze gelten für alle Produktionssysteme, nicht nur für wickeltechnische Produkte. Daher können sowohl dieser Ansatz, als auch weitere, in der Standardliteratur nachgelesen werden.

Wichtig in der Auslegung ist die Wahl eines Fördersystems mit ausreichender Wiederholgenauigkeit für die Montageprozesse. Die Grenze für Transfersysteme liegt beispielsweise bei 0,03 mm, was für einige Anwendungen in der Medizintechnik nicht ausreichend ist. Entsprechend kann die Verkettung auch die Grenze der Produktqualität bzw. der erreichbaren Bauteilanforderungen darstellen. Ein reales Layout einer Fertigungslinie für die Elektromotorenproduktion ist in Abbildung 4.21 dargestellt.

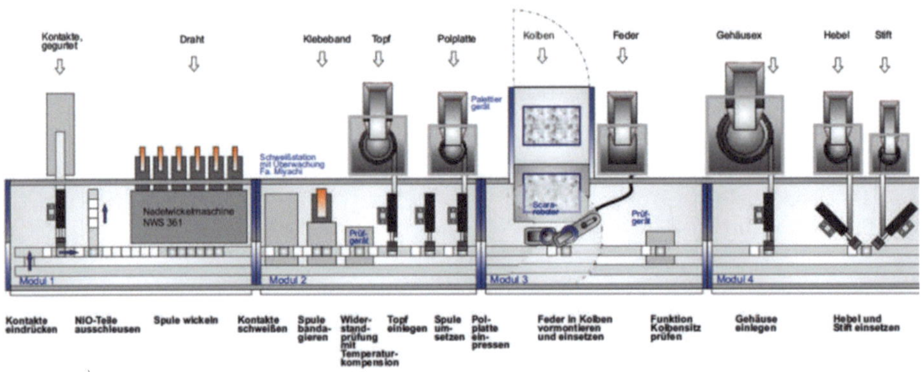

Abb. 4.21 Beispiellayout für die Motorenfertigung mit Nadelwickelmaschine

Für die Ausarbeitung des Konzeptes ist der Standort entscheidend. Für Westeuropa ist eine Anlage mit hohem Automatisierungsgrad aufgrund der höheren Lohnkosten notwendig. Neben der Bestimmung des Automatisierungsgrades ist der Anlieferzustand der Halbzeuge als Schüttgut, Palette oder Blistergurtteile wichtig. Die Größe des Produktes und die einzuhaltenden Toleranzen sind in Bezug auf die Handhabungstechnik zu berücksichtigen. Für kleine Bauteile werden vorzugsweise Rundtakttische verwendet, weil diese genauer sind und die Anzahl der Werkstückträger geringer ist. Die Toleranzen der Werkstückträger sind daher im Rundtakttisch bekannt. Die geforderte Stückzahl und die daraus resultierende Taktzeit bestimmen die Automatisierungsart der Verkettung. So kommen bei Taktzeiten unter 1 s keine Transfersysteme mehr zum Einsatz.

4.2.3 Verkettungsarten von Fertigungslinien

Die technologischen Möglichkeiten zur Verkettung von Fertigungslinien wurden mit der Vorstellung von Rundtakttischen, Shuttles mit Werkstückträgern und Transfersystemen im vorherigen Abschnitt bereits erörtert. In diesem Abschnitt liegt daher der Fokus auf der organisatorischen Ebene der Verkettung im Sinne eines Materialflusses. Prinzipiell wird in starre Verkettung, elastische Verkettung und lose Verkettung unterschieden. Eine starre Verkettung ist durch den gleichzeitigen Weitertransport aller im System befindlichen Werkstücke gekennzeichnet. Eine Weitertaktung erfolgt entsprechend erst, wenn alle Montageoperationen beendet sind. Folglich ist dieses System dominiert von der längsten Zykluszeit. Ein Beispiel für diese Verkettung ist der Rundtakttisch. Vorteil dieses Systems sind geringe Bestände im Produktionslayout, wodurch es dem Lean-Gedanken gerecht wird. Der Nachteil liegt darin, dass die Gesamtverfügbarkeit direkt von den Einzelverfügbarkeiten der am Gesamtsystem beteiligten Prozesselemente abhängt. Im Gegensatz dazu sind bei der elastischen Verkettung die Einzelarbeitsplätze soweit entkoppelt, dass der Ausfall einer Station nicht sofort zum Ausfall des Gesamtsystems führt. Ein Beispiel dafür ist die Transferstraße. Der Vorteil liegt in der geringeren Störanfälligkeit. Der Nachteil liegt im Aufbau von Puffern im Produktionssystem. Zuletzt beschreibt eine lose Verkettung den bedarfsgerechten Weitertransport der Werkstücke. Dadurch werden die Elemente von Fertigungsprozess und Weitertransport komplett entkoppelt. Ein typischer Aufbau dieses Systems ist ein Transfersystem mit Bypass. Die wichtigsten Eigenschaften der drei Verkettungstypen sind in Tabelle 4.5 zusammengefasst. Zur Auswahl der Verkettungsart sind Größen wie die Größe des Bestandes, die gewünschte Flexibilität, die Verfügbarkeit der einzelnen Prozesselemente und die Taktzeit entscheidend.

Tab. 4.5 Vergleich verschiedener Verkettungsarten

Verkettungsart Kriterium	**Starre Verkettung**	**Elastische Verkettung**	**Lose Verkettung**
Prinzip Skizze	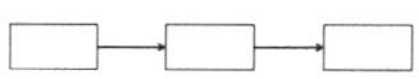		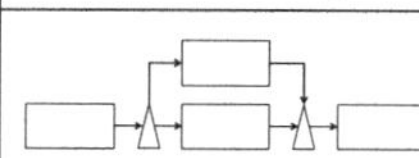
Taktzeit je Station	Gleich	Annährend Gleich	Flexibel
Speicher	Keine	Puffer	Puffer
Förderzeitpunkt	Taktabhängig	Taktunabhängig	Taktunabhängig
Störanfälligkeit	Hoch	Mittel	Gering
Durchlaufreihenfolge	Gleich	Gleich	Flexibel
Durchlaufzeit	Gering	Mittel	Hoch
Bestände	Gering	Mittel	Hoch

Für Mehrspindelsysteme wird in der Verkettung ein Bypass durch zwei Maschinen mit gleicher Spindelanzahl gewählt, um bei Ausfall einer Maschine einen Teil der Ausbringung zu halten. Für die Flyerwickeltechnik wird aufgrund der geringeren Taktzeiten häufig ein Rundtakttisch mit starrer Verkettung für die Prozess-Parallelisierung verwendet.

Die Taktzeiten des Wickelprozesses dominieren das Fertigungssystem, weswegen eine starre Verkettung für Wickelanlagen eher selten gewählt wird. Durch die Wahl von Mehrspindelautomaten können trotz hoher Taktzeiten höhere Stückzahlen erreicht werden. Das Prüfen der Wickelbereitschaft und das Ausschleusen von Ausschuss-Teilen sind dadurch auch einfacher zu gestalten.

4.2.4 Automatisierungsgrade von Wickelmaschinen

Der Automatisierungsgrad ist definiert über das Verhältnis von Operationen mit einer automatisierten Produktionsmaschine zu den Gesamtoperationen und wird mathematisch wie folgt beschrieben:

$$Automatisierungsgrad = \frac{Anzahl\ automatisierter\ Operationen}{Gesamtzahl\ der\ Operationen} \tag{4.11}$$

In Bezug auf die Wickeltechnik wird, wie in Abschnitt 4.1.5. aufgezeigt, zwischen drei Automatisierungsgraden von Wickelmaschinen unterschieden, die im Folgenden noch einmal genau in Bezug auf ihre Funktionen beschrieben werden sollen.

Den geringsten Automatisierungsgrad besitzen die rein maschinellen Aufbauten in Form von Universal-Wickelmaschinen bzw. Tischwickelmaschinen. Diese sind vorgesehen für kleine Losgrößen und Stückzahlen. Die Maschine besteht lediglich aus Wickelspindel und Verlegeachse für Positionierung des Drahtführers. Nur der eigentliche Wickelprozess ist automatisiert. Das Aufspannen des Spulenkörpers, das Terminieren des Drahtes, das Verlegen des Start und Enddrahtes, der Start des Wickelprozess und die Entnahme der fertigen Spule sind vom Maschinenpersonal durchzuführen. Die eigentliche Prozessüberwachung (Drahtbruch) geschieht durch das Maschinenpersonal.

Die teilautomatisierte Lösung ist für die Fertigung von mittelgroßen Serien vorgesehen. Die Drahtverlegung ist als kartesisches Koordinatensystem aus drei Linearachsen aufgebaut (Drahtführung in allen drei Raumachsen). Das Terminieren und Anwickelvorgänge am Spulenkörper können automatisch erfolgen. Die Aufspannen des Spulenkörpers, der Start des Wickelprozesses und die Entnahme der fertigen Spule sind vom Maschinenpersonal zu übernehmen

Die vollautomatisierte Lösung, der Wickelautomat mit automatischem Be- und Entladen, bietet sich für große Losgröße und hohe Stückzahlen an. Die Ankopplung von vor- und nachgelagerten Prozessen (Pins-Einschießen, Löten, Prüfen etc.) erfolgt in der Regel über Transferstraßen. Das Bedienpersonal ist zuständig für die Störungsbehebung, Sicherstellung von Draht und Spulenversorgung. Eine vergleichende Einordnung der verschiedenen Automatisierungsgrade ist in Abbildung 4.22 dargestellt.

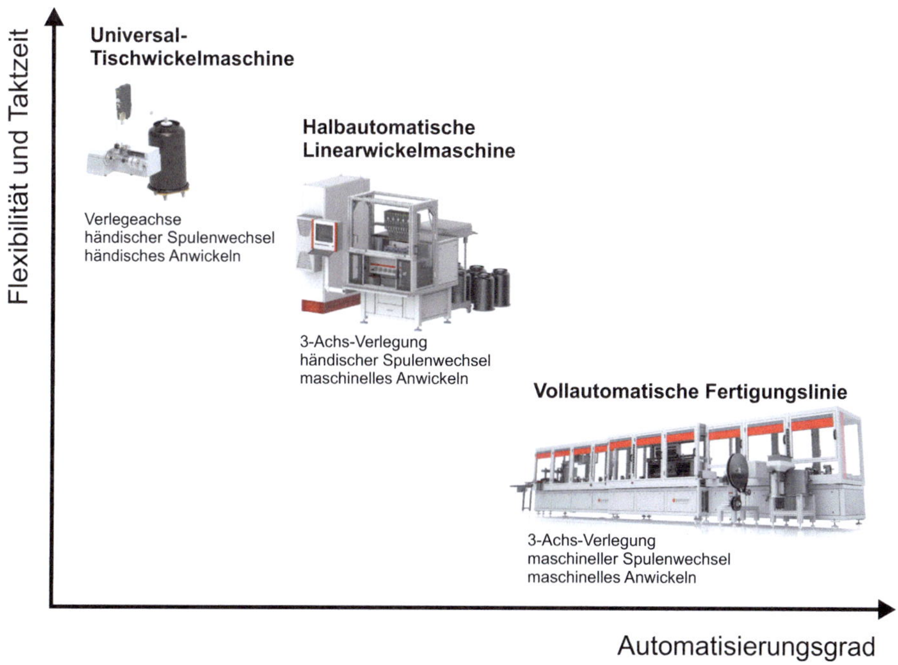

Abb. 4.22 Darstellung verschiedener Automatisierungsgrade in Anlehnung an [Dob-11]

Der Automatisierungsgrad richtet sich vorrangig nach der Stückzahl. In der Projektierung von Wickelanlagen sollte jedoch der Lebenszyklus eines Produktes beachtet werden, um durch eine zunächst höhere Investition Folgekosten durch eine zu starre Automatisierung zu vermeiden.

4.2.5 Automatisierungsrelevante Bauteileigenschaften

Aufgrund der vorhandenen Vielfalt an Bauteildesigns kann hier nur auf einige zentrale Merkmale eingegangen werden, die sich in der Automatisierungspraxis als wichtig erwiesen haben. Wie bereits in Abschnitt 3.3.11 dargestellt, hat der Spulenkörper einen maßgeblichen Einfluss auf den Wickelprozess. Entsprechend kann eine fehlende Maßhaltigkeit oder Steifigkeit zu Fehlern im automatisierten Wickelprozess führen. Wichtig sind auch die drahtpositionsbestimmenden Elemente, wie die Lage der Rillierung am Spulenkörpergrund oder die Drahteinlauftasche. Ein möglicher Spritzgrat am Spulenkörper, wie in Abbildung 4.23 dargestellt, kann durch einen Abrieb am Draht den Wickelprozess stören. Ein generell festgestelltes Problem liegt in der Produzierbarkeit der Spulenkörpergeometrie. Diese wird in der Regel durch Spritzguss hergestellt, welcher die größtmögliche Freiheit bei der Wahl der Geometrie zulässt. Als Ausnahme ist der 3D-Druck von Spulenkörpern zu werten. Dieses ist jedoch kein großserientaugliches Verfahren. Die Einschränkungen aus dem Fertigungsverfahren müssen vor dem Spulenkörperdesign geklärt werden.

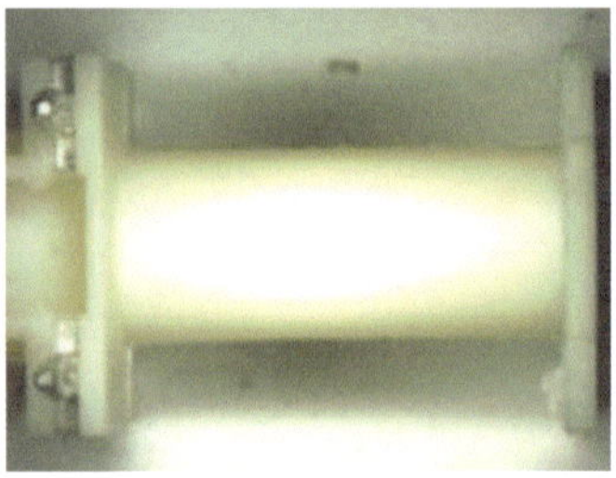

Abb. 4.23 Typisches Fehlerbild – Spritzgrat am Spulenkörper

Konstruktionsbedingt ist auf die korrekte Wahl der Toleranzen zu achten. Zunächst darf die summierte Toleranz der Drahtstärke in einer Lage die Wickelbreite im Spulenkörper nicht überschreiten. Zweitens darf die summierte Toleranz aller übereinandergestapelten Drähte nicht über die Flanschhöhe ragen. Und drittens muss die Materialstärke des Flansches eine ausreichende Festigkeit für den Druck durch die Wicklung bieten.

Ein automatisierungsgerechtes Produktdesign eignet sich für alle Handhabungsschritte, im Zuführsystem, der Vereinzelung und sollte staufähig sein. Ebenso muss es Merkmale zur Detektion der Orientierung sowie mechanische Merkmale zur Orientierung und formschlüssigen Drehmomentübertragung in der Maschine bieten.

Sollte einer der vorangegangenen Punkte missachtet worden sein, so können dennoch Maßnahmen zur Fehlervermeidung und Fehlerbehebung eingeleitet werden. Die beste Möglichkeit wäre eine Nachentwicklung des Produktdesigns zur Korrektur der Designmängel. Alternativ oder zusätzlich können auch zusätzliche Prüfschritte eingebaut werden. Dazu gehören die Prüfung der Bauteile vor dem Wickelprozess auf Wickelbereitschaft, die Überwachung des Wickelprozesses und eine ausführlichere Spulenprüfung durch optische oder elektrische Messmittel.

Die japanische Philosophie der vorbeugenden Fehlervermeidung, „Poka Yoke", durch ein intelligentes Design von Bauteilmerkmalen ist auch in der Wickeltechnik möglich und wird bereits angewendet. Dazu gehören die Nutzung von definierten Flanschhöhen, von innen und außen, bzw. die Kerben oder Markierungen bei Rundteilen für eine fehlerfreie Orientierung. Diese wird zum Anwickeln bzw. Terminieren benötigt. Die Löcher zur Stiftmontage sind sehr einfache, aber effektive Merkmale für die Montage weiterer Elemente. Bei einer höheren Produktvielfalt werden verschiedene Farben des Spulenkörpers für die verschiedenen Produktvarianten, beispielsweise basierend auf verschiedenen Drahtdurchmessern, verwendet. Zuletzt sei noch die Position des Anfangs- und Enddrahtes, beispielsweise bei gesteckten Spulen genannt. Ein Beispiel für Poka-Yoke-Merkmale an Spulenkörpern ist auch in Abbildung 4.24 dargestellt.

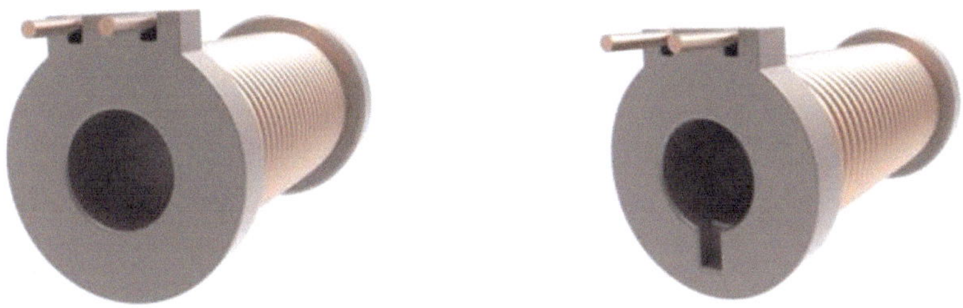

Abb. 4.24 Poka-Yoke-Merkmal zur Orientierung an einem Spulenkörper

Eine geeignete Konstruktion des Spulenkörpers ist entscheidend in Bezug auf die Fehleranfälligkeit des Prozesses. Auch die Toleranzen der Halbzeuge können verschiedenste Auswirkungen auf das Wickelergebnis haben. So kann eine fehlende Steifigkeit des Spulenkörpers zu seiner Verformung führen oder ein zu enger Wickelraum den Aufbau der orthozyklischen Lagenform verhindern.

4.3 Automatisierungstechniken

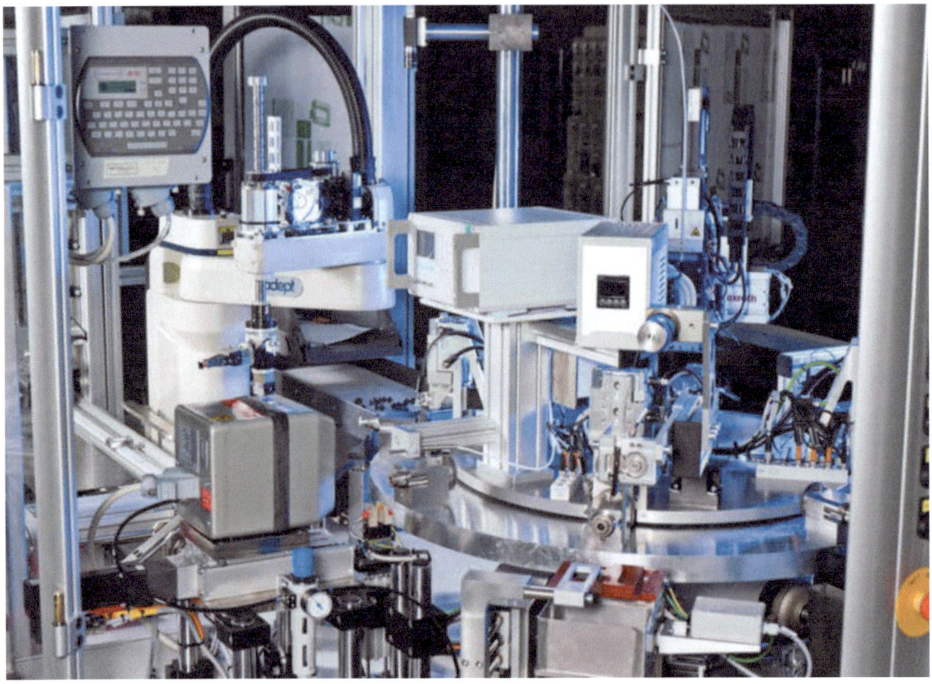

Abb. 4.25 Station mit Rundtakttisch und Peripherie

Nach dem Fokus auf Maschinenebene in Abschnitt 4.2 soll in diesem Abschnitt die Auslegung von automatisierten Stationen und ihren Maschinenkomponenten sowie die Auslegung von Handarbeitsplätzen im Vordergrund stehen.

Dieser Abschnitt zielt daher auf Betreiber und Entwickler für die Maschinentechnik der Produktionsanlagen, ebenso auf die Fertigungsplanung.

4.3.1 Häufige Automatisierungslösungen

Dieser Abschnitt hat das Ziel, typische maschinelle Automatisierungslösungen und charakteristische Parameter, die für die Herstellung wickeltechnischer Produkte genutzt werden, vorzustellen. Die angegebenen Werte stellen dabei nur Richtwerte und keine verbindlichen Prozessgrenzen dar. Als zentrale Funktionen der Wickeltechnik werden daher die folgenden Aufgaben vorgestellt:

- Förderung,
- Montage,

- Prüfung auf Wickelbereitschaft,
- Be- und Entladen von Wickelmaschinen,
- Kontaktieren,
- Prüfung und
- Entladen von der Fertigungslinie.

Die Fördertechnologie ist abhängig vom Anlieferzustand der Halbzeuge. Für Schüttgüter kann ein Schwingförderer mit einer Förderrate von bis zu 60 Teilen pro Minute eingesetzt werden. Für niedere Geschwindigkeiten ist ebenso die Nutzung eines Anyfeeders mit einer Förderrate von 30 Teilen pro Minute möglich. Für die Förderung von vorkonfektionierten Teilen kann ein Palettierer eingesetzt werden, der bis zu 60 Teile in 5 s handhaben kann. Eine Alternative bietet ein Stangenmagazin mit einer Förderrate von bis zu 60 Teilen pro Minute. Der Aufbau verschiedener Fördersysteme ist in Abbildung 4.26 dargestellt.

Palettierer | **Anyfeeder (Fa. adapt)** | **Wendelförderer**

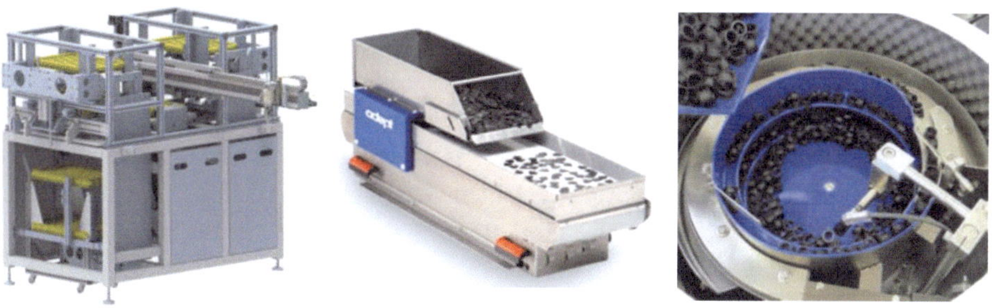

Prozessvideo: Palettieren mit Roboter | **Prozessvideo: Handhabung von Anyfeeder mit Roboter** | **Prozessvideo: Palettieren mit Linearachse**

Abb. 4.26 Technische Lösung für das Fördern von Halbzeugen inkl. QR-Link zu Prozessvideos

Die Montage vor dem Wickeln kann in einer beispielhaften Prozesskette aus dem Bestiften des Spulenkörpers und dem Einsetzen der Isolationspapiere in die Nuten bestehen. Das Bestiften besteht aus einem Handhabungsvorgang und einem Einpressvorgang. Die Handhabung wird typischerweise mit einem pneumatischen Greifer mit Schwenkarm mit Prozesszeiten unter 2 s implementiert. Das Einpressen kann durch eine pneumatische Presse oder eine Spindelpresse mit Servo- oder Direktantrieb erfolgen. Typische Einpresskräfte liegen zwischen 50 N und 500 N bei einer Eindrücktiefe von bis zu 10 mm. Die

Wiederholgenauigkeit des Prozesses liegt bei einer Tiefenstreuung von 0,1 mm bei einer Prozesszeit von unter 1 s. Für das Einsetzen des Papieres in die Nut muss dieses zunächst gefalzt und anschließend getrennt werden. Nach einer Handhabung erfolgt dann die Montage. Das Falzen erfolgt durch einen Prägerollensatz mit einer Länge bis zu 100 mm in unter 1 s. Für das Trennen werden Messer eingesetzt, die mit einer Schnittbreite von bis zu 150 mm das Isolationspapier in unter 200 ms trennen können. Alternativ können auch Laser für das Falzen und Trennen verwendet werden. Diese sind deutlich flexibler, aber auch teurer in der Anschaffung. Für die Handhabung können die bekannten pneumatischen Greifer mit Schwenkarm eingesetzt werden. Ebenso gilt dies für die Montage, welche mit einer Wiederholgenauigkeit von 0,1 mm in unter 1 s durchgeführt werden kann.

Für die Prüfung auf Wickelbereitschaft kommen taktile Prüfsysteme oder visuelle Prüfsysteme in Frage. Die taktile Prüfung erfolgt über Messtaster mit einer Messgenauigkeit von <0,05 mm und einer Prozesszeit unter 1 s. Für die visuelle Prüfung können Kamerasysteme oder Kontursensoren bzw. Lichtschranken eingesetzt werden. Beide haben ähnliche Prozesszeiten von unter 200 ms. Die Kamera besitzt die bessere Messgenauigkeit von <0,05 mm im Vergleich zu <0,1 mm für die anderen Systeme, ist dafür jedoch deutlich teurer.

Für das Be- und Entladen der Wickelmaschine können pneumatische Greifer, NC-Servo-Achsen oder bei sehr großen Spulenkörpern auch Roboter eingesetzt werden. Die Pneumatik und der Roboter haben eine etwas schlechtere Wiederholgenauigkeit von 0,1 mm im Vergleich zu der 0,05 mm erreichten Genauigkeit der Servo-Achsen. Dagegen sind die Prozesszeiten von NC-Achsen und Roboter mit unter 3 s etwas besser als die des pneumatischen Handlings mit <4 s.

Für die Kontaktierung sollen drei exemplarische Prozesse diskutiert werden: das Widerstandsschweißen, Schneid-Klemm-Kontakte und das Löten. Das Schweißen benötigt entweder eine pneumatische oder servomotorische Schweißzange. Beide arbeiten mit einem Schweißstrom von bis zu 5 kA und haben eine entsprechende Einsinktiefe der Elektrode von ca. 0,2 mm. Die Servomotoren ermöglichen jedoch einen schnelleren Prozess in unter 1 s und besitzen die Möglichkeit einer feineren Regelung der Anpresskraft bis zu 500 N. Das Kontaktieren mit Hilfe von Schneid-Klemm-Kontakten benötigt zunächst eine Handhabung des Kontakts zur Positionierung beispielsweise mittels pneumatischer Greifer, welche typischerweise bis zu 4 s dauern kann und mit einer Wiederholgenauigkeit von 0,1 mm zuverlässig funktioniert. Das nachfolgende Einpressen kann durch eine Pneumatik- oder Spindelpresse durchgeführt werden. Die benötigte Eindrücktiefe kann bis zu 5 mm betragen, welche mit einer Wiederholgenauigkeit von 0,05 mm erreicht wird. Die Einpresskräfte variieren zwischen 50 und 500 N bei einer Prozesszeit von ca. 1 s. Das **Löten** kann über das Tauchlöten oder das Selektivlöten, auch Schwalllöten genannt, durchgeführt werden. Das Tauchlöten wird durch Tauchen der Kontakte in Lötzinn erreicht.

Tab. 4.6 Automatisierungsrelevante Eigenschaften von Prüfverfahren

Prüfverfahren	Prozesszeit	Messgenauigkeit
Widerstandsprüfung	300 ms	0,03 %
HV-Isolationsprüfung	1 s	3,00 %
Stoßspannung Test/Search Test	500 ms	2,00 %
Teilentladungstest mit konstanter Spannung	1 s	3,00 %
Teilentladungstest mit steigender Spannung	bis zu 1 min	1,00 %
Induktivitätstest/Impulsantwort	1 s	0,05 %

Dieses dauert bis zu 2 s, wobei das Lötbad je nach Drahtisolation eine Temperatur zwischen 230 °C und 500 °C haben kann. Für das Selektivlöten, bzw. Schwalllöten, wird das Lötzinn über eine Düse an den Ort der Kontaktierung gefördert. Die Prozessparameter sind aufgrund der Verbindung mittels Löten ähnlich zu dem des Lötbades. Der Vorteil besteht jedoch darin, dass die Dämpfe, welche das Bad freisetzt, nicht separat abgesaugt werden müssen.

Die elektrische Prüfung kann mit Hilfe verschiedener Verfahren erfolgen, wobei diese an generalisierten Spulentestern durchgeführt werden können. Für die Prüfung findet eine Kontaktierung der Leiter durch einen pneumatischen Greifer statt. Die Eigenschaften einiger exemplarischer Prüfverfahren sind in Tabelle 4.6 zusammengefasst. Das Entladen der fertigen und geprüften Spulen kann über ein Palettieren, bis zum Entladen als Schüttgut, in Stangenmagazine oder Staubänder reichen und ist durch den Anwendungshintergrund bestimmt. Die Handhabung geschieht dann wieder über pneumatische Module oder Roboter. Als kostengünstige Lösung wird das Handling häufig pneumatisch realisiert. Diese wird bei bekannter Position des Werkstücks implementiert, um eine Bewegung zwischen zwei definierten Punkten zu ermöglichen. Ein Roboter hingegen bringt eine deutlich höhere Flexibilität in Bezug auf Aufnahme- und Ablageort. Ein Vergleich ist in Abbildung 4.27 abgebildet.

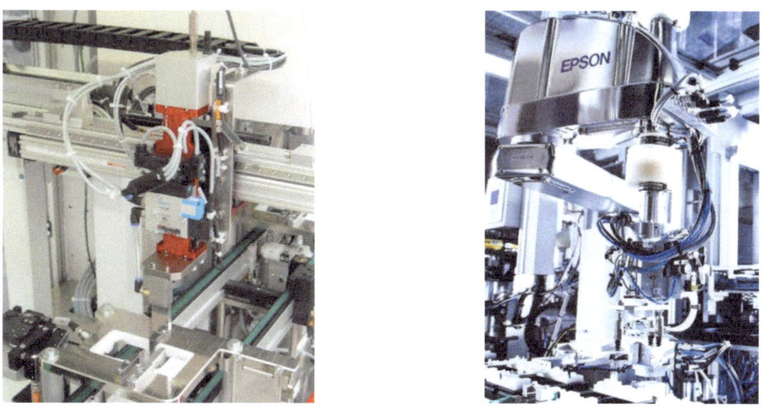

Abb. 4.27 Vergleich der Handhabung von pneumatischem Greifer und Roboter

Typische Automatisierungslösungen sind in der Handhabung, Montage und Prüfung von Bauteilen mit größeren Stückzahlen zu finden. Die Maschinentechnik wird anhand der benötigten Taktzeit ausgewählt, wobei Handhabungsaufgaben in unterschiedlichen Prozessen in der Regel mit der gleichen Maschinentechnik gelöst werden.

4.3.2 Integration von Handarbeitsplätzen

Ein Ansatz zur Flexibilisierung des Produktionsprozesses ist eine Zusammenführung von mehreren Aufgaben in einen Handarbeitsplatz. Grund dafür kann ein Vorziehen von Prozessschritten in der Fertigung oder die Durchführung von vorbereitenden Arbeiten, wie beispielsweise das Laden auf einen Werkstückträger sein. Für steigende Stückzahlen ist eine Konsolidierung verschiedener Plätze an einem Ort sinnvoll, sodass eine Person mehrere Plätze bedienen kann. Eine Ansiedlung in Bereichen mit örtlicher Nähe zu möglichen kritischen Prozessen ist sinnvoll, um eine schnelle Reaktionszeit des Werkers zu ermöglichen. Die mögliche Integration von Nacharbeitsplätzen zur Unterstützung der automatisierten Fertigung oder Vorbereitung von Ersatztätigkeiten ist ebenso möglich und sinnvoll bei noch nicht serienreifen Prozessen. Für die Bewertung gibt es verschiedene Beurteilungskriterien, die helfen, eine Entscheidung über die Integration von Handarbeitsplätzen zu treffen. Zunächst sind es die Kosten, wobei das lokale Lohnniveau mit der Anzahl der Schichten berücksichtigt werden muss. Ebenso gilt dies für die Kosten der Maschinentechnik, wie beispielsweise Zuführtechnik, inklusive der kompletten Amortisationsrechnung. Des Weiteren ist die Frage zu stellen, ob an dem Platz eine mögliche Gefährdung für den Werker vorliegt. Dieser Aspekt wird im Weiteren noch ausführlicher behandelt werden. Die Qualität des Prozesses ist ebenso ein Kriterium, da sich gewisse Prozesse, wie die bereits genannte Kabelmontage, nicht oder nur schwer automatisieren lassen. Ein Kriterium mit wachsender Bedeutung bei ständig alternden Belegschaften in der Wirtschaft ist die Realisierbarkeit im ergonomischen Sinne. Die dafür geltenden Normen DIN EN ISO 26800:2011 „*Ergonomie – Genereller Ansatz, Prinzipien und Konzepte*" und die DIN EN ISO 6385:2004 „*Grundsätze der Ergonomie für die Gestaltung von Arbeitssystemen*" sind in der Gestaltung unbedingt zu berücksichtigen. Einige Beispiele für die Belastungszonen in einer stehenden Tätigkeit sind in Abbildung 4.28 abgebildet.

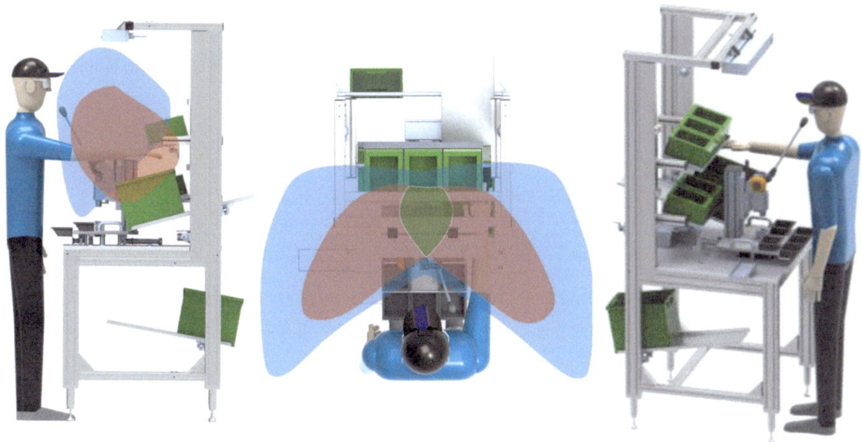

Abb. 4.28 Ergonomiezonen für den Aufbau von Handarbeitsplätzen

Mögliche Risikoquellen für einen Handarbeitsplatz oder Anlagenbediener sind zu hohe/niedrige Temperatur (Gefahr von Verbrennungen), Dämpfe, Flüssigkeiten, Elektrizität, Maschinenbewegungen und Licht. Höhere Temperaturen entstehen beispielsweise bei der Kontaktierung, dem Verbacken von Drähten oder dem Heißprägen vom Isolationspapier. Mögliche Gegenmaßnahmen sind die Wärmeabfuhr durch eine Absaugung, eine Abschottung bzw. örtliche Trennung oder eine Temperaturmessung mit Warnfunktion vor der manuellen Handhabung.

Gesundheitlich schädliche Dämpfe entstehen beim Kontaktieren und können entweder abgesaugt oder durch eine Fördereinrichtung für das Medium automatisiert werden. Flüssigkeiten kommen in den Prozessen zum Kontaktieren in Form von Flusssäure, beim Kleben und beim Schweißen in Form von Spritzern vor. Mögliche Gegenmaßnahmen sind eine Abschottung oder Kartuschen für die Verwendung als Flüssigkeitsbehälter. Die automatisierte Fördereinrichtung für den Kleber oder die Überwachung und Freigabe der Düse nur in Arbeitsposition können das Kleben sicherer gestalten.

Für die Elektrizität sind hohe Spannungen bzw. hohe Ströme und die elektromagnetische Vergänglichkeit von Anlagen zu beachten. Elektrische Schutzeinrichtungen sind der Verbau von Schutzschaltern (FI-Schaltern), die galvanische Trennung von Maschinenkomponenten sowie die Isolation spannungsführender Elemente oder die Erdung von Bedienelementen und Werkzeug.

Die Gefahren aus der Bewegung von Maschinenachsen sind auch in der zerspanenden Fertigung bestens bekannt und bestehen in der Wickeltechnik aus Bewegungen von Wickelachsen, Linearachsen, Pressen oder Werkzeugen, wie Schneidemessern. Hier können die typischen Schutzmechanismen verwendet werden, wie Lichtschranken, eine Abschottung durch Schutztunnel, Trittmatten oder Schutzscheiben, eine verringerte Kinematik in Menschennähe, der Verbau von Endlagenschaltern, eine Zwei-Hand-Bedienung oder die Anlagenverriegelung.

Eine Gefährdung durch Licht kommt durch das Schweißen, beispielsweise mit Laser, und muss entsprechend der Laserschutzrichtlinien gesichert werden. Dazu gehören die Abschottung, das Einbringen von Sichtschutzbarrieren entsprechend Laserklassen und die Verwendung von Strahlfallen in der Labyrinth-Technik.

Häufigste Verwendung finden manuelle Tätigkeiten in der Handhabung der Spulenkörper für das Be- und Entladen der Wickelanlage, sekundär aber auch für vorbereitende manuelle Tätigkeiten wie die Stiftmontage. Der Einsatz eines Bedienplatzes ist in der Konzeption zunächst abhängig von der Taktzeit. Eine generelle Grenze liegt bei einer Taktzeit von 3 s. Für eine modulare Anlage können dabei zunächst verschiedene manuelle Tätigkeiten vorgesehen werden, welche dann Stück für Stück mit steigenden Stückzahlen durch Automaten ersetzt werden.

4.4 Automatisierungsbetrieb

Abb. 4.29 Mit Förderbändern verkettete Stationen

Für den automatisierten Betrieb gilt es, verschiedene Randbedingungen und Anforderungen für einen produktiven Betrieb zu erfüllen. Diese sollen aus Sicht des Maschinenlieferanten dargestellt werden. Dazu gehören Qualität-, Prozess- und Maschinenfähigkeit.

Als Leserkreis werden Anlagenbetreiber für wickeltechnische Produkte fokussiert.

4.4.1 Qualitätskontrolle

Die Qualitätskontrolle für automatisierte Produktionssysteme beschränkt sich in diesem Buch auf die typische Fertigungsmesstechnik und Prozessüberwachung für wickeltechnische Produkte sowie die Handhabung dieser Informationen in einem Qualitätsmanagementsystem. Zentrale Felder für die Qualitätsparameter sind dabei die elektrischen Eigenschaften und die Geometrie. Für die Wickeltechnik wurde schon in Abschnitt 3.3.11 eine entsprechende Diskussion durchgeführt. Als Fazit kann gesagt werden, dass ein korrekter Lagenaufbau meist auch korrekte Spulenparameter zur Folge hat. Aus diesem Grund hat sich die Kontrolle des Wickelbildes mittels Kameras häufig als ausreichend erwiesen und etabliert. Dabei wird das Bild der obersten Lage mit einem vorher definierten Referenzbild verglichen. Für das orthozyklische Wickelschema, wie für alle Lagenaufbauten, gilt, dass ein Fehler in den unteren Lagen des Wickelbildes immer in der letzten Lage sichtbar wird, da sich der Fehler fortsetzt. Daher wird ein Referenzprodukt einmal als Soll-Kontur definiert und mit einem Toleranzfenster überlagert. Mittels Vergleich der Kamerabilder in der Fertigung kann somit eine Aussage über fehlerhafte Wicklungen getroffen werden. Ein Beispiel ist in Abbildung 4.30 dargestellt. Als prinzipielles Konzept für die Qualitätskontrolle gilt, dass die Daten entweder in einer zentralen Steuerung oder in dem Warenträger gespeichert werden. Das Speicherformat enthält je nach Produkt und Kundenanforderung einen Zahlenwert oder eine einfache Kategorisierung in „in Ordnung" (i.O.) bzw. korrekt und „nicht in Ordnung" (n.i.O.) bzw. fehlerhaft. Die typischen Qualitätsparameter für die jeweiligen Prozesse werden in Kapitel 3 vorgestellt. Häufige Prüfparameter sind Widerstände, Drahtzüge, Einpresskräfte und -wege, Lötbadtemperaturen sowie Dichtheit oder Reinheit. Je nach Aufgabe können in einem Prozess auch mehrere Parameter aufgezeichnet und überwacht werden, wie beispielsweise beim Schweißen: Strom, Kraft, Dauer, Weg und Einsinktiefe.

Je nach Komplexität der Prozesskette und Anforderungen an die einzelnen Prozesse werden produktabhängige Prüfstadien des Produktes definiert. Bei einer hohen Anzahl an kleinen Montageschritten ist eine Qualitätskontrolle nach wichtigen Schritten sinnvoll, anstelle einer Endprüfung, um das Ausschussmaterial zu minimieren. Der höhere Prüfaufwand amortisiert sich in der Regel durch die geringere Fertigungstiefe des Ausschusses. Die zentrale Datenerfassung der Betriebsdaten (kurz BDE-Betriebsdatenerfassung) und das Tracking von einzelnen Werkstücken können über Barcodes oder RFID erfolgen. Diese werden meist direkt an das Manufacturing Execution System, kurz MES, bzw. das Enterprise-Resource-Planning-System, kurz ERP-System, angebunden. Bei einer Diffusion von Qualitätsparametern aus der Fertigung, welche meist durch die Überschreitung einer kritischen Anzahl an Ausschussteilen festgestellt wird, erfolgt eine Warnung an den Anlagenbediener. Dieser muss die Meldung bestätigen. Alternativ kann jedoch auch ein weiterer Mitarbeiter, der Anlagenführer, für die Suche der potenziellen Fehlerquelle verantwortlich sein.

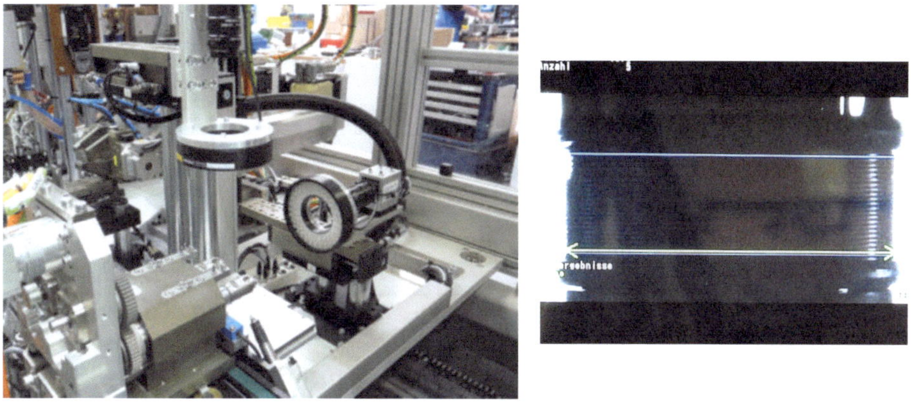

Abb. 4.30 Überwachung der Wicklungsgeometrie

Bei ausreichenden Möglichkeiten der Qualitätskontrolle können Verlustquellen der Anlageneffektivität identifiziert und beseitigt werden. Aufgrund des hohen Nutzens sind diese Aktivitäten meist durch den Kunden und nicht den Anlagenlieferanten getrieben. Die Konsequenz ist in der Regel eine kontinuierliche Entwicklung der Prozess- und Produktionsmaschinen beim Kunden, auch in Rücksprache mit dem Maschinenlieferanten. Der Lieferant bekommt als Feedback so häufig Verbesserungspotenziale und kann zukünftige Maschinen effizienter, in Bezug auf Ausschuss bzw. Produktivität, oder robuster, in Bezug auf Fertigungsschwankungen, gestalten. Aus dieser Rückkopplung entwickelt sich auch ein Servicegeschäft, in dem der Anlagenlieferant bestimmte Ausschussraten garantiert und die Quellen für das Nichterreichen selbsttätig analysiert und beseitigt.

Für die zu erreichende Qualität kann ein Trend zu stetig steigenden Anforderungen beobachtet werden. Stand in der Auslegung von Anlagen bisher immer die Ausbringung im Vordergrund, so wird der Qualität der Bauteile eine zunehmende Bedeutung beigemessen. Der informationstechnische Aufwand zur Implementierung verschiedener Aufgaben hat heute im Sinne einer Prozess- und Fertigungssteuerung deutlich zugenommen. Die dafür notwendige Betriebsdatenerfassung nimmt im Betrieb von Produktionsanlagen einen hohen Stellenwert ein.

4.4.2 Fehleranfälligkeit – Prozessfähigkeit

Die Fehleranfälligkeit einer automatisierten Anlage hängt unmittelbar mit dem automatisierten Prozess zusammen. Ein für ein Bauteil unpassender Fertigungsprozess wird auch bei erfolgreicher Automatisierung nicht funktionieren. Daher soll an dieser Stelle auf die bereits bekannten c_{pk}-Werte zurückgegriffen werden.

Tab. 4.7 Prozessfähigkeit ausgewählter vorbereitender Prozesse

Übergeordneter Prozess	Prozess oder Maschine	Prozess-fähigkeit	Typische Fehlerursache
Drahtformen	Drahtziehen/ Drahtwalzen	2	Verschmutzung/Verschleiß
Drahtlackierung	Düsen-/Filzauftrag	2	Verschmutzung/Verschleiß
Zuführung	Schwingförderer	1,33	Verschmutzung/Verschleiß
	Anyfeeder	1,67	Fremdlichteinwirkung
	Palettierter	2	Ungenaue Positionierung im Speicher
Werkstück-Transport	Werker-Kette	1,33	Menschlicher Einfluss
	Transfersystem	1,67	Verschmutzung/Verschleiß
	Rundtakttisch	2	Verschleiß
Handhabung	Scara-Roboter	1,67	Ungenaue Positionierung
	Portalroboter	1,67	Ungenaue Positionierung
	NC-Servomodule	2	Verschleiß
Spulenkörpermontage	Federmontage	1,33	Halbzeug Toleranzen
	Stiftmontage	1,67	Verschmutzung, Dejustage, Positionsabweichung

Tab. 4.8 Prozessfähigkeit der Wickelprozesse

Übergeordneter Prozess	Prozess oder Maschine	Prozess-fähigkeit	Typische Fehlerursache
Wickeln	Flyerwickeln	1,67	Drahtriss, Ausfall Umlenkrollen, Ausfall Lagerstellen
	Linearwickeln	2	Drahtriss, Verstellung Düsen
	Kettenwickeln	1,67	Drahtriss, Verstellung oder unzureichende Positionsgenauigkeit Drahtführer
	Nadelwickeln	1,67	

Aus der Automatisierungspraxis wurde für die prozessspezifischen Fehlerquellen und deren Häufigkeit eine Liste mit c_{pk}-Werten und typischen Fehlerursachen der Prozesse erstellt. Diese in den Tabellen 4.7, 4.8 und 4.9 dargestellten Werte haben nicht den Anspruch auf Universalität, sondern sollen vielmehr als Grundlage dienen, um mögliche kritische Prozesse in der Auslegung zu identifizieren und Gegenmaßnahmen für die genannte Fehlerursache zu generieren.

Tab. 4.9 Prozessfähigkeit ausgewählter nachbereitender Prozesse

Übergeordneter Prozess	Prozess oder Maschine	Prozess-fähigkeit	Typische Fehlerursache
Kontaktieren	Lötbad	1,33	Krätzebildung auf Lötbadoberfläche, Kupferanteil im Lötbad, Wärmeeintrag in Pin-Umgebung
	Lichtbogenschweißen	1,67	Elektrodenverschmutzung, Positionierung von Draht und Kontakt-Pin
	Drahtbonden	2	Verschmutzung Bondkopf
Fügetechnik	Kleben	1,33	Verschmutzung der Auftragsdüse, Mengenregulierung falsch
	Einpressen	1,67	Verkannten der Bauteile, Gradbildung, Verstellung Kraftsensor
	Nieten	2	Nietkontur falsch
Prüfen	Kameraprüfung	1,67	Fremdlichteinwirkung
	Kraft-Weg-Messung	1,67	Verstellung Sensorposition
	Elektrische Prüfung	2	Verschmutzung Kontakte, Positionsungenauigkeit der Bauteile, Übergangswiderstände schwankend
Kennzeichnen	Tampondruck	1,33	Verschmutzung Klischee, Druckkopf
	Tintenstrahldruck	1,67	Verschmutzung Düsenkopf
	Etikettieren	2	Temperaturwechsel-Klebeeigenschaften

Der eigentliche c_{pk}-Wert stellt dabei die Grenze des derzeitig technologisch Machbaren dar und verringert sich entsprechend, wenn produktspezifische Merkmale die Prozessfähigkeit beeinträchtigen. Diese Tabellen sind daher auch als Hilfestellung zur Prozessauswahl in der Projektierung anzusehen. Häufigste Fehlerquelle beim Wickeln ist das Wickelwerkzeug, bzw. die produktspezifischen Maschinenkomponenten. Der Grund dafür liegt in der fehlenden Berücksichtigung der Produktionsaspekte für die Produkteigenschaften, durch fehlende Einbindung in der Produktentwicklung. Die Größe der Maschinenelemente kann durch die Miniaturisierung der Bauteile zu Problemen führen, beispielsweise in der Handhabung des Spulenkörpers, der Montage der Peripherie (Stifte), allgemein bei allen Bearbeitungsschritten, die eine Montage/Fügen oder das Trennen betreffen.

Mögliche Fehlerquellen außerhalb der Prozesse, also maschinenseitig, lassen sich gut durch eine ausreichende Kalibrierung wichtiger Komponenten, wie der Drahtzugsensoren, ausschließen. Ebenso ist eine Wartung nach dem empfohlenen Wartungsplan Voraussetzung für funktionierende Maschinenkomponenten. Typische Kalibriermaßnahmen sind in Abbildung 4.31 dargestellt.

Bremskalibrierung mit Gewicht **Justierlehre LWS**

Abb. 4.31 Kalibrierung von Maschinenkomponenten

Die Fehleranfälligkeit liegt, bei Einhaltung des vorgeschriebenen Umgangs mit der Maschinentechnik, in der Prozessfähigkeit der einzelnen Bearbeitungsprozesse. Eine Ausnahme stellen Prozessstörungen durch sporadisch auftretende Schwankungen der Produktionsumgebung dar. Diese werden im kommenden Abschnitt behandelt.

4.4.3 Fehlerdiagnose

Eine prozessbedingte Fehlerdiagnose kann nach dem in Abschnitt 3.3.11 vorgestellten Vorgehen auf Basis einer Fehlerbaumanalyse oder einer vorgelagerten FMEA stattfinden. Entsprechend lassen sich Fehler nach ihrer Häufigkeit einteilen. Sind diese dauerhaft vorhanden, so handelt es sich um ein prozessbedingtes Thema und kann durch die vorgestellte Risikobeurteilung bearbeitet werden. Sporadisch auftretende Fehler sind dagegen deutlich schwerer zu charakterisieren und zu beheben. Typische Fehlerquellen für sporadische Fehler sind Verschmutzung oder der Verschleiß von Komponenten. Bei Drahtführern kommt es durch den Abrieb des Drahtes zu einer Ansammlung von Gleitmitteln. Dies gilt für alle drahtführenden Komponenten. Andere Fehlerquellen liegen häufig in der sporadisch variierenden Abweichung von Halbzeug- bzw. Bauteileigenschaften, die in diesem spezifischen Fall außerhalb der Toleranz liegen. Sich verändernde Halbzeug-Eigenschaften können bedingt sein durch den Anlieferzustand. Ebenso ist es aber auch möglich, dass lokale Umwelteinflüsse die als Gutteil angelieferten Elemente beeinflussen und zu Prozessfehlern führen. Als Beispiel kann die Luftfeuchte genannt werden: Lagern entsprechende Kunststoffe bei hoher Luftfeuchtigkeit, kann es zu einer Wasseraufnahme kommen. Dies führt zu einem Aufquellen der Spulenkörper und gleichzeitiger Verringerung der Steifigkeit.

Fehlermöglichkeits- und Einflußanalyse
Maschinen / Prozeß - FMEA

Produktname: | Kunde: | Bearbeitet:
Projekt- Nr: | Datum:

Nr.	Prozeß-beschreibung	Funktion	Fehlerart	Fehlerfolge	Bedeutung	Fehlerursache	Auftreten	Fehler-entdeckung	Entdeckung	RPZ	Abstellmaß-nahmen	Verant- wortlicher: Termin:	Durch-geführte Maßnahmen	Bedeutung	Auftreten	Entdeckung	RPZ
1	4 Wt`s mit Statoren in Wickelmaschine eintakten und auf 180mm Teilung bringen	Wt`s mit Statoren in Übergabeposition bringen	Wt`s laufen nicht ein	Zyklusstop	1	Transportband defekt	5	Maschinenstillstand	1	5	regelmäßige Wartung der Verschleißteile						0
2			Wt`s sind nicht richtig positioniert	Bauteile werden schief ausgehoben	5	defekte Wt`s oder def. Zentrierungen	5	Niederhalter signalisiert falsche Position	2	50							0
3				Stator unbrauchbar	6	defekte Wt`s oder def. Zentrierungen	5	Niederhalter signalisiert falsche Position	2	60							0
4				evtl. Düsenbruch	6	defekte Wt`s oder def. Zentrierungen	5	Niederhalter signalisiert falsche Position	2	60							0
5			bewickelte Statoren befinden sich auf dem Wt	evtl. Düsenbruch	6	Bedienperson setzt bewickeltes Bauteil auf Wt	6	Maschine bleibt nach Drahtriß stehen	1	36							0
6				Stator unbrauchbar	6	Bedienperson setzt bewickeltes Bauteil auf Wt	6	Maschine bleibt nach Drahtriß stehen	1	36							0
7			keine Statoren auf den Wt`s	Drahtverlust im Nadelträger	2	Bedienperson setzt kein auf Stator auf Wt	6	Maschine bleibt nach Drahtriß stehen	1	12							0

Abb. 4.32 Vorgehen zur Analyse mittels FMEA

In der Fehlerdiagnose sollten zunächst maschinelle Fehlerquellen analysiert werden. Auch bei Abweichungen an Spulenkörpern sind diese meist auf ihre automatisierte Herstellung zurückzuführen. In der Lokalisierung der Fehlerquelle gilt, dass 90 % der Fehler einen systematischen Ursprung haben, unabhängig davon, ob dies nun durch Abweichungen in der Wickelspindel oder durch Spritzgussnester an den Spulenkörpern verursacht wurde. Entsprechend müssen alle Prozessschritte vor Auftritt des Fehlers systematisch analysiert und dokumentiert werden.

4.4.4 Wartung

Mit jeder Produktionsanlage wird in der Dokumentation ein Plan zur Wartung und Pflege der Anlageelemente, inklusive einer entsprechenden Verschleißteilliste, ausgehändigt. Die Wartung hat den Zweck, die Abnutzungserscheinungen an Maschinenkomponenten durch eine regelmäßige Pflege zu minimieren und so die Lebensdauer der Komponenten und der Anlage zu erhöhen. Der Auszug eines solchen Wartungsplanes ist in Abbildung 4.33 dargestellt. Er enthält Angaben zur Lebensdauer der Komponenten, Häufigkeit der Tätigkeit, Angaben zu den Konstruktionsmerkmalen der Anlagen und eine Referenz auf die technischen Zeichnungen. Die Unterlassung von Wartungstätigkeiten kann im Extremfall von erhöhtem Ausschuss bis zu einem Anlagenausfall führen. Entsprechend ist im Sinne einer OEE eine Anlagenwartung durchzuführen. Dabei hat sich gezeigt, dass reaktive Instandhaltungsstrategien, also eine Aktion bei Störung der Anlage, eine schlechtere Ausbringung der Anlage und keine Planbarkeit der Maßnahmen mit sich führen. Das Gegenteil, also die Durchführung vorbeugender Maßnahmen, wird präventive Instandhaltung genannt und ermöglicht eine optimale Anlagenverfügbarkeit durch eine geringe Ausfallrate. Dafür muss die Maschine in regelmäßigen Abständen für die Instandhaltung zur Verfügung stehen. Entsprechend ergeben sich daraus höhere Arbeitsaufwände und ein höherer Bedarf an Ersatzteilen durch den vorzeitigen Tausch von Komponenten. Die optimale Strategie hängt von vielen Faktoren ab und sollte nach Bedarf gewählt bzw. geändert werden.

Pos	Wartungsintervalle	Wartungsarbeiten	Bild
3.) Grundaufbau Schwenkrahmen		**60.516.758.000**	
3.1	Siehe Hersteller-angaben	Flexo-Kupplung FK M8 der Seitenteile. *Kupplung auf Funktion und Verschleiß prüfen, ggf. austauschen.* Wartung siehe separate Betriebsanleitung Fa. KTR ***60.500.982.000***	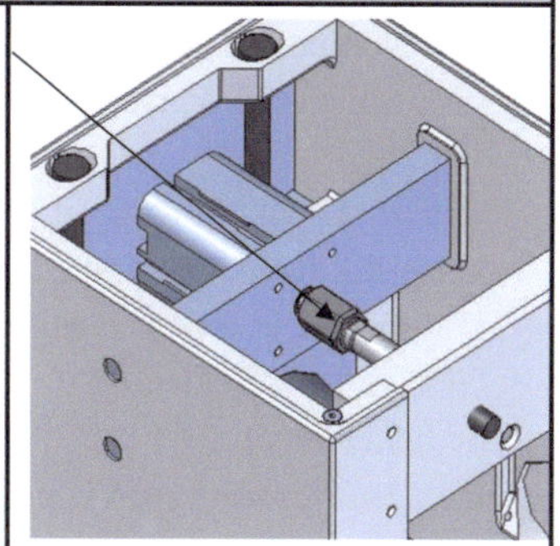
3.2	ca. 2000 Betriebs-stunden	Zahnriemen 5M-25-575 des Schrittgetriebes. *Zahnriemen auf Spannung und Beschädigung prüfen, ggf. tauschen.* ***60.500.983.000***	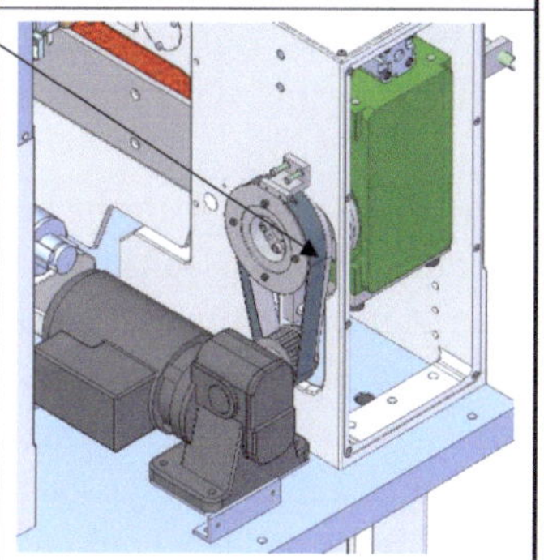

Abb. 4.33 Auszug eines Wartungsplanes für die Wartung eines Schwenkrahmens

Eine Auswahl von Komponenten kann nach möglichst geringem Wartungsaufwand durchgeführt werden, um im Sinne einer Total Cost of Ownership (TCO) Kosten der Wartung zu sparen. Ebenso sind die Fähigkeiten des eigenen Personals und dessen technische Kenntnis für die Wartung verschiedener technischer Systeme in der Anschaffung zu berücksichtigen.

Die Wartung von Montagelinien für wickeltechnische Produkte ist eine wichtige Voraussetzung für eine hohe Anlagenverfügbarkeit und hält sich vom Aufwand, im Vergleich zur spanenden Bearbeitung, in Grenzen.

4.4.5 Anforderungen an den Betreiber

Die Anforderungen für den Betrieb einer wickeltechnischen Anlage sind durch ihre Dokumentation und die Übergabe genau definiert und auf das Produkt abgestimmt. Jede Maschine in einem Anlagenverbund hat dafür ihre Dokumentation zu:

- Sicherheitsvorschriften und Auflagen
- Verwendungszweck und Arbeitsweise
- Transport und technische Dokumentation
- Elektrische Ausrüstung
- Bedienelemente
- Arbeitsanweisung zum Umgang mit der Maschine
- Mögliche Störungen und deren Beseitigung
- Angaben zu Wartung und Pflege
- Teileliste inkl. der Angabe externer Zulieferer

Die Maschinenübergabe beinhaltet ebenso eine Personalschulung und Unterrichtung über die Sicherheitsauflagen. Der Maschinenbetreiber hat für die Einhaltung von technischen Auflagen (Anschluss, Wartung, ...), Vorgaben zu Umwelteigenschaften (Temperatur, Luftfeuchte) zu sorgen. Nur in diesem Fall gelten auch die rechtlich vereinbarten Grundlagen zum Garantierzeitraum oder zur Produktionszeit inkl. Ausbringung. Nach der erstmaligen Schulung von Personal an der Maschine ist es ebenso die Aufgabe des Betreibers, einen ausreichenden Pool an qualifiziertem Personal für mögliche Kapazitätsengpässe vorzuhalten. Das Personal kann sich entsprechend seiner Kenntnisse und Aufgaben in die folgenden Gruppen eingliedern: Anlagenbediener, Anlagenführer, Servicetechniker und Materiallogistiker. Jede Gruppe hat dabei ihre eigenen Zugriffsrechte, respektive Freiheitsgrade in der Maschinensteuerung. Der Anlagenbediener ist nur für den Produktionsablauf verantwortlich und hat neben dem Bestücken oder Rüsten der Anlage keine großen Einstellmöglichkeiten. Der Anlagenführer kann den Prozess und seine Regelung detailliert verändern, um auch neue Produktionsprozesse einfahren zu können. Der Servicetechniker des Anlagenherstellers hat den vollen Zugriff, auch auf anlageninterne Werte, die dem Anlagenbetreiber selbst keinen Mehrwert bringen. Zuletzt gibt es den Materiallogistiker, der entsprechend seiner Aufgabe die Rechte für die Materialbereitstellung an der Produktionsmaschine hat. Die Verteilung der Rechte ist in Abbildung 4.34 zusammengefasst.

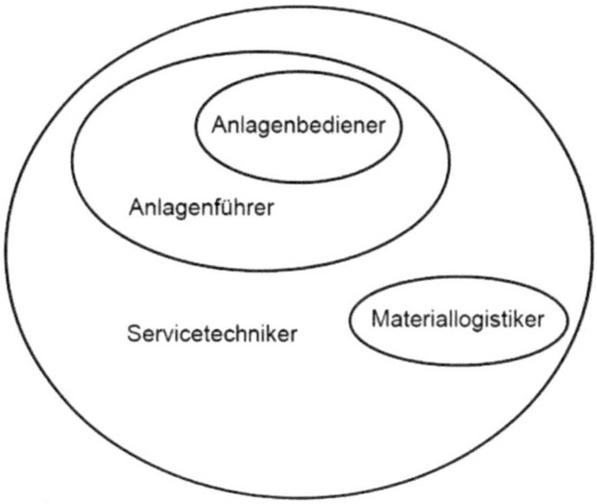

Abb. 4.34 Zugriffsrechte in der Steuerung der Anlage als Schnittmengendiagramm

Für die Funktionsfähigkeit der Prozesskette ist eine Qualitätskontrolle des eingehenden Produktionsmaterials, auf Basis von Stichproben, für die Bewertung der Halbzeug-Qualität unerlässlich und wird in der Regel standardisiert durchgeführt. Die Merkmale der Qualitätskontrolle werden dabei vom Maschinenbetreiber vorgegeben.

Im Umgang mit der Anlage sind neben der Wartung die Justage und Kalibrierung von Maschinenkomponenten essenziell. Die Verwendung von Einrichtlehren und die Schulung im Umgang mit diesen ermöglicht dem Anlagenbetreiber ein sauberes Einstellen der Anlage.

Quellen

[Bos-04] Fa. Bosch: „Maschinen- und Prozessfähigkeit", Heft 9, Qualitätssicherung in der Bosch Gruppe, Technische Statistik, 3. Auflage 1.7.2004

[Bru-11] Brunner, FJ & Wagner: „Qualitätsmanagement. Leitfaden für Studium und Praxis", Carl Hanser Fachbuchverlag 2011

[Hes-93] Hesse, S.: „Montagemaschinen", Vogel Buchverlag Würzburg, 1993

[Hes-00] Hesse, S.: „Fertigungsautomatisierung, Automatisierungsmittel, Gestaltung und Funktion", Stefan Hesse, Vieweg Verlag 2000

[Lan-10] Langmann, R.: „Taschenbuch der Automatisierung", 2. Auflage, München: Carl Hanser Verlag 2010

[Rot-14] Roth, M. et. al.: „Standardisierungskonzept für Kleinserien im Maschinen und Anlagenbau", Konferenzbeitrag, Tag des Systems Engineering 2014, Bremen, 12.-14.11.2014

Sachwortverzeichnis

A

Abisolierer 186
Abmessung, geometrische 259
Abschottung 291
Abspulen 182
Abzug/Drahtabzug 136
  Axialer Abzug 136
Amortisation
  Amortisationsdauer 266
  Amortisationsrechnung 266, 268, 290
  Amortisationszeitraum 267
Anforderungen
  Sauberkeitsanforderungen 255
Ankerwicklung 74
Anlage
  Anlagenbediener 252, 302
  Anlageneffektivität 295
  Anlagenführer 294, 302
  Anlagenverfügbarkeit 255, 301
  Wickelanlage 249
Antriebsspindel 193
Anwickeln 62, 65
Anyfeeder 287
Aspektverhältnisse 67
Aufspulen 113
Auftrag
  fester Auftrag 137
  flüssiger Auftrag 137
Ausbaustufen 278
Ausbringung
  Sollausbringung 256
Ausgleichsarm 170
Ausgleichssystem 182
Ausschuss 260
  Ausschussrate 260
  Ausschussteile 294
Automatisierung 249
  Automatisierungsgrad 249, 250, 264, 282
  Automatisierungskonzept 274
  Automatisierungsstufen 250, 254

B

Backlack 43
Bandage 80
Bandagieren 244
Barcode 294
Belegungsgrad 256
Bestiften 287
Bifilardrahttechnik 64
Bremsrad 182
Bruchdehnung 98, 104, 118, 119, 146
Bruchfestigkeit 105

C

CCA Copper-Clad-Aluminum 103

D

Daten
  Betriebsdaten 294
  Datenerfassung 294
Deckschieber 219, 226
Designmängel 284
Dokumentation 300, 302
Doppelspuler 113
Draht 65
  Anfangsdraht 65
  Drahtdurchmesser 69
  Drahtführung 153
  Drahtklemme 186, 189
  Drahtlänge, freie 169
  Drahtlose 166
  Drahtreißen 189
  Drahtrest 187
  Drahtrisskontrolle 252
  Drahtrückholung 170
  Drahtschneiden 189
  Drahtschneider 186, 190
  Drahtspannung, mechanisch 164
  Drahtspeicher 214, 215
  Drahtspeicher, primär 169
  Drahtspeicher, sekundär 169
  Drahtsperre 189
  Drahtverlustfreie Arbeitsweise 187
  Enddraht 65
Drahtbremse 165
Drahtdurchmesser , 97, 97
Drahtführer 13, 64, 183, 195
  Drahtführerdüse 64
  Düsenaustrittsradius 167
  Düsendrahtführer 177
  Düsendurchmesser 167
  Gleitdrahtführer 177
  Rollendrahtführer 177
Drahtzug 65, 166
  Drahtzugentlastung 65
  Grunddrahtzug 165
  Restdrahtzug 165
Drahtzugregelsystem 182
Drallschlag 107
Drehteller 197
Durchschlagsspannung 125

E

Eckenverhältnisse 67
Effektivität
  Gesamtanlageneffektivität, OEE 261
Effizienz
  Effizienzsteigerung 253
  Energieeffizienz 254
Eigenführungseigenschaften 153
Einbrenngrad 126
Einrichtlehren 303
Einziehen
  Einziehmaschine 173
  Einziehnadel 220
  Einziehpilz 217
  Einziehtechnik 67, 211
  Einziehverfahren 216
  Einziehwerkzeug 216
E-Modul 105
Enterprise-Resource-Planning-System 294

F

Falzbein 225
Fehler
  Fehleranfälligkeit 285, 295
  Fehlerbaumanalyse 299
  Fehlerbehebung 284
  Fehlerdiagnose 299, 300
  Fehlerquelle 299, 300
  Fehlerrate 259

Fehlervermeidung 284
Fertigung
Fertigungsmesstechnik 293
Fertigungsplanung 249
Fertigungszelle 275
Festigkeit 101
Dauerstandfestigkeit 101
Zeitstandfestigkeit 101
Filzkörper 182
Flexibilität 273
Flotation 112
Flyer 196
Flyerkopf 201
Flyerwickeltechnik 203
Flyerwickeltechnologie 197
Glockenflyer 199
Schablonenflyer 199
Scheibenflyer 199
FMEA 299
Folgewickelverfahren 196
Fördertechnologie 287
Füllfaktor 142, 211
Füllfaktor, elektrisch 142
Füllfaktor, mechanisch 142
Füllfaktoren 253
Füllgrad 110

G

Gefügeveränderung 104
Gegenlager 65, 68
Gesamtproduktivität 254
Gleitmittel 128, 135, 137
Gleitmittelauftrag 136, 138
Glühen
Durchlaufglühen 119
Glüheinheit 130
Weichglühen 119
Greifer, pneumatisch 288

H

Handarbeitsplatz 252, 290
Hilfsstoff 278
Hochspannungsfestigkeit 230
Hochspannungsprüfung 242
Hub 175
Hublänge 211
Hubverstellung 211

I

Induktivität 243
Instandhaltungsstrategie 300
Investition 278
Investitionskosten 250
Isolation 124
Isolation, sekundär 226
Isolationsharz 244
Isolationspapier 287
Isolationssysteme 128
Isolationswiderstand 242
Sekundärisolation 124

J

Justage 303

K

Kalibrierung 303
Kalkulationszins 267
Kaltverfestigung 100, 118
Kamerasystem 288
Kammerspulen 65
Kammerübergang 65
Klemmfaktor 218
Klemmzone 218
Kontaktieren 17, 62
Kontaktierprozesse 104
Kontaktierung 288

Kontaktierverfahren 62
Kontaktstellen 211
Kontur
  Konturfehler 230
Kosten
  Anschaffungskosten 267
  Gesamtbetriebskosten (Total Costs of Ownership, TCO) 269
  Instandhaltungskosten 267
  Personalkosten 254, 267
Kriechgeschwindigkeit , 101
Kupfer , 96, 112
  Kupfererz 112
  Kupferglanz 112
  Kupferkies 112
  Reinkupfer 112
Kurbelscheibe 211

L

Lack 131
  Backlack 131
  Grundlack/Primer 131
  Isolationslack 131
Lage
  Lagenaufbau 148, 166
  Lagensprung 149
Lagen 252
Lean
  -Gedanken 281
  Thema Lean Production 279
Lehre
  Einstelllehre 195
Leistungsdichte 253
Leistungsrate 261
Leitbackenelementen 202
Leiterquerschnittsfläche 85
Leitfähigkeit, elektrische 96, 100
Lichtgitter 253
Linearwickeltechnik 182
Linienkonzept 278
Litzdraht 95
Litze
  Konzentrische Litze 108
  Würgelitze 108
Litzen 107
Lochzahl 88
Logistik 273
Lohn
  Hochlohnländer 255
  Niedriglohnländer 254
Losgrößen 282
Luftspule 216
Luftspulen 17, 29, 36

M

Manufacturing Execution System 294
Maschine, elektrische
  Glockenankermaschine 75
Maschinenbetreiber 302
Maschinenfähigkeit, cmk 258
Material
  Materialfluss 277, 278
  Materiallogistiker 302
  Materialverbrauch 254
Materialgefüge 119
  Gefügeveränderung 104
Mehrdrahttechnik 194
Mehrspindelsystem 282
Messtaster 288
Modulbauweise 274
Montage 287
  Montagemaschinen 270
  Montagetechnik 270

N

Nadel
  Außennadel 217
  Innnennadel 217
  Nadelträger 209

Träufelnadel 225
Nasswickelverfahren 239
Nebenschluss 74
Nutschlitzbreite 211, 218
Nutzungsgrad 256

O

Oberflächenverunreinigungen 121
One piece flow 279
Orientierungsmerkmalen 252

P

Palettierer 287
Paraffin 135
Personal
  Personalschulung 302
Pfosten
  Kontaktpfosten 187
  Spulenpfosten 187
Phasenisolation 226
Pilgerschritt
  Pilgerschrittverfahren 66, 157
  Pilgerschrittwicklung 157
Pole 211
Presse
  Presse, pneumatisch 287
  Spindelpresse 287, 288
Produkt
  Produktdesign 264
  Produktentwicklung 297
  Produktvielfalt 285
Produktionsausfall 255
Produktivität 276
Profildraht 95, 110
Programmierung 250
Proximity Effekt 107
Prozess 249
  Prozessautomatisierung 251
  Prozessfähigkeit 298
  Prozesskette 264
  Prozessparameter 255
  Prozessschritt 278
  Prozessstörung 252, 298
  Prozessüberwachung 293
  Prüfprozesse 252
  Teilautomatisierte Prozesse 250
Prozesse
  Fügeprozesse 252
Prozessfähigkeit, cpk 258
Prüfung 288
  Endprüfung 294
  Prüfung, elektrisch 289
Puffer 277

Q

Qualität
  Qualitätskontrolle 293, 294
  Qualitätsmanagementsystem 293
  Qualitätsparameter 293
  Qualitätsrate 261

R

Referenzbauteile 265
Reihenschluss 74
Reinkupfers 112
Rekristallisation
  Rekristallisationsgrad 104
  Rekristallisationsgrenze 119
Restdehnung 146
Return of Investment, ROI 266
Reversieren 230
RFID 294
Richtrollensatz 182
Rillenkontur 67
Ringerkernspule 36
Ringkern 29
Risikobeurteilung 299
Roboter 288

Rundleiter 110
Rundtakttisch 275, 280, 197
Rüsten 250
  Rüstaufwand 276

S

Scheibenspule 36
Schichten 256, 290
Schiebetür 253
Schlaglänge 107
Schlagrichtung 107
Schlitz 61
  Auslaufschlitz 62
  Einlaufschlitz 61
  Nutschlitz 61
Schulung 303
Schüttgut 287
Schutz
  Schutzeinrichtung 291
  Schutzscheiben 291
  Schutztunnel 291
Schwenkarm 253
Schwenkrahmen 192
Schwingförderer 287
Servicetechniker 302
Shuttle System 275
Skalierung
  Hochskalierung (Upscaling) 278
Spindellagerung 175
Spindelzahl 278
Spulen
  körperlose 17
Spulenflansch 65
Spuleninduktivität 230
Spulenkörper 12, 36, 65
  Kammerspulenkörper 65
  Relaisspulenkörper 65
  RM Spulenkörper 64
  Stabspulenkörper 66
Spulenkörperflansch 42
Spulenwiderstand 230
Spuler
  Aufspulen 113
  Doppelspuler 113
Stangenmagazin 287
Startdrahtnut 62
Startdreieck 66, 157
Stator 37
  Statorblechpaket 220
  Statorspulen 74
  Statorwicklungen 70
  Statorzahn 212, 220
  Vollblechschnittstatoren 37
Steigung 68, 147
Steigungswinkel 156
Stichproben 258, 303
Stift 42
  Anwickelstift 42, 186
  Hilfsstift 42, 186
  Parkierstift 42, 177, 186
  Reißstift 189
Stoßspannnungstest 241
Streckgrenze 100
Stromverdrängung 107
Stückzahlen 253

T

Taktzeit 256
  Taktzeitanalyse 277
Tänzersystem 193
Teilentladungsprüfung 241
Teilentladungsspannung 247
Teilentladungstest 242
Teilespektrum 277
Teilleiter 107
Temperatur
  Erweichungstemperatur 128
  Temperaturindex 128
  Wiedererweichungstemperatur 126
Terminieren 42, 62, 187, 211

Test
  Pin-hole-Test 127
  Salzbadtest 127
  Tangens-δ Test 125
  Wickellockentest 127
Tischwickelmaschine 185
Toleranzfenster 294
Total Cost of Ownership (TCO) 301
Total Productive Management (TPM) 261
Toyota Prinzip 280
Tränken 244
Transferstraße 275, 283
  Transferstraße, flexibel 276
  Transferstraße, konventionell 276
Transfersysteme 273
Transponder 276
Träufeln (Isolation) 244
Trittmatten 291

U

Umformung 116
  Umformgrad 100, 116
  Umformvermögen 100
Umformvermögen 100
Umspritzen 244

V

Variantenvielfalt 277
Ventilspulenkörper 65
Verbackverfahren 43
Verfügbarkeit 256, 261
  Einzelverfügbarkeiten 276
  Gesamtverfügbarkeit, OEE 257, 276, 300
Verguss 244
Verkettung 249, 275
  Verkettung, elastische 281
  Verkettung, lose 281
  Verkettungskonzepte 270
  Verkettung, starr 281
Verlegefortschritt 66
Verlegung 212
  Verlegebewegung 183
  Verlegegetriebe 183
  Verlegesteigung 193
Verschaltung 74
Verschleißteilliste 300
Vollblechschnitt 217
Vorratsrolle 113

W

Walzen/Drahtwalzen 117
  Walzspalt 117
Wartung 300
  Wartungsplan 300
Werkstückträger 280
Wertschöpfung 254, 261
Wickel
  Wickelbereitschaft 252, 284
  Wickelbild 197
  Wickelfenster 252
  Wickelgeschwindigkeit 153, 193
  Wickelkopf 174, 175, 193, 197, 226, 244
  Wickelraum 153
  Wickelschema 148, 154
  Wickelspindel 175
  Wickelwerkzeug 177
Wickelmaschine
  Tischwickelmaschinen 282
  Universal-Wickelmaschinen 282
Wickeln
  Biflilarwickeln 194
  Flyerwickeln 173
  Hakenwickeln 215
  Linearwickeln 173
  Nadelwickeln 173
  Ringkernwickeln 173
  Träufelwickeln 173
Wickelprozess 63
Wickelraum 61, 67

Wickelschema 61, 64, 82
Wickelstift 15
Wickelwerkzeug 13, 65
  kollabierend 65
Wicklung 36, 65
  Bruchlochwicklung 90
  Drehstromwicklung 78
  Einschichtwicklung 89
  Lückenwicklung 156
  Schleifenwicklung 90
  Schräglagenwicklung 157
  Wellenwicklung 90
  Wicklung, gesehnt 89
  Wicklung, konzentrierte 36, 69, 174
  Wicklung, orthozyklisch 65, 67, 148
  Wicklungsaufbau 153
  Wicklungseigenschaft 85
  Wicklungsindex 147
  Wicklungsmaße 230
  Wicklungsoberfläche 158
  Wicklung, verteilte 36, 69, 88, 174
  Wicklung, wild 147, 148
  Zweischichtwicklung 89
Wicklungsgeometrie 64
Wicklungsträger 13
Widerstand, elektrischer , 243
Windung 65, 69
  Nachbarwindung 153
  Windungsschluss 230
  Windungsschritt 149
  Windungssprung 149
  Windungszahl 69
Windungen 252
Windungszahl 259
Winkel
  Austrittswinkel 158
  Rotationswinkel 211
  Schrägungswinkel 211
  Vorlauf-/Nachlaufwinkel 154, 175
Wirkungsgrad 69
Wirtschaftlichkeit 254
Würgelitze 108

Z

Zeit
  Arbeitszeit 256
  Nutzungsdauer/-zeit, MTBF 256
  Reparaturzeit, MTTR 256
  Rüstzeit 256
Zeitstandfestigkeit 101
Zeitstandverhalten 104
Ziehen/Drahtziehen
  Ziehemulsion 130
  Ziehkonen 115
  Ziehöl 116
  Ziehscheiben 116
  Ziehstein 114, 115
  Ziehstufe 114
Ziehkonen 115
Ziehstein 114, 116
Ziehstufe 114
Zweidrahttechnik 194
Zylinderspule 36

MIX
Papier aus verantwortungsvollen Quellen
Paper from responsible sources
FSC® C105338

If you have any concerns about our products,
you can contact us on
ProductSafety@springernature.com

In case Publisher is established outside the EU,
the EU authorized representative is:
Springer Nature Customer Service Center GmbH
Europaplatz 3, 69115 Heidelberg, Germany

Printed by Libri Plureos GmbH
in Hamburg, Germany